"十三五"江苏省高等学校重点教材（编号：2020-1-127）

机械工程测试技术

Measurement Technology in Mechanical Engineering

第 3 版

祝海林　主编

机械工业出版社

本书详细介绍了与信息有关的测试技术核心内容，包括信号及其描述、测试系统的基本特性、传感器、信号调理与显示记录、信号的处理与分析、振动的测试、噪声的测量。为顺应当前高校课程思政要求，书中穿插了大量案例、知识链接及课程内在思政点，更实际、更有趣地将联想思维运用于抽象知识的恰当表达，在有意思与有意义中激发读者的求知欲，帮助其掌握多维丰富的知识体系，于融汇贯通中养成正确的三观，能透过现象看本质，成为身处在这个复杂信息世界的明白人。

本书可作为高等院校机械类专业本科生、研究生教材，也可供大专、高职和成人教育相关专业选用，还可作为机械工程技术人员的参考书。

图书在版编目（CIP）数据

机械工程测试技术/祝海林主编. —3版. —北京：机械工业出版社，2024.7

"十三五"江苏省高等学校重点教材

ISBN 978-7-111-75821-1

Ⅰ.①机… Ⅱ.①祝… Ⅲ.①机械工程-测试技术-高等学校-教材 Ⅳ.①TG806

中国国家版本馆 CIP 数据核字（2024）第 097959 号

机械工业出版社（北京市百万庄大街22号 邮政编码100037）
策划编辑：孔 劲 责任编辑：孔 劲 李含杨
责任校对：张婉茹 马荣华 景 飞 封面设计：马精明
责任印制：任维东
三河市骏杰印刷有限公司印刷
2024 年 8 月第 3 版第 1 次印刷
184mm×260mm · 20 印张 · 495 千字
标准书号：ISBN 978-7-111-75821-1
定价：55.00 元

电话服务　　　　　　　　网络服务
客服电话：010-88361066　机 工 官 网：www.cmpbook.com
　　　　　010-88379833　机 工 官 博：weibo.com/cmp1952
　　　　　010-68326294　金 书 网：www.golden-book.com
封底无防伪标均为盗版　　机工教育服务网：www.cmpedu.com

作 者 序

小时候，曾以为长辈们永远是那个样子，不会变老，长大后才懂得每个人都可能生病和发生意外，总会有人先离开。明日复明日，大家会以为明天很多很多，多到用不完，其实每个人都是过一天少一天。我们总有这样那样的"自以为是"，但是，形势变化并非按常理出牌，世界将来会是什么样？茫茫然未可知，如同人生。不到最后一刻，一切皆有可能，谁也无法预测明天和意外哪一个先到。

千古一帝**秦始皇**心雄万夫，是首位完成华夏大一统集权的铁腕人物，曾梦想皇位永远由其后代继承下去，二世、三世以至万世，可偏偏二世而亡。小时候给地主放过牛、讨过饭的**朱元璋**，后来竟然创立了明朝。曾是国内最大教育机构的北京新东方，哪晓得会遭遇疫情与"双减"的重创。但连**俞敏洪**都没料到，**董宇辉**能火！然而在火之前，他已经在直播间默默做了半年，而他当时面对的是冷场、嘲笑甚至谩骂。前路在哪儿？能不能成功？没人知道，包括他自己。

未来变幻莫测！人生路上难免会有各种无法预见的偶然事件让我们措手不及，大家一直面临着很多不确定性风险的严峻挑战，不可思议的无常问题随时都可能出现，要想提高**抗击打能力**，应该怎么做？

学习！

为什么要学习？天有不测风云！当原以为熟悉的世界不再熟悉时，所有人都将成为学生，而且必须终身学习。在前景无法预料时，未知总是多于已知的。学习，可以让你拥有一双慧眼，在面对这暗流涌动的纷扰世界时，要个有冷静清醒的认识。学习，可以在你猝不及防时给你冲破困难的力量，不至于束手无策。"知识改变命运""学习可以使人更聪明""知识是人类进步的阶梯"等警句，就是强调学习的重要性。读书的意义，从**董宇辉**身上可见一斑。书籍记载着人类浓缩几千年的科技、历史、文化，读书是快速掌握人类文明的最佳方式。通过读书，可以收获知识、开阔视野、增长见识，提升你的气质与谈吐。随着读书范围的扩大，你会练就出宽广的心胸，形成正确的三观，让你有选择工作的资本和底气，将来才能走得更远。

这个世界，从来就不会有白费的努力，更没有碰巧的成功。杰出，不是天分而是刻意练习、艰苦努力的结果。战胜困难，便是好汉。你变了，世界才会变。"低头"一族的手机控们，在最能学习的时候，如果整天挂着 QQ、微信，刷抖音、逛淘宝、玩网游，你要青春干什么呢？**白岩松**说，不读书，你拿什么和别人拼？

我们的生活在不断地、迅速地发生着变化，人类面对变化主要是靠持续不断的学习前人、同行**行之有效**的方法与技术，从中获得所需的能力。在这变化的世界里，如果做不到持续学习，就不能应对变化的时代，甚至根本无法生存，你就"out"了。

从教 39 载，笔者发现不少人的学习还停留在应试教育阶段，记笔记、背重点、应付考试，学习缺乏主动性。曾经有学生透露心声说"我不是不想学习，只是对课程没兴趣，感觉好无聊"。怎样将被动学习进化为主动学习呢？秘诀是：

想方设法催生你的好奇心！

因为，人们对世界的认识是由**好奇**开始的。著名的科学家都有好奇心：近代自然科学的创始人**伽利略**从小就对花草树木、天上的星星和太阳有强烈的好奇心；**牛顿**对苹果落地充满好奇，于是发现了万有引力；**瓦特**对烧水壶上冒出的蒸汽好奇，最后改良了蒸汽机；**爱因斯坦**认为他的成功源于他有狂热的好奇心。

大发明家**爱迪生**几乎每天在实验室里工作 18h，在那里吃饭睡觉，但他丝毫不觉得苦，他说："我一生从未做过一天工作，我每天都其乐无穷"。这个从未进过学校的人，视工作为快乐，从无到有地发明了灯泡、电话等一千多个专利产品，改变了人们的生活。

"微分几何之父"**陈省身**，中学时代就喜欢玩，而且**会玩**。他玩数学、玩化学、玩植物学、玩围棋，玩一切他喜欢的功课和项目——他同知识玩、同自己的心智玩、有目标地玩，终成一代数学大师。

好奇心可以让人产生一种积极向上的情绪，是助推学习的强大动力。名人的故事告诉我们，学习的同时抱有好奇心、勤思考，就能发现奇迹、催生兴趣。只要有心、用心去感觉，知识的魅力无处不在，再难的学问也是小菜一碟。有了好奇心与兴趣，就不会觉得学习是一种负担，而是一种享受，你会发现原本枯燥乏味的东西很有味道。

兴趣在很多时候就是学习的方向。科学技术尤其是专业课的理论知识抽象深奥，有很多的概念、公式、定律，为了理解某个问题，往往需要综合运用各学科知识。教材是课程学习的依据，只有让学生对教材感兴趣，真正喜欢学习，就不愁课程学不好。本书正是基于这样的想法，用案例、小故事、日常生活经验、人文、哲理等实现"测试技术"知识点的融合，在有意思与有意义的求知过程中诱发学生的好奇心与探索的兴趣，从而养成乐学、好学的习惯。

"知识就是力量"这句名言曾经激励过无数人发奋努力学习，但如果只是死记硬背，知其然而不知其所以然，知识便毫无用处。赵括的纸上谈兵最终导致了恶果；在晚清内忧外患的情况下，左宗棠却成功收复新疆。所以，真正的力量是"知识+实践"，对所学知识能触类旁通，**既见树木、又见森林**，通过联想与思考，把知识**内化**成自己的技能，懂得如何做人做事，这才是学习知识之目的和力量，也是本教材的出发点。

岁月悠悠，瞬息万变的社会无法准确预测，谁能求解人生的方程式？学会学习、学会适应、学会生存变得十分重要。因为，学习为快速掌握很多未曾了解的知识提供了捷径，但我们必须明白什么是学习？我们的责任与使命是什么？珍惜每一天，把握当下，**世上没有后悔药**。

人生而独特，每个人都有着区别于别人的特质。面对世界和社会，包括科学技术，风华正茂的你，如果拥有婴儿第一次看世界的好奇心与新鲜感，长此以往，你就会不断有新的发现、创造出惊喜与感动。

科学源于对世界的童真！想象力比知识更重要！

学且益思，不坠青云之志！

博览群书，融会贯通，三观正确，赢是迟早的！

前　言

每个人都能明白的测试技术知识

这是一个充满信息的时代。传感器、大数据、云计算、信息化、自动化、元宇宙、智能化、机器人等技术深刻影响了人们的思维、学习、生活和生产方式，以信息采集、分析与监控为己任的测试技术正在奋力改变当今社会尤其是机械制造行业的格局。因此，培养学生掌握机器设备参数测试的原理、方法和基本技能的"机械工程测试技术"是国内外高校机械类各专业普遍开设的一门重要的学科基础课。

今日的世界，隐含着昨天的教育；今天的教育，影响着明日的世界。"本科不牢，地动山摇"，这已经成为教育界的共识。由于测试技术课程涉及的知识面广、理论分析抽象复杂，学生对教材的内容经常感到困惑。如何盘活书中的知识，把乏味的理论趣味化，克服专业教材填鸭式灌输、枯燥郁闷的现状，考验着编者的智慧。有句话叫"隔行如隔山"，然而，隔行不隔理。科技与生活、知识与应用、做人和做事，往往存在许多相似之处。把自己变成光电效应从表层逸出的电子，居高临下看，你会发现，不同行业和领域虽各有特点，但其分析问题、解决问题的套路和方法是相通的。亲，测试技术的基本概念其实没有你想象的那么难理解、难明白，真正难的是与社会实践的联系与应用。用成熟的眼光去思考问题，你就能更好地适应变化莫测的世界。

作者正是基于上述想法，多年来一直在找寻挖掘和拓展与测试技术知识点相关的案例和人生哲理等，试图把测试技术知识运用在大家平时没想过的现象上，在理论与实际之间架起桥梁，让学生对该课程抽象的理论、繁复的数学方程不再莫名敬畏，在有趣味与有意义的学习过程中分析相关性，触发自由探索的想象力，造就值得反复揣摩、可以举一反三、能够学以致用的测试技术知识体系与触类旁通的联想思维。

本书的特点是：不是让测试技术概念生硬地被提出，而是通过大量"接地气"的趣味案例、知识链接、阅读材料、小思考、核心提示、小故事等背景知识及热点问题，将人文科学、工程意识、思政元素等与本课程的内容相互渗透，进而揭示科学道理，诱发学生的好奇心及其对测试技术现象、规律与方法的思考，达到了思政教育"润物细无声"之目的。对测试技术基本知识的表达力求做到通俗易懂、图文并茂、生动活泼，提升了教材的趣味性。读者会发现本书比同类教材更实际、更有味，有助于融会贯通、启智增慧，能够在愉悦中唤起求知欲，让科学知识从被动灌输变成主动追求，从而真的可以好好学习、天天向上了。

红尘滚滚，各种信息令人眼花缭乱，静思多想比埋头苦干更重要。一个人的想象力对其未来的成就有很大的影响，而想象力来自于观察生活。没有"无中生有"的好奇，就难有"另起一行"的创新。从现在起，要做一个生活的有心人，着力用心联想，让知识风云际会，探究存在于测试技术课程知识最根基的方法、原理背后的逻辑和普遍规律，培育以正确的"三观"透过现象发现本质的逻辑思维，引导自己学懂、学通且着迷于由创新动力牵引的精彩纷呈的信息时代，成长为能够担当祖国富强、民族复兴大任的脊梁。

和前两版相比，本书第3版在内容增删、具体写法等方面均有较大变动，注重与社会及科技发展同步，补充了新技术、新成果，以"必需、够用、实用"为原则精简了内容。本版教材仍保持在每一章中穿插与课程相关的案例与背景知识，突出趣味性、科学性、前瞻性、可读性等亮点，人文气息浓郁，是一本适应高等教育大众化需要的实用教材，便于教学和自学。考虑各学校的教学计划特别是教学要求、课时有很大差异，因此，主讲教师在使用本教材时，可以根据实际情况调整、补充教学内容。

本次修订的第3版由祝海林教授主编，参与修订的还有邹旻、沈爱娟、孙志永老师，最后由祝海林教授负责全书统稿。在本次修订过程中，编者参阅了科技和人文领域的大量教材、专著、网络和论文，尤其是书后所列的文献，从中受益匪浅，在此特向有关作者深表谢意。

在本书成稿过程中，北京科技大学高澜庆教授、北京大学姜天仕教授、华中科技大学钱祥生教授、解放军理工大学龚烈航教授、常州大学朱科钤教授、刘雪东教授等给予了许多指导与鼓励。北京理工大学魏一鸣教授、北京化工大学李方俊教授、浙江大学龚国芳教授、北京科技大学石博强教授、马飞教授等曾与作者进行过不少学术探讨。本书自2012年初版以来，得到了华东交通大学、南京工程学院、江南大学、安徽理工大学、常州大学、山东大学、绍兴文理学院、南昌师范大学、江汉大学、江西师范大学、天津科技大学、青岛理工大学、湖南农业大学、西北农林科技大学、汕头大学、武汉轻工大学、贵州大学、哈尔滨理工大学、银川矿业大学、南京农业大学、齐鲁工业大学、深圳技术大学、青岛大学、无锡职业技术学院、北京石油化工学院、嘉兴学院、沈阳农业大学、西华师范大学等50余所高校师生的关心与支持，你们的喜爱是我继续修订完善的动力，让我确信自己在做一件特别有意义的事情。同时感谢本书的策划编辑孔劲博士，本书的再版离不开她的关心和帮助。

限于学识、水平和经验，书中难免存在疏漏和不妥之处，恳请同行专家与读者不吝指教。作者联系方式：fei678yao@ sina. cn。

拨开迷雾见真容，世间万事理相通！
知识与生活、与做人做事多联想，快乐就能无中生有、处处皆是！

编　者

目　录

第一章　绪　　论

测试技术旨在弥补人类感官的缺憾？

【**本章学习要求**】　完成本章内容的学习后应明白：

1. 何谓"测试"？
2. "非电量"指的是哪些量？"电测法"是一种什么方法？
3. 测试技术在哪些地方有用武之地？今后会朝什么方向发展？
4. 如何才能学懂、学通"测试技术"课程？

导入案例： 快递真快，睡一觉起来就收到了

随着电商、物流行业的蓬勃发展，频繁大促引发快递量激增，尤其在"双十一""双十二"购物旺季，海量快件靠人工分拣配送，必然会导致快件的大量积压，亲们要翘首等待很多天才能收到包裹。而采用自动输送、识别、归类、分拣和跟踪技术，快递员只要把快件正面朝上放到传送带上即可，剩下的事交给机器，每小时可处理快件 9 万多件，减轻了人工分拣的劳动强度，错分率很低，大大提升了快递企业的运转效率。

请上网搜一搜：自动分拣机有哪几种类型？它们是怎么实现自动分拣的？用到了哪些测试技术？

日常生活中，电冰箱和电饭煲的温度检测、全自动洗衣机中衣服重量和水位监控、电子血压计对人体血压和心跳的测量、数码拍照时的自动对焦、指纹锁对人手指纹的检测、宾馆自动门的启闭、超市里商品扫描手机支付自助购物等，都是测试技术的应用实例。

用以实现测试目的所运用的方式、方法称为**测试技术**，它是测量技术及试验技术的总称，主要研究各种物理量的测量原理、测量信号的分析处理方法，是进行各种科学试验研究和生产过程参数检测等必不可少的手段。通过测试可以揭示事物的内在联系，并逐步建立起人类知识体系。我国古代最早一部字典《说文解字》里，对"科"字的解释是"从禾从斗，斗者量也"，说明"科学"是关于测量的学问，只有被测量验证的假说，才能被称为科学理论。20 世纪至今，有 70 多项诺贝尔物理学奖的成果都得益于测试技术。人们通过对外部世

界的测量，不断深化对自然的认识，进而积累经验、发现规律，有助于国家治理、生产力发展、生活质量提高、文化繁荣等。如果没有测试技术，人类的生活、生产和社会秩序都将难以想象。

【名人名言】 "化学之父"门捷列夫说过："没有测量就没有科学，至少是没有精确的科学"。

　　测试技术在生物、海洋、气象、地质、雷达、机械、电子等工程领域都有应用。机械工业担负着装备国民经济各部门的任务，机械工程的研究对象往往十分复杂，有许多问题难以进行理论分析和计算，须依靠试验研究来解决。在现代机械工程中，机电产品的研究、设计开发、生产监督、性能试验、质量保证和自动控制等都离不开测控技术。例如，数控机床中为了精确监控主轴性能，需要对机床主轴转速进行测试；为了获得机器人手臂的位姿、臂力等信息，需要对各关节的位移、速度和手腕受力进行实时测试；自动生产线上常需应用测试技术对零件进行分类和计数。第四次工业革命以大数据信息互联为手段，旨在实现"智能制造、智能生产"。及时、可靠的信息采集、分析无处不在、无时不在。量值定义世界，精准改变未来，机械工业始终面临着更新产品、改善工艺、提高质量等挑战，测试技术将是机械工业应对上述挑战的基础技术之一。

　　【核心提示】 机械工程测试技术，研究与机械工程有关的物理量（机械量——力、压力、应力、应变、位移、速度、加速度等）测试的基本原理、测试方法及测量装置等。

　　【小思考】 有人认为，机器太先进，机器就会替代人力，工人就可能失业，对社会发展不利。可是如果不用挖土机，改用勺子挖土，社会将变得更富裕还是更贫困呢？

第一节　信息与信号

　　【核心提示】 人类对自然界的认识和改造过程都离不开对自然界中信息的获取，测试工作的基本任务就是获取来自研究对象的信息。

一、信息

　　信息是客观世界中事物特征、状态、属性及其发展变化的直接或间接的反映，是事物运动的状态和方式，如流量、压力、温度是液压泵的基本信息。在手机横行的时代，我们每天都会收到海量信息，人们的衣、食、住、行等一切活动都离不开信息。信息是计划和决策的基础，是组织和控制过程的依据。测试就是依靠一定的科学技术手段，定量地获取研究对象原始信息的过程。

　　信息的表示形式多种多样，数字、文字、语言、声音、光、符号、图形、报表等都可以表示信息。某些信息能够被直接检测到，而有些信息不容易被直接检测，需要对其相关的信息进行加工处理才能获得。信息本身不具备传输、交换的功能，只有通过信号才能实现这种功能，因此测试技术与信号密切相关。

知识链接：　条形码与二维码

　　条形码▮▮▮▮▮▮是将宽度不等的多个黑条和空白，按某种编码规则排成的平行线图案，用以表达商品的名称、产地、厂家、生产日期、图书分类号、邮件起讫地点、类别、寄出日期等信息，因而在商品贸易、图书借阅、邮政派送、银行等领域应用较多。但是条形码只在水平方向表达信息，垂直方向无任何信息，数据容量较小（30个字符左右），条形码损坏后就读不出信息了。

　　二维码▮▮在横向和纵向的二维空间、由黑白相间的几何图形来存储声音、汉字、数值、签名、指纹、符号、图像、音频、视频等信息，二维码属于条形码的升级，但二维码的信息量大（是条形码的几十倍），有很强的容错能力，当二维码因穿孔、污损或弯折时，照样可以识读。随着智能手机的普及，二维码在移动支付、电子商务等领域的应用越来越广泛，但其安全性问题日益突出，二维码也是手机病毒、钓鱼网站传播的新渠道。

【小思考】　"百闻不如一见"的意思是耳听为虚、眼见为实，说明通过视觉获取信息最可靠。那另一句话"百见不如一干"说的是什么呢？"读万卷书，行万里路"又怎么理解呢？

二、信号

信号是带有信息的某种物理量，如光信号、声信号和电信号等。人们通过对光、声、电信号进行接收，可以知道对方要表达的消息。例如，道路交通信号灯的红灯（表示禁止通行）、绿灯（表示允许通行）、黄灯（表示警示）发出的是光信号，用以指导交叉路口的车辆、行人安全有序地通行，减少交通事故的发生；当我们说话时，声波传递到他人的耳朵，使别人了解我们的意图，这属于声信号；遨游太空的各种无线电波、四通八达的电话网中的电流等，都可以用来向远方表达各种消息，这是电信号。

信号是一种可以觉察的物理量（如电压、电流、磁场强度等），通过信号能传达消息或信息。信号是承载消息的工具，是消息的载体，如用电报、电话、无线电、雷达或电视传达的情报、信息、声音或图象。信号的变化反映了所携带的信息的变化，如：刀具磨损、切削力加大、李四病了、可能会发烧等。

阅读材料：户外求救信号

你应该了解

　　SOS是国际通用的求救信号。一般情况下，重复三次都象征求助，根据自身情况和所处环境条件，可以点燃三堆火、制造三股浓烟、发出三声响亮的口哨、呼喊等。

　　1）火光信号。燃放三堆火，将火堆摆成三角形，每堆之间的间隔最好相等。保持燃料干燥，一旦有飞机路过，尽快点燃求助，点火地点尽量选择开阔的地带。

2）浓烟信号。在白天，浓烟升空后会与周围环境对比强烈，易被发现。在火堆中添加青草、树叶、苔藓或蕨类植物都能产生浓烟；潮湿的树枝、草席、坐垫可熏烧更长时间。

3）反光信号。利用阳光反射镜、发出信号光求救。如果没有镜子，可利用罐头盖、玻璃、金属片等来反射光线。持续的反射将产生一条长线和一个圆点，引人注目。

信号和信息的关系举例如下：

1）古代烽火——人们看到的是光信号，它所蕴涵的信息是"外敌入侵"。

2）现代防空警报——人们听到的是声信号，其携带的信息是"敌机空袭"。

3）教师讲课时发出的是声音信号，是以声波的形式发出的，而声音信号中所包含的信息就是教师正讲授的内容。

4）学生自学时，通过书上的文字或图像信号获取的学习内容就是这些文字或图像信号承载的信息。

从研究对象获取的信号所携带的信息往往很丰富，既有研究者所需要的信息，也含有大量人们不感兴趣的其他信息（统称为**干扰**）。相应地，对于信号，也有"有用信号"和"干扰信号"的提法，但这是相对的。在某种场合被认为是"干扰"的信号，在另一种场合则可能是"有用"的信号。例如，齿轮噪声对工作环境来说是一种"干扰"，但在评价齿轮副的运行状态及进行故障诊断时，又成为"有用"的信号。测试工作的一个重要任务就是从复杂的信号中排除干扰信号，提取有用信号，此过程称为信号的处理和分析。

【小思考】 有人说，在中国的历代王朝中，宋朝百姓的幸福指数最高。假如你可以重新选择生活的年代，你愿意生活在当今的信息化时代吗？为什么？

第二节 非电量电测法

一、电量与非电量

我们生活的世界是由物质组成的，一切物质都处在永恒不停的运动之中。表征物质特性或其运动形式的参数很多，根据物质的电特性，可分为电量、非电量两类。**电量**一般是指物理学中的电学量，如电压、电流、电阻、电感、电容、电功率等；**非电量**则是指除电量之外的一些参数，如压力、流量、尺寸、位移、质量、力、速度、加速度、转速、温度、浓度、酸碱度等。人们在科学试验和生产活动中，大多数是对非电量的测量。

非电量不能直接使用一般电工仪表、电子仪器测量，因为一般电工仪表和电子仪器要求输入的信号为电信号。在由计算机控制的自动化系统中，更是要求输入的信息为电信号。特殊场合下的非电量，如炉内的高温、带有腐蚀性液体的液位、煤矿内瓦斯的浓度等，无法进行直接测量，这也需要将非电量转换成电量进行测量。把被测非电量转换成与非电量有一定关系的电量再进行测量的方法就是**非电量电测法**，实现这种转换的器件称为**传感器**。

【小思考】　非电量与电量的本质区别是什么？

阅读材料：非电量的分类

在科学试验及工业生产过程中，存在着各种各样需要进行测控的参量，这些参量大多数是非电量，其中有的是标量，有的是矢量；有的是离散量，有的是连续量，而且在种类和数量上远比电量多。

众多的非电量，一般可归纳为以下五类：

1）热工量。温度、热量、比热容、热流、热分布；压力、压差、真空度；流量、流速、风速；液位、界面等。

2）机械量。位移（线位移、角位移）、尺寸、形状、形变；转角、转速、线速度；力、应力、力矩；重力、质量；振动、加速度、噪声等。

3）物性和成分量。气体、液体、固体的化学成分；浓度、黏度、湿度、密度；酸碱度（pH）、盐度、粒度等。

4）状态量。颜色、浊度、透明度、磨损量、材料内部裂纹或缺陷、气体泄漏、表面质量等。

5）光学量。发光强度、光通量、光亮度、辐射能量等。

二、非电量电测法

由于被测信号、测试系统的多样性和复杂性，产生了各种类型的测量方法。实践中应用的测试方法一般有机测法、非电量电测法、光测法等。**机测法**是采用机械式传感器与记录设备测量所需的数据。在图 1-1 中，轧制后钢板的厚度通过齿条 4、弹簧 5、齿轮 6 转变为指针 8 的角位移，同时可用记录笔在记录纸 7 上画出钢板厚度的变化曲线，指针、记录笔的位

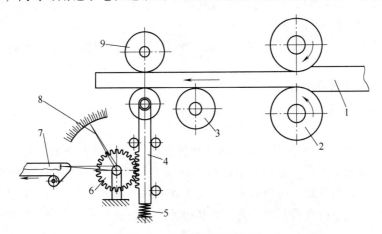

图 1-1　钢板厚度的机测法

1—钢板　2—轧辊　3—托辊　4—齿条　5—弹簧　6—齿轮　7—记录纸　8—指针　9—压辊

移是机械量，因此属于机测法。用百分表测量位移、天平测量质量、波纹管测量压力等，都属于机测法。机测法简便、经济、可靠，抗干扰力强，但精度不高。

光测法是运用光学仪器直接记录试验的变化过程和动态景象，一般采用高速摄影机、录像机来实施。光栅技术、激光测量技术和红外测量技术等都属于光测法。图 1-2 是利用光切原理来测量工件的表面粗糙度（又称光切法），光源发出的光线经聚光镜、光阑（狭缝）、物镜后，形成一束平行光带 A，以一定角度（一般为 45°）投射到被测表面上，经被测表面反射后，在目镜中可以观察到一条与被测表面轮廓曲线相似的亮带。测出距离 N，便可知道被测表面微观不平度的峰-谷的高度 h，即表面粗糙度的轮廓高度。光测法的特点是精度高、稳定性好，具有较好的直观性，但对环境条件要求较高，适于实验室测量。

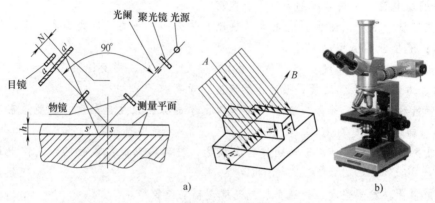

图 1-2　表面粗糙度的光测法

a）光路系统　b）光切显微镜外形

目前，机械工程中使用最普遍的测量方法是采用传感器技术的非电量电测法。

1. 非电量电测法的基本原理

非电量电测法是通过传感器把所要测量的非电物理量（如位移、速度、加速度、压强、温度、压力、应变、流量、液位、光强等）经过传感器转换为电学量（如电阻、电容、电感、电压或电流等），并调理成稳定的电量（电压或电流信号），而后进行测量的方法。图 1-3 所示为表面粗糙度的电测法。

现代测试技术的一大特点是采用非电量的电测法，其测量结果通常是随时间变化的电量，亦即电信号。

2. 非电量电测系统的构成

非电量电测系统主要由传感器、信号调理与分析、显示记录装置等组成，如图 1-4 所示。

传感器是"感知"被测量信息的工具，就像人们为了从外界获取信息，必须借助感觉器官一样。传感器的主要作用是将非电的被测量（如物理量、化学量等）转换成与其有一定关系的电量，是检测系统与被测对象直接发生联系的关键器件。从图 1-4 中可以看出传感器在非电量电测系统中占有重要的位置，它获得的信息正确与否，直接关系到整个系统的测量精度。

信号调理环节将来自传感器的电信号转换成便于传输和处理、易于测量的规范信号。这

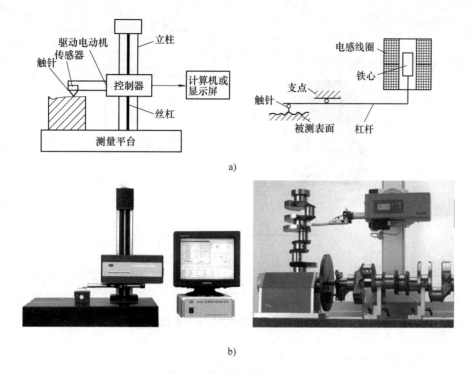

图 1-3　表面粗糙度的电测法

a) 触针式表面粗糙度测量原理　b) 触针式表面粗糙度测量仪外形

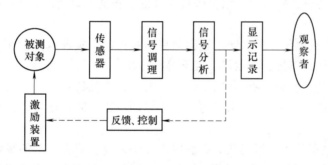

图 1-4　非电量电测系统

时的信号转换，在多数情况下是电信号之间的转换。因为传感器输出信号一般是微弱且混有干扰的信号，不便处理、传输或记录，所以要经过放大、运算、阻抗匹配、调制与解调、滤波、数-模或模-数转换、线性化补偿等处理，变成稳定的电信号，使之适合于显示、记录，或者用于自动控制系统。

信号分析环节接受来自调理环节的信号，并进行各种运算、分析，然后将结果输送至显示、记录或控制系统。

显示、记录装置用来显示或存贮测量的结果，是检测人员和检测系统联系的主要环节，使人们了解被测量的大小或变化的过程，供测试者进一步分析。

图 1-5 所示为脑电波分析测试系统的一个例子。

图 1-6 所示为机床轴承故障监测系统。

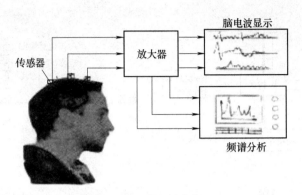

图 1-5　脑电波分析

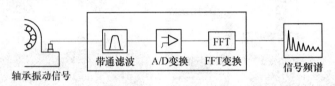

图 1-6　机床轴承故障监测系统

![小思考]【小思考】　你周围哪些地方应用了电测法？

3. 非电量电测法的优点

1）转变成电信号后，可以采用相同的测量仪表、记录仪器，从而能够使用丰富、成熟的电子测量手段对传感器输出的电信号进行各种处理和显示记录，电测法可以测量绝大多数非电量参数。

2）把非电量变成电信号后，便于远距离传送和控制，实现远程操作及遥测、遥控，可以应用于高温、高压、高速、强磁场、液下等特殊场合。

3）不仅能测静态量及缓慢变化的量，也可测快速变化的量，甚至进行瞬态测量，具有很宽的测量频率范围（频带），而且可进行微小量的检测，能够连续、自动地对被测量进行测量和记录。

4）便于采用电子技术，可用放大和衰减的办法来改变测量仪器的灵敏度，从而大大扩展了仪器的测量幅值范围（量程），测量仪器的频带可达到很宽，因此很容易实现大范围的测量。

5）把非电量转换为数字电信号，不仅能实现测量结果的数字显示，而且可利用计算机对测得数据进行校正、变换、运算、存储及分析处理，实现测量的智能化人机交互功能。

6）可实现无损检测。

近年来，由于各种传感器的广泛应用，另外，有时需要进行自动测量或非接触测量，在这种情况下，电测法显示出了一定优势，因而广泛地应用于非电量的测量和控制。

三、测试工作的任务

在科学试验和工业生产中，为了及时了解工艺流程、生产过程的情况，需要对反映生产对象特征的位移、速度、加速度、温度、压力、流量、液位、力矩、应变、浓度、质量等物理量进行测量。

测试工作是一件非常复杂的工作，需要多种学科知识的综合运用。从广义的角度讲，测试工作涉及试验设计、模型试验、传感器、信号加工与处理（见图1-7）、误差理论、控制工程、系统辨识和参数估计等内容。因此测试工作者应当具备这些方面的相关知识。从狭义的角度来讲，测试工作则是在选定激励方式的情况下，进行信号的检测、变换、处理、显示、记录工作。当然，根据待测任务的繁简和要求的不同，并不是每项测试工作都要经历相同的步骤。

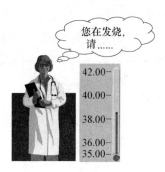

图 1-7　根据信息做出诊断

具体说来，测试工作的任务包括如下三个方面：

1）"不失真"测试，努力反映真实信号。

2）用适当的方法，从多种复杂的信息中提取"有关信息（有用信息+干扰信息）"。

3）从"有关信息"中提取"有用信息"，剔除"干扰信息"。

第三节　测试技术的应用与发展

一、测试技术的应用

人类社会生产、生活、经济活动和科学研究都与测试技术息息相关。测试技术在各个科学领域，特别是在生物、海洋、航天、气象、地质、通信、控制、机械和电子等领域，起着越来越重要的作用。下面是测试技术的几个典型应用领域。

1. 产品质量检测及新产品开发

产品质量是生产者关注的首要问题。当汽车、机床等设备的电动机、发动机等零部件出厂时，必须对其性能进行测量和出厂检验，以了解产品的质量。对洗衣机等机电产品，要做振动、噪声等试验。对柴油机、汽油机等，要做噪声、振动、油耗、废气排放等试验。对某些在冲击、振动环境下工作的整机或部件，还需要模拟其工作环境进行试验，以证实或改进它们在此环境下的工作可靠性。

机械加工和生产流程中的在线检测与控制技术可将废品消灭在萌芽状态，以力保产品全部合格。如外圆直径测量仪，可按磨削工艺要求，检测磨削工件尺寸并控制磨削工艺过程。图1-8所示为流水线上轴承滚珠是否脱漏的在线检测。

新产品开发从构思到占领市场，必须经过设计、试验、再修改设计、再试验的多次反复。随着设计理论和计算机仿真技术的不断深化，产品设计日趋完美。但产品零部件、整机的性能试验，才是检验设计正确与否的唯一依据。

图 1-8　检测轴承滚珠是否脱漏

2. 设备运行状态监控

现代工业生产对机器设备及其零件的可靠性要求越来越高。在电力、冶金、石油、化工等行业中，某些关键设备的工作状态关系到整条生产线的正常运行，如：大型传动机械、汽轮机、燃气轮机、水轮机、发电机、电动机、压缩机、风机、反应塔罐、炉体、泵、变速器等一旦因故障停止工作，将导致整个生产停顿，造成巨大的经济损失。必须对这些关键设备的运行状态进行全天候动态监测，了解机器设备在工作过程中出现的诸多现象（如温升、振动、噪声、应力、应变、润滑油状况、异味等），以便及时、准确地掌握其性能变化趋势。

3. 家电产品

在家电产品设计中，人们大量地应用了传感器和测试技术来提高产品性能和质量。如电冰箱和电饭煲中的温度测试、数码相机中的自动对焦。全自动洗衣机以人们洗衣操作的经验作为模糊控制的规则，采用多种传感器将洗衣状态信息检测出来（如，利用衣质传感器来检测织物种类，从而确定洗涤温度、洗涤时间；利用光传感器来检测洗涤液的透光率，从而间接检测洗净程度），并将这些信息输送到微型计算机中，经微型计算机处理后，选择出最佳的洗涤参数，对洗衣全过程进行自动控制，从而达到最佳的洗涤效果。

4. 楼宇自动化

楼宇自动化系统，或称建筑物自动化系统，是将建筑物（或建筑群）内的消防、安全、防盗、电力系统、照明、空调、卫生、给水排水、电梯等设备以集中监视、控制和管理为目的而构成的一个综合系统，使建筑物成为安全、舒适、温馨的生活环境和高效的工作环境，并保证系统运行的经济性和管理的智能化。

1）智能家居。通过布置于房间内的温度、湿度、光照、空气成分等无线传感器，感知居室不同部分的状况，从而对空调、门窗等进行自动控制。

2）建筑安全。借助建筑物内的图像、声音、气体、温度、压力、辐射等传感器，在发现异常事件时及时报警，自动启动应急措施。

图1-9a所示为楼宇中使用的监测外来人员闯入的红外人体探测器，图1-9b为可检测人手指纹、具有身份认证功能的防盗锁，图1-9c为厨房防火报警用烟雾传感器。

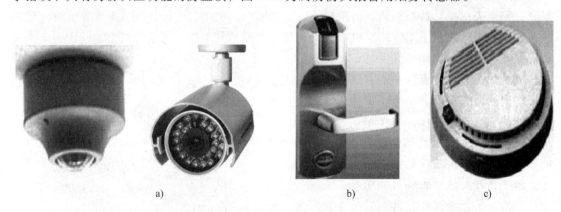

a)   b)   c)

图1-9　楼宇中测试技术的应用举例

a）红外人体探测器　b）可识别指纹的防盗锁　c）烟雾传感器

5. 汽车工业

高级轿车的电子化控制系统水平在于采用的传感器的数量和性能。一辆普通轿车上安装有几十到近百个传感器和数台显示仪表，而豪华轿车上的传感器多达二百余个，种类通常达三十余种，甚至上百种，显示仪表可多达数十台（见图1-10）。例如，汽车上的雨量传感器，隐藏在前风窗玻璃后面，它能根据落在玻璃上雨水量的大小调整刮水器的动作，因而大大减少了驾驶人的烦恼。

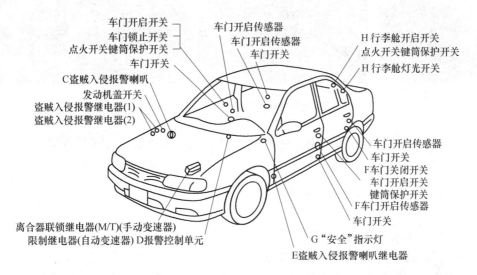

图 1-10　测试技术在汽车中的应用

6. 专用设备

专用设备主要包括医疗、气象、食品等领域应用的专业电子设备，如电子血压计（对人体血压和心跳的测量，见图 1-11）、电子体温计（对人体温度的检测），气象站、农业行业专用的大气压力传感器，食品行业饮料灌装设备用以检测透明材料 PET 瓶和透明包装材料的镜面反射传感器。

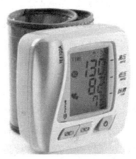

图 1-11　电子血压计

目前，医疗领域是传感器销售量巨大、利润可观的新兴市场，该领域要求传感器件向小型化、低成本和高可靠性方向发展。

7. 环境监测

应用于环境监测的传感器网络，通过密集的节点布置，可以观察到微观的环境因素，为环境研究和环境监测提供了崭新的途径。

1）洪灾的预警。通过在水坝、山区中关键地点，合理布置一些水压、土壤湿度等传感器，可以在洪灾到来之前发布预警信息，从而及时排除险情或者减少损失。

2）农田管理。通过在农田部署一定密度的空气温度、土壤湿度、土壤肥料含量、光照强度、风速等传感器，可以更好地对农田管理进行微观调控，以促进农作物生长。

8. 军事国防

未来的战争一定程度上可以称为传感器战争。未来战场将布满各种传感器，它们既包括电视摄像机、激光雷达、成像雷达、微光夜视仪（见图 1-12）、热像仪等可视设备，也包括声传感器、振动传感器、磁传感器、气象传感器和探测生化足迹的传感器等。这些传感器将为指挥人员和士兵收集大量的战场态势信息，从而最大限度地增强他们的攻击威力。

测试技术是一个企业、一个国家参与国际、国内市场竞争的一项重要基础技术。测试技

图 1-12　微光夜视仪及黑暗中被夜视仪发现的潜伏者

术的先进性已是一个地区、一个国家科技发达程度的重要标志之一。可以肯定，测试技术的应用领域在今后将更加宽广。

【小思考】　你觉得智能手机、导航仪是否与测试技术有关？

二、测试技术的发展趋势

1. 传感器向新型、微型、智能型发展

新的物理、化学、生物效应的发现，新型敏感功能材料如半导体、电介质（晶体或陶瓷）、高分子合成材料、磁性材料、超导材料、光导纤维、液晶、生物功能材料、凝胶、稀土金属等方面的成就，促进了力、热、光、磁等物理量或气体化学成分敏感的器件的发展。各类新型传感器的开发不仅使传感器性能进一步加强，也使可测参数大大增多。

微电子学、微细加工技术及集成化工艺的发展，可以把某些电路乃至微处理器和传感测量部分做成一体，或将不同功能的多个敏感元件集成在一起，组成可同时测量多种参数的传感器，精度高、小型化、集成化、智能化和多功能化而测量范围大是传感器的发展趋势。传感器与微型计算机结合而成的智能传感器，能自动选择量程和增益，实时校准并进行复杂的计算处理，完成自动故障监控和过载保护等。

2. 测量仪器向高精度、快速和多功能发展

以微处理器为核心的数字式仪器大大提高了测试系统的精度、速度、测试能力、工作效率及可靠性，功能更全，已成为当前测试仪器的主流。目前，数字式仪器正向标准接口总线的模块化插件式发展，向具有逻辑决断、自校准、自适应控制和自动补偿能力的智能化仪器发展，向用户自己构造所需功能的所谓虚拟仪器发展。

3. 参数测量与数据处理向自动化发展

参数测量与数据处理以计算机为核心，使测量、信号调制、多路采集、分析处理、打印、绘图、状态显示、校准与修正、故障预报与诊断向自动化发展。

目前，信号分析处理技术的发展目标是：在线实时能力的进一步加强；分辨力和运算精度的提高；扩大和发展新的专用功能；专用机结构小型化、性能标准化、价格低廉。

4. 测试范围向两个极端发展

近年来，由于国民经济的快速发展和迫切需要，使很多领域的参数超过了我们所能测试的范围，如飞机外形的测量、大型机械关键部件的测量、高层建筑电梯导轨的准直测量、油罐车的现场校准等都要求能进行大尺寸测量；微电子技术、生物技术的快速发展，探索物质微观世界的需求，测量精度的不断提高，又要求进行微米、纳米测试。

【小思考】　测试技术的发展受哪些因素的制约？

第四节　本课程的特点及学习要求

1. 学习内容

本课程主要讨论机械工程动态测试中常用的传感器、信号调理（中间变换器）及记录、显示、分析设备的工作原理，测量装置基本特性的评价方法，常见物理量的动态测试方法。

2. 课程特点

对高等学校机械工程各有关专业来说，本课程是一门技术基础课。本课程涉及知识面较广，是数学、物理学、电工学、电子学、力学、控制工程及计算机技术等课程的综合应用。学习本课程之前，应已修读"电路基础""工程数学""理论力学""材料力学""机械控制工程基础"等课程。

【特别提示】　测试技术可以影响哲学，为政治经济学、施政决策等提供理性依据。

3. 学习方法

本课程具有很强的实践性，只有在学习过程中密切联系生产与生活实际、加强试验，注意物理概念，才能真正掌握有关知识。学生必须主动积极地参加试验、完成相应的习题才能得到应有的实践能力的训练，才能在潜移默化中获得关于动态测试工作的比较完整的概念，也只有这样，才能初步具有处理实际测试工作的能力。

4. 学习要求

通过对本课程的学习，可培养学生能较正确地选用测试系统并初步掌握进行动态测试所需要的基本知识和技能，为学生进一步学习、研究和处理机械工程技术问题打下坚实的基础。学生在学完本课程后应具有以下几个方面的知识和能力：

1）掌握信号的时域、频域描述方法，建立明确的信号频谱结构的概念；掌握频谱分析和相关分析的基本原理和方法，掌握数字信号分析中的一些基本概念。

2）了解常用传感器、中间变换电路及记录、显示仪器的工作原理及性能，并能依据测试要求合理地选用。

3）掌握测试系统基本特性的评价方法和"不失真测试"条件，会分析、正确选用测试装置。掌握一阶、二阶线性系统动态特性和测试方法。

4）对动态测试工作的基本问题有一个比较完整的概念，对机械工程中常见物理量的测量和产品的试验，具有组建测试系统、完成测试目的的能力。

【特别提示】　学习、领悟测试技术，也是联想思维与健全人格培养的心路历程。

本 章 小 结

一、测试技术的含义及其在机械工程中的作用

1）测量：以确定被测物属性量值为目的的全部操作；测试：具有试验性质的测量。

测试技术=测量技术+试验技术。

2）先进的测试技术是加快科技发展速度、拓广其研究深度的有力工具；现代测试方法

与装置的出现，是科学技术发展的结果。

3）测试技术是机械工业发展的一个重要基础技术。

① 为产品的质量和性能提供客观的评价。

② 为生产过程控制或工艺改进提供基础数据。

③ 是制造过程从数控化走向柔性化、智能化的关键。

二、信息与信号

1）信息——物质客观存在或运动状态所蕴含的内容，事物运动的状态和方式。

2）信号——传输信息的物质载体，起传播信息的作用。

三、非电量电测法

非电量电测法——利用各种电子测量线路和仪器，把被测非电量转换成电量后，再进行测量，即：（待测物理量）非电量（L、α、v、a……）→传感器→电信号（R、I、U、E……）

通常，测得的信号 = 有用信号 + 噪声。

测试的根本任务：在测得的复杂信号中提取有用信号，排除噪声。

四、测试系统的组成

被测对象→传感器→信号调理与分析（中间变换器）→显示记录（数字、曲线）。

五、测试技术的发展趋势

1）不断提高原有仪器的性能，解决极端参数的测量问题（如：超高温的测量、极低温的测量、微小压差的测量）。

2）把传感器与测量电路结合在一起，响应快，灵敏度高，可减少由于传感器与测量电路分开而造成的电缆干扰等影响。

3）大力发展非接触（无损）检测技术。因为接触式测量，传感器置于被测对象上，相当于加一负载在上面，这样多少会影响测试精度。

4）研究基于新型原理（新的物理效应）及仿生学的新型传感器和仪表。

5）小型化、多功能化（多参数测量，测量与放大一体）、智能化。

思考与练习

一、思考题

1-1　什么是测试？测试技术有哪些工作内容？

1-2　信息与信号是什么关系？

1-3　站在古人的角度，分析古代烽火（狼烟）信号包含哪些信息？在现代如果你看到远处升起的浓烟，你可能获得哪些信息？

1-4　结合你的学习和生活实际，试举例说明通过哪些测试，我们获取了哪些需要的信息？

二、简答题

1-5　何谓非电量电测法？它有哪些优点？

1-6 测试系统一般由哪几部分组成？各部分的功用是什么？

1-7 结合生产实际与日常生活，举例说明测试技术的应用。

1-8 收集资料，写一篇关于电子秤称重的非电量电测法系统的简短报告（组成、测量原理、测量过程等）。

1-9 汞玻璃体温计是一种常用的温度测量系统，请说明该温度测量系统的各级构成、测量过程。

1-10 分析自动售票机（见图 1-13）的哪些部分与测试技术有关？

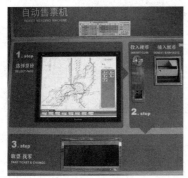

图 1-13 自动售票机

第二章　信号及其描述

从时域到频域，寻觅信息时代永恒旋律的法宝

【**本章学习要求**】　完成本章内容的学习后应明白：

1. 信号是怎么分类的？每一种信号有什么特点？
2. 信号如何描述？时域描述、频域描述的区别是什么？
3. 周期信号的频谱为什么是离散的？非周期信号的频谱为什么是连续的？
4. 无法预测的随机信号还能测评吗？"各态历经"对人生有何启发？

导入案例

　　生物钟也称生物节律、生物韵律，指的是生物体随时间作周期变化的包括生理、行为及形态结构等现象。

　　我们人类多数以一昼夜为周期进行作息，人体的生理指标，如体温、血压、心率；人的体力、情绪、智力；体内的各种信号，如脑电波、心电波、经络电位、人体电磁场的变化等，都是随着昼夜更替而周期性地变化。

　　周期性是宇宙中万事万物运动的基本规律，人是万物中的一分子，人体的"生物钟"如果遵循周期性的作息制度，身体就好。反之，若与人体"生物钟"的运转相悖，变成了非周期性或者随机性规律，就会导致体内生理活动紊乱，对健康产生危害。例如，不少企业家疾病缠身的原因与饮食起居不规律、交际应酬频繁、生活节奏太快经常黑夜与白天颠倒等有关。

【**核心提示**】　测试工作的目的是从被测对象中获取反映其变化规律的动态信息，而信号是信息的载体，信号中包含表征被测对象状态或特性的有关信息。

第一节　信号的分类

　　为了深入了解信号的物理本质，先要搞清楚信号属于什么类型、有哪些特点，以便对不同的信号采用适当的处理方法。信号的分类研究可以从以下不同的角度来分析：

一、按信号取值是否连续分类

根据信号的取值在时间上是否连续，可以将信号分为连续信号和离散信号。

1. 连续信号

　　在自变量的整个连续区间内都有定义，或在信号的数学表达式中的时间变量取值是连续的信号称为**连续信号**，它可以用一条曲线来表示信号随时间变化的特性，如图 2-1a、b 所

示。正弦信号、直流信号、阶跃信号、锯齿波、矩形脉冲信号等都属于连续信号。

连续信号的幅值可以是连续的，也可以是离散的。时间变量和幅值均为连续的信号称为**模拟信号**，如图 2-1a 所示，它在一定的时间范围内可以有无限多个不同的取值。

2. 离散信号

在一定的时间间隔内，只在时间轴的某些离散点上给出函数值的信号称为离散信号，如图 2-1c、d 所示。离散信号又可分为以下两种：

（1）采样信号 时间离散而幅值连续的信号称为**采样信号**，如图 2-1c 所示，它是对模拟信号每隔相同时间间隔 T 采样一次所得到的信号，虽然其波形在时间上不连续，但其幅值取值是连续的。

（2）数字信号 时间离散、幅值也离散（量化）的信号称为**数字信号**，如图 2-1d 所示，数字信号的幅值在信号的变化范围内被量化成有限个离散值。二进制码就是一种数字信号，二进制码受噪声的影响小，易于用数字电路进行处理，所以得到了广泛的应用。

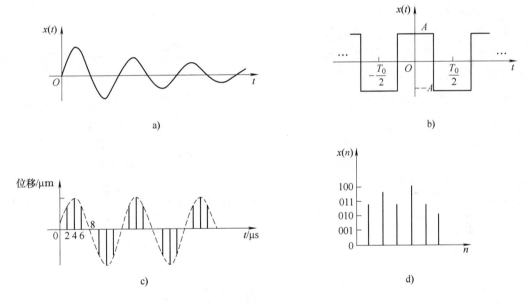

图 2-1 连续信号和离散信号

a）模拟信号（幅值连续） b）连续信号（幅值不连续）

c）采样信号（幅值连续） d）数字信号（幅值量化）

【特别提示】 数字信号是不连续的，模拟信号是连续的。在实际应用中，连续信号、模拟信号这两个名词常常不予区分，离散信号、数字信号这两个名词也常常互相通用。一般情况下，"连续""离散"用于研究理论问题，而"模拟""数字"用于讨论具体的实际问题。

【小思考】 数字信号与采样信号有什么不一样？

二、根据物理性质不同分类

实际中，根据物理性质的不同，可以将信号分为非电信号和电信号。

1. 非电信号

随时间变化的力、位移、速度等信号，属于**非电信号**。

2. 电信号

随时间变化的电流、电压、磁通等信号，称为**电信号**。

非电信号和电信号可以借助一定的装置互相转换，被测的非电信号通常先由传感器转换成电信号，然后再对此电信号进行测量。

三、按信号在时域上变化的特性分类

根据信号在时域上变化的特性可以将信号分为静态信号和动态信号。

1. 静态信号

在测量期间内，信号的值恒定、不随时间变化，可用静态检测手段来测量的信号称为**静态信号**。另有一种**缓变信号**，随时间变化非常缓慢，可按静态信号近似处理。

2. 动态信号

瞬时值随时间变化的信号称为**动态信号**。

一般地，信号都是随时间变化的函数，即为动态信号。根据信号的取值是否确定，动态信号又可分为确定性信号、非确定性信号两大类。这两大类信号还可以根据各自的特点做进一步的划分，具体分类如图 2-2 所示。

（1）确定性信号　如果信号可以用明确的数学关系式来表示，在其定义域内的任意时刻都有确定的数值，则称此类信号为**确定性信号**。例如，当集中质量的单自由度振动系统（见图 2-3）作无阻尼自由振动时，其质点位移 $x(t)$ 可表示为

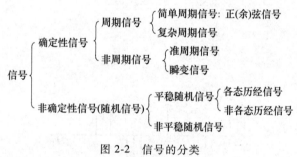

图 2-2　信号的分类

$$x(t) = x_0 \sin\left(\sqrt{\frac{k}{m}}t + \varphi_0\right) \qquad (2\text{-}1)$$

式中　x_0——初始振幅；

　　　k——弹簧刚度；

　　　m——质量；

　　　t——时间；

　　　φ_0——初相位。

该信号用图形表达如图 2-4 所示，横坐标为时间：独立变量 t；纵坐标为振幅：因变量 $x(t)$，这种图形称为信号的"**波形**"。

按确定性信号的波形是否有规律的重复，可以进一步将确定性信号分为周期信号、非周期信号两种。

1）周期信号。是指每隔一固定的时间间隔周而复始重复出现的信号，可用数学表达式表示为

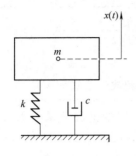

图 2-3　阻尼-质量-弹簧振动系统

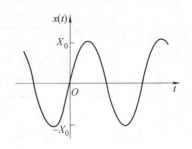

图 2-4　正弦信号的波形

$$x(t) = x(t+nT)$$

$$T = 2\pi/\omega_0$$

(2-2)

式中　T——信号的周期；

　　　ω_0——**圆频率**，又称为**角频率**；

　　　n——周期数，$n = \pm1，\pm2，\pm3\cdots$

图 2-5 所示为周期是 T_0 的三角波信号、方波信号。

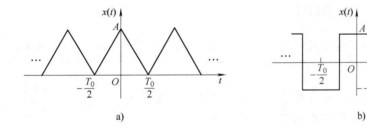

图 2-5　周期信号
a）周期三角波　b）周期方波

　　正弦信号 $x(t) = x_0 \sin(\omega_0 t + \varphi_0)$ 是最简单的周期信号，这种频率单一的正弦或余弦信号称为<u>谐波信号</u>（又称<u>简谐信号</u>、<u>谐波</u>）。显然，式（2-1）表示的信号为周期信号，周期 $T = 2\pi/\omega_0$，其圆频率 $\omega_0 = \dfrac{2\pi}{T} = \sqrt{\dfrac{k}{m}}$，属于谐波信号。

【小思考】　和谐社会与谐波有某种联系吗？

知识链接

　　1. 为什么正弦信号、余弦信号统称为正弦信号？

　　正弦信号、余弦信号，两种波形看起来很相似，只是初相位不同（余弦信号仅仅是在相位上与正弦信号相差 90°）。当正弦波开始于 0 时，余弦波总开始于 1。如何判定在一个给定时刻所观测到的波形是开始于 0 还是 1？实际上，无法区分到底它是正弦波还是余弦波，因此正弦信号或余弦信号，常统称为正弦信号或正弦波、谐波。

2. 何谓谐波？

"谐波"一词起源于声学。从字面解释，谐，有"大部分"的意思。和谐，指大部分协调一致。波，指的是波形（Wave），合起来就是由多种波形合成的波形。

复杂周期信号由多个乃至无穷多个频率成分（频率不同的谐波分量）叠加组成，叠加后存在公共周期。如：$x(t) = x_1\sin(\omega_1 t + \varphi_1) + x_2\sin(\omega_2 t + \varphi_2) = 10\sin(6\pi t + \pi/6) + 5\sin(4\pi t + \pi/3)$ 是复杂周期信号。图 2-6 所示为复杂周期信号 $x(t) = A\sin 0.5\omega t + A\sin\omega t + A\sin 2\omega t$ 的波形图。

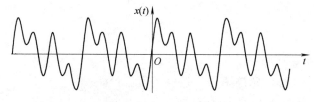

图 2-6　复杂周期信号

周期性方波信号、周期性三角波信号都属于复杂周期信号。在机械系统中，回转体不平衡引起的振动，往往是一种周期信号。

【特别提示】　在令人赏心悦目的美感价值方面，**谐波**足以同其他艺术形态媲美。

知识链接

人们在日常生活中会感觉到自己的体力、情绪或者智力有时很好，有时却很坏，这是什么原因呢？科学家研究发现，人体内有各种生物钟，并有各自的循环周期。

45min——疲惫周期：当人的中枢神经系统处于兴奋状态时，调节功能加强、新陈代谢加快，身体各项机能达到最佳状态。但一般在 45min 后这种"兴奋"效应将全部消失而处于"疲惫"状态，注意力无法集中。从事紧张工作的人应每隔 45min 左右"主动休息"3~5min，哪怕只是倒杯水、随意走动几步也好。如果在尚未产生劳累感时即主动休息，能增强机体免疫功能与抗病能力，是防范疲劳的最好方法。

24h——睡眠周期：人体活动大多呈现 24h 生理节律，与地球有规律自转形成的 24h 周期相适应。熟睡时，肝、胆、肺、皮肤等才得以自我修复。高质量睡眠是恢复体力、养足精神的最佳方式。专家建议：良好的睡眠习惯对健康非常重要，爱美的女性尤其应注意，晚上 11 点至凌晨 5 点是皮肤保养的黄金时段。

2）非周期信号。是指可以用数学关系式描述，但不会重复出现的信号。例如，锤子的敲击力、承载缆绳断裂时的应力变化、热电偶插入加热炉中温度的变化过程等，这些信号都属于非周期信号。

【特别提示】　非周期信号可以看成是周期为无穷大的周期信号。

图 2-7 所示为几个常见的非周期信号的波形，其中图 2-7a 为指数衰减信号，表示

式为

$$x(t)=X_0 e^{-at}\sin(\omega t+\varphi_0) \tag{2-3}$$

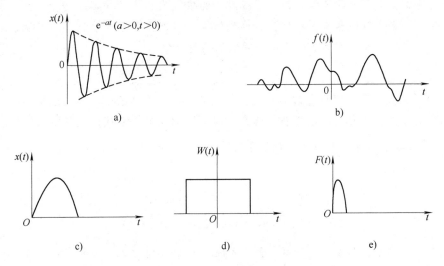

图 2-7　常见的非周期信号

a) 指数衰减信号　b) 表面粗糙度信号　c) 半个正弦信号
d) 矩形窗函数信号　e) 物体的锤击力信号

非周期性信号又可分为准周期信号、瞬变信号。

① 准周期信号。由两种以上的周期信号组成，但各周期信号间不存在公共周期，即各周期信号的频率相互间不是公倍数关系，其合成信号不再为周期信号，因而不会按某一时间间隔重复出现。例如，$x(t)=\sin t+\sin\sqrt{2}\,t$ 是两个正弦信号的合成，二者的角频率分别为 $\omega_1=1$，$\omega_2=\sqrt{2}$，其角频率比是无理数，两个周期信号的周期分别为 $T_1=2\pi$，$T_2=\sqrt{2}\,\pi$，两个周期没有最小公倍数，说明二者之间没有公共周期，所以，信号 $x(t)$ 是非周期的，但又是由周期信号合成的，故称为准周期信号。图 2-8 所示为其信号的波形。

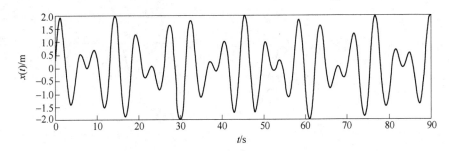

图 2-8　准周期信号 $x(t)=\sin t+\sin\sqrt{2}\,t$ 的波形

【特别提示】　准周期信号是非周期信号的特例，处于周期与非周期的边缘情况。"准"含有"伪"的意思，其频谱如同周期信号那样具有离散性特点。当两个或几个无关的周期信号混叠在一起时，即：$\omega_n/\omega_m\neq$ 有理数，就会产生准周期信号。

知识链接

　　许多物候现象的重现期具有大体是一年的特点，所谓"离离原上草，一岁一枯荣"。这种物候现象发生的准周期性规律，可以用各物候重现周期的多年平均值、标准差等来描述。例如，北京城内春季多种植物的重现周期，虽然在不同年度间不尽相同，但它们的多年平均重现周期大都为365天，表明它们具有大体为一年的准周期性。准，是相近、相似的意思，准周期就是近似意义上的周期。

　　当几个不相关的周期性现象混合作用时，常会产生准周期信号。多机组发动机不同步时的振动信号属于准周期信号，多个独立振源激励起某对象的振动往往是准周期信号。

【小思考】 复杂周期信号与准周期信号的区别是什么？

　　例如，信号 $x(t)$：

$$x(t) = x_1(t) + x_2(t) = A_1 \sin(2\pi f_1 t + \theta_1) + A_2 \sin(2\pi f_2 t + \theta_2)$$

$$= 10\sin(2\pi \times 3t + \pi/6) + 5\sin(2\pi \times 2t + \pi/3) \tag{2-4}$$

　　$x(t)$ 由两个周期信号 $x_1(t)$、$x_2(t)$ 叠加而成，周期分别为 $T_1 = 1/3$、$T_2 = 1/2$，叠加后信号 $x(t)$ 的周期为 T_1、T_2 的公约数 1，即叠加后的公共周期是 1，属于周期信号，如图 2-9a 所示。

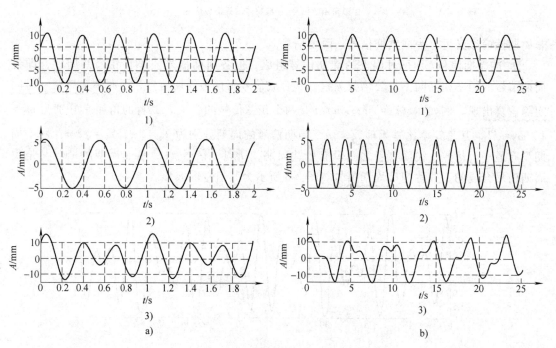

图 2-9　周期信号与准周期信号

a) 周期信号（两个正弦信号叠加，有公共周期）　b) 准周期信号（两个正弦信号叠加，无公共周期）

　　下面的信号 $x(t)$，是由另外两个周期信号 $x_1(t)$、$x_2(t)$ 叠加而成：

$$x(t) = x_1(t) + x_2(t) = A_1 \sin(\sqrt{2}t + \theta_1) + A_2 \sin(3t + \theta_2) \tag{2-5}$$

但两个信号 $x_1(t)$、$x_2(t)$ 的频率比为无理数，即两个频率没有公约数，则叠加后信号无公共周期，故式(2-5)表示的信号 $x(t)$ 是准周期信号(属于非周期信号)，如图 2-9b 所示。

复杂周期信号与准周期信号的比较，见表 2-1。

② 瞬变信号（又称瞬态信号）。只在有限时间段内存在，或随着时间的增长而幅值衰减至零的信号。其特点是：过程突然发生、时间极短、能量很大。

表 2-1　复杂周期信号与准周期信号的比较

两类信号	相　同　点	不　同　点	例　举	
复杂周期信号	由多个不同频率的简谐信号叠加而成;频谱都是离散的	各简谐分量中任意两个分量的频率比是有理数;叠加后存在公共周期	式(2-4)	如图 2-9a 所示
准周期信号		任意两个分量的频率比是无理数;叠加后不存在公共周期	式(2-5)	如图 2-9b 所示

除了准周期信号以外的非周期信号都属于瞬变信号，持续时间较短的各种脉冲函数或衰减函数都是瞬变信号。

产生瞬变信号的物理现象很多，如：机械冲击、热源消失后的温度变化。

图 2-10 所示的单自由度振动系统，加上阻尼装置后，其质点位移 $x(t)$ 属于瞬变信号。

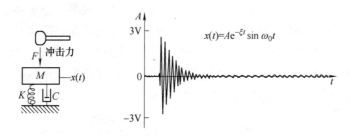

$$x(t) = A e^{-\xi t} \sin \omega_0 t$$

图 2-10　脉冲响应信号波形（单自由度振动模型）

【小思考】　居家过日子，你喜欢周期性的生活？还是非周期性的生活？

（2）非确定性信号（又称为随机信号）　无法用数学式来表达，也无法预见未来任一时刻的瞬时值的信号称为**非确定性信号**，其幅值、相位变化是不可预知的，所描述的物理现象是一种随机过程。例如，汽车奔驰时所产生的振动、飞机在大气流中的浮动、树叶随风飘荡、环境噪声、切削材质不均匀的工件时所产生的切削力等。图 2-11 所示为加工螺纹过程中，车床主轴受环境影响的振动信号波形，它是一个非确定性信号。

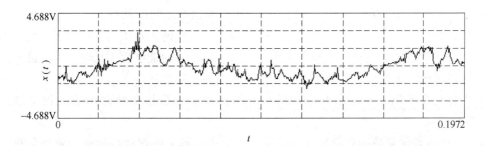

图 2-11　车床主轴非确定性振动信号的波形

由于随机信号具有某些统计特征，可以用概率统计的方法根据其过去来估计未来，但它只能近似的描述，存在误差。

【小思考】　对于某个具体信号，怎么知道它是确定性信号还是非确定性信号？

判断一个信号是确定性信号还是随机信号，通常以通过试验能否重复产生该信号为依据。在相同的条件下，如果一个试验重复多次，在一定的误差范围内得到的信号相同，则可以认为该信号是确定性信号，否则为随机信号。

必须指出的是，实际物理过程往往很复杂，既无理想的确定性，也无理想的非确定性，而是相互掺杂的。

第二节　信号的描述方式

一、时域描述法 （时域分析）

直接观测或记录的信号一般为随时间变化的物理量，这种以时间为独立变量，用信号幅值随时间变化的函数或图形来描述信号的方法称为**时域描述**。

信号时域描述又称波形分析或时域统计分析，从时域波形中可以知道信号的周期、峰值、平均值和方差等统计参数，可以反映信号变化的快慢和波动情况。信号的时域描述简单、直观、形象，用示波器、万用表等普通仪器就可以进行观察、记录和分析。

但是，信号的时域描述只能反映信号幅值随时间的变化情况，除只有一个频率分量的谐波外，一般很难明确揭示信号的频率组成及各频率分量的大小。例如，图 2-12 所示为一受噪声干扰的多频率成分周期信号，从信号波形上很难看出其特征，但从信号的功率谱上却可以判断并识别出信号中的四个周期分量和它们的大小。

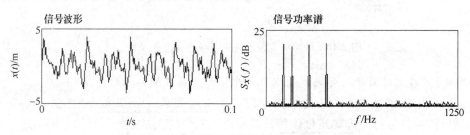

图 2-12　受噪声干扰的周期信号的波形和频谱

二、频域描述法 （频域分析）

以频率 f 作为自变量，建立信号的幅值、相位与频率之间的关系。

信号的频谱是构成信号的各频率分量的集合，它完整地表示了信号的频率结构，即信号由哪些谐波组成、各谐波分量的幅值大小及初始相位，从而能够提供比时域信号波形更丰富的信息，便于研究组成信号的各频率分量的幅值及相位的信息。

频谱分析主要用于识别信号中的周期分量，是信号分析中最常用的一种手段。例如（见图 2-13）：

1）在机床齿轮箱故障诊断中，可以通过测量齿轮箱上的振动信号进行频谱分析，确定最大频率分量，然后根据机床转速和传动链，找出故障齿轮。

2）在螺旋桨设计中，可以通过频谱分析确定螺旋桨的固有频率和临界转速，确定螺旋桨转速的工作范围。

图 2-13 频谱分析的应用

【小思考】 频域描述法与时域描述法的差别仅仅是横坐标不一样吗？

三、两者的关系

信号的时域描述以时间为独立变量，强调信号的幅值随时间变化的特征；信号的频域描述以频率或角频率为独立变量，强调信号的幅值和初相位随频率变化的特征。时域描述与频域描述为从不同的角度观察、分析信号提供了方便。

信号的时域描述直观反映了信号随时间变化的情况，频域描述则反映了信号的频率组成成分。对分析旋转机械工作时产生的周而复始的、频率成分固定的周期信号来说，这两种分析方法都是可行的；但对旋转机械起/停过程等信号频率成分不断变化的过程，单独的时域分析或频谱分析都不充分，必须将两者结合起来进行分析。

> **知识链接**
>
> 心电图（ECG）、心电频谱图（FCG）同源于心电信息，但心电图属于时域分析，心电频谱图是对心电信号的频域分析，它通过快速傅里叶变换，将心电的时域信号转换成频域信号，可进行多参量、多指标的整体分析，突破了心电图时域分析的局限性，具有信息量丰富、分析精度高、速度快的特点。临床表明：FCG 诊断冠心病的敏感性高、特异性强，是一种简便、准确、可靠的无创性心电检测技术。

【特别提示】 信号的时域描述、频域描述是信号表示的不同形式，同一信号无论采用哪种描述方法，其含有的信息内容是相同的，即在信号的时域描述转换为频域描述时，不增加新的信息。

【人生哲理】 拓宽人生的领域：一个人的潜力是无限的，我们不应该划地自限、自我禁锢、不思进取。

第三节 周期信号及其离散频谱

谐波信号是最简单、最常用的周期信号。为了对信号的构成、性质及内涵有更深入的了解，就需要以傅里叶级数作为数学工具，将一般周期信号分解成多个不同频率谐波信号的线性叠加，这就是周期信号的<u>频谱分析</u>。

一、周期信号的定义

若信号按照一定的时间间隔周而复始，并且无始无终，则称此类信号为<u>周期信号</u>。周期信号的数学表达式为：

$$x(t) = x(t + nT) \qquad (n = \pm 1, \ \pm 2, \ \pm 3 \cdots)$$

特例：正弦信号或余弦信号是最简单的周期信号，其函数式为：$x(t) = x_0 \sin(\omega_0 t + \varphi_0)$。根据幅值 x_0、角频率 ω_0、初相角 φ_0 可以完全确定一个正弦信号。

除了谐波信号外，常见的周期信号还有：周期方波、周期三角波、周期锯齿波、正弦波整流信号，如图 2-14 所示。

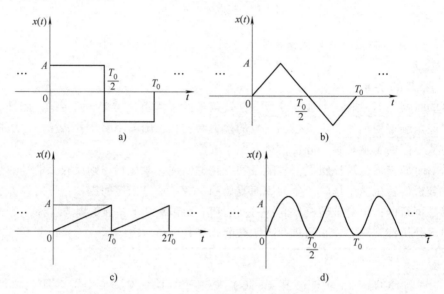

图 2-14　常见的四种周期信号

a) 周期方波　b) 周期三角波　c) 周期锯齿波　d) 正弦波整流

对于图 2-14a 所示的周期方波，其数学表达式为：

$$x(t) = \begin{cases} A\left(0 \leqslant t \leqslant \dfrac{T_0}{2}\right) \\[2mm] -A\left(-\dfrac{T_0}{2} \leqslant t \leqslant 0\right) \end{cases}$$

周期方波为多频率结构的复杂周期信号，要明确多频率结构，必须对周期方波进行频域描述。

【小思考】 能否用正弦信号（谐波信号）来描述方波、锯齿波等复杂周期信号？

知识链接

生活中的**周期性**随处可见，"野火烧不尽，春风吹又生"是生命的循环；"花开花落，云卷云舒""日出日落，潮落潮涌"是自然的循环；还有钟摆的摆动，等等。

　　某些生物也存在有趣的周期性现象。例如，在南美洲的危地马拉有一种第纳鸟，它每隔 30min 就会"叽叽喳喳"地叫上一阵子，而且误差只有 15s，当地居民就用它们的叫声来推算时间，称为"鸟钟"。

　　在非洲的密林里有一种报时虫，它每隔 1h 就换一种颜色，人们把这种小虫捉回家，看它变色来推算时间，称为"虫钟"。

二、周期信号傅里叶级数的三角函数展开式

　　从数学分析已知，任何周期函数在满足狄里克雷（Dirichlet）条件时，都可以展开成由正交函数线性组合的无穷级数（如三角函数集或复指数函数集）的傅里叶级数，即

　　一个周期为 T 的周期信号 $x(t)$，如果满足狄里克雷条件，在一个周期内，均可以展开为傅里叶级数，且级数收敛。

【小思考】　何谓狄里克雷条件？为啥取名"狄里克雷条件"？

知识链接

狄里克雷条件如下：

1）在一个周期内，函数处处连续或只存在有限个第一类间断点。

2）在一个周期内，函数极值点（极大值、极小值）的个数是有限的。

3）在一个周期内，函数是绝对可积分的，即 $\int_{-\frac{T_0}{2}}^{\frac{T_0}{2}} x(t)\,\mathrm{d}t$ 应为有限值。

【特别提示】　工程实际中的周期函数，一般都满足狄里克雷条件，所以可将它展开成收敛的傅里叶级数。

阅读材料

　　狄里克雷（Dirichlet，1805—1859），德国数学家，对数论、数学分析和数学物理有突出贡献，是解析数论的创始人之一。

　　中学时曾受教于物理学家欧姆；1822—1826 年在巴黎求学，深受傅里叶的影响。回国后先后在布雷斯劳大学、柏林军事学院和柏林大学任教 27 年，对德国数学的发展产生了巨大的影响。1839 年任柏林大学教授，1855 年接任高斯在哥廷根大学的教授职位。1829 年狄里克雷第一个给出了傅里叶级数的收敛条件。

【核心提示】　傅里叶级数是描述周期信号的基本数学工具，通过它可以把任一周期信号展开成无穷多个正弦或余弦函数之和。

1. 傅里叶级数的三角函数展开式

　　任一周期信号 $x(t)$，只要满足 Dirichlet 条件，都可以展开成如式（2-6）所示的傅里叶级数。

　　三角函数形式的傅里叶级数：

$$x(t) = a_0 + \sum_{n=1}^{\infty} \left[a_n \cos n\omega_0 t + b_n \sin n\omega_0 t \right] \tag{2-6}$$

$$\omega_0 = \frac{2\pi}{T} = 2\pi f_0$$

式中　ω_0——基波角频率；

　　　T——周期；

　　　f_0——基波频率；$n = 1$、2、3…；

　$n\omega_0$——第 n 次谐波的角频率；

a_0、a_n、b_n 分别计算如下：

a_0——直流分量幅值，$a_0 = \dfrac{1}{T} \displaystyle\int_{-\frac{T}{2}}^{\frac{T}{2}} x(t)\,\mathrm{d}t$； $\tag{2-7}$

a_n——各余弦分量幅值，$a_n = \dfrac{2}{T} \displaystyle\int_{-\frac{T}{2}}^{\frac{T}{2}} x(t) \cos n\omega_0 t\,\mathrm{d}t$； $\tag{2-8}$

b_n——各正弦分量幅值，$b_n = \dfrac{2}{T} \displaystyle\int_{-\frac{T}{2}}^{\frac{T}{2}} x(t) \sin n\omega_0 t\,\mathrm{d}t$。 $\tag{2-9}$

利用三角函数的和差化积公式，周期信号的三角函数展开式（2-6）还可以写成下面的纯正弦形式：

$$x(t) = A_0 + \sum_{n=1}^{\infty} A_n \sin(n\omega_0 t + \theta_n) \tag{2-10}$$

式中　A_0——直流分量幅值，$A_0 = a_0$；

　　　A_n——各频率分量幅值，$A_n = \sqrt{a_n^2 + b_n^2}$；

　　　θ_n——各频率分量的相位，$\theta_n = \arctan\left(\dfrac{a_n}{b_n}\right)$。

其中，a_n，b_n，A_n，θ_n 称为信号的傅里叶系数，表示信号在频率 f_n 处的成分大小，$n = 0$、1、2、3…

根据傅里叶系数的计算公式可知，各系数的大小完全由信号 $x(t)$ 确定。

【说明】

1）常值 a_0 为周期信号的平均值或直流分量。

2）当 $n = 1$ 时，所对应的正、余弦项 $a_1 \cos\omega_0 t$ 和 $b_1 \sin\omega_0 t$ 或 $A_1 \sin(\omega_0 t + \varphi)$ 称为基波或基本谐波（是波长最长的波），频率 ω_0 称为基频，其余依次称为二次谐波（$n = 2$，角频率为 $2\omega_0$）、三次谐波（$n = 3$，角频率为 $3\omega_0$），……，n 次谐波（角频率为 $n\omega_0$）。

【特殊函数的傅里叶级数】利用函数的奇偶性，可使周期信号的傅里叶三角函数展开式（2-6）得到简化。

1）如果周期函数 $x(t)$ 是奇函数，即 $x(t) = -x(-t)$，此时傅里叶系数的常值分量 $a_0 = 0$，余弦分量幅值 $a_n = 0$，则傅里叶级数 $x(t) = \displaystyle\sum_{i=1}^{\infty} b_n \sin n\omega_0 t$。

2）如果周期函数 $x(t)$ 是偶函数，即 $x(t) = x(-t)$，此时傅里叶系数的正弦分量幅值 $b_n =$

0，则傅里叶级数 $x(t) = a_0 + \sum\limits_{n=1}^{\infty} a_n \cos n\omega_0 t$。

【特别提示】　周期信号展开为傅里叶级数的关键就是确定各个系数，即 a_n，b_n 等。若要快速求解各系数，可利用函数的奇偶特性。

2. 周期信号的频域描述

以角频率 ω_0（或频率 f）为横坐标，各次谐波的幅值 A_n 或相位 θ_n 为纵坐标，所做的图形称为周期信号的"**三角频谱**"，横坐标的取值范围为 $0 \sim +\infty$。其中图形 A_n-ω 称为幅值频谱图（简称<u>幅频图</u>），如图 2-15a 所示，幅频谱中每条竖线代表某一频率分量的幅值，称为谱线。图形 θ_n-ω 称为相位频谱图（简称<u>相频图</u>），如图 2-15b 所示。信号的**幅频图**与**相频图**统称为信号的**频谱图**，这就是周期信号的<u>频域描述</u>。

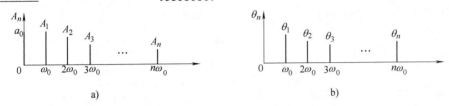

图 2-15　周期信号的幅值与相位频谱图

在周期信号的频谱图中，由于 n 为整数，则相邻频率的间隔 $\Delta\omega = \omega_0 = 2\pi/T$，即各频率成分都是 ω_0 的整数倍。一个谐波在频谱图中对应一根谱线，对周期信号来说，谱线只会在频率等于 0、ω_1、ω_2、$\cdots$、ω_n 等离散频率点上出现，这种频谱称为<u>离散频谱</u>，它是周期信号频谱的主要特点。三角频谱中的角频率 ω（或频率 f）从 0 到 $+\infty$ 变化，谱线总是在横坐标的一边，因而三角频谱也称为"<u>单边谱</u>"。

【人生哲理】　"任何复杂的周期信号，都是由频率比为有理数的很多个正弦信号叠加而成的"给我们一个启示：世界上的复杂问题，总可以**大事化小——复杂问题简单化**。

【例 2-1】　对如图 2-16 所示的周期方波进行频谱分析。

解：

（1）验证 Dirichlet 条件　根据题目，在一个周期内，$f(t)$ 处处连续，即满足 Dirichlet 条件，故 $f(t)$ 可以展开成收敛的傅里叶级数。

（2）写出 $f(t)$ 在一个周期内的表达式

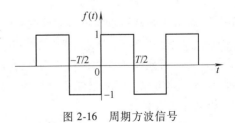

图 2-16　周期方波信号

$$f(t) = \begin{cases} -1 & -\dfrac{T}{2} \leq t \leq 0 \\[2mm] 1 & 0 \leq t \leq \dfrac{T}{2} \end{cases}$$

（3）计算傅里叶系数　因 $f(t)$ 为奇函数，故 $a_0 = 0$，$a_n = 0$。

$$b_n = \frac{4}{T}\int_0^{\frac{T}{2}} f(t)\sin n\omega_0 t \, \mathrm{d}t = \frac{4}{T}\int_0^{\frac{T}{2}} \sin n\omega_0 t \, \mathrm{d}t = \frac{2}{n\pi}\left[1 - \cos n\pi\right]$$

$$= \frac{2}{n\pi}\left[1 - (-1)^n\right] = \begin{cases} 0 & n = 2, 4, \cdots（偶数） \\[2mm] \dfrac{4}{n\pi} & n = 1, 3, \cdots（奇数） \end{cases}$$

（4）该方波信号展开的傅里叶级数如下

$$f(t) = \frac{4}{\pi}\left(\sin\omega_0 t + \frac{1}{3}\sin 3\omega_0 t + \frac{1}{5}\sin 5\omega_0 t + \cdots\right) \qquad (n = 奇数)$$

可见，周期方波是由多种频率的正弦信号叠加而成的，利用傅里叶级数可以把一个复杂的周期信号表示成许多正（余）弦信号之和的形式。

（5）画出该方波的频谱图　各谐波分量的幅值为

$$A_n = \sqrt{a_n^2 + b_n^2} = |b_n| = \frac{4}{n\pi} \qquad (n = 1, 3, 5\cdots)$$

各谐波分量的相位 $\theta_n = \arctan\dfrac{a_n}{b_n} = 0$

该方波的频谱如图 2-17 所示，其幅值谱不含静态分量，仅含奇次谐波（$n = 1, 3, 5, 7\cdots$）的频率分量，各次谐波的幅值以 $1/n$ 的规律收敛。

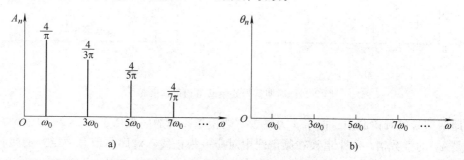

图 2-17　周期方波的幅值谱与相位谱

a）幅频图　b）相频图

【核心提示】　把周期信号展开为傅里叶级数的主要目的是了解给定周期信号含有哪些频率分量，以及各分量幅值、相位的相对比例关系，这种关系就是信号的"频率特性"。其中，幅值与频率的关系称为幅频特性，相位与频率的关系称为相频特性。寻找信号频率特性的过程，称为信号的频谱分析。

周期信号的频谱具有以下特点：

1）**离散性**。周期信号所含各分量，只在频率等于零、基波和基波整数倍的离散频率点上出现，因而谱线是离散的，即频谱是由不连续的谱线组成的，故周期信号的频谱是离散频谱。

周期信号的频谱是由间隔为 ω_0 的谱线组成的，信号周期 T 越大，ω_0 就越小，则谱线越密。反之，T 越小，ω_0 越大，谱线则越疏。

2）**谐波性**。每根谱线代表一个谐波分量，谱线之间的间隔等于基频的整数倍，各次谐波的频率都是基频 ω_0 的整数倍。

3）**收敛性**。每根谱线的高度与对应谐波的幅值成正比，而且随谐波次数的增高而降低，并最终趋于零。

因为谐波幅值的总趋势是随谐波次数的增高而减小，信号的能量主要集中在低频分量，所以谐波次数过高的那些分量（高频分量）所占能量很少，可以忽略不计。

工程上通常把频谱中幅值下降到最大幅值的1/10时所对应的频率作为信号的频带宽度，称为 <u>1/10 法则</u>。在信号的有效带宽内，集中了信号的绝大部分谐波分量。若信号丢失有效带宽以外的谐波成分，则不会对信号产生明显影响。

【人生哲理】 "复杂周期信号虽然是由无穷多个正弦信号叠加而成，但是最主要的也就前面 10 个——1/10 法则"，所以，当人生与工作中存在纷繁复杂的矛盾时，要学会**抓住主要矛盾**。

信号的频带宽度与允许误差的大小有关，在设计或选择测试仪器时要注意：测试仪器的工作频率范围必须大于被测信号的频带宽度，否则会引起信号失真，增大测量误差。

常见周期信号的波形及频带宽度见表 2-2。可以看出，对于无跃变的信号，其占有频带较窄，一般取基频的 3 倍为其频带宽度；对于有跃变的信号，其占有频带较宽，一般取基频的 10 倍为其频带宽度。

表 2-2 常见周期信号的波形及其频带宽度

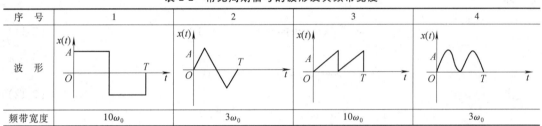

序 号	1	2	3	4
波 形				
频带宽度	$10\omega_0$	$3\omega_0$	$10\omega_0$	$3\omega_0$

【人生哲理】 "随着叠加的正弦波数量逐渐增多，最终可以叠加出任何一种复杂的周期信号"，所以"不积跬步，无以至千里；不积小流，无以成江海"。山再高，往上攀总能登顶；路再长，走下去定能到达。"很多小信号的叠加，可以组合成一个强有力的信号——信号的合成"提醒我们：如果每个学生都有理想、为中华之崛起而勤奋学习，中国何愁不强大？

阅读材料

 1. 傅里叶是谁？

<u>傅里叶</u>（Jean·Baptiste·Joseph·Fourier, 1768—1830）也译作傅立叶，拿破仑时代的法国数学家、物理学家。

1807 年傅里叶提出了在当时可以说是大胆的设想："不存在不能用三角级数表达的函数""任何周期函数都可用三角函数的级数表示"，即：任何周期函数，都可以用正弦函数、余弦函数构成的无穷级数来表示。傅里叶级数（即三角级数）、傅里叶分析等理论均由此创始，后人用其名字来命名以示纪念。

事实上，很多物理现象的波形是由各种不同频率的分量合成的。例如，白光是由各种单色光组成的复色光。当白光通过三棱镜时会将各单色光分开，形成红、橙、黄、绿、蓝、靛、紫七种美丽的色彩（**光谱**），证明了白光是由不同波长的光合成的。借助三棱镜将光分解为光谱，可研究颜色的配合、进行光分析。同样，将信号分解为不同频率的分量，我们也可以了解原信号是如何产生的？经过了什么环节？受到了哪些影响？这种分析方法称为<u>谱分析</u>或<u>傅里叶分析</u>。

2. 为什么将周期信号分解为正弦信号而不是其他信号？

因为正弦信号是实际应用中的典型信号，而且它具有两个非常有用的性质：

1）两个同频率的正弦信号相加，即使它们的幅值、初相位不同，但相加的结果仍是原频率的正弦信号。

2）当正弦信号通过一个线性系统时，其输出仍是同频率的正弦信号，只是其幅值和相位变了。

【核心提示】　傅里叶级数的三角函数展开式是用三角函数来表示周期信号的一种方法，周期信号的另一种更常用的表示方法是指数表示法，即傅里叶级数的复指数展开式。

三、周期信号傅里叶级数的复指数函数展开式

为了便于数学运算，往往将傅里叶级数写成复指数函数形式。引用数学上的欧拉公式，即

$$e^{\pm j\omega t} = \cos\omega t \pm j\sin\omega t \quad (j = \sqrt{-1}) \tag{2-11}$$

则

$$\begin{cases} \cos(\omega t) = \dfrac{1}{2}(e^{-j\omega t} + e^{j\omega t}) \\ \sin(\omega t) = \dfrac{j}{2}(e^{-j\omega t} - e^{j\omega t}) \end{cases} \tag{2-12}$$

将式(2-12)代入三角函数展开式(2-6)中，则

$$x(t) = a_0 + \sum_{n=1}^{\infty} \left[\frac{1}{2}(a_n + jb_n)e^{-jn\omega_0 t} + \frac{1}{2}(a_n - jb_n)e^{jn\omega_0 t} \right]$$

令

$$C_0 = a_0 = A_0$$

$$C_n = \frac{1}{2}(a_n - jb_n), \quad C_{-n} = \frac{1}{2}(a_n + jb_n)$$

则

$$x(t) = C_0 + \sum_{n=1}^{\infty} C_{-n}e^{-jn\omega_0 t} + \sum_{n=1}^{\infty} C_n e^{jn\omega_0 t} = \sum_{n=-\infty}^{\infty} C_n e^{jn\omega_0 t}$$

$$\tag{2-13}$$

即

$$x(t) = \sum_{n=-\infty}^{\infty} C_n e^{jn\omega_0 t} \tag{2-14}$$

这就是傅里叶级数的复指数形式，$n = 0, \pm1, \pm2, \pm3\cdots$。当周期信号 $x(t)$ 展开成式(2-14)形式的傅里叶级数时，意味着信号 $x(t)$ 被分解成为不同频率的指数函数。

C_n 称为复数傅里叶系数，即

$$C_n = \frac{1}{2}(a_n - jb_n) = \frac{1}{T}\int_{-\frac{T}{2}}^{\frac{T}{2}} x(t)e^{-jn\omega_0 t}dt \tag{2-15}$$

以上结果表明，周期信号 $x(t)$ 可分解成无穷多个指数分量之和，而且傅里叶系数 C_n 完全由原信号 $x(t)$ 确定，因此 C_n 包含原信号 $x(t)$ 的全部信息。

通常情况下，C_n 为复数，可以写成模与幅角的形式

$$C_n = |C_n| e^{j\varphi_n} = C_{nR} + jC_{nI} \tag{2-16a}$$

$$|C_n| = |C_{-n}| = \frac{1}{2}A_n = \frac{1}{2}\sqrt{a_n^2 + b_n^2} \tag{2-16b}$$

$$\varphi_n = \arctan\frac{C_{nI}}{C_{nR}}, \quad \varphi_{-n} = -\varphi_n \tag{2-16c}$$

式中　　C_{nR}——复数 C_n 在实轴 Re 上的投影，称为复数 C_n 的实部；

　　　　C_{nI}——复数 C_n 在虚轴 Im 上的投影，称为复数 C_n 的虚部。

C_n 与 C_{-n} 共轭，即 $C_n = C_{-n}^*$；$\varphi_n = -\varphi_{-n}$。

复数傅里叶系数 C_n 的模 $|C_n|$、幅角 φ_n，分别表示各次谐波的幅值和相位角，因此 C_n 包括了周期信号所含的各次谐波幅值、相位角的信息，因而它同样是周期信号的频谱函数。

以频率 ω 为横坐标，分别以 $|C_n|$、φ_n 为纵坐标，可以得到信号的幅频谱图（$|C_n|$-ω）和相频谱图（φ_n-ω）；也可分别以 C_n 的实部、虚部为纵坐标，得到信号的实频谱图（C_{nR}-ω）和虚频谱图（C_{nI}-ω）。

由于 $n = -\infty \sim +\infty$，则 $\omega = n\omega_0 = -\infty \sim +\infty$，因此它们的频率在 $-\infty \sim +\infty$ 范围内变化，即频率是双边的，不是单边的，这种频谱称为双边谱。在复指数频谱图中，横坐标 ω（或频率 f）是从 $-\infty$ 到 $+\infty$，故周期信号的傅里叶复指数展开的频谱都是双边谱。如，$|C_n|$-ω 为双边幅频图，φ_n-ω 为双边相频图，统称为复频谱图。在双边幅频图中，每对正、负频率上谱线的高度 $|C_n|$ 相等，因此双边幅频图呈偶对称分布，而双边相频图总是呈奇对称分布。

$n = \pm 1$ 两项的基波频率为 ω_0，两项合起来称为信号的基波分量。

$n = \pm 2$ 的频率为 $2\omega_0$，两项合起来称为信号的 2 次谐波分量。

$n = \pm N$ 的频率为 $N\omega_0$，两项合起来称为信号的 N 次谐波分量。

物理含义：周期信号 $x(t)$ 可以分解为不同频率虚指数信号之和。

【注意】　在双边频谱图中，还应画出负频率对应的谱线。

比较傅里叶级数的两种展开式可知：三角函数展开式的频谱为单边频谱（ω 从 0 到 $+\infty$），复指数函数形式的频谱为双边频谱（ω 从 $-\infty$ 到 $+\infty$）；各次谐波的幅值在量值上有确定的关系，即 $|C_n| = A_n/2$，其原因是 $|C_n|$ 和 A_n 中 n 的取值范围不同，前者的 n 在 $-\infty \sim +\infty$ 内取值，而后者的 n 在 $0 \sim +\infty$ 内取值。

在式（2-14）中，n 值可正可负。当 n 为负值时，谐波频率 $n\omega_0$ 为"负频率"。怎样理解"负频率"呢？这时因为从实数形式的傅里叶级数过渡到复数形式的傅里叶级数，用复数表示正弦和余弦，频率是复指数函数的指数，因此负频率是与负指数相关联的。"负频率"并不意味着实际信号中有真正的负频率分量，负频率的出现，完全是数学运算的结果，并无实际的物理含义。

可把 $C_n(n = 0, \pm 1, \pm 2, \pm 3, \cdots)$ 看作复平面内的模 $|C_n| = A_n/2$、角频率（角速度）为 $n\omega_0$ 的一对共轭反向旋转矢量（即向量）。幅角 φ_n 表示矢量 C_n 相对于实轴在 $t = 0$ 时刻的位

置。矢量旋转的方向可正、可负（逆时针旋转为正），因此出现了正、负频率。傅里叶级数的三角展开式中的各个谐波分量的幅值，在复指数展开式中被分解为两个模相等、旋转方向相反的矢量，如图 2-18 所示。

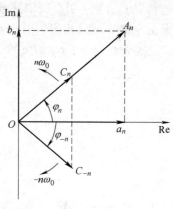

图 2-18　正、负频率的说明

【特别提示】　周期信号用复指数形式展开，相当于在复平面内用一系列旋转矢量 $|C_n|e^{j(n\omega_0 t \pm \varphi_n)}$ 来描述，且具有负频率的矢量总是与具有正频率的矢量成对出现。

【例 2-2】　画出正弦信号的频谱图。

解：由欧拉公式知 $\sin\omega_0 t = j(e^{-j\omega_0 t} - e^{j\omega_0 t})/2$，仿照式 (2-12)、式 (2-14)，改写成

$$\sin\omega_0 t = \sum_{n=-\infty}^{\infty} C_n e^{jn\omega_0 t} = \frac{j}{2}e^{j(-1)\omega_0 t} + \frac{-j}{2}e^{j(+1)\omega_0 t}$$

结合式 (2-14)、式 (2-16a) 和式 (2-16c)，则

$$x(t) = \sin\omega_0 t = C_{-1}e^{j(-1)\omega_0 t} + C_1 e^{j(+1)\omega_0 t}$$

$$C_{n=-1} = C_{-1} = j/2 = 0 + j/2 ; \qquad C_{n=+1} = C_1 = -j/2 = 0 + (-j/2)$$

当 $n = -1$ 即在 $\omega = -\omega_0$ 处：$C_{nR} = 0$，$C_{nI} = 1/2$，$|C_n| = 1/2$，$\varphi_n = \pi/2$。

当 $n = 1$ 即在 $\omega = \omega_0$ 处：$C_{nR} = 0$，$C_{nI} = -1/2$，$|C_n| = 1/2$，$\varphi_n = -\pi/2$。

由式 (2-16b) 得：$A_n = 2 \times |C_n| = 1$，这样，就可以画出正弦信号的频谱图，如图 2-19 所示。

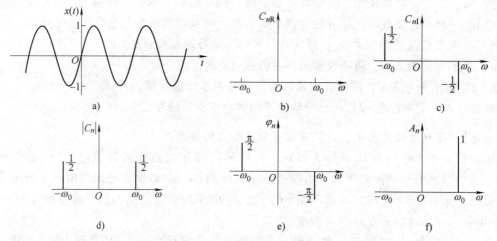

图 2-19　正弦信号及其频谱图
a) 正弦信号时域波形　b) 实频图　c) 虚频图（奇对称）
d) 双边幅频图（偶对称）　e) 双边相频图（奇对称）　f) 单边幅频图

可见，正弦信号只有虚频谱图，且关于纵轴奇对称，实频谱图为零。

在利用欧拉公式做转换时，单项的正弦信号变成复指数表达式成了两项，而引入了一个 $-n\omega_0$。在做频谱图时，以三角函数表达式展开 $\sin n\omega_0 t$ 的频谱仅在 $n\omega_0$ 处有一根谱线，如图

2-19f 所示；但以复指数表达 $\sin n\omega_0 t$ 的频谱时，由于 $A\sin(n\omega_0 t) = \mathrm{j}A(\mathrm{e}^{-\mathrm{j}n\omega_0 t} - \mathrm{e}^{\mathrm{j}n\omega_0 t})/2$，所以在 $n\omega_0$ 和 $-n\omega_0$ 两处各有一根谱线，其幅值为原 $\sin n\omega_0 t$ 幅值的一半，如图 2-19d 所示。故用三角函数展开的频谱为单边谱，用复指数形式展开后所得的频谱为双边谱。

四、三角函数展开式与复指数函数展开式的关系

由式(2-15)、式(2-16a)可知：

$$C_{nR} = a_n/2 \qquad (2\text{-}17a)$$
$$C_{nI} = -b_n/2 \qquad (2\text{-}17b)$$

则

$$|C_n| = \sqrt{C_{nR}^2 + C_{nI}^2} = \sqrt{(a_n/2)^2 + (-b_n/2)^2} = A_n/2 \qquad (2\text{-}18)$$

即双边谱的幅值 $|C_n|$ 是单边谱幅值 A_n 的一半。

而

$$\varphi_n = \arctan\frac{C_{nI}}{C_{nR}} = -\arctan\frac{b_n}{a_n}, \quad \varphi_{-n} = -\varphi_n \qquad (2\text{-}19)$$

对比式(2-10)与式(2-15)～式(2-18)，可得周期信号傅里叶级数的三角函数展开式与复指数展开式的关系见表2-3。

表 2-3　傅里叶级数的三角函数展开式与复指数展开式的关系

三角函数展开式	傅里叶系数	复指数展开式	傅里叶系数
常值分量	a_0	复指数常量	$C_0 = a_0$
余弦分量幅值	a_n	复数 C_n 的实部	$C_{nR} = a_n/2$
正弦分量幅值	b_n	复数 C_n 的虚部	$C_{nI} = -b_n/2$
幅值	A_n	复数 C_n 的模	$|C_n| = A_n/2$
相位角	$\theta_n = \arctan(a_n/b_n)$	幅角(相位角)	$\varphi_n = \arctan(-b_n/a_n)$

【核心提示】　三角形式的傅里叶级数、复指数形式的傅里叶级数并不是两种不同类型的级数，而只是同一级数的两种不同的表示方法。三角形式的傅里叶级数的物理含义明确；复指数形式的傅里叶级数数学处理方便、简单，而且很容易与后面介绍的傅里叶变换统一起来。在实际应用中，特别是在公式推导中，常将周期信号展开成复指数函数形式。

【小思考】　上面讨论的傅里叶级数展开式，是否对任何周期信号都成立？

表 2-4 归纳了三角形式和复指数形式的傅里叶级数及其系数之间的关系。

表 2-4　三角形式和复指数形式的傅里叶级数及其系数之间的关系

傅里叶级数形式	展开式	傅里叶系数	傅里叶系数之间的关系
三角形式	$x(t) = a_0 + \sum_{n=1}^{\infty}(a_n\cos n\omega_0 t + b_n\sin n\omega_0 t)$ $= A_0 + \sum_{n=1}^{\infty} A_n\sin(n\omega_0 t + \theta_n)$	$a_0 = \dfrac{1}{T}\displaystyle\int_{-\frac{T}{2}}^{\frac{T}{2}} x(t)\,\mathrm{d}t$ $a_n = \dfrac{2}{T}\displaystyle\int_{-\frac{T}{2}}^{\frac{T}{2}} x(t)\cos n\omega_0 t\,\mathrm{d}t$ $b_n = \dfrac{2}{T}\displaystyle\int_{-\frac{T}{2}}^{\frac{T}{2}} x(t)\sin n\omega_0 t\,\mathrm{d}t$	$A_0 = a_0$ $A_n = \sqrt{a_n^2 + b_n^2}$ $\theta_n = \arctan\dfrac{a_n}{b_n}$

（续）

傅里叶级数形式	展 开 式	傅里叶系数	傅里叶系数之间的关系
复指数形式	$x(t) = \sum_{n=-\infty}^{\infty} C_n e^{jn\omega_0 t}$	$C_n = \dfrac{1}{T}\displaystyle\int_{-\frac{T}{2}}^{\frac{T}{2}} x(t) e^{-jn\omega_0 t} dt$	$C_0 = a_0$ $C_{nR} = a_n/2$ $C_{nI} = -b_n/2$ $\varphi_n = \arctan(-b_n/a_n)$

【例 2-3】　画出信号 $x(t) = \sqrt{2}\sin(2\pi f_0 t + \pi/4)$ 的三角频谱和双边频谱图。

解：信号 $x(t)$ 符合式（2-10）的形式，故 $A_n = \sqrt{2}$，$\theta_n = \pi/4$，因此在频率 f_0 处信号的三角形式的傅里叶级数展开式的幅值为 $\sqrt{2}$，相角为 $\pi/4$，其三角函数展开式的幅频图、相频图如图 2-20 所示。

对信号 $x(t)$ 先按三角函数分解，得

$$x(t) = \sin 2\pi f_0 t + \cos 2\pi f_0 t$$

利用欧拉公式得

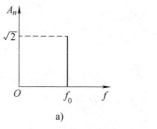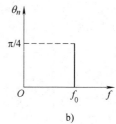

图 2-20　信号 $x(t)$ 的三角频谱
a) 幅频图　b) 相频图

$$x(t) = j(e^{-j2\pi f_0 t} - e^{j2\pi f_0 t})/2 + (e^{-j2\pi f_0 t} + e^{j2\pi f_0 t})/2$$

仿照式（2-14），写成

$$x(t) = (1/2+j/2) e^{-j2\pi f_0 t} + (1/2-j/2) e^{j2\pi f_0 t}$$
$$= (1/2+j/2) e^{j2\pi(-1)f_0 t} + (1/2-j/2) e^{j2\pi(+1)f_0 t}$$

结合式（2-14）、式（2-16a）和式（2-16c），则

$$C_{n=-1} = 1/2+j/2 ; \quad C_{n=+1} = 1/2+(-j/2)$$

当 $n=-1$ 即在 $f=-f_0$ 处：$C_{nR} = 1/2$，$C_{nI} = 1/2$，$|C_n| = \sqrt{2}/2$，$\varphi_n = \pi/4$。

当 $n=1$ 即在 $f=f_0$ 处：$C_{nR} = 1/2$，$C_{nI} = -1/2$，$|C_n| = \sqrt{2}/2$，$\varphi_n = -\pi/4$。

于是，就可以画出信号 $x(t)$ 用复指数形式的傅里叶级数展开的频谱，如图 2-21 所示。

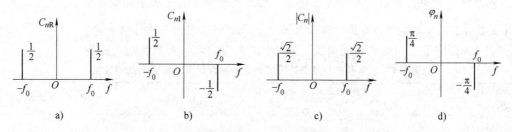

图 2-21　信号 $x(t)$ 的双边谱图
a) 实频图　b) 虚频图　c) 双边幅频图　d) 双边相频图

【例 2-4】　求图 2-5b 所示的周期性方波 $x(t)$ 的傅里叶级数复指数展开及其双边谱，其中幅值为 A，周期为 T_0。

解：在 $x(t)$ 的一个周期中，$x(t)$ 可表示为

$$x(t) = \begin{cases} -A & \left(-\dfrac{T_0}{2} \leqslant t \leqslant -\dfrac{T_0}{4}\right) \\[2mm] A & \left(-\dfrac{T_0}{4} \leqslant t \leqslant \dfrac{T_0}{4}\right) \\[2mm] -A & \left(\dfrac{T_0}{4} \leqslant t \leqslant \dfrac{T_0}{2}\right) \end{cases}$$

因为 $x(t)$ 是偶函数，即 $x(t) = x(-t)$，故正弦分量幅值 $b_n = 0$，由于信号的波形关于时间轴 t 对称，故直流分量 $a_0 = 0$，而余弦分量幅值为

$$\begin{aligned} a_n &= \frac{2}{T_0} \int_{-T_0/2}^{T_0/2} x(t) \cos n\omega_0 t \mathrm{d}t = \frac{4}{T_0} \int_0^{T_0/2} x(t) \cos n\omega_0 t \mathrm{d}t \\[2mm] &= \frac{4}{T_0} \Big[\int_0^{T_0/4} A \cos n\omega_0 t \mathrm{d}t + \int_{-T_0/4}^{T_0/2} -A \cos n\omega_0 t \mathrm{d}t \Big] \\[2mm] &= \frac{4}{T_0} \frac{A}{n\omega_0} \big(\sin n\omega_0 t \big|_0^{T_0/4} - \sin n\omega_0 t \big|_{T_0/4}^{T_0/2} \big) \\[2mm] &= \frac{4}{T_0} \frac{A}{n \times 2\pi/T_0} \Big[2\sin\Big(n \frac{2\pi}{T_0} \frac{T}{4} \Big) - 2\sin\Big(n \frac{2\pi}{T_0} \frac{T}{2} \Big) \Big] \\[2mm] &= \frac{4A}{n\pi} \sin \frac{n\pi}{2} \\[2mm] &= \begin{cases} \dfrac{4A}{n\pi}(-1)^{\frac{n-1}{2}} & (n = 1, \ 3, \ 5, \ \cdots) \\[2mm] 0 & (n = 2, \ 4, \ 6, \ \cdots) \end{cases} \end{aligned}$$

$$A_n = \sqrt{a_n^2 + b_n^2} = |a_n| = \frac{4A}{n\pi}(-1)^{\frac{n-1}{2}} \quad n = 1, \ 3, \ 5, \ \cdots$$

根据式(2-16)、式(2-17)，得

$$C_{nI} = -b_n/2 = 0$$

$$C_0 = a_0 = 0$$

$$C_n = C_{nR} = \frac{a_n}{2} = \begin{cases} \dfrac{2A}{|n|\pi} & (n = \pm 1, \ \pm 5, \ \pm 9, \ \cdots) \\[2mm] -\dfrac{2A}{|n|\pi} & (n = \pm 3, \ \pm 7, \ \pm 11, \ \cdots) \\[2mm] 0 & (n = 0, \ \pm 2, \ \pm 4, \ \pm 6, \ \cdots) \end{cases}$$

$$\varphi_n = \arctan \frac{C_{nI}}{C_{nR}} = \arctan \frac{-b_n}{a_n} = 0$$

由式(2-14)得 $x(t)$ 的傅里叶级数复指数展开式为

$$x(t) = \sum_{n=-\infty}^{\infty} C_n \mathrm{e}^{\mathrm{j}n\omega_0 t}$$

即

$$x(t) = \frac{2A}{\pi} \sum_{n=-\infty}^{\infty} \frac{1}{n} \sin \frac{n\pi}{2} \mathrm{e}^{\mathrm{j}n\omega_0 t} \ (n = \pm 1, \ \pm 3, \ \pm 5, \ \cdots)$$

图 2-22 所示为该周期性方波 $x(t)$ 的双边频谱图。

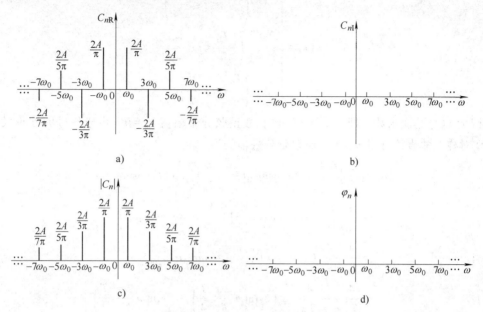

图 2-22　周期性方波的双边频谱图

a) 实频图　b) 虚频图　c) 双边幅频图　d) 双边相频图

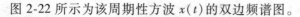【人生哲理——做人做事要留余地】　歌有余音才美，饭有余味才香。该放手时就放手，得饶人处且饶人。

五、周期信号的强度指标

周期信号的强度通常以峰值、均值、有效值和平均功率来表述。

1. 峰值

峰值 x_F 用于描述信号 $x(t)$ 在时域中出现的最大瞬时幅值，是指波形上与零线的最大偏离值，即

$$x_F = \left| x(t) \right|_{\max} \tag{2-20}$$

对周期信号来说，可以用时域分析来确定信号的周期，也就是计算相邻的两个信号波峰的时间差。

在实际应用中，对信号的峰值应该有足够的估计，以便确定测试系统的动态范围，不至于产生削波的现象，从而真实地反映被测信号的最大值。

<u>峰-峰值</u> x_{F-F} 是信号在一个周期内的最大幅值与最小幅值之差。

2. 均值

周期信号的均值 μ_x 是指信号在一个周期内幅值对时间的平均，也就是用傅里叶级数展开后的常值分量（直流分量）a_0，即

$$\mu_x = \frac{1}{T} \int_0^T x(t)\,\mathrm{d}t \tag{2-21}$$

均值表达了信号变化的中心趋势。

周期信号经过全波整流后的均值称为信号的绝对均值 $\mu_{|x|}$，即

$$\mu_{|x|} = \frac{1}{T}\int_0^T |x(t)|\,\mathrm{d}t \tag{2-22}$$

3. 有效值

信号中的有效值就是方均根值 x_{rms}，即

$$x_{\mathrm{rms}} = \sqrt{\frac{1}{T}\int_0^T x^2(t)\,\mathrm{d}t} \tag{2-23}$$

它记录了信号经历的时间进程，反映了信号的功率大小。

4. 方均值

信号的方均值是有效值的平方，也就是信号的平均功率 P_{av}，即

$$P_{\mathrm{av}} = \frac{1}{T}\int_0^T x^2(t)\,\mathrm{d}t \tag{2-24}$$

方均值表达了信号的强度，也是信号平均能量的一种表达。在工程信号测量中，一般仪器的表头示值显示的就是信号的方均值。

举例：正弦信号 $x(t) = A\sin(\omega t + \varphi)$ 的峰值 $x_{\mathrm{F}} = A$，峰-峰值 $x_{\mathrm{F-F}} = 2A$，均值 $\mu_x = 0$，绝对均值 $\mu_{|x|} = 2A/\pi$，有效值 $x_{\mathrm{rms}} = A/\sqrt{2}$，方均值 $P_{\mathrm{av}} = A^2/2$。

表 2-5 列举了几种典型周期信号的峰值 x_{F}、均值 μ_x、绝对值 $\mu_{|x|}$ 和有效值 x_{rms} 之间的数量关系。

表 2-5　几种典型周期信号的峰值 x_{F}、均值 μ_x、绝对值 $\mu_{|x|}$ 和有效值 x_{rms} 之间的数量关系

名称	波　形	x_{F}	μ_x	$\mu_{|x|}$	x_{rms}
正弦波		A	0	$\dfrac{2A}{\pi}$	$\dfrac{A}{\sqrt{2}}$
方波		A	0	A	A
三角波		A	0	$\dfrac{A}{2}$	$\dfrac{A}{\sqrt{3}}$
锯齿波		A	$A/2$	$\dfrac{A}{2}$	$\dfrac{A}{\sqrt{3}}$

第四节　非周期信号及其连续频谱

【特别提示】　人们每天都面临着各种各样的冲击和挑战，如何应对时刻不停的新变化、做出恰当的反应，这是人们要完成的艰巨任务。

一、概述

非周期性信号包括准周期信号、瞬变信号，除准周期信号之外的非周期信号称为**一般非周期信号**，也就是瞬态信号。瞬态信号具有瞬变性，如足球射门时冲击力的变化、承载缆绳（拉索）断裂时的拉力变化、洗澡过程淋浴器中水温的变化等信号均属于瞬态信号，如图 2-23 所示。本节讨论的非周期信号即指**瞬态信号**。

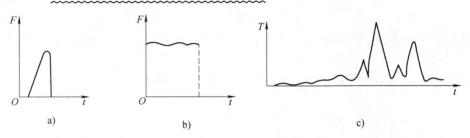

图 2-23　瞬态信号（非周期信号）举例

a）足球射门时的冲击力　b）拉索断裂前后拉力的变化　c）水温的变化

非周期信号是在时间上不会重复出现的信号，它的周期 $T \to \infty$，因此，可以把非周期信号看作是**周期趋于无穷大**的周期信号。基于这个观点，就可以从周期信号的角度来理解非周期信号并推导其频谱。

在上一节已经知道，周期为 T 的信号 $x(t)$ 的频谱是离散频谱，相邻谐波之间的频率间隔 $\Delta\omega = \omega_0 = 2\pi/T$，与周期 T 的大小有关。当 $T \to \infty$ 时，$\Delta\omega = \omega_0 = 2\pi/T \to 0$，这意味着在周期无限扩大时，周期信号频谱的相邻谱线的间隔将无限缩小，相邻谐波分量无限接近，离散参数 $n\omega_0$ 变成连续变量 ω，以致离散频谱的顶点最后变成一条连续曲线，即成为**连续频谱**，对离散频率分量求级数和运算可用**积分**运算来取代（求和 $\sum \to$ 积分 $\int$），所以非周期信号的频谱是连续的，是由无限多个、频率无限接近的分量所组成。这时，非周期信号的频域描述已不能用傅里叶级数展开，而要用傅里叶积分来描述。

【小思考】　从周期信号到非周期信号，与从矩形面积求圆的面积，思路一样吗？

二、傅里叶变换

前面已经知道，周期信号傅里叶级数的复指数表达式为

$$x(t) = \sum_{n=-\infty}^{\infty} C_n e^{jn\omega_0 t}$$

其中 C_n 称为**复数傅里叶系数**，即

$$C_n = \frac{1}{T} \int_{-\frac{T}{2}}^{\frac{T}{2}} x(t) e^{-jn\omega_0 t} dt$$

在离散频谱中，ω_0 既表示周期信号的**基频**，又表示相邻两根谱线的间隔 $\Delta\omega$（因为 $\Delta\omega = \omega_0$）。

将式（2-15）代入式（2-14）中得

$$x(t) = \sum_{n=-\infty}^{\infty} \left[\frac{1}{T} \int_{-\frac{T}{2}}^{\frac{T}{2}} x(t) e^{-jn\omega_0 t} dt \right] e^{jn\omega_0 t}$$

当 $T \to \infty$ 时，此式有两个变化：

1) 积分限从时间轴的局部 $(-T/2, T/2)$ 扩展到时间轴的全部 $(-\infty, \infty)$。谐波分量的频率范围从 $-\infty$ 到 ∞，占据整个频率域。

2) 由于 $1/T = \omega_0/2\pi = \Delta\omega/2\pi$，在 $T \to \infty$ 时，$\Delta\omega \to d\omega$，$1/T \to d\omega/2\pi$，离散变化的频率 $n\omega_0 \to$ 连续变化的频率 ω，无限多项的连加 $\sum \to$ 连续积分 $\int$，于是得

$$x(t) = \int_{-\infty}^{\infty} \left[\frac{d\omega}{2\pi} \int_{-\infty}^{\infty} x(t) e^{-j\omega t} dt \right] e^{j\omega t}$$

$$= \frac{1}{2\pi} \int_{-\infty}^{\infty} \left[\int_{-\infty}^{\infty} x(t) e^{-j\omega t} dt \right] e^{j\omega t} d\omega$$

等式右边，中括号里的部分，类似于傅里叶级数复指数形式中的 C_n 项，它是 ω 的函数，记为

$$X(\omega) = \int_{-\infty}^{\infty} x(t) e^{-j\omega t} dt \qquad (2\text{-}25)$$

则

$$x(t) = \frac{1}{2\pi} \int_{-\infty}^{\infty} X(\omega) e^{j\omega t} d\omega \qquad (2\text{-}26)$$

这样，$x(t)$ 与 $X(\omega)$ 建立了确定的对应关系。在数学上，称 $X(\omega)$ 为 $x(t)$ 的**傅里叶正变换**，或简称为**傅里叶变换**（Fourior Transfer，简写为 FT），称 $x(t)$ 为 $X(\omega)$ 的**傅里叶逆变换（反变换）**（Inverse Fourior Transfer，简写为 IFT）。两者组成**傅里叶变换对**，记作

$$x(t) \underset{\text{IFT}}{\overset{\text{FT}}{\rightleftharpoons}} X(\omega)$$

由于 $\omega = 2\pi f$，所以式 $(2\text{-}25)$、式 $(2\text{-}26)$ 可变为

$$X(f) = \int_{-\infty}^{\infty} x(t) e^{-j2\pi ft} dt$$
$$x(t) = \int_{-\infty}^{\infty} X(f) e^{j2\pi ft} df \qquad (2\text{-}27)$$

这就避免了在傅里叶变换中出现常数因子 $1/2\pi$，使公式简化。

【特别提示】 $X(f)$ 或 $X(\omega)$ 一般是复函数，$X(f)$ 与 $X(\omega)$ 的关系是：$X(f) = 2\pi X(\omega)$，$X(f)$ 与 $X(\omega)$ 具有相同的物理意义。

根据式 $(2\text{-}15)$，得

$$\lim_{T \to \infty} C_n T = \int_{-\infty}^{\infty} x(t) e^{-j\omega t} dt = X(\omega)$$

$$X(\omega) = \lim_{T \to \infty} C_n T = \lim_{f \to 0} \frac{C_n}{f}$$

即 $X(\omega)$ 为单位频宽上的谐波幅值，具有"密度"的含义，故 $X(\omega)$ 称为非周期信号的频谱密度函数，简称**频谱函数**。

由式（2-25）或式（2-27）可知，非周期信号 $x(t)$ 能够用傅里叶积分来表示。频谱函数 $X(f)$ 一般是实变量 f 的复函数，可表示为

$$X(f) = \mathrm{Re}[X(f)] + \mathrm{jIm}[X(f)] = |X(f)| e^{\mathrm{j}\varphi_f} = |X(f)| e^{\angle X(f)} \tag{2-28}$$

式中　$\mathrm{Re}[X(f)]$、$\mathrm{Im}[X(f)]$——$X(f)$ 的实部、虚部；

$|X(f)|$——$X(f)$ 的模，是信号在频率 f 处的幅值谱密度，$|X(f)| = \sqrt{\mathrm{Re}^2[X(f)] + \mathrm{lm}^2[X(f)]}$，是信号 $x(t)$ 的连续幅值谱；

φ_f——$X(f)$ 的相位角，是信号在频率 f 处的相位角，$\varphi_f = \angle X(f)$ $= \arctan \dfrac{\mathrm{Im}[X(f)]}{\mathrm{Re}[X(f)]}$，为信号 $x(t)$ 的连续相位谱。

需要指出的是，以上是从形式上进行了推导，即从周期信号的周期 $T \to \infty$，"离散频谱"→"连续频谱"推导出傅里叶变换对，这在数学上是不严格的。严格来讲，非周期信号 $x(t)$ 的傅里叶变换存在的必要条件是：

1）$x(t)$ 在 $(-\infty, +\infty)$ 范围内满足 Dirichlet 条件。

2）$x(t)$ 的积分 $\displaystyle\int_{-\infty}^{+\infty} |x(t)| \mathrm{d}t$ 收敛，即绝对可积。

3）$x(t)$ 为能量有限信号，即 $\displaystyle\int_{-\infty}^{+\infty} [x(t)]^2 \mathrm{d}t < \infty$。

【小思考】　傅里叶变换与傅里叶级数有什么不同？

【人生哲理——傅里叶逆变换】　喜欢是一个互逆的过程。通常，我们喜欢的人是那些也喜欢我们的人。想让别人喜欢你，先要喜欢对方。只有善于发现别人身上的优点，真诚地欣赏和赞扬别人，才能赢得友谊。

三、非周期信号的频谱分析

借助于周期信号中频谱的有关概念，可寻求制作非周期信号频谱图的方法。

$$x(t) = \sum_{n=-\infty}^{\infty} C_n e^{\mathrm{j}n2\pi f_0 t}$$

$$x(t) = \int_{-\infty}^{\infty} X(f) e^{\mathrm{j}2\pi f t} \mathrm{d}f$$

$$C_n = \frac{1}{2}(a_n - \mathrm{j}b_n) = \frac{1}{T} \int_{-\frac{T}{2}}^{\frac{T}{2}} x(t) e^{-\mathrm{j}n\omega_0 t} \mathrm{d}t$$

当 $T \to \infty$，$C_n \to 0$，$|C_n| = \dfrac{\sqrt{a_n^2 + b_n^2}}{2} = \dfrac{A_n}{2} \to 0$。

显然，无法用周期信号的频谱来描述非周期信号。但从物理概念上看，信号必然具有一定的能量，无论信号如何分解，其所含能量不变，所以不论周期增大到什么程度，频谱分布依然存在。

比较周期信号和非周期信号的频谱可知：

1）非周期信号幅值谱 $|X(f)|$ 为连续频谱，而周期信号幅值谱 $|C_n|$ 为离散频谱。

2）$|C_n|$ 的量纲和信号幅值的量纲一致，而 $|X(f)|$ 的量纲相当于 $|C_n|/f$，为单位频

宽上的幅值，即频谱密度函数，故称 $|X(f)|$ 或 $|X(\omega)|$ 为非周期信号的幅值密度频谱或幅值谱密度，也可简称为**幅值频谱**，$\angle X(f)$ 或 $\angle X(\omega)$ 称为非周期信号的**相位频谱**。因此，$X(f)$ 或 $X(\omega)$ 是非周期信号的频谱函数。

【注意】　与周期信号相似，非周期信号也可以分解为许多不同频率分量的谐波和。所不同的是，由于非周期信号的周期 $T\to\infty$，基频 $\omega_0\to\mathrm{d}\omega$，它包含了从零到无穷大的所有频率分量；各频率分量的幅值为 $X(\omega)\mathrm{d}\omega/(2\pi)$，这是无穷小量，所以频谱不能再用幅值表示，而必须用幅值密度频谱函数 $|X(f)|$ 或 $|X(\omega)|$ 来描述。

"幅值密度"与"幅值"的量纲是不同的，两者在概念上不能混同。

【例 2-5】　求单边指数脉冲的频谱。

$$x(t)=\begin{cases}E\mathrm{e}^{-at} & (a>0,\ t\geq 0)\\ 0 & (t<0)\end{cases}$$

其时域波形如图 2-24a 所示。

解：该非周期信号的频谱函数为

$$X(\omega)=\int_{-\infty}^{+\infty}x(t)\mathrm{e}^{-\mathrm{j}\omega t}\mathrm{d}t=\int_{0}^{+\infty}E\mathrm{e}^{-at}\mathrm{e}^{-\mathrm{j}\omega t}\mathrm{d}t$$

$$=\frac{E}{a+\mathrm{j}\omega}=\frac{E}{a^2+\omega^2}(a-\mathrm{j}\omega)$$

其幅值频谱函数为

$$|X(\omega)|=\frac{E}{\sqrt{a^2+\omega^2}}$$

如图 2-24b 所示。

其相位频谱函数为

$$\varphi(\omega)=\arctan\left(-\frac{\omega}{a}\right)$$

如图 2-24c 所示。

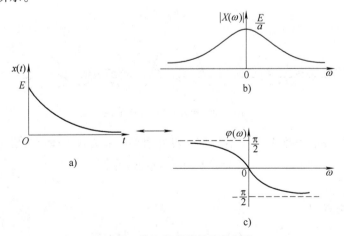

图 2-24　单边指数信号及其频谱

【例 2-6】　求单个矩形脉冲(矩形窗函数)的频谱。

矩形脉冲的时域表达式为

$$x(t) = \begin{cases} h & \left(|t| < \dfrac{\tau}{2} \right) \\ 0 & \left(|t| > \dfrac{\tau}{2} \right) \end{cases}$$

其时域波形如图 2-25a 所示。

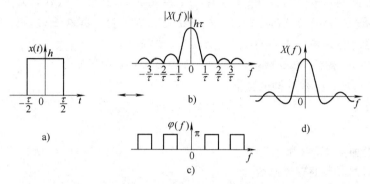

图 2-25　矩形脉冲及其频谱

解：该矩形脉冲的频谱函数为

$$X(f) = \int_{-\infty}^{+\infty} x(t)\,\mathrm{e}^{-\mathrm{j}2\pi ft}\,\mathrm{d}t = \int_{-\frac{\tau}{2}}^{\frac{\tau}{2}} h\mathrm{e}^{-\mathrm{j}2\pi ft}\,\mathrm{d}t$$

$$= \frac{h}{-\mathrm{j}2\pi f}(\mathrm{e}^{-\mathrm{j}\pi f\tau} - \mathrm{e}^{\mathrm{j}\pi f\tau}) = h\tau\,\frac{\sin\pi f\tau}{\pi f\tau} = h\tau\,\mathrm{sinc}(\pi f\tau)$$

式中 $\mathrm{sinc}(x) = \sin(x)/x$ 是一个特定表达的函数，该函数称为采样函数，也称为滤波函数或内插函数。该函数在信号分析中经常用到。$\mathrm{sinc}(x)$ 函数的曲线如图 2-26 所示，其函数值有专门的数学表可查，它以 2π 为周期并随 x 的增加而做衰减振荡，$\mathrm{sinc}(x)$ 函数为偶函数，在 $n\pi$（$n=0,\ \pm1,\ \pm2,\ \cdots$）处其值为零。

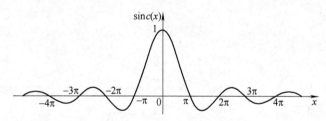

图 2-26　$\mathrm{sinc}(x)$ 函数的曲线

矩形窗函数的频谱函数 $X(f)$ 只有实部，没有虚部，故其幅值频谱函数为

$$|X(f)| = h\tau\,|\mathrm{sinc}(\pi f\tau)|$$

如图 2-25b 所示。

其相位频谱函数为

$$\varphi(f) = \arctan\left[\frac{0}{h\tau\,\mathrm{sinc}(\pi f\tau)}\right]$$

当 $\mathrm{sinc}(\pi f\tau) > 0$ 时 $\varphi(f) = 0$；当 $\mathrm{sinc}(\pi f\tau) < 0$ 时 $\varphi(f) = \pi$，如图 2-25c 所示。

矩形脉冲的频谱函数 $X(f)$ 的波形如图 2-25d 所示，由此可以得出以下结论：

1）当脉冲宽度 τ 很大时，信号的能量大部分集中在 $\omega = 0$ 附近（见图 2-27a）；

2）当脉冲宽度 $\tau \to \infty$ 时，脉冲信号变成直流信号，频谱函数 $X(\omega)$ 只在 $\omega = 0$ 处存在（见图 2-27b）；

3）当脉冲宽度 τ 减小时，频谱中的高频成分增加，信号频带宽度增大（见图 2-27c）；

4）当脉冲宽度 $\tau \to 0$ 时，矩形脉冲变成了无穷窄的脉冲（相当于单位冲击信号），频谱函数 $X(\omega)$ 成为一条平行于 ω 轴的直线，并扩展到全部频率范围，信号的频带宽度趋于无穷大（见图 2-27d）。

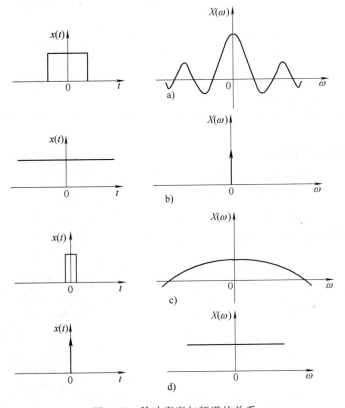

图 2-27　脉冲宽度与频谱的关系

　非周期信号频谱具有以下特点：

1）**连续性**。非周期信号的频谱是连续的，这是与周期信号频谱的最大区别。

2）**谐波性**。非周期信号也可以分解为许多不同频率的谐波（正弦、余弦）分量之和，但它包含了从 0 到 ∞ 的所有频率成分（个别点除外）。

3）**收敛性**。非周期信号的幅值频谱从总体变化趋势上看具有收敛性，即谐波的频率越高，其幅值密度就越小。

【注意】

1）与周期信号不同，由于非周期信号频谱的连续性，使其频谱分析中有关概念的理解具有一定难度，需要以周期信号为参照对象，对两者在频谱中相对应的概念进行认真的比较和思考，注意异同之处，才能获得较深刻的认识。

2）非周期信号的频谱由频谱密度函数来描述，表示单位频宽上的幅值和相位（即单位频宽内所包含的能量）。

3）非周期信号频域描述的数学基础是傅里叶变换。

知识链接

为什么辨别一个西瓜好坏，拍拍西瓜就行？这与"单位脉冲函数的频谱"存在什么关系？

一只手将西瓜托起，另一只手弹瓜，托瓜的手感觉有振荡的是熟瓜，没有振荡的是生瓜。

用手托瓜，用手指拍西瓜，若发出砰、砰、砰的低浊发闷声多为熟瓜；相反，若发出咚、咚、咚坚实清脆声音的，则多属生瓜。

四、傅里叶变换的性质

非周期信号可以有时域描述和频域描述，两种描述通过傅里叶变换一一对应，傅里叶变换是时域与频域之间转换的基本数学工具。熟悉傅里叶变换的性质，有助于了解信号在某一域中变化时，在另一域中相应的变化规律，从而使复杂信号的计算分析得以简化。傅里叶变换的主要性质列于表 2-6 中，下面就几项主要性质做一些必要的推导和说明。

表 2-6　傅里叶变换的主要性质

性　质	时　域	频　域
函数的奇偶虚实性	$x(t)$ 是实偶函数	$X(f)$ 是实偶函数 [$X(f)$ 的虚部 $=0$]
	$x(t)$ 是实奇函数	$X(f)$ 是虚奇函数 [$X(f)$ 的实部 $=0$]
	$x(t)$ 是虚偶函数	$X(f)$ 是虚偶函数 [$X(f)$ 的实部 $=0$]
	$x(t)$ 是虚奇函数	$X(f)$ 是实奇函数 [$X(f)$ 的虚部 $=0$]
线性叠加性	$ax(t)+by(t)$	$aX(f)+bY(f)$
对称性	$X(t)$	$x(-f)$
尺度改变特性	$x(kt)$	$X(f/k)/\lvert k \rvert$
时移特性	$x(t-t_0)$	$x(f)\mathrm{e}^{-\mathrm{j}2\pi ft_0}$
频移特性	$x(t)\mathrm{e}^{\pm\mathrm{j}2\pi f_0 t}$	$X(f\pm f_0)$
时域卷积	$x_1(t)*x_2(t)$	$X_1(f)\,X_2(f)$
频域卷积	$x_1(t)x_2(t)$	$X_1(f)*X_2(f)$
时域微分	$\mathrm{d}^n x(t)/\mathrm{d}t^n$	$(\mathrm{j}2\pi f)^n X(f)$
频域微分	$(-\mathrm{j}2\pi f)^n x(t)$	$\mathrm{d}^n X(f)/\mathrm{d}f^n$
积分	$\int_{-\infty}^{t} x(t)\mathrm{d}t$	$X(f)/(\mathrm{j}2\pi f)$

1. 奇偶虚实性

如果 $x(t)$ 是实函数，则 $X(f)$ 一般是有实部、虚部的复函数，而且实部为偶函数，即 $\mathrm{Re}X(f)=\mathrm{Re}X(-f)$ ；虚部为奇函数，即 $\mathrm{Im}\,X(f)=-\mathrm{Im}\,X(-f)$ ；$X(f)$ 的模为偶函数，相位为奇函数。

如果 $x(t)$ 为实偶函数，则 $\mathrm{Im}\,X(f)=0$ ，而 $X(f)$ 将是实偶函数，即 $X(f)=\mathrm{Re}X(f)=X(-f)$ 。

如果 $x(t)$ 为实奇函数，则 $\mathrm{Re}X(f)=0$ ，而 $X(f)$ 将是虚奇函数，即 $X(f)=-\mathrm{jIm}\,X(f)=-X(-f)$ 。

如果 $x(t)$ 为虚函数，则上述结论的虚实位置也相互交换。

根据这个性质，可以判断傅里叶变换对的相应图形及其特性，减少不必要的变换计算。

2. 线性叠加性

傅里叶变换是一种线性运算，满足线性叠加性质。若 $x(t)\longleftrightarrow X(f)$ 、$y(t)\longleftrightarrow Y(f)$ ，则 $ax(t)+by(t)\longleftrightarrow aX(f)+bY(f)$ 。

其含义为：几个信号之和的傅里叶变换等于各个信号的傅里叶变换之和。即分量和的频谱等于分量频谱之和。

在处理多个叠加信号的傅里叶变换时，可对其组成项逐项进行变换，然后用相加的方法得到其总的傅里叶变换值。

3. 对称性（见图 2-28）

若 $x(t)\longleftrightarrow X(f)$ ，则 $X(t)\longleftrightarrow x(-f)$ 。

对称性表明：若偶函数 $x(t)$ 的频谱函数为 $X(f)$ ，则与 $X(f)$ 波形相同的时域函数 $X(t)$ 的频谱密度函数与原信号 $x(t)$ 有相似的波形。

利用这一性质，即可由已知的傅里叶变换，方便地得出相应的变换对。如时域的矩形窗函数对应频域的 sinc 函数，则时域的 sinc 函数对应频域的矩形窗函数。

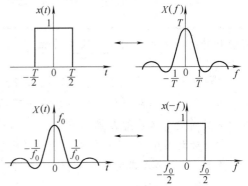

图 2-28　时域与频域函数的对称性

4. 时间尺度改变特性

若信号在时域中扩展（$0<k<1$），等效于在频域中压缩；反之，若信号在时域中压缩（$k>1$）则等效于在频域中扩展，如图 2-29 所示。

若 $x(t)\longleftrightarrow X(f)$ ，则

$$x(kt)\Rightarrow\frac{1}{|k|}X\left(\frac{f}{k}\right)$$

由上可见，信号在时域中扩展成原来的 $1/k$（这里 $k<1$，所以 $1/k>1$），即当信号的变化速度减慢为原来的 k 倍时，则在频域中频带将变窄为原来的 k 倍，但幅值增高为原来的 $1/k$（此时 $1/k>1$），如图 2-29a 所示。

当信号在时域中的持续时间压缩到原来的 $1/k$（此时 $k>1$，所以 $1/k<1$）时，即当信号随时间的变化加快 k 倍（$k>1$）时，则其频谱函数在频域中将展宽 k 倍，而幅值减至原信号幅值的 $1/k$，如图 2-29b 所示。

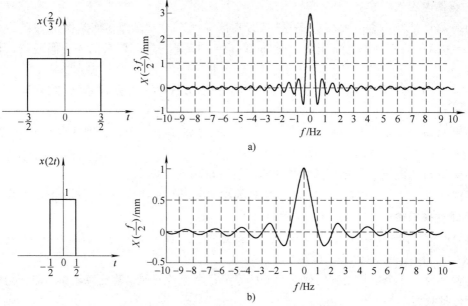

图 2-29　时间尺度改变特性(窗函数及其幅频图)

a) $k=\dfrac{2}{3}<1$, 时域中扩展, 频域中压缩、幅值增加　　b) $k=2>1$, 时域中压缩, 频域中扩展、幅值减小

阅读材料：唱片音乐的尺度改变特性

　　在国外电影里, 常常可以见到舞厅的电唱机旁边, 一个演奏者用手去拉停或者转动唱片, 让唱片转得更快, 以得到一种节奏鲜明或刺耳的音乐效果, 利用这种方法可以制作出风格奇特、节奏感强烈的音乐。

　　快速转动唱片, 即电唱机的放音速度比唱片原来的录制速度要快, 相当于信号在时间上受到了压缩, 于是其频谱扩展, 声音听起来发尖, 即频率提高了。反之, 当慢放时, 放音的速度比原来速度要慢, 听起来就会感觉到声音浑厚, 即低频比原来丰富了(频域压缩)。

　　动画片的配音常用慢录快放的方式(时域中压缩), 使频谱变宽、频率(音调)提高, 声音变尖, 把成年人的声音变成小孩的声音。

---

5. 时移特性

　　如果在时域中信号 $x(t)$ 沿时间轴平移一常值 t_0 变为 $x(t-t_0)$, 则其频谱函数变为 $e^{-j2\pi ft_0}X(f)$, 如图 2-30 所示。即若 $x(t)\longleftrightarrow X(f)$, 则

$$x(t-t_0)\longleftrightarrow e^{-j2\pi ft_0}X(f)$$

　　时移特性表明：如果信号在时域中延迟了时间 t_0, 其幅频谱不会改变, 而相频谱中各次谐波的相角的改变量 $\Delta\varphi$ 与频率 f 成正比：$\Delta\varphi=-2\pi ft_0$。

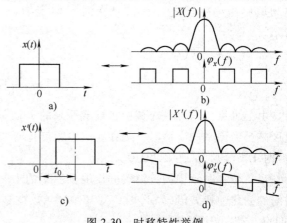

图 2-30　时移特性举例

应用：在测试幅频谱时，可不考虑测试时间的起点。

6. 频移特性

在频域中，将频谱沿频率轴平移一常值 f_0，等效于时域中信号乘以因子 $\mathrm{e}^{\pm\mathrm{j}2\pi f_0 t}$。即若 $x(t)\longleftrightarrow X(f)$，则

$$X(f\pm f_0)\Leftrightarrow x(t)\mathrm{e}^{\pm\mathrm{j}2\pi f_0 t}$$

频移特性表明：如果频谱函数在频率坐标上平移了 f_0，则其代表的信号波形将与频率为 f_0 的正、余弦信号相乘，即进行了信号的调制。

7. 卷积特性

对于任意两个函数 $x(t)$ 和 $y(t)$，它们的卷积定义为

$$x(t)*y(t)=\int_{-\infty}^{+\infty}x(\tau)y(t-\tau)\mathrm{d}\tau$$

卷积定理：时域中信号卷积，对应着频域乘积；而时域中的信号乘积，对应着频域卷积，即

若　　　　　　　　　　　$x(t)\Leftrightarrow X(f)$，$y(t)\Leftrightarrow Y(f)$

则　　　　　　　$x(t)*y(t)\Leftrightarrow X(f)Y(f)$，$x(t)y(t)\Leftrightarrow X(f)*Y(f)$

卷积积分是一种数学方法，它是沟通时域-频域的一个桥梁，在信号与系统的理论研究中占有重要的地位。在很多情况下，卷积积分的计算比较困难，但根据卷积特性可以将卷积积分变为乘法运算，从而使信号分析工作大为简化。

五、几种典型信号的频谱

1. 矩形窗函数的频谱

在【例 2-6】中讨论过矩形窗函数的频谱，即在时域有限区间内幅值为常数的一个窗信号，其频谱延伸至无限频率。矩形窗函数在信号处理中有着重要的应用，在时域中若截取某信号的一段记录长度，则相当于原信号和矩形窗函数的乘积，因而所得频谱将是原信号频域函数和 $\mathrm{sinc}(x)$ 函数的卷积。由于 $\mathrm{sinc}(x)$ 函数的频谱是连续的、频率是无限的，因此信号截取后频谱将是连续的、频率将无限延伸。

2. 单位脉冲函数（δ 函数）及其频谱

（1）δ 函数的定义　　在 ε 时间内激发矩形脉冲 $S_\varepsilon(t)$（或三角脉冲、双边指数脉冲、钟形脉冲，如图 2-31 所示），矩形脉冲所包含的面积为 1，当 $\varepsilon\to 0$ 时，$S_\varepsilon(t)$ 的极限称为单位脉冲函数，记作 $\delta(t)$，即

$$\lim_{\varepsilon\to 0}S_\varepsilon(t)=\delta(t) \tag{2-29}$$

图 2-32 显示了矩形脉冲→δ 函数的转化关系。

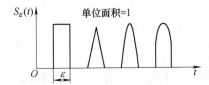

图 2-31　单位面积＝1 的各种脉冲

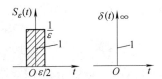

图 2-32　矩形脉冲与 δ 函数

从函数极限的角度看

$$\delta(t)=\begin{cases}\infty & (t=0)\\ 0 & (t\neq0)\end{cases} \qquad (2\text{-}30)$$

从面积角度看

$$\int_{-\infty}^{+\infty}\delta(t)\,\mathrm{d}t =\lim_{\varepsilon\to0}\int_{-\infty}^{+\infty}S_{\varepsilon}(t)\,\mathrm{d}t = 1 \qquad (2\text{-}31)$$

由式(2-31)可知，当 $\varepsilon\to0$ 时，面积为 1 的脉冲函数 $S_{\varepsilon}(t)$ 即为 $\delta(t)$。由于实际信号的持续时间不可能为零，因此，δ 函数是一个理想函数，是一种物理不可实现的信号。当 $\varepsilon\to0$ 时 δ 函数在原点的幅值为无穷大，但其包含的面积为 1，表示信号的能量是有限的。δ 函数用标有 1 的箭头表示，如图 2-33 所示。

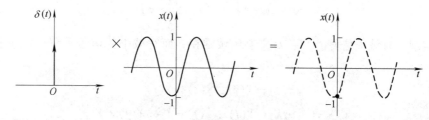

图 2-33　δ 函数的筛选特性($t_0=0$)

【小思考】 δ 函数根本无法实现，为什么还要研究它？

某些具有冲击性的物理现象，如电网线路中的短时冲击干扰，数字电路中的采样脉冲，力学中的瞬间作用力，材料的突然断裂及撞击、爆炸等都可以通过 δ 函数来分析，只是函数面积(能量或强度)不一定为 1，而是某一常数 K。

【特别提示】 δ 函数虽然是一种实现不了的极限情况，我们往往把在极短时间内作用或产生的有限高度的信号近似为 δ 函数。例如，用榔头以极快的速度敲击物体，相当于对物体施加一个冲击力(脉冲激励)，常用于振动测试中。近似的 δ 函数实际上是一个作用时间很短的矩形脉冲。δ 函数的面积为 1，而近似的 δ 函数的面积为一个有限值。

(2) δ 函数的性质

1) 筛选特性。将 δ 函数与某一连续信号 $x(t)$ 相乘，则其乘积仅在 $t=0$ 处有值 $x(0)\delta(t)$，在其余各点($t\neq0$)的乘积均为零，即：对于任一函数 $x(t)$，当 $t\neq0$ 时，$x(t)\delta(t)=0$；当 $t=0$ 时，$x(t)\delta(t)=x(0)\delta(t)=x(0)$ 是一个常数。因此：

$$\int_{-\infty}^{+\infty}x(t)\delta(t)\,\mathrm{d}t=\int_{-\infty}^{+\infty}x(0)\delta(t)\,\mathrm{d}t=x(0) \qquad (2\text{-}32)$$

其中，$x(0)\delta(t)$ 是一个强度为 $x(0)$ 的 δ 函数。

同样，对于有时延 t_0 的 δ 函数 $\delta(t-t_0)$，它与连续信号 $x(t)$ 的乘积，只有在 $t=t_0$ 处不等于零。即在 $t=t_0$ 处，$x(t)\delta(t-t_0)=x(t_0)\delta(t-t_0)=x(t_0)$，因此

$$\int_{-\infty}^{+\infty}x(t)\delta(t-t_0)\,\mathrm{d}t=x(t_0) \qquad (2\text{-}33)$$

式(2-32)、式(2-33)表示的筛选特性如图 2-33 和图 2-34 所示。时延 t_0 的 δ 函数 $\delta(t-t_0)$ 就是一个采样器，它在 δ 脉冲出现的时刻($t=t_0$)把与之相乘的信号 $x(t)$ 在该时刻的值取出

来。这一性质对连续信号的离散采样十分重要。

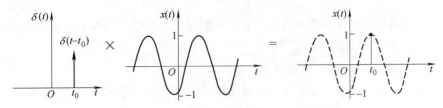

图 2-34 δ 函数的筛选特性($t_0 \neq 0$)

🦭【核心提示】 筛选结果为 $x(t)$ 在发生 δ 函数位置的函数值(又称为采样值)。

2)卷积特性。在两个函数的卷积运算过程中,若有一个函数为脉冲函数 δ(t),则卷积运算是一种最简单的卷积积分。

$x(t) * \delta(t) = \int_{-\infty}^{+\infty} x(\tau)\delta(t-\tau)\mathrm{d}\tau = x(t)$,即 $x(t)$ 与 $\delta(t)$ 的卷积等于 $x(t)$,如图 2-35 所示。

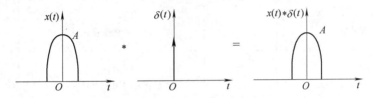

图 2-35 δ 函数的卷积特性($t_0 = 0$)

同理,当脉冲函数 $\delta(t \pm t_0)$ 与函数 $x(t)$ 卷积时

$$x(t) * \delta(t \pm t_0) = \int_{-\infty}^{+\infty} x(\tau)\delta(t \pm t_0 - \tau)\mathrm{d}\tau = x(t \pm t_0) \qquad (2\text{-}34)$$

因此,$x(t)$ 与 $\delta(t \pm t_0)$ 的卷积等于 $x(t \pm t_0)$。可见,函数 $x(t)$ 与 δ 函数的卷积结果就是 $x(t)$ 函数的坐标原点移至 δ 函数所在的位置,如图 2-36 所示。

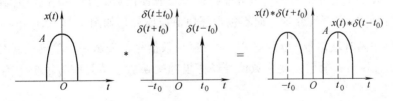

图 2-36 δ 函数的卷积特性($t_0 \neq 0$)

🦭【核心提示】 任何一个函数与 δ 函数的卷积就是该函数本身,$x(t)$ 与 δ 函数的卷积,相当于将 $x(t)$ 在 δ 函数有值处重新构图(以发生 δ 函数的位置作为新坐标原点重新构图)。

(3)δ 函数的频谱 将 δ(t) 进行傅里叶变换,考虑 δ 函数的筛选特性,则

$$\Delta(f) = \int_{-\infty}^{+\infty} \delta(t)\mathrm{e}^{-\mathrm{j}2\pi ft}\mathrm{d}t = \mathrm{e}^0 = 1 \qquad (2\text{-}35)$$

其频谱在整个频率($-\infty \sim +\infty$)轴上恒等于 1,表明 δ(t) 函数具有全部频率分量,并且谱线高度相等。式(2-35)的逆变换为

$$\delta(t) = \int_{-\infty}^{+\infty} 1 \times e^{j2\pi ft} \, df \tag{2-36}$$

因此，时域的单位脉冲函数具有无限宽广的频谱，且在所有的频段上都是等强度的，如图 2-37 所示。这种信号是理想的白噪声。

【小思考】 何谓"白噪声"？难道噪声还有颜色？

由于白噪声的带宽无限，而其平均功率为无穷大，因此，真正"白"的噪声是不存在的，它只是构造的一种理想化的噪声形式。在实际研究中，只要噪声的功率谱均匀分布的频率范围远远大于通信系统的工作频带，就可以把它视为白噪声。

单位脉冲函数 $\delta(t)$ 的频谱为常数，表明 $\delta(t)$ 函数具有无限宽的频谱，而且在整个频率范围内各个频率分量具有相同的强度，这种频谱也称为"均匀谱"。这个特性使 δ 函数在机械结构性能测试中，作为输入激励信号有着重要的作用。

根据傅里叶变换的对称性、时移和频移特性，可以得到表 2-7 所列的傅里叶变换对。

表 2-7　傅里叶变换对

时域		频域	
$\delta(t)$ （单位瞬时脉冲信号）	$\Leftrightarrow$	$\Delta(f) = 1$ （均匀频谱密度函数）	(2-37a)
1 （幅值 = 1 的直流信号）	$\Leftrightarrow$	$\delta(f)$ （只在 $f=0$ 处有脉冲谱线）	(2-37b)
$\delta(t-t_0)$ （δ 函数时移了 t_0）	$\Leftrightarrow$	$e^{j2\pi ft_0}$ （各频率成分分别相移 $2\pi ft_0$ 角）	(2-37c)
$e^{j2\pi f_0 t}$ （复指数信号）	$\Leftrightarrow$	$\delta(f-f_0)$ $[$ 将 $\delta(f)$ 频移到 f_0 $]$	(2-37d)

式（2-37b）表明，直流信号的傅里叶变换即单位脉冲函数 $\delta(f)$，这说明时域中的直流信号在频域中只含 $f=0$ 的直流分量，而不包含任何谐波成分，如图 2-38 所示。

式（2-37d）左侧时域信号 $x(t) = e^{j2\pi f_0 t}$ 为一复指数信号，表示一个单位长度的矢量，以固定的角频率 $2\pi f_0$ 逆时针旋转。复指数信号经傅里叶变换后，其频谱为集中于 f_0 处、强度为 1 的脉冲，如图 2-39 所示。

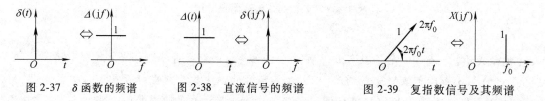

图 2-37　δ 函数的频谱　　　图 2-38　直流信号的频谱　　　图 2-39　复指数信号及其频谱

3. 正、余弦信号的频谱

傅里叶变换要满足 Dirichlet 条件、函数在无限区间上绝对可积这两个条件，而正、余弦信号不满足后者，因此，在进行傅里叶变换时，必须引入 $\delta(t)$ 函数。

由式（2-12）可知

$$\sin(2\pi f_0 t) = \frac{j}{2}(e^{-j2\pi f_0 t} - e^{j2\pi f_0 t})$$

$$\cos(2\pi f_0 t) = \frac{1}{2}(e^{-j2\pi f_0 t} + e^{j2\pi f_0 t})$$

根据式(2-37)，上述两式的傅里叶变换为

$$x(t) = \sin(2\pi f_0 t) \Leftrightarrow \frac{j}{2}[\delta(f+f_0) - \delta(f-f_0)] \tag{2-38}$$

$$y(t) = \cos(2\pi f_0 t) \Leftrightarrow \frac{1}{2}[\delta(f+f_0) - \delta(f-f_0)] \tag{2-39}$$

其频谱如图 2-40 所示。比较图 2-40a 和图 2-19d 可知，它们的结果是一样的，即利用傅里叶级数的复指数展开法和利用傅里叶变换的方法获得的频谱是相同的。

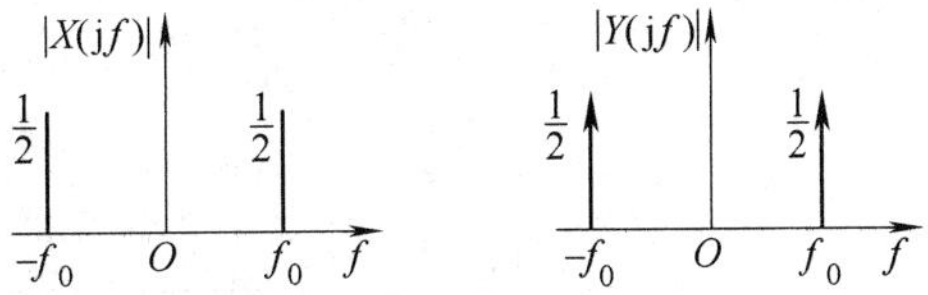

图 2-40 正、余弦信号的频谱图
a）正弦信号频谱　b）余弦信号频谱

4. 一般周期信号的频谱

一个周期为 T_0 的信号 $x(t)$ 可用傅里叶级数的复指数形式，即式(2-14)来表示。利用傅里叶变换式(2-27)同样可以获得信号 $x(t)$ 的频谱。

$$X(f) = \int_{-\infty}^{+\infty} x(t)e^{-j2\pi ft}dt = \int_{-\infty}^{+\infty}\left(\sum_{n=-\infty}^{+\infty}C_n e^{jn2\pi f_0 t}\right)e^{-j2\pi ft}dt$$

$$= \sum_{n=-\infty}^{+\infty}C_n\int_{-\infty}^{+\infty}e^{-j2\pi(f-f_0)t}dt = \sum_{n=-\infty}^{+\infty}C_n\delta(f-nf_0) \tag{2-40}$$

式(2-40)表明，一般周期信号的频谱是一个以 f_0（周期函数的基频）为间隔的脉冲序列，每个脉冲的强度由系数 C_n 确定。C_n 是第 n 次谐波分量的幅值系数。

根据上述对正、余弦信号和一般周期信号的傅里叶变换分析可知，傅里叶变换不仅适用于非周期信号，也适用于周期信号。

5. 周期单位脉冲序列的频谱

等间隔的周期单位脉冲序列也称为梳状函数，如图 2-41a 所示，表示为

$$g(t) = \sum_{n=-\infty}^{+\infty}\delta(t-nT_s) \tag{2-41}$$

式中　T_s——周期；

n——整数，$n=0$，±1，±2，±3，…；

$g(t)$——周期函数。

根据式(2-40)有

$$g(t) \Leftrightarrow \sum_{n=-\infty}^{+\infty}C_n\delta(f-nf_s) \tag{2-42}$$

式中，$f_s = 1/T_s$，而系数 C_n 由式(2-15)确定，即

$$C_n = \frac{1}{T_s}\int_{-\frac{T_s}{2}}^{+\frac{T_s}{2}}g(t)e^{-j2\pi nf_s t}dt$$

在区间 $\left(-\dfrac{T_s}{2},\ \dfrac{T_s}{2}\right)$ 内，$g(t)=\delta(t)$，根据 δ 函数的筛选特性可得

$$C_n = \frac{1}{T_s}\int_{-\frac{T_s}{2}}^{+\frac{T_s}{2}}\delta(t)\,e^{-j2\pi nf_s t}\,dt = \frac{1}{T_s} = f_s \tag{2-43}$$

因此，周期单位脉冲序列 $g(t)$ 的频谱 $G(f)$ 或 $G(jf)$ 为

$$G(jf) = f_s\sum_{n=-\infty}^{+\infty}\delta(f-nf_s) = \frac{1}{T_s}\sum_{n=-\infty}^{+\infty}\delta\left(f-\frac{n}{T_s}\right) \tag{2-44}$$

可见，周期单位脉冲序列的频谱也是一个周期脉冲序列，其强度和频率间隔均为 f_s，如图 2-41b 所示。

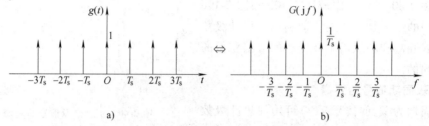

图 2-41　周期单位脉冲序列及其频谱

a）周期单位脉冲序列（梳状函数）　b）周期单位脉冲序列的频谱

　　根据 δ 函数的筛选特性可知，周期单位脉冲序列 $g(t)$ 和某一信号 $x(t)$ 的乘积，就是周期单位脉冲序列在序列出现时刻 nT_s 对信号 $x(t)$ 在该时刻的值进行筛选获取的过程（$n=0$，±1，±2，±3，$\cdots$），如图 2-42 所示，该过程称为信号的采样。

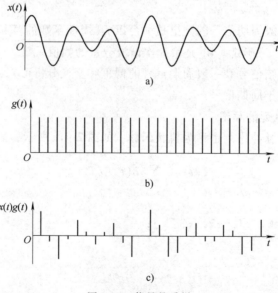

图 2-42　信号的采样

a）原始信号　b）周期单位脉冲序列（采样函数）　c）采样后的信号

【核心提示】　时域周期单位脉冲序列 $g(t)$ 的频谱也是周期脉冲序列。若时域周期为 T_s，则频域脉冲序列的周期为 $1/T_s$。当时域脉冲强度为 1 时，频域中的脉冲强度为 $1/T_s$。

周期单位脉冲序列 $g(t)$ 常用来作为模拟信号数字化时的采样信号。

第五节　随 机 信 号

导入案例：种树的哲学

　　一个人在一大片空地里种了树苗，他总是隔几天才来浇水，但来的天数没有规律，有时三天，有时五天，有时十几天来一次。水有时浇得多，有时浇得少。有些树苗莫名其妙地枯萎了，种树人每次来时总会带几株树苗来补种。旁人很好奇地问他为什么这样做，种树人答曰："种树是百年基业，要让树木学会自己在土里找水分。我浇水只是模仿自然界下雨，而自然界下雨是算不准的，几天下一次？一次下多少？如果树苗无法在这种不确定中汲水生长，它自然就会枯萎。但是，若树苗能在不确定中找到水源、拼命扎根，长成百年大树就不成问题了。如果我每天都来浇水，都浇一定的量，树苗就会产生依赖，根就会浮生在地表面，无法深入地下。一旦我停止浇水，树苗就会枯萎，幸而活下来的树，遇到狂风暴雨也会被吹倒。"是啊，在不确定中生活，可能使一些弱苗枯萎，但会使更多的树苗深深扎根，适应自然，成为根深叶茂的参天大树。

　　试想，我们每个人是否就像树苗一样？在不确定中生活，有的人因不能适应而落没了，有的人却在不确定性的磨炼下，越来越坚强，成为行业中的精英。生活中存在诸多的不确定性，使人生道路充满了困难险阻。让我们适应不确定性，在不确定性中努力学习、勤奋工作，成为人生舞台上的一棵参天大树！

一、概述

　　随机信号是非确定性信号，具有随机性，每次观测的结果都不尽相同，任一观测值只是在其变动范围中可能产生的结果之一，因此不能用明确的数学方程式来描述，也无法预测其在未来某一时刻的精确取值，所描述的物理现象是一种随机过程。但其变动服从统计规律，可以用概率和统计的方法来描述随机信号。

　　下面介绍几个概念：

　　样本函数——对一个随机信号进行多次长时间观测，可以得到无限多个随时间变化的信号历程，其中任一信号历程（一次观测记录）称为样本函数，记作 $x_i(t)$，如图 2-43 所示。

　　样本记录——在一段时间内的样本函数称为样本记录。

　　总体——在相同试验条件下，得到的全部样本函数的集合称为总体。总体就是随机过程，它构成了整个随机信号，记作 $\{x(t)\}$，即

$$\{x(t)\} = \{x_1(t), \ x_2(t), \ \cdots, \ x_i(t), \ \cdots\} \tag{2-45}$$

　　时间平均——单个样本沿其时间历程的观测值的平均。

　　集合平均（总体平均）——在某个时刻 t_i 对所有样本函数的观测值取平均。随机过程的各种平均值，如均值、方差、方均值和方均根值等，是按集合平均来计算的。

平稳随机过程——在随机过程中，其统计特性参数（均值、方差、方均值等）不随时间变化的过程是平稳随机过程。

非平稳随机过程——在随机过程中，其统计特性参数（均值、方差、方均值等）随时间变化的过程是非平稳随机过程。

各态历经随机过程——在平稳随机过程中，若任一个样本函数的时间平均统计特性（单个样本的时间平均）等于该过程的集合平均统计特性（总体

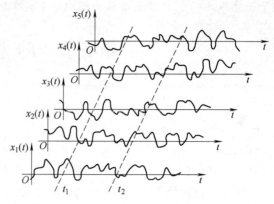

图 2-43　随机过程与样本函数

平均），则该过程就是各态历经随机过程。即一个样本函数表现出了各种状态都经历的特征，有充分的代表性，因此只要一个样本函数就可以描述整个随机过程。工程上所遇见的很多随机信号具有各态历经性（即遍历性）。

一般的随机过程需要有足够多的样本来描述，故要进行大量的观测来获得足够多的样本函数是非常困难的，甚至是不可实现的。因此，实际测试中常以一个或几个有限长度的样本记录来推断、估计被测对象的整个随机过程，以时间平均代替集合平均。

【小思考】　老人常对青年说，他走过的桥比你走过的路还多，这是"各态历经性"吗？

阅读材料

　　各态历经指的是：每个样本都经历了随机过程的各种可能的状态，任何一个样本都可以充分代表随机过程的统计特性。

　　一个人的经历对他现在的状态选择有很大影响，这包括口味、住所、审美观乃至行为方式等。每个人都应该主动地抵制维持不变、固步自封的心理，将各态历经原则用于指导自己的人生：人生是有限的，但是可以尝试尽可能多的生活方式。

　　旅游是一种高度鼓励各态历经的产业，能够让一个人的视觉、味觉、触觉乃至嗅觉、思想都有新的体验，甚至有可能导致改变居住地、改变工作等剧烈的变化。经常搬家（如美国人）也是一种有利于各态历经的行为。

　　各态历经能让你接触更多样的人，体验原来没有机会感受的状态。如果接触的人的观点差异很大，就能提高你的宽容心；如果一些人水平很高，就能提高你的工作动力甚至提供帮助；即使一些人很坏，也能让你更加关注社会弊病。

在工程实际中，随机信号随处可见，如气温的变化、机器振动的变化等，即使同一机床、同一工人加工的同一种零部件，其尺寸也不尽相同。

【人生哲理】　未来是不确定的，造成不确定的原因有很多：除自然灾害、人为破坏等，还有一个谁都左右不了的原因，那就是人人都会衰老、生命是有限的。许多做出伟大成就的人，都是在黑暗中坚持下来的，他们靠的是信念，信念就是对未来前景的想象。

二、随机信号的主要特性参数

1. 均值 μ_x、方差 σ_x^2 和方均值 ψ_x^2

各态历经信号的均值 μ_x 是信号在整个时间坐标上的积分平均，即

$$\mu_x = \lim_{T \to \infty} \frac{1}{T} \int_0^T x(t)\,\mathrm{d}t \tag{2-46}$$

式中 $x(t)$——样本函数；

T——观测时间。

均值表示随机信号变化的中心趋势，或称为静态分量（直流分量、常值分量）。

方差描述随机信号的波动分量（交流分量），它是 $x(t)$ 偏离均值 μ_x 的平方均值，即

$$\sigma_x^2 = \lim_{T \to \infty} \frac{1}{T} \int_0^T [x(t) - \mu_x]^2\,\mathrm{d}t \tag{2-47}$$

表达了信号以均值为中心的波动情况。σ_x 称为均方差或标准差。

工程上常把随机信号看成是由一个不随时间变化的静态分量（即直流分量）和随时间变化的动态分量两部分组成。如图 2-44 所示的信号 $x(t)$ 可分解为直流分量 $x_D(t)$ 和交流分量 $x_A(t)$ 之和。直流分量通过信号的均值描述，而交流分量可通过信号的方差或标准差来描述。

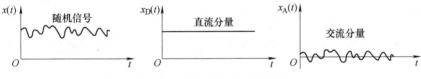

图 2-44 随机信号的时域分解

随机信号的强度可以用方均值 ψ_x^2 来描述，它是 $x(t)$ 平方的均值，代表随机信号的平均功率，即

$$\psi_x^2 = \lim_{T \to +\infty} \frac{1}{T} \int_0^T x^2(t)\,\mathrm{d}t \tag{2-48}$$

若将方均值开根号，就是方均根值，也称为**有效值**，即

$$x_{\mathrm{rms}} = \sqrt{\frac{1}{T} \int_0^{+\infty} x^2(t)\,\mathrm{d}t} = \psi_x \tag{2-49}$$

它也是动态特性平均能量（功率）的一种表达。

均值、方差和方均值之间的关系为

$$\psi_x^2 = \mu_x^2 + \sigma_x^2 \tag{2-50}$$

当均值 $\mu_x = 0$ 时，则 $\sigma_x^2 = \psi_x^2$，即此时的方差等于方均值。

在实际测试工作中，要获得观察时间 T 为无限长的样本函数是不可能实现的，因此通常取有限长度的样本记录来代替，以此来计算相应的特征参数。这样计算出的平均值、方差和方均值都是估计值，通过在符号上方加注"^"来区分，即

$$\hat{\mu}_x = \frac{1}{T} \int_0^T x(t)\,\mathrm{d}t \tag{2-51}$$

$$\hat{\sigma}_x^2 = \frac{1}{T} \int_0^T [x(t) - \mu_x]^2\,\mathrm{d}t \tag{2-52}$$

$$\hat{\psi}_x^2 = \frac{1}{T}\int_0^T x^2(t)\,\mathrm{d}t \tag{2-53}$$

2. 概率密度函数

随机信号的概率密度函数表示信号幅值落在指定区间内的概率。如图 2-45 所示，信号 $x(t)$ 的幅值落在 $[x, x+\Delta x]$ 区间内的时间为 T_x，则

$$T_x = \Delta t_1 + \Delta t_2 + \Delta t_3 + \cdots\cdots + \Delta t_n = \sum_{i=1}^{N} \Delta t_i \tag{2-54}$$

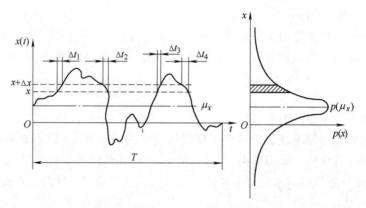

图 2-45　概率密度函数

当样本函数 $x(t)$ 的记录时间 T 趋于无穷大时，T_x/T 的比值就是幅值落在 $[x, x+\Delta x]$ 区间内的概率，即

$$P[x < x(t) \leqslant (x+\Delta x)] = \lim_{T\to\infty} \frac{T_x}{T} \tag{2-55}$$

定义随机信号的概率密度函数 $p(x)$ 为

$$p(x) = \lim_{\Delta x\to 0}\frac{P[x<x(t)\leqslant x+\Delta x]}{\Delta x} = \lim_{\Delta x\to 0}\frac{1}{\Delta x}\lim_{T\to\infty}\frac{T_x}{T} \tag{2-56}$$

而有限时间记录 T 内的概率密度函数可由下式估计

$$\hat{p}(x) = \frac{T_x}{\Delta x T} \tag{2-57}$$

概率密度函数提供了随机信号沿幅值域分布的信息。不同的信号具有不同的概率密度函数图形，可以借此来识别信号的性质。图 2-46 所示为常见信号（假设这些信号的均值 $\mu_x = 0$）的概率密度函数图形。

【小思考——不确定性】　对不确定的未来充满美好的幻想，就可以成为科学家？课堂上就不会出现不听课甚至逃课的状况了？

【例 2-7】　设一个随机相位的余弦波为

$$\xi(t) = A\cos(\omega_c t + \theta)$$

其中，A 和 ω_c 均为常数；θ 是在 $(0, 2\pi)$ 内均匀分布的随机变量。试讨论 $\xi(t)$ 是否具有各态历经性？

解:

(1) 求 $\xi(t)$ 的统计平均值

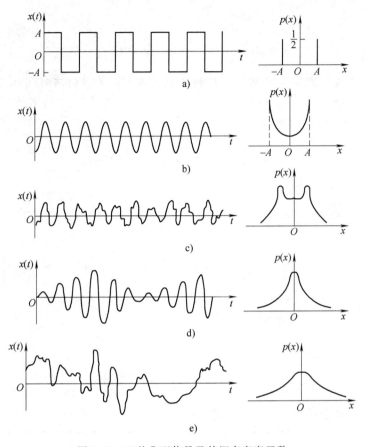

图 2-46　五种典型信号及其概率密度函数

a) 方波信号　b) 正弦信号(初相位随机)　c) 正弦信号+随机信号

d) 窄带随机信号　e) 宽带随机信号

数学期望：

$$a(t) = E[\xi(t)] = \int_0^{2\pi} A\cos(\omega_c t + \theta) \frac{1}{2\pi} d\theta$$

$$= \frac{A}{2\pi} \int_0^{2\pi} (\cos\omega_c t\cos\theta - \sin\omega_c t\sin\theta) d\theta$$

$$= \frac{A}{2\pi} \left[\cos\omega_c t \int_0^{2\pi} \cos\theta d\theta - \sin\omega_c t \int_0^{2\pi} \sin\theta d\theta \right] = 0$$

自相关函数(其概念可参见第六章第三节)为

$$R(t_1, t_2) = E[\xi(t_1)\xi(t_2)]$$

$$= E[A\cos(\omega_c t_1 + \theta)A\cos(\omega_c t_2 + \theta)]$$

$$= \frac{A^2}{2} E\{\cos\omega_c(t_2 - t_1) + \cos[\omega_c(t_2 + t_1) + 2\theta]\}$$

$$= \frac{A^2}{2}\cos\omega_c(t_2 - t_1) + \frac{A^2}{2}\int_0^{2\pi} \cos[\omega_c(t_2 + t_1) + 2\theta] \frac{1}{2\theta} d\theta$$

$$= \frac{A^2}{2}\cos\omega_c(t_2 - t_1) + 0$$

令 $t_2-t_1=\tau$，得

$$R(t_1,\ t_2)=\frac{A^2}{2}\cos\omega_c\tau=R(\tau)$$

可见，$\xi(t)$ 的数学期望为常数，而自相关函数与 t 无关，只与时间间隔 τ 有关，所以 $\xi(t)$ 是广义平稳过程。

（2）求 $\xi(t)$ 的时间平均值

$$\bar{a}=\lim_{T\to\infty}\frac{1}{T}\int_{-\frac{T}{2}}^{\frac{T}{2}}A\cos(\omega_c t+\theta)\,\mathrm{d}t=0$$

$$\overline{R(\tau)}=\lim_{T\to\infty}\frac{1}{T}\int_{-\frac{T}{2}}^{\frac{T}{2}}A\cos(\omega_c t+\theta)A\cos[\omega_c(t+\tau)+\theta]\,\mathrm{d}t$$

$$=\lim_{T\to\infty}\frac{A^2}{2T}\left\{\int_{-\frac{T}{2}}^{\frac{T}{2}}\cos\omega_c\tau\mathrm{d}t+\int_{-\frac{T}{2}}^{\frac{T}{2}}\cos(2\omega_c t+\omega_c\tau+2\theta)\,\mathrm{d}t\right\}$$

$$=\frac{A^2}{2}\cos\omega_c\tau$$

比较统计平均与时间平均，则有

$$a=\bar{a},\ R(\tau)=\overline{R(\tau)}$$

因此，随机相位余弦波是各态历经的。

知识链接

　　过度忧虑人生中的不确定性——也就是对未来设定一连串的"如果……就……""但愿……"，足以使我们的思绪钻入牛角尖而产生具有破坏性的压力反应。换句话说，正是那些我们所不知道且无能为力的事情，会对健康造成真正的伤害。

　　在第二次世界大战中，居住在长期有炮火轰击的伦敦市中心的民众，罹患胃溃疡的比例增加了 50%，然而在城市外围偶尔遭炮火轰击的地区的民众，其患胃溃疡的比例却比前者高出 6 倍之多。这个例子的寓意何在？不确定，越来越多的不确定，沉甸甸地压在人的心口，让人感到不安，感到生活和命运不在自己的掌控之中。

　　为什么不确定性会造成如此大的压力呢？因为它使我们的身心长期维持在半激发状态，导致身体的调节机能、抵抗系统负荷过重，而可预测的痛苦所带来的压力比较小。

　　不确定，有的是我们自己犹豫不决、患得患失带来的，更多的则是这个越转越快的社会大环境所造成的。每个人都在为自己的目标寻找着出口，各种力量交织着在一起，最终碰撞与妥协的结果指向何方，常常无法预料。谁不希望牢牢地掌控人生，但太确定了，会使生活像一潭死水，同样令人窒息。

　　面对不确定性，焦虑、恐惧、抱怨、咒骂，都无济于事。在生活中，保持一个积极的心态很重要。永远相信事情会往好的方面发展，以平常心来看待结果，不要过于患得患失，相信你在不确定的条件下照样能够快乐、平静地生活。

本 章 小 结

信号可以分为确定性信号和非确定性信号、连续信号和离散信号、时域信号与频域信号等。

根据描述信号的自变量不同可分为时域信号和频域信号。

	时域信号	频域信号
定义	以时间为独立变量,描述信号的幅值随时间的变化规律,可直接检测记录到的信号	以频率为独立变量,其强调信号的幅值和相位随频率变化的特征,也就是所谓信号的频谱分析
特点	不能揭示信号的频率结构特征	可以反映信号的各频率成分的幅值和相位特征

运用傅里叶级数、傅里叶变换及其反变换,可以方便地实现信号的时域、频域转换。

在满足 Dirichlet 条件时,任何周期信号都可以展开成 Fourier 级数,且级数收敛。周期信号的频谱具有离散性、谐波性和收敛性。

非周期信号亦可以分解成许多不同频率成分的谐波分量,非周期信号的频谱是连续的,频谱密度的绝对值 $|X(\omega)|$ 随 ω 的增加而减小(也具有收敛性)。

随机信号无法用数学式描述,不可预测,只能用概率和统计的方法来描述。平稳随机过程的统计特征参数与时间 t 无关;对于各态历经过程,其单个样本的时间平均=所有样本的总体平均。

【人生哲理】 如果你的生活一会儿这样、一会儿那样,情绪就容易反反复复,出现焦虑。建议养成**周期性**的作息规律,减少**非周期性**的生活习惯,少玩心血来潮的激情冲动,尽量规避生活的**随机性**。许多时候,焦虑是因为时间所剩无几,但任务还未完成而导致抓狂的紧迫感。高效合理管理时间,可以从容不迫地把事情做得井井有条,从源头上避免焦虑。

思考与练习

一、思考题

2-1 举例说明你生活中遇见的周期信号、非周期信号、连续信号、离散信号、瞬态信号。

2-2 多数人只知道心电图是一张有着密密麻麻格子的纸,纸上面有着一些不规则的曲线。请问心电图怎么看?心电图曲线属于何种类型的信号?

2-3 你能否用计算机声卡和传声器对乐器进行测量分析,求出不同音阶对应的频率?

2-4 你会设计一个计算机电子琴吗?

二、简答题

2-5 周期信号的频谱具有什么特点?在频域描述周期信号的数学工具是什么?

2-6 非周期信号的频谱有什么特点?非周期信号频域描述的数学工具是什么?

2-7 用你自己的语言叙述,为什么瞬态信号的频谱是连续频谱?

2-8 从傅立叶级数和傅里叶变换的角度,分析一般周期信号的频谱。

2-9 从信号卷积的角度,分析一般周期信号(如方波信号)被矩形窗函数截断后的信号的频谱。

三、计算题

2-10　周期三角波如图 2-47 所示，其数学表达式为

$$x(t)=\begin{cases}A+\dfrac{4A}{T}t & \left(-\dfrac{T}{2}<t<0\right)\\[2mm]A-\dfrac{4A}{T}t & \left(0<t<\dfrac{T}{2}\right)\end{cases}$$

求其傅里叶级数三角函数展开式并画出单边频谱图。

2-11　周期锯齿波信号如图 2-48 所示，求傅里叶级数三角函数展开式，并画出其单边频谱图。

2-12　已知方波的傅里叶级数展开式为

$$f(t)=\frac{4A_0}{\pi}\left(\cos\omega_0 t-\frac{1}{3}\cos3\omega_0 t+\frac{1}{5}\cos5\omega_0 t-\cdots\right)$$

求该方波的均值、频率成分、各频率的幅值，并画出其频谱图。

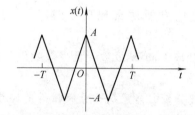

图 2-47　周期三角波

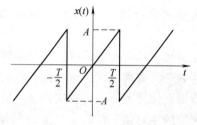

图 2-48　周期锯齿波

2-13　一时间函数 $f(t)$ 及其频谱图如图 2-49 所示，已知函数 $x(t)=f(t)\cos\omega_0 t$，设 $\omega_0>\omega_m$[ω_m 为 $f(t)$ 中最高频率分量的角频率]，试画出 $x(t)$ 和 $X(j\omega)$ 的示意图形，当 $\omega_0<\omega_m$ 时，$X(j\omega)$ 的图形会出现什么样的情况？

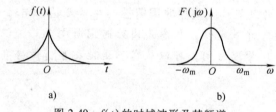

a)　　　　　　　　　　　b)

图 2-49　$f(t)$ 的时域波形及其频谱

a) $f(t)$ 的时域波形　b) $f(t)$ 的频谱

2-14　求指数衰减振荡信号 $x(t)=e^{-at}\sin\omega_0 t(a>0, t\ge0)$ 的频谱。

2-15　求正弦信号 $x(t)=x_0\sin\omega t$ 的绝对均值 $\mu_{|x|}$ 和方均根值 x_{rms}。

2-16　求正弦信号 $x(t)=x_0\sin(\omega t+\varphi)$ 的均值 μ_x，均方值 ψ_x^2。

2-17　求指数函数 $x(t)=Ae^{-at}(a>0, t\ge0)$ 的频谱。

2-18　求被截断的余弦函数 $x(t)=\begin{cases}\cos\omega_0 t & (|t|<T)\\0 & (|t|\ge T)\end{cases}$ 的傅里叶变换。

第三章 测试系统的基本特性

理性把控"输入→输出"方能穿透看不见的因果是非本质

【本章学习要求】 完成本章内容的学习后应明白：

1. 测试系统的理想是什么？何谓测试系统的静态、动态特性？
2. 用哪三种方法可以衡量测试系统的动态特性？
3. 一、二阶测试系统的动态特性怎么评判？
4. 如何确保测试结果不失真？

导入案例： 用温度计测体温，为什么要在腋窝下夹一段时间再读数？

目前，最常用的体温测量方法是把体温计夹在腋下。为了保证测量的准确性，要求在腋下的留置时间不能少于5min，这是为什么？

每个测试系统都有其基本特性。温度计是一个最简单的测试系统，它是基于物质的热胀冷缩原理工作的。任何热传递都是一个过程，不能瞬间完成。体温计是由水银和玻璃制成的，这两种物质升温需要一定的时间。温度计的水银柱较细，且水银的密度大，升温膨胀之后升得慢，一般要等5min，当与体温达到热平衡时，水银柱才会静止不动（说明温度已经稳定了），此时方能根据刻度读出体温。如果时间过短，水银膨胀不足，或者温度传导不到水银上，测得的值就会低于实际的体温。

第一节 概　　述

一、对测试系统的基本要求

系统是由若干相互作用、相互依赖的事物组合而成的具有特定功能的整体，系统遵从某些规律。系统的特性是指系统的输出和输入的关系。在测量工作中，一般把测试装置作为一个系统来看待。测试系统是执行测试任务的传感器、仪器仪表和设备的总称。被处理的信号称为系统的激励或输入，处理后的信号为系统的响应或输出，任一系统的响应取决于系统本身及其输入。在测试信号传输过程中，连接输入、输出的并有特定功能的部分，均可视为测试系统。测试的内容、目的和要求不同，而测量对象又千变万化，因此测试系统的组成及其复杂程度也会有很大的差别。

【特别提示】 系统对输入的反应称为系统的输出或响应。

用弹簧秤对静态物体称重时，是将质量转换成与之成比例的线性位移，即输入（质量）、输出（弹簧位移）和弹簧特性 k 三者之间有如下简单的关系：$y(t) = kx(t)$（k 为弹簧刚度系数）。但弹簧秤不能称量快速变化的质量值，而由同样具有比例放大功能的电子放大器构成的测试系统可以检测快速变化的物理量。为什么会产生这种使用上的差异？简单地说，这是由于构成两种测试系统的物理装置的物理结构的性质不同造成的。弹簧秤是一种机械装置，而电子放大器是一种电子装置。这种由测试装置自身的物理结构所决定的测试系统对信号传输变换的影响称为"测试系统的<u>传输特性</u>"，简称为"系统的传输特性"或"系统的特性"。

任何测试系统都有自己的传输特性。为了正确地描述或反映被测的物理量，或者根据测试系统的输出来识别其输入，必须研究测试系统输出、输入及测试系统传输特性三者之间的关系，如图 3-1 所示。图中 $x(t)$ 为输入量（即被测信号），$y(t)$ 为对应的输出量（即测得信号）。

测试系统与输入/输出量三者之间一般有如下的几种关系：

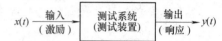

图 3-1　测试系统输入、输出及测试系统传输特性三者之间的关系

1）预测。已知输入量 $x(t)$ 和系统的传输特性 $h(t)$，求系统的输出量 $y(t)$。

2）系统辨识。已知系统的输入量 $x(t)$ 和输出量 $y(t)$，分析系统的传输特性 $h(t)$。

3）反求。已知系统的传输特性 $h(t)$ 和输出量 $y(t)$，推知系统的输入量 $x(t)$。

测试系统的输出量 $y(t)$ 能否正确地反映输入量 $x(t)$，显然与测试系统本身的特性有密切关系。

从测试的角度来看，输入量 $x(t)$ 是待测的未知量，测试人员是根据输出量 $y(t)$ 来判断输入量的。由于测试系统传输特性的影响和外界各种干扰的入侵，难免会使输入量 $x(t)$ 产生不同程度的失真（见图 3-2），<u>即输出量 $y(t)$ 是输入量 $x(t)$ 在经过测试系统传输、外界干扰双重影响后的一种结果</u>。

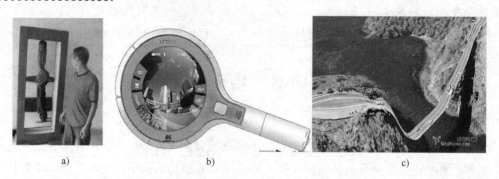

a)　　　　　　　　　　　b)　　　　　　　　　　　c)

图 3-2　系统的失真现象

a)哈哈镜前的失真　b)让图片失真到美丽极限（放大镜式照相机）
c)大桥 3D 失真照产生扭曲的奇异效果

【小思考】　测试系统与测试装置是不是一回事？

测试系统的输出信号应该<u>真实地反映被测物理量的变化过程</u>，即实现不失真测试。理想的测试系统，其传输特性应该具有<u>单值的、确定的输入-输出关系</u>，即对应于每个确定的输入量，都应有唯一的输出量与之对应，并且以输出和输入成线性关系为最佳。

实际测试系统不可能是理想的线性系统。在静态测试时，测试系统最好具有线性关系，但不是必须的（不是线性关系也可），一般只要求测试系统的静态特性是**单值**函数，因为在静态测量中可用曲线校正或输出补偿技术进行非线性校正。对于动态测试，目前只能对线性系统进行较完善的数学处理与分析，而且在动态测试中进行非线性校正相当困难，所以要求动态测试系统的传输特性必须是线性的，否则输出信号会产生畸变。

阅读材料：输入（鼓励人们勤劳致富）→输出（社会才会越来越好）

1869 年 4 月 6 日，有人请两位帮工到马路上捡马粪。他俩一直干到天黑，共收集了 18 堆马粪，准备次日用车来运。第二天早上，案中的被告看见了这些马粪，觉得这些马粪没有标记是谁的，就把马粪运走、撒到自家田里了。中午两位帮工开车来运马粪，发现马粪没了，经打听知道是被告拿走了。双方发生争执，最后闹到了法庭。

尊重别人劳动获得的财富，不能随便拿走没人看管的东西，这是一种较为公认的价值观，负责任的家长都会向子女传授这种观念。当年的法官，就是根据这个道德规范做出了判决。

二、理想的测试系统——线性时不变系统

如上所述，理想的测试系统，其输出信号与输入信号是一一对应，且输出与输入之间最好是线性关系。

当测试系统的输入量 $x(t)$ 和输出量 $y(t)$ 之间可以用下列常系数线性微分方程来描述时，即

$$a_n \frac{d^n y(t)}{dt^n} + a_{n-1} \frac{d^{n-1} y(t)}{dt^{n-1}} + \cdots + a_1 \frac{dy(t)}{dt} + a_0 y(t)$$

$$= b_m \frac{d^m x(t)}{dt^m} + b_{m-1} \frac{d^{m-1} x(t)}{dt^{m-1}} + \cdots + b_1 \frac{dx(t)}{dt} + b_0 x(t) \tag{3-1}$$

其中，系数 a_n、a_{n-1}、$\cdots$、a_0 和 b_m、b_{m-1}、$\cdots$、b_0 均为常数，输出量 $y(t)$ 的波形与输入量 $x(t)$ 加入的时间无关，这样的系统称为<u>时不变（或定常）系统</u>，如图 3-3 所示。既是线性又是时不变的系统称为<u>线性时不变系统</u>(Linear Time Invariant，LTI)，是理想的测试系统。当 $n=1$ 时，称为<u>一阶系统</u>；当 $n=2$ 时，属于<u>二阶系统</u>，这两种系统是最常见的测试系统。

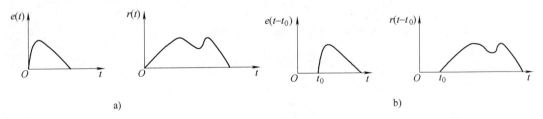

图 3-3 时不变系统举例

a)输入 $e(t)$→响应 $r(t)$ b)输入 $e(t-t_0)$→响应 $r(t-t_0)$

【核心提示】 时不变系统就是系统的特性（参数）与时间无关，即不论输入信号 $x(t)$ 何时接入，输出信号的形状不变，只是出现的时间不同。用微分方程表示时不变系统时，微分方程的系数为常数。

线性系统、非线性系统、时不变系统等的定义与特征比较见表 3-1。

表 3-1　线性系统、时不变系统等的定义与特征比较

五类系统	定　义	特　征	数学表达
线性系统	满足叠加原理的系统称为线性系统	线性系统可以是时变的,也可以是时不变的	对任意常数 a、b 及系统输入 $x_1(t)$、$x_2(t)$ 有 $T[ax_1(t)+bx_2(t)]=aT[x_1(t)]+bT[x_2(t)]$
非线性系统	不满足叠加原理的系统为非线性系统		
时不变系统(也称定常系统)	参数不随时间而变化的系统	输出只与输入有关,而与输入施加的时刻无关 一个系统,你现在看它是这个样子,过段时间看,它还是这个样子	若激励 $x(t)\to$ 响应 $y(t)$,则 $x(t-t_0)\to y(t-t_0)$ 即,当激励 $x(t)$ 延迟时间 t_0 时,其响应 $y(t)$ 也延迟时间 t_0,且波形不变(见图 3-3)
时变系统	系统参数随时间而变化	一个系统,你现在看它是这个样子,过段时间看,它会是另一个样子	
线性时不变系统	满足叠加原理,且参数不随时间而变化的系统		若 $c_1x_1(t)\to c_1y_1(t)$;$c_2x_2(t)\to c_2y_2(t)$ 则 $c_1x_1(t)\pm c_2x_2(t)\to c_1y_1(t)\pm c_2y_2(t)$

线性时不变系统具有以下主要性质:

1. 叠加性

若 $x_1(t)\to y_1(t)$,$x_2(t)\to y_2(t)$,则 $[x_1(t)\pm x_2(t)]\to[y_1(t)\pm y_2(t)]$　　　　　(3-2)

叠加性表明:同时作用于系统的几个输入量所引起的特性,等于各个输入量单独作用时引起的输出之和,说明线性系统的各个输入量所引起的输出是互不影响的。

因此,当分析线性系统在复杂输入作用下的总输出时,可先将复杂输入分解成许多简单的输入分量,分别求出各简单分量输入时所对应的输出,然后求出这些输出之和,即总的输出。这会给试验工作带来很大的方便,测试系统的正弦试验就是采用这种方法。

【小思考】　生活中哪些现象具有叠加性?　　　想想看

2. 比例特性

若 $x(t)\to y(t)$,则对于任意常数 k 有

$$kx(t)\to ky(t) \tag{3-3}$$

比例特性又称为**均匀性**或**齐次性**,它表明当输入增加时,其输出也以同样的比例增加。

若 $x_1(t)\to y_1(t)$;$x_2(t)\to y_2(t)$,及 $c_1x_1(t)\to c_1y_1(t)$;$c_2x_2(t)\to c_2y_2(t)$,则

$$[c_1x_1(t)\pm c_2x_2(t)]\to[c_1y_1(t)\pm c_2y_2(t)]$$

3. 微分特性

系统对输入微分的响应等于对原输入信号输出的微分,即若 $x(t)\to y(t)$,则

$$dx(t)/dt\to dy(t)/dt \tag{3-4}$$

4. 积分特性

如果系统的初始状态为零,则系统对输入积分的响应等于原输入响应的积分,即若 $x(t)\to y(t)$,则

$$\int_0^t x(t)\,\mathrm{d}t \rightarrow \int_0^t y(t)\,\mathrm{d}t \tag{3-5}$$

【小思考】 自从人类掌握牛顿定律以来，就越来越相信只要掌握了足够的数据（输入），就能够对人、自然界有更强的掌控能力，就可以通过数学演算对经济、社会做出预测（输出），甚至控制经济与社会生活。你认为这种想法靠谱吗？为什么？

5. 频率保持性

设输入信号 $x(t)$ 为单一频率 ω 的谐波信号（正弦或余弦信号）$x(t)=X_0\mathrm{e}^{\mathrm{j}\omega t}$，则系统的稳态输出将为同一频率 ω 的谐波信号，即

$$y(t)=Y_0\mathrm{e}^{\mathrm{j}(\omega t+\varphi_0)} \tag{3-6}$$

其中，X_0、Y_0 分别是输入、输出信号在坐标原点的幅值；φ_0 是初相位。

或者说，若输入为正弦信号 $x(t)=A\sin(\omega t+\alpha)$，则输出信号必为 $y(t)=B\sin(\omega t+\beta)$。

该特性表明：当系统处于线性工作范围内时，若输入信号频率已知，则输出信号与输入信号具有相同的频率分量。如果输出信号中出现与输入信号频率不同的分量，则说明系统中存在非线性环节（噪声等干扰）或者超出了系统的线性工作范围，应采用滤波等方法进行处理。

线性系统的**频率保持性**，在动态测试中具有重要作用。例如，在振动测试中，若已知输入的激励频率，则在测得的输出信号中，只有与激励频率相同的成分才可能是由该激励引起的振动，而其他频率的信号都属于干扰，应予以剔除。利用这一特性，就可以采用相应的滤波技术，在有很强的噪声干扰情况下，提取出有用的信息。

【人生哲理——频率保持性】 生活是一个因果循环系统。种下"幸福"，就会收获"幸福"。一味地抱怨或叹息过去，毫无意义，因为覆水难收。不如珍惜当下，积极快乐地生活，让"今天"成为"明天"的幸福理由。善待他人、救人于难，就是在播种"幸福"的种子。

三、实际测试系统的线性近似

1）实际测试系统，不可能在很大的工作范围内完全保持线性，但允许在一定的工作范围内和一定的误差允许范围内近似地作为线性处理。

2）系统常系数线性微分方程中的系数 a_n、a_{n-1}、$\cdots$、a_0 和 b_m、b_{m-1}、$\cdots$、b_0，严格地说，都是随时间而缓慢变化的微变量。例如，弹性材料的弹性模量，电子元件的电阻、电容等都会受温度的影响而随时间产生微量变化。但在工程上，常可以以足够的精度认为这些系数是常数，即把时微变系统当作线性时不变系统。

3）对于常见的实际物理系统，在描述其输入/输出关系的微分方程[见式(3-1)]中，m 和 n 的关系，一般情况下均为 $m<n$，并且通常其输入只有一项，即 $b_0x(t)$。

为评定测试系统的传输特性，需在静态特性、动态特性两方面对测试系统提出性能指标要求。

知识链接： 叠加性——团队效应

经济学家曾对企业为什么能存在解释说：因为企业是一个团队，而团队能够带来比每一个成员的产出之和更大的产出——这就是**团队效应**。例如，两个篮球队比赛，它带来的娱乐效果，比每个球员轮番上场投篮所带来的娱乐效果之和大得多，因为球队是一个团队。明白了团队效应，团队协作精神的重要性就不言而喻了。

第二节　测试系统的静态特性

根据输入信号 $x(t)$ 是否随时间变化，测试系统的基本特性分为静态特性和动态特性。用于静态测量的测试系统，只需要考虑静态特性。用于动态测试的系统，既要考虑静态特性，又要考虑动态特性，因为两方面的特性都将影响测量结果。

一、静态特性方程

测试系统的静态特性是指当被测信号 $x(t)$ = 常数时，即在静态测量情况下，实际测试系统与理想系统的接近程度。此时，测试系统的输入量 $x(t)$ 和输出量 $y(t)$ 都是不随时间变化的常量（或变化极慢，在所观察的时间间隔内可忽略其变化而视作常量），其数学模型不含时间变量 t，式(3-1)中输入和输出的各微分项均为零，此时式(3-1)成为

$$y = \frac{b_0}{a_0}x = Sx \tag{3-7}$$

式(3-7)就是理想测试系统的<u>静态特性方程</u>，该式表明：理想的静态测试系统，其输出与输入之间成线性比例关系，即斜率 S 为常数。

超市电子秤即是一种静态称量装置，如图3-4所示。

描述静态特性方程的曲线称为测试系统的<u>静态特性曲线</u>，也称为**定度曲线、校准曲线**。

图 3-4　电子秤

【核心提示】　实际的测试系统并非理想的线性时不变系统，二者之间存在差别。常用灵敏度、非线性度、回程误差、分辨率、重复性等指标来定量描述实际测试系统的静态特性。

二、测试系统的静态特性指标

1. 灵敏度

灵敏度用来表征测试系统对输入信号 $x(t)$ 变化的一种反应能力。一般情况下，<u>当系统的输入 x 有一个微小增量 Δx 时，将引起系统的输出 y 也发生相应的微量变化 Δy，定义该系统的灵敏度为 $S = \Delta y / \Delta x$</u>。对于静态测量，若系统的输入/输出特性为线性关系时，则

$$S = \frac{\Delta y}{\Delta x} = \frac{y}{x} = \frac{b_0}{a_0} = 常数 \tag{3-8}$$

即，测试系统的<u>静态灵敏度</u>（又称为<u>绝对灵敏度</u>）等于拟合直线的斜率，如图3-5所示。

线性测试系统的静态特性曲线为一条直线，直线的斜率即为灵敏度，且是一个常数。

实际测试系统并非理想的线性系统，其特性曲线不是直线，即灵敏度随输入量的变化而改变，说明不同的输入量对应的灵敏度大小是不相同

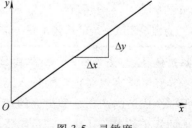

图 3-5　灵敏度

的。通常用一条拟合直线代替实际特性曲线，该拟合直线的斜率作为测试系统的平均灵敏度。也可以用特性曲线的斜率 $S = \lim\limits_{\Delta x \to 0} \dfrac{\Delta y}{\Delta x} = \dfrac{\mathrm{d}y}{\mathrm{d}x}$ 来表示系统的瞬时灵敏度。

【小思考】　灵敏度就是放大倍数吗？

灵敏度的量纲取决于输入/输出的量纲，若测试系统的输出和输入量纲不同，此时的灵敏度是有单位的。例如，某位移传感器在位移变化 1mm 时，输出电压变化 300mV，则该传感器的灵敏度 $S = 300\mathrm{mV/mm}$。

当测试系统的输出、输入量纲相同时，灵敏度也称为**放大倍数**或**增益**，此时，常用放大倍数来替代灵敏度。例如，一个最小刻度值为 0.001mm 的千分表，若其刻度间隔为 1mm，则其放大倍数 = 1mm/0.001mm = 1000 倍。

注意：

1）测试系统除了对被测量敏感之外，还可能对各种干扰量有反应，从而影响测量精度。这种对干扰量敏感的灵敏度称为有害灵敏度。在设计测试系统时，应尽可能使有害灵敏度降到最低限度。

2）灵敏度和系统的量程、固有频率等是相互制约的。在选择测试系统的灵敏度时，要综合考虑。一般说来，系统的灵敏度越高，其测量范围往往越窄，稳定性也会变差。

2. 非线性度

实际测试系统的静态特性大多是非线性的，为了使用简便，总是以线性关系代替实际关系，即用拟合直线代替实际特性曲线。实际特性曲线偏离拟合直线的程度就是非线性度。非线性度有时也称为**线性度**，是指测试系统的实际特性曲线对理想特性曲线的接近程度。

在静态测量中，通常用试验来获取系统的输入/输出关系曲线——**定度（标定）**曲线。定度曲线拟合得到输入/输出之间的线性关系，称为"拟合直线"。非线性度就是定度曲线偏离其拟合直线的程度，如图 3-6 所示。在测试系统的标称输出范围（全量程）A 内，定度曲线与该拟合直线的最大偏差 $B_{\max}$ 与 A 的比值，即非线性度，即

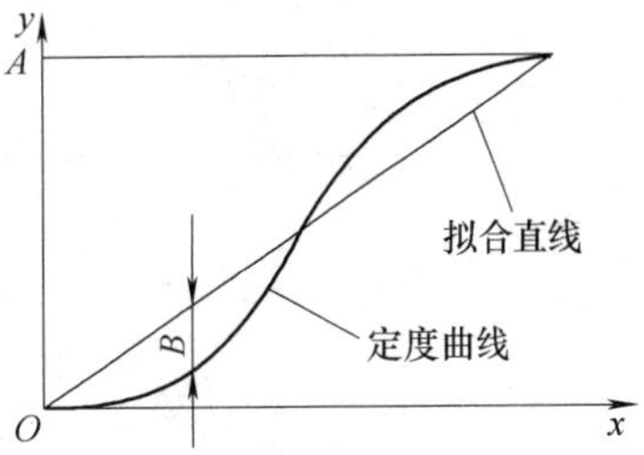

图 3-6　非线性度

$$\delta_{\mathrm{L}} = \frac{B_{\max}}{A} \times 100\% \qquad (3\text{-}9)$$

拟合直线如何确定，目前尚无统一的标准，但常用的拟合原则是：拟合所得的直线，一般应通过点（$x = 0$，$y = 0$），并要求该拟合直线与定度曲线间的最大偏差 $B_{\max}$ 为最小。根据上述原则，拟合方法往往采用最小二乘法拟合，即令 $\sum\limits_i B_i^2$ 为最小。

任何测试系统都有一定的线性范围，线性范围越宽，表明测试系统的有效量程越大。因此设计测试系统时，应尽可能保证其在近似线性的区间内工作，必要时，也可以对特性曲线进行线性补偿（采用电路或软件补偿均可）。

3. 回程误差

回程误差也称为**迟滞**或滞后量，表征测试系统在全量程范围内，输入量由小到大（正行程）和由大到小（反行程）两者静态特性不一致的程度。如图 3-7 所示，对于理想的测试系统，某一个输入量只对应一个输出，然而对于实际的测试系统，当输入信号由小变大，再由

大变小时，对应于同一个输入量有时会出现数值不同的输出量。在测试系统的全量程范围内，将这种不同输出量中差值最大者（$h_{\max} = y_{2i} - y_{1i}$），定义为系统的回程误差，即

$$\delta_H = \frac{h_{\max}}{A} \times 100\% \tag{3-10}$$

产生回程误差的原因主要有两个，一是测试系统中有吸收能量的元件，如磁性元件（磁滞）和弹性元件（弹性滞后、材料的受力变形）；二是在机械结构中存在摩擦和间隙等缺陷，如仪表传动机构的间隙、运动部件的摩擦，也可能反映了仪器的不工作区（又称<u>死区</u>）的存在。所谓<u>不工作区</u>就是输入变化对输出无影响的范围。

4. 重复性

重复性表示在测试条件不变的情况下，测试系统按同一方向做全量程多次（3 次以上）测量时，对于同一个输入量，其测量结果的不一致程度，如图 3-8 所示。重复性误差可表示为

$$\delta_R = \frac{\Delta R}{Y_{FS}} \times 100\% \tag{3-11}$$

式中　ΔR——同一输入量对应多次循环的同向行程响应量的绝对误差；

　　　Y_{FS}——测试系统的量程。

重复性表征了系统随机误差的大小，可以根据标准偏差来计算 ΔR，即

$$\Delta R = K\sigma / \sqrt{n} \tag{3-12}$$

式中　σ——测量值的标准偏差；

　　　K——置信因子，当 $K = 2$ 时，置信度为 95%；当 $K = 3$ 时，置信度为 99.73%；

　　　n——测量次数。

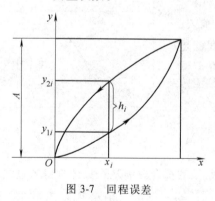

图 3-7　回程误差

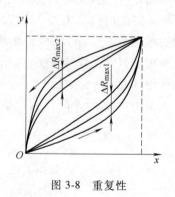

图 3-8　重复性

5. 分辨力及分辨率

分辨力是指测试系统可能检测到的输入信号的最小变化量，即能引起输出量发生变化时，输入量的最小变化值，用 Δx 表示，反映了仪表对输入量微小变化的检测能力。

分辨力是测试装置能感受到的被测量的最小变化的能力。也就是说，如果输入量从某一非零值开始缓慢地增加，当输入值未超过其分辨力时，测试装置没有输出，即测试装置对此输入量的变化分辨不出来。例如，某位移传感器的分辨力 $\Delta x = 1\mu m$ 时，表示当被测位移 $x < 1\mu m$，传感器没有反应，只有当 $x \geqslant 1\mu m$ 以后，传感器才会有输出。

对数字式仪表而言，当输入量连续变化时，输出量做阶梯变化，一般认为该仪表的最后

一位所表示的数值就是它的分辨力。例如，数字式温度计的温度显示为 180.6℃，则分辨力为 0.1℃；对于模拟式仪表，即输出量为连续变化的测试装置，分辨力是指测试装置能显示或记录的最小输入增量，一般为最小分度值的一半。

通常，测试系统或仪器在全量程范围内，各点的分辨力 Δx 并不相同，因此常用全量程范围内，能使输出量产生变化的输入量中的最大变化值，即 Δx_{max} 与测试系统满量程输出值 Y_{FS} 之比的百分率表示其分辨能力，称为**分辨率**，用 F 表示，即

$$F = \frac{\Delta x_{max}}{Y_{FS}} \tag{3-13}$$

讨论：

1）不应将分辨率与分辨力、重复性、准确度混淆起来。测量仪器必须有足够高的分辨率，但这还不是构成良好仪器的充分条件。

2）在测量仪器性能指标中，往往精确度（简称精度）与分辨率同时出现。实际上，分辨率与精度并不直接关联。仪器的高分辨率只是高精度的必要条件，而不是充分条件，更不是充分必要条件。

3）分辨率的大小应能保证在稳态测量时仪器的测量值波动很小。分辨率过高会使信号波动过大，从而会对数据显示或对校正装置提出过高的要求。

6. 漂移

在一定的工作条件下，保持输入信号不变，输出信号随时间或温度等的变化而出现缓慢变化的程度，称为漂移，通常用输出量的变化表示。产生漂移的原因有以下两方面：

一是仪器自身结构参数的变化；二是外界工作环境参数的变化对响应的影响。

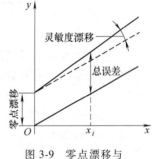

图 3-9　零点漂移与灵敏度漂移

最常见的漂移问题是温漂，即由于外界工作温度的变化而引起输出的变化。通常将当输入量为零时测试系统输出值的漂移称为零点漂移。对多数测试系统而言，不但存在零点漂移，而且还存在灵敏度漂移，即测试系统的输入/输出特性曲线的斜率产生变化（见图 3-9）。因此在工程测试中，必须对漂移进行观测和度量，减小漂移对测试系统的影响，从而有效提高稳定性。

7. 信噪比

信噪比（Signal to Noise Ratio，SNR），是信号的有用成分与干扰的强弱对比，常以分贝（dB）为单位。信噪比可以是信号功率与噪声功率之比：$SNR = 10\lg(N_s/N_n)$；有时也用输出信号的电压与干扰电压之比来表示，其分贝数为：$SNR = 20\lg(V_s/V_n)$

音响设备的**信噪比**越高表明它产生的杂音越少、混在信号里的噪声越小。从声音回放的质量考虑，信噪比一般不应低于 70dB，高保真音箱的信噪比应达到 110dB 以上。

三、误差的几个概念

1. 真值

真值即真实值，是指在一定的时间和空间条件下，被测物理量客观存在的实际值。真值通常是不可测量的未知量，一般所说的真值包括理论真值、规定真值和相对真值。

理论真值：也称为绝对真值，如平面三角形内角之和恒为 180°。

　　规定真值：国际上公认的某些基准量值，如 1m 是在真空中 1/299792458s 时间间隔内所经路径的长度。这个米基准就可作为计量长度的规定真值。规定真值也称为约定真值。

　　相对真值：计量器具按精度不同分为若干等级，上一等级的指示值即为下一等级的真值，此真值称为相对真值。

　　📖【人生哲理——越是测不准，越有创造性】　德国物理学家海森堡的量子力学"测不准定律"，冲破了牛顿力学中的死角，引发了物理学的革命，表明人类观测事物的精准程度是有限的。在新的未知领域，有很多现象难以准确估计、精确测量，但这些场合恰是提供跳跃、发挥创造性的最好平台。

　　2. 误差的分类

　　误差存在于一切测量中，误差可定义为测量结果减去被测量的真值，即

$$\Delta x = x - x_0 \tag{3-14}$$

式中　Δx——测量误差；

　　　　x——测量结果（由测量所得）；

　　　　x_0——被测量的真值。

　　按照误差的特点和性质，可将误差分为随机误差、系统误差、粗大误差。

　　（1）随机误差　当在相同的测量条件下，多次测量同一物理量时，误差的绝对值与符号以不可预知的方式发生变化，这样的误差就称为随机误差。从单次测量结果来看，随机误差没有规律性，但就其总体来说，随机误差服从一定的统计规律。

　　（2）系统误差　当在相同的测量条件下，多次测量同一物理量时，误差不变或按一定规律变化，这样的误差称为系统误差。系统误差等于误差减去随机误差，是具有确定性规律的误差。

　　（3）粗大误差　粗大误差是指那些误差数值特别大，超出规定条件下的预计值，测量结果中有明显错误的误差，也称为粗差。出现粗大误差的原因一般是由于测量者粗心大意、试验条件突变等导致测量时仪器操作错误，或读数错误等。

　　粗大误差由于误差数值很大，在测量结果中容易被发现。一经发现有粗大误差，则该次测量立即判为无效，从而消除了其对测量结果的影响。

　　3. 误差的表示方法

　　（1）绝对误差　绝对误差 Δx 是指测得值 x 与真值 x_0 之差，可表示为

$$绝对误差 = 测得值 - 真值$$

即式（3-14）：$\Delta x = x - x_0$。

阅读材料

　　🐱祖冲之(429—500)，南北朝时期数学兼天文奇才，他从小勤奋好学，在青年时代就有了博学的名声。根据他长期的实际测量和推算，一个回归年（又称太阳年，是以太阳为参照物，地球绕太阳公转一圈的时间）为 365.2428148 天，与现在的推算值只差 46s。这可是一千多年前呀，那时候认字的都没几个，文盲一抓一大把。

　　回归年是编撰各种历法（万年历、阳历和阴历）的基础，祖冲之这一成就的取得，是他细心实践、刻苦求精、潜心思考的结果，促成了新的测算方法的诞生，对于历法推算有重要的实际意义。这一数据很精确，在欧洲，16 世纪以前回归年的数值都采用 365.25 天，难望祖冲之项背。

（2）相对误差　相对误差是指绝对误差与被测量的真值的比值，通常用百分数表示，即

$$相对误差 = \frac{绝对误差}{真值} \times 100\%$$

用符号表示，即

$$r = \frac{\Delta x}{x_0} \times 100\% \tag{3-15}$$

当被测量的真值为未知数时，一般可用测得值的算术平均值代替被测真值 x_0。对于不同的被测量值，用绝对误差往往很难评定其测量精度的高低，通常采用相对误差来评定。

【人生哲理】　人生的追求，是一个通过反复测试、寻找**真值**的过程。

（3）引用误差　绝对误差除以仪器的满刻度值称为测量仪器的引用误差，即

$$r_{\mathrm{m}} = \frac{\Delta x}{x_{\mathrm{m}}} \times 100\% \tag{3-16}$$

式中　r_{m}——测量仪器的引用误差；

　　　Δx——测量仪器的绝对误差；

　　　x_{m}——测量仪器的满刻度值，通常是仪器的量程。

> **知识链接：**　误差——事与愿违
>
> 　　每当我们看到社会上各种各样不公正、不如意的现象时，很多人的第一反应是让政府立法，阻止这样的事情发生。一旦法律通过了，大家就会觉得事情画上了一个句号。
>
> 　　经济学家却不这么看，经济学家觉得法律通过了，画上的不是句号，而是**冒号**。人是有能动性的，最后事态的走向，会跟我们的想法有很大的出入（误差），并不以人的意志为转移。

四、测试系统的三个度

测量的精密度、准确度和精确度，是人们常常容易混淆的三个名词，虽然它们都是评价测量结果好坏的，但含义有较大的差别。

1. 精密度（Precision）

仪表的指示值之间的不一致程度称为精密度，即在相同条件下，多次重复测量所得的测量结果彼此间互相接近、相互密集的程度，也称为重复精度。

精密度与随机误差及仪表的有效位数有关。精密度高，是指重复误差较小，这时测量数据比较集中，但系统误差的大小并不明确。

2. 准确度（Correctness）

准确度是仪表的指示值对于真值的接近程度，即测量结果与被测真值偏离的程度，它由系统误差引起，是重复误差和线性度等的综合。

准确度表示测量的可信程度。准确度高，是指系统误差较小，这时测量数据的平均值偏离真值较小，但数据分散的情况，即重复误差的大小不明确。

3. 精确度（Accuracy）

精确度是精密度与准确度的综合，有时简称为**精度**。精确度可综合反映系统误差和随机误差。精密度高，但准确度差，其精确度就不会高；反之，准确度好，精密度差，其精确度

也不会好。只有当精密度及准确度都高时，精确度才会高。精确度高，是指重复误差与系统误差都比较小，这时测量数据集中在真值附近。

　　以打靶为例，可形象理解上述三个度之间的关系，如图 3-10 所示。假定靶心为真值（Truevalue），射击点为测试结果，有以下三种情况：

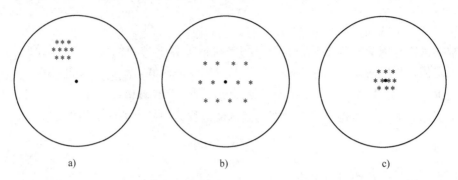

图 3-10　测试系统三个度的解释

a)精密度高，准确度低　b)准确度高，精密度低　c)精密度高、准确度高，精度高

　　1）打得很集中，但都偏离靶心（见图 3-10a），表示射击的精密度高但准确度较差，即系统误差较大。

　　2）打得很离散，但对称地分布在靶心周围（见图 3-10b），表示射击的准确度高，但精密度较差，即随机误差较大。

　　3）打得很集中，又都分布在靶心附近（见图 3-10c），表示射击的精密度、准确度都较好，即精确度高，这时随机误差和系统误差都较小。

　　上述三种情况中，图 3-10a、b 所示的结果都不理想。

　　【人生哲理——静态特性】　当你在学习、生活中出现问题时，或许并非是因为基础不扎实或不努力造成的，可能是你的身心健康发生了波动，你专注学习的"静态特性"已经偏移了。休息片刻，调整自己。

第三节　测试系统的动态特性

一、动态参数测试的特殊问题

　　测试系统的动态特性是指对激励（输入）的响应（输出）特性。一个理想的、动态特性良好的测试系统，其输出随时间变化的规律（变化曲线）能迅速、准确地再现输入随时间变化的规律（变化曲线），即输出与输入具有相同的时间函数，这是在动态测量中对测试系统提出的要求。但是，在实际测试系统中，由于总是存在着诸如弹簧、质量（惯性）和阻尼等元件，因此输出量 $y(t)$ 只能在一定条件下与输入量 $x(t)$ 一致。

　　例如，在测量人的体温时，水银体温计必须与人体有足够的接触时间，体温计的读数才能反映人体的温度，否则，若将体温计刚刚接触口腔（或腋下）就拿出来读数，测量结果必然低于人体实际温度。原因在于温度计这种测试系统本身的特性是：响应速度慢、其输出（示值读数）总是滞后于输入（体温），这种现象称为测试系统对输入的时间响应。这说明测量结果的正确与否，与人们是否了解测量装置（这里指体温计）的动态特性有很大的关系。

显然，响应速度是动态特性的指标之一。

又如，用千分表测量振动物体的振幅时，当振动的频率很低时，千分表的指针将随其摆动，指示出各个时刻的振幅值。但随着振动频率的增加，指针摆动的幅度逐渐减小，以至趋于不动，表明高频时指针的输出(示值读数)跟不上输入(振幅)的变化，这种现象称为测试系统对输入的频率响应。所以高频时千分表指针的最大偏摆量不能作为振幅的量度，因为构成千分表的质量-弹簧系统的动态特性太差。而磁电式速度计和加速度计的机械部分虽然也是质量-弹簧系统，但经过适当的设计就可以用于在规定频率范围的振动位移、速度、加速度的测量，呈现出良好的动态特性。可见，频率响应也是动态特性的一个指标。

综上所述，在输入变化时，人们所观察到的输出量将受到研究对象的动态特性、测试系统的动态特性的影响，使输出信号 $y(t)$ 或多或少总是与输入信号 $x(t)$ 不一致，输出与输入之间的差异就是动态误差。对用于动态测量的测试系统，必须对其动态特性有清楚的了解。否则，根据所得的输出无法正确地判定被测的输入量。

测试系统的动态特性不仅取决于测试系统的结构参数，而且与输入信号有关。因此，研究测试系统的动态特性实质上就是建立输入信号、输出信号和测试系统结构参数三者之间的关系。通常，把测试系统这一物理系统抽象成数学模型，分析输入信号与输出信号之间的关系，以便描述其动态特性，找出产生动态误差的原因并加以改进。

二、测试系统动态特性的数学描述

1. 动态特性的时域描述——微分方程

通常情况下，在所考虑的测量范围内，将实际的测试系统视为线性时不变系统，根据测试系统的物理结构和所遵循的物理定律，总可以建立起如式(3-1)所示的常系数线性微分方程，并用来描述系统的输出量 $y(t)$ 与输入量 $x(t)$ 的关系，求解该微分方程，就可得到系统的动态特性。

线性时不变系统有两个十分重要的性质，即叠加性和频率保持性。根据叠加性，当一个系统有 n 个激励同时作用时，那么它的响应就等于这 n 个激励单独作用的响应之和，即

$$\sum_{i=1}^{n} x_i(t) \rightarrow \sum_{i=1}^{n} y_i(t) \tag{3-17}$$

亦即各个输入所引起的输出是互不影响的。这样，在分析常系数线性系统时，可将一个复杂的激励信号分解成若干个简单的激励。例如，利用傅里叶变换，将复杂信号分解成一系列谐波或若干个小的脉冲激励，然后求出这些分量激励的响应之和。频率保持性表明，当线性系统的输入为某一频率时，系统的稳态响应也为同一频率的信号。

理论上讲，用式(3-1)可以确定输出和输入之间的关系。但对于一个复杂的系统和复杂的输入信号，求解微分方程(3-1)比较困难，甚至不可能。为了研究和运算的方便，在工程应用中，通常采用传递函数、频率响应函数、脉冲响应函数、阶跃响应函数等来描述测试系统的动态特性。

2. 动态特性的复频域描述——传递函数

对式(3-1)进行拉普拉氏变换(简称为拉氏变换)，并假定 $x(t)$ 和 $y(t)$ 及它们的各阶时间导数的初值($t=0$ 时)为零，定义输出 $y(t)$ 的拉氏变换 $Y(s)$ 和输入 $x(t)$ 的拉氏变换 $X(s)$ 之比为系统的传递函数，并记为 $H(s)$，则得

$$H(s) = \frac{Y(s)}{X(s)} = \frac{b_m s^m + b_{m-1} s^{m-1} + \cdots + b_1 s + b_0}{a_n s^n + a_{n-1} s^{n-1} + \cdots + a_1 s + a_0} \tag{3-18}$$

可见，传递函数 $H(s)$ 是用代数方程的形式来表示测试系统的动态特性，便于分析与计算。s 只是一种算符，参数 a_n、a_{n-1}、$\cdots$、a_1、a_0 和 b_m、b_{m-1}、$\cdots$、b_1、b_0 是由系统的固有属性唯一确定的，与输入无关，因此传递函数描述了系统的动态特性，与输入量无关。动态特性相似的系统，无论是电路系统或机械系统等，都可用同一类型的传递函数描述其特性。

传递函数有以下几个特点：

1）$H(s)$ 和输入 $x(t)$ 的具体表达式无关。

2）不同的物理系统可以有相同的传递函数。

3）传递函数与微分方程等价。

传递函数可用理论计算求取，也可用传递函数分析仪等专用仪器通过试验方法获得，这对于不便列出微分方程式的系统具有实际意义。

【注意】　$H(s)$ 是在复频域中表达系统的动态特性，而微分方程则是在时域表达系统的动态特性，这两种动态特性的表达形式对于各种输入信号形式都适用。

3. 动态特性的频域描述——频率响应函数

在已知传递函数 $H(s)$ 的情况下，令 $H(s)$ 中拉普拉斯算子 s 的实部为零，即取 $a=0$，$b=\omega$，则拉普拉斯算子变为 $s=j\omega$，传递函数式（3-18）变为

$$H(j\omega) = \frac{Y(j\omega)}{X(j\omega)} = \frac{b_m (j\omega)^m + b_{m-1}(j\omega)^{m-1} + \cdots + b_1(j\omega) + b_0}{a_n (j\omega)^n + a_{n-1}(j\omega)^{n-1} + \cdots + a_1(j\omega) + a_0} \tag{3-19}$$

通常称这种特殊形式的传递函数 $H(j\omega)$ 为系统的**频率响应函数**，简称为频率响应或频率特性。很显然，频率响应是传递函数的一个特例，即频率响应 $H(j\omega)$ 是系统在初始值为零的情况下，输出 $y(t)$ 的傅里叶变换与输入 $x(t)$ 的傅里叶变换之比，是在"频域"对系统传递特性的描述。频率响应函数有时记作 $H(\omega)$。

通常，频率响应函数 $H(j\omega)$ 是一个复数函数，它可用指数形式表示，即

$$H(j\omega) = A(\omega) e^{j\varphi} \tag{3-20}$$

式中　$A(\omega)$——$H(j\omega)$ 的模，$A(\omega) = | H(j\omega) | = \sqrt{[H_R(\omega)]^2 + [H_I(\omega)]^2}$，为测试系统的幅频特性，$H_R(\omega)$、$H_I(\omega)$ 分别为频率响应函数的实部与虚部；

φ——$H(j\omega)$ 的相角，$\varphi = \arctan H(j\omega)$，$\varphi(\omega) = \arctan \dfrac{H_I(\omega)}{H_R(\omega)}$，为测试系统的相频特性。

由 $A(\omega)$ 和 $\varphi(\omega)$ 分别作图可得幅频特性曲线和相频特性曲线。在实际作图时，常对自变量 ω 取对数标尺，幅值取分贝数（dB）标尺，相角取实数标尺，画出 $20\lg A(\omega)$-$\lg\omega$ 和 $\varphi(\omega)$-$\lg\omega$ 曲线，它们分别称为对数幅频特性曲线、对数相频特性曲线，总称伯德图（Bode 图），如图 3-11 所示。

如果以 $H(j\omega)$ 的虚部和实部分别为纵坐标、横坐标作图，则所得的图形称为奈奎斯特图（Nyquist 图），如图 3-12 所示。

当正弦信号输入一个线性测量系统时，其稳态输出是与输入同频率的正弦信号，只是输出信号的幅值、相位发生了变化（其变化与频率有关）。频率响应也就是该系统在稳定状态下的输出和输入之比（无须进行拉普拉斯变换）。

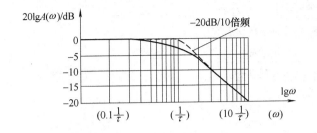

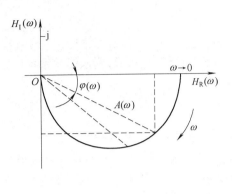

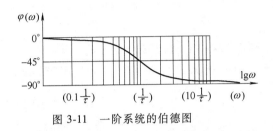

图 3-11　一阶系统的伯德图　　　　　　　　图 3-12　一阶系统的奈魁斯特图

频率响应的这种物理意义，给研究测试系统的动态特性带来了很大的方便，即不必对系统先列出微分方程再用拉普拉斯变换的方法求传递函数 $H(s)$，也不必对微分方程用傅里叶变换的方法来求特殊形式的传递函数 $H(j\omega)$——频率响应，而可以通过谐波激励试验的方法直接求取研究对象的动态特性。

对微分方程进行拉普拉斯变换来求传递函数理论上很简单，但要完整地列出工程中实际系统的微分方程是一件困难的事情，通常只能通过试验的方法来求取系统的动态特性，所以频率响应更具有实用价值。需要注意的是，在测量系统频率响应函数时，必须在系统响应达到稳态时才能够测量。

当输入正弦信号的频率改变时，输出、输入正弦信号的幅值 Y、X 之比称为测量系统的幅频特性，用 $A(\omega)$ 表示：

$$A(\omega) = | H(j\omega) | = Y/X$$

输出、输入正弦信号的幅值 Y、X 之差 $(Y-X)$ 与输入正弦信号的幅值 X 的比值，称为幅值误差，即

$$\delta = | (Y - X)/X | \times 100\% = | 1 - (Y/X) | \times 100\% = | 1 - A(\omega) | \times 100\%$$

【特别提示】　今天为什么要反复讲"不忘初心"？为什么"不忘初心"那么难坚持？因为当初你有"初心"的时候，选择的机会没现在多，所以比较容易坚持。但随着地位、境遇的变化，机会与诱惑增多，你要坚持原来的"初心"就越来越难了，因此"不忘初心，牢记使命""永葆革命青春"才弥足珍贵。

【例 3-1】　有两个谐波信号：$x_1 = \sin\pi t$，$x_2 = \sin 6\pi t$，将它们分别输入某个测试装置（系统），请问：1）系统稳态后的输出分别是什么？2）这两个信号的幅值、相位如何变化？已知该测试系统的传递函数 $H(s) = 1/(1 + 0.35s)$。

解：因为该测试系统（装置）的传递函数为

$$H(s) = \frac{1}{1 + 0.35s}$$

令 $s = j\omega = j2\pi f$，得该测试系统的频率响应函数为

$$H(\mathrm{j}f) = \frac{1}{1 + 0.35\mathrm{j} \times 2\pi f} = \frac{1 - 0.7\mathrm{j}\pi f}{1 + (0.7\pi f)^2}$$

$$= \frac{1}{1 + (0.7\pi f)^2} - \frac{0.7\pi f}{1 + (0.7\pi f)^2}\mathrm{j}$$

根据式(3-20)，得到该测试系统的幅频特性：

$$A(f) = \sqrt{\left(\frac{1}{1 + (0.7\pi f)^2}\right)^2 + \left(\frac{0.7\pi f}{1 + (0.7\pi f)^2}\right)^2} = \frac{1}{\sqrt{1 + (0.7\pi f)^2}}$$

该测试系统的相频特性：

$$\varphi(f) = \arctan(-0.7\pi f) = -\arctan(0.7\pi f)$$

对于信号 x_1：周期 $T_1 = 2$，将 $f_1 = 1/T_1 = 0.5\mathrm{Hz}$ 代入，得到 $A(f_1) = 0.6728$，$\varphi(f_1) = -47.7148°$

稳态输出：$y_1 = 0.6728\sin(\pi t - 47.7148°)$

输出信号幅值衰减为原来的 0.6728 倍，相位滞后 47.7148°角。

对于信号 x_2：周期 $T_2 = 1/3$，将 $f_2 = 1/T_2 = 3\mathrm{Hz}$ 代入，得到 $A(f_2) = 0.1499$，$\varphi(f_2) = -81.3809°$

稳态输出：$y_2 = 0.1499\sin(6\pi t - 81.3809°)$

输出信号幅值衰减为原来的 0.1499 倍，相位滞后 81.3809°角。

【核心提示】　系统的幅频特性和相频特性统称为系统的频率特性。获取系统频率特性的途径有两个：

1) 解析法(由传递函数求取频率特性)。当已知系统的传递函数时，用 $s = \mathrm{j}\omega$ 代入传递函数可得到系统的频率特性 $H(\mathrm{j}\omega)$。因此，频率特性是 $s = \mathrm{j}\omega$ 这个特定情况下的传递函数。它和传递函数一样，反映了系统的内在联系。

2) 试验法(通过试验得到频率特性)。当系统已经建立，但不知道其内部结构或传递函数，在系统的输入端输入一正弦信号 $x(t) = A\sin\omega t$，测出不同频率 ω 时系统稳态输出的振幅和相移，便可得到它的幅频特性 $A(\omega)$ 和相频特性 $\varphi(\omega)$。

阅读材料

桥梁最重要的动态特性就是桥梁的**固有频率**，它实际上表征了桥梁对动载荷的敏感程度，还可用来判断桥梁结构的安全状况，对重要桥梁通常每年进行一次测量。当桥梁固有频率发生变化时，说明桥梁结构有变化，应进行仔细的结构安全检查。

不同的桥梁有不同的固有频率，桥梁的固有频率大体在几个赫兹左右。美国 20 世纪 30 年代由于共振而坍塌的大桥，固有频率在 2Hz 左右。现代桥梁由于体积庞大，质量大，频率较低，大约为 4~5Hz。

【特别提示】　系统的数学模型，是描述系统输入、输出量及内部各变量之间关系的数学表达式，它揭示了系统结构及其参数与其性能之间的内在关系。系统数学模型有多种形式，在时间域，通常采用微分方程的形式，在复数域则采用传递函数的形式，而在频率域则采用频率特性的形式。

第四节 典型测试系统的动态特性分析

测试系统的种类和形式很多，但它们一般属于或者可以简化为一阶或二阶系统。任何高阶系统都可以看作是若干个一阶和二阶系统的串联或并联，掌握了一阶和二阶系统的动态特性，就可以了解各种测试系统的动态特性。

一、一阶系统

在常见的测试装置中，质量为零的弹簧-阻尼系统、RC低通滤波器、液柱式温度计、热电偶等，都属于一阶系统，如图3-13所示。

这些系统均可以用一阶微分方程来表示它们的输入、输出关系，即

$$a_1 \frac{\mathrm{d}y(t)}{\mathrm{d}t} + a_0 y(t) = b_0 x(t) \quad (3\text{-}21)$$

它可以改写为

$$\frac{a_1}{a_0} \frac{\mathrm{d}y(t)}{\mathrm{d}t} + y(t) = \frac{b_0}{a_0} x(t) \quad (3\text{-}22)$$

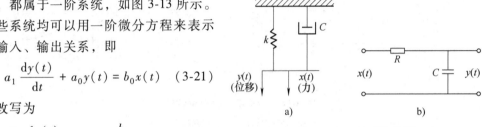

图 3-13 一阶系统举例
a) 弹簧-阻尼系统 b) 低通滤波器

式中 $\dfrac{a_1}{a_0}$——具有时间的量纲，称为系统的时间常数，一般记为 τ；

$\dfrac{b_0}{a_0}$——系统的灵敏度 S，具有输出/输入的量纲。

对于线性测试系统，其静态灵敏度 S 为常数，不影响系统的动态特性。在动态特性分析中，S 只起着使输出量增加 S 倍的作用。因此，为了方便讨论问题，常约定，令 $S=b_0/a_0=1$（本书中不特别指明，均认为 $S=1$）。这样灵敏度归一化后，式（3-22）可写成

$$\tau \frac{\mathrm{d}y(t)}{\mathrm{d}t} + y(t) = x(t) \quad (3\text{-}23)$$

其传递函数为：

$$H(s) = \frac{1}{1 + \tau s} \quad (3\text{-}24)$$

令 $s = \mathrm{j}\omega$，得到一阶系统的频率响应函数：

$$H(\mathrm{j}\omega) = \frac{1}{\tau(\mathrm{j}\omega) + 1} \quad (3\text{-}25)$$

其幅频、相频特性的表达式分别为

$$A(\omega) = \frac{1}{\sqrt{1 + (\tau\omega)^2}} \quad (3\text{-}26)$$

$$\varphi(\omega) = -\arctan(\tau\omega) \quad (3\text{-}27)$$

上式中的负号表示输出信号滞后于输入信号。

例如，图 3-13a 所示的由弹簧、阻尼器组成的机械系统属于一阶测试系统。其微分方程为

$$c \frac{dy}{dt} + ky(t) = kx(t)$$

或

$$\tau \frac{dy}{dt} + ky(t) = x(t)$$

式中　k——弹簧刚度；

　　　c——阻尼系数；

　　　τ——时间常数，$\tau = c/k$。

图 3-14 所示为一阶系统的幅频特性曲线和相频特性曲线，图 3-15 所示为一阶装置。

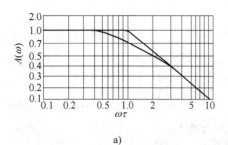
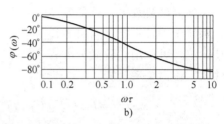

a)　　　　　　　　　　　　　　b)

图 3-14　一阶系统的频率特性曲线

a) 幅频特性曲线　b) 相频特性曲线

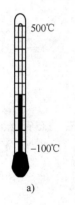
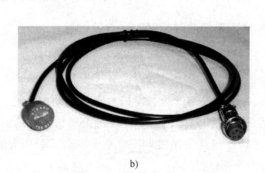
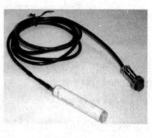

a)　　　　　　　　b)　　　　　　　　c)

图 3-15　一阶装置举例

a) 温度计　b) 酒精测量装置　c) 湿度测量装置

从式(3-26)、式(3-27)和图 3-14 可知，一阶系统具有以下特点：

1) 一阶系统是一个低通环节，当 $\omega = 0$ 时，幅值比 $A(\omega) = 1$ 为最大，相位差 $\varphi(\omega) = 0$，其幅值误差与相位误差为零，即输出信号与输入信号的幅值、相位相同，输出信号不衰减。随着 ω 的增大，$A(\omega)$ 逐渐减小，相位差逐渐增大，这表明测试系统输出信号的幅值衰减加大，相位误差增大，因此一阶系统适用于测量缓变信号或低频信号。

通常定义系统的幅值误差为

$$\delta = \left| \frac{A(\omega) - A(0)}{A(0)} \right| \times 100\% = \left| A(\omega) - 1 \right| \times 100\% \leqslant 某个给定值$$

上式中的给定值，常取 5%或 10%。幅值误差、相位误差统称为稳态响应动态误差。

2) 时间常数 τ 决定一阶系统适用的频率范围。当 $\omega\tau \ll 1$ 时，$A(\omega) \approx 1$，表明测试系统

输出与输入为线性关系，此时的相位差与频率 ω 成线性关系，保证了测量不失真，输出 $y(t)$ 能够真实地反映输入 $x(t)$ 的变化规律。

　　时间常数 τ 越小，测试系统的动态范围越宽，频率响应特性越好；反之，τ 越大，则系统的动态范围就越小。因此，时间常数 τ 是反映一阶系统动态特性的重要参数。

　　为了减小一阶系统的稳态响应动态误差、增大工作频率范围，应尽可能采用时间常数 τ 小的测试系统。

【小思考】　电子秤属于一阶系统吗？

　　【例 3-2】　用一个一阶系统测量 100Hz 的正弦信号。（1）如果要求限制振幅误差在 5% 以内，则时间常数 τ 应取多少？（2）若用具有该时间常数的同一系统测试 50Hz 的正弦信号，此时的振幅误差和相角差各是多少？

　　分析： 测试系统对某一信号测量后的幅值误差应为

$$\delta = \left| \frac{A_1 - A_0}{A_1} \right| = \left| 1 - A(\omega) \right|$$

其相角差即相位移为 φ，对一阶系统，若设 $S = 1$，则其幅频特性和相频特性分别为

$$A(\omega) = \frac{1}{\sqrt{(\omega\tau)^2 + 1}}$$

$$\varphi = \arctan(-\omega\tau)$$

　　解：（1）因为 $\delta = \left| 1 - A(\omega) \right|$，故当 $\left| \delta \right| \leq 5\% = 0.05$ 时，即要求 $[1 - A(\omega)] \leq 0.05$，所以

$$1 - \frac{1}{\sqrt{(\omega\tau)^2 + 1}} \leq 0.05$$

化简得

$$(\omega\tau)^2 \leq \frac{1}{0.95^2} - 1 = 0.108$$

则

$$\tau \leq \sqrt{0.108} \times \frac{1}{2\pi f} = 0.3286 \times \frac{1}{2\pi \times 100} = 5.23 \times 10^{-4} \text{ (s)}$$

　　（2）当对 50Hz 信号进行测试时，有

$$\delta = 1 - \frac{1}{\sqrt{(\omega\tau)^2 + 1}} = 1 - \frac{1}{\sqrt{(2\pi f\tau)^2 + 1}}$$

$$= 1 - \frac{1}{\sqrt{(2\pi \times 50 \times 5.23 \times 10^{-4})^2 + 1}}$$

$$= 1 - 0.9868 = 1.32\%$$

$$\varphi = \arctan(-\omega\tau) = \arctan(-2\pi f\tau) = \arctan(-2\pi \times 50 \times 5.23 \times 10^{-4}) = -9°18'50''$$

　　讨论： 对这类计算题，还可进一步分析一阶系统的动特性参数 τ 和工作频率 f 对测量误差的影响，从而得出正确选择这些参数应满足的条件。从上述计算结果可以看出，要使一阶系统测量误差变小，则应使 $\omega\tau$ 尽可能小，若为了满足不失真测试要求，则必须要求 $\omega\tau = 0$。

【核心提示】　一阶系统的特征是测量有滞后，适合测量缓变信号和低频信号。

二、二阶系统

图 3-16 所示的弹簧-质量-阻尼系统、RLC 电路属于二阶系统，均可用二阶微分方程来描述，即

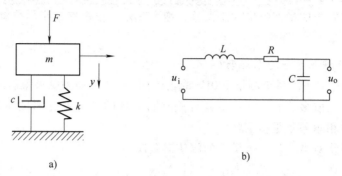

图 3-16　二阶系统举例

a）弹簧-质量-阻尼系统　b）RLC 电路

$$a_2 \frac{\mathrm{d}^2 y(t)}{\mathrm{d}t^2} + a_1 \frac{\mathrm{d}y(t)}{\mathrm{d}t} + a_0 y(t) = b_0 x(t) \tag{3-28}$$

其传递函数为

$$H(s) = \frac{\omega_n^2}{s^2 + 2\xi \omega_n s + \omega_n^2} \tag{3-29}$$

它的频率响应函数、幅频特性和相频特性分别为

$$H(j\omega) = \frac{1}{1 - \left(\dfrac{\omega}{\omega_n}\right)^2 + 2j\xi \dfrac{\omega}{\omega_n}} \tag{3-30}$$

$$A(\omega) = \frac{1}{\sqrt{\left[1 - \left(\dfrac{\omega}{\omega_n}\right)^2\right]^2 + 4\xi^2 \left(\dfrac{\omega}{\omega_n}\right)^2}} \tag{3-31}$$

$$\varphi(\omega) = -\arctan \frac{2\xi \left(\dfrac{\omega}{\omega_n}\right)}{1 - \left(\dfrac{\omega}{\omega_n}\right)^2} \tag{3-32}$$

式中　ω_n——测试系统的固有频率，$\omega_n = \sqrt{a_0/a_2}$；

ξ——测试系统的阻尼比，$\xi = a_1/(2\sqrt{a_0 a_2})$。

测试系统一经组成或调试完毕，其固有频率 ω_n、阻尼比 ξ 也随之确定。

例如，图 3-17 所示的弹簧-质量-阻尼系统是一个典型的二阶测试系统，其微分方程为

$$m \frac{\mathrm{d}^2 y}{\mathrm{d}t^2} + c \frac{\mathrm{d}y}{\mathrm{d}t} + ky(t) = kx(t)$$

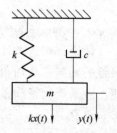

图 3-17　二阶系统模型

它可改写为

$$\frac{d^2 y}{dt^2} + 2\xi\omega_n \frac{dy}{dt} + \omega_n^2 y(t) = \omega_n^2 x(t)$$

$$\omega_n = \sqrt{k/m}$$

$$\xi = \frac{c}{c_c} = \frac{c}{2\sqrt{mk}}$$

式中　m——系统运动部分的质量；

　　　c——阻尼系数；

　　　k——弹簧刚度；

　　　ω_n——系统的固有频率；

　　　ξ——系统的阻尼比；

　　　c_c——临界阻尼系数，$c_c = 2\sqrt{mk}$。

图 3-18 所示为二阶系统的频率特性，图 3-19 所示为二阶装置。

从式(3-31)、式(3-32)和图 3-18 可知，二阶系统具有以下特点：

1）二阶系统也是一个低通环节。当 $\xi<1$，$\omega \ll \omega_n$ 时，$A(\omega) \approx 1$，幅频特性平直，输出与输入为线性关系，$\varphi(\omega)$ 与 ω 也成线性关系。此时，系统的输出 $y(t)$ 能够真实再现输入 $x(t)$ 的波形。

2）二阶系统的频率响应与阻尼比 ξ 有关。不同的阻尼比 ξ，其幅频和相频特性曲线不同。$\xi<1$ 为欠阻尼，$\xi=1$ 为临界阻尼，$\xi>1$ 为过阻尼。一般系统都于欠阻尼状态工作。

3）二阶系统的频率响应与固有频率 ω_n 有关。在二阶系统的阻尼比 ξ 不变时，系统的固有频率 ω_n 越大，工作频率范围越宽。

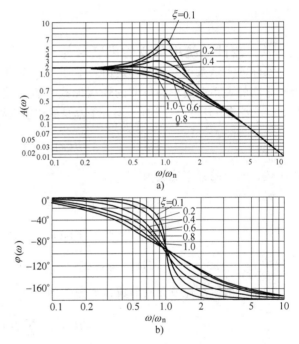

图 3-18　二阶系统的频率特性

a）幅频特性　b）相频特性

综上所述，二阶系统频率响应特性的好坏，主要取决于系统的固有频率 ω_n 和阻尼比 ξ。推荐采用阻尼比 $\xi \approx 0.7$，且频率在 $0 \sim 0.6\omega_n$ 范围内变化，此时测试系统的动态特性较好，其幅值误差不超过 5%，相频特性 $\varphi(\omega)$ 接近于直线，即测试系统的失真较小。如果给定了允许的幅值误差 ε 和系统的阻尼比 ξ，就能确定系统的可用频率范围。

为了使测试结果能精确地再现被测信号的波形，在设计时，必须使传感器的阻尼比 $\xi<1$，固有频率 ω_n 至少应大于被测信号频率 ω 的 3~5 倍，即 $\omega_n \geqslant (3 \sim 5)\omega$。

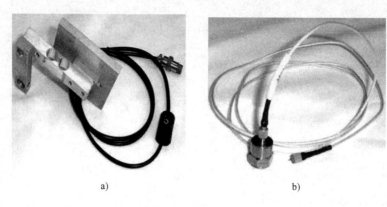

a)　　　　　　　　　　　　　　　b)

图 3-19　二阶装置举例

a）应变片称重传感器　b）加速度传感器

【核心提示】　二阶系统是一个振荡环节，实际测量装置一般取 $\omega/\omega_n < 0.2 \sim 0.3$，$\xi = 0.6 \sim 0.8$。

三、测试系统中环节的串联与并联

实际的测试系统，通常都是由若干环节组成的，测试系统的传递函数与各个环节的传递函数之间的关系取决于各环节的连接形式。若系统由多个环节串联而成（见图 3-20），且后续的环节对前一环节没有影响，各环节本身的传递函数为 $H_i(s)$，则串联系统的总传递函数为

$$H(s) = \prod_{i=1}^{n} H_i(s)$$

相应地，系统的频率响应为

$$\left. \begin{aligned} H(j\omega) &= H_1(j\omega)H_2(j\omega)\cdots\cdots H_n(j\omega) \\ A(\omega) &= A_1(\omega)A_2(\omega)\cdots\cdots A_n(\omega) \\ \varphi(\omega) &= \varphi_1(\omega) + \varphi_2(\omega) + \cdots\cdots + \varphi_n(\omega) \end{aligned} \right\} \tag{3-33}$$

若系统由多个环节并联而成，如图 3-21 所示，则并联系统的总传递函数为

$$H(s) = \sum_{i=1}^{n} H_i(s)$$

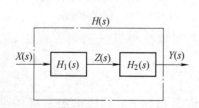

图 3-20　系统串联

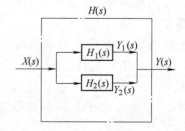

图 3-21　系统并联

当系统的传递函数分母中 s 的幂次 n 值大于 2 时，称为高阶系统。由于一般的测试系统

总是稳定的，且 s 的极点具有负实数，也就是说，式(3-18)所描述的传递函数，其分母总是可以分解为 s 的一次和二次实系数因式，即

$$a_n s^n + a_{n-1} s^{n-1} + \cdots + a_1 s + a_0 = a_b \prod_{i=1}^{r} (s + P_i) \prod_{i=1}^{(n-r)/2} (s^2 + Q_i s + k_i)$$

故式(3-18)可改写为

$$H(s) = \sum_{i=1}^{r} \frac{\alpha_i}{s + P_i} + \sum_{i=1}^{(n-r)/2} \frac{\beta_i s + r_i}{s^2 + Q_i s + k_i} \tag{3-34}$$

表明：任何一个高阶系统，总可以看成是若干一阶、二阶系统的并联。所以，对一阶和二阶系统动态特性的研究具有普遍的意义。

【例3-3】 要测量某风机(物理系统)的相频特性，采用的测试系统框图如图 3-22 所示。从 A、B、C 三个接点中，需要选择任意两个接入相位计，以确保测得的相频特性是真实的，请问应该如何连接？为什么？(假定：风机后两个放大器的相频特性一样，加速度传感器的相位差可以忽略不计)。

解： 图示系统属于串联系统，而串联系统总的相位差为各环节相位差之和。从"信号发生器"至 A、B、C 三个接点，每一通路的相位差分别为

$$\varphi_A = \varphi_S + \varphi_N + \varphi_I + \varphi_F + \varphi_P + \varphi_a + \varphi_q$$
$$\varphi_B = \varphi_S + \varphi_N + \varphi_I + \varphi_F + \varphi_q$$
$$\varphi_C = \varphi_S$$

其中，φ_S、φ_N、φ_I、φ_F、φ_P、φ_a、φ_q 分别代表信号发生器、功率放大器、激振器、力传感器、被测风机、加速度传感器、放大器的相位差。

将 A、B 两路信号的相位差相减，得 $\varphi_A - \varphi_B = \varphi_P + \varphi_a$，考虑到加速度传感器的相位差可以忽略不计，即 $\varphi_a \approx 0$，所以 $\varphi_A - \varphi_B = \varphi_P$。故选择把 A、B 两个接点接入相位计。

原因：图 3-22 中从 A、B、C 三个接点输出的信号，可以看作是经由前面若干装置(环节)串联而成的信号传输通路产生的结果。为了保证由相位计测得的风机的相频特性是真实的，接入相位计的两路信号的相位差，必须只是被测风机的相位差。选择 A、B 两个接点接入相位计，因为 $\varphi_A - \varphi_B = \varphi_P$，可满足此要求。而选取其他任何两个接点，测得的风机相频特性将受到系统内装置(环节)相位差的影响。

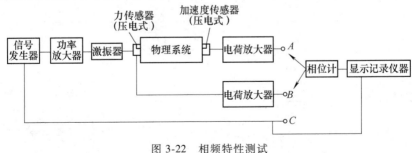

图 3-22 相频特性测试

四、典型激励的瞬态响应

测试系统的动态特性也可用时域中瞬态响应和过渡过程来分析。脉冲函数、阶跃函数、

斜坡函数等为常用的激励信号。

　　一阶和二阶系统对各种典型输入信号的响应见表 3-2。理想的单位脉冲输入实际上是不存在的，但若给系统以非常短暂的脉冲输入，其作用时间小于 0.1τ（τ 为一阶系统的时间常数或二阶系统的振荡周期），则可近似地认为是单位脉冲输入。在单位脉冲激励下系统输出的频域函数即该系统的频率响应函数，时域响应即脉冲响应。

表 3-2　一阶和二阶系统对各种典型输入信号的响应

输　入		输　出	
		一阶系统 $H(s)=\dfrac{1}{\tau s+1}$	二阶系统 $H(s)=\dfrac{\omega_n^2}{s^2+2\xi\omega_n s+\omega_n^2}$
脉冲响应	$X(s)=1$	$Y(s)=\dfrac{1}{\tau s+1}$	$Y(s)=\dfrac{\omega_n^2}{s^2+2\xi\omega_n s+\omega_n^2}$
		$y(t)=h(t)=\dfrac{1}{\tau}e^{-t/\tau}$	$y(t)=h(t)=\dfrac{\omega_n}{\sqrt{1-\xi_n^2}}e^{-\xi\omega_n t}\cdot$ $\sin\sqrt{1-\xi^2}\,\omega_n t$
	$x(t)=\delta(t)$		
单位阶跃	$X(s)=\dfrac{1}{s}$	$Y(s)=\dfrac{1}{s(\tau s+1)}$	$Y(s)=\dfrac{\omega_n^2}{s(s^2+2\xi\omega_n s+\omega_n^2)}$
		$y(t)=1-e^{-t/\tau}$	$y(t)=1-[(1/\sqrt{1-\xi^2})e^{-\xi\omega_n t}]\sin(\omega_d t+\varphi_2)$
	$x(t)=\begin{cases}0 & t<0\\ 1 & t\geqslant0\end{cases}$		

（续）

输　　入	输　　出	
	一阶系统 $H(s)=\dfrac{1}{\tau s+1}$	二阶系统 $H(s)=\dfrac{\omega_n^2}{s^2+2\xi\omega_n s+\omega_n^2}$
$X(s)=\dfrac{1}{s^2}$	$Y(s)=\dfrac{1}{s^2(\tau s+1)}$	$Y(s)=\dfrac{\omega_n^2}{s^2(s^2+2\xi\omega_n s+\omega_n^2)}$
单位斜坡 $x(t)=\begin{cases}0 & t<0\\ t & t\geqslant0\end{cases}$	$y(t)=t-\tau(1-e^{-t/\tau})$	$y(t)=t-\dfrac{2\xi}{\omega_n}+\dfrac{e^{-\xi\omega_n t}}{\omega_d}\sin\{\omega_d t+\arctan[2\xi\sqrt{1-\xi^2}/(2\xi^2-1)]\}$
$X(s)=\dfrac{\omega}{s^2+\omega^2}$	$Y(s)=\dfrac{\omega}{(s^2+\omega^2)(\tau s+1)}$	$Y(s)=\dfrac{\omega\omega_n^2}{(s^2+\omega^2)(s^2+2\xi\omega_n s+\omega_n^2)}$
单位正弦 $x(t)=\sin(\omega t)\quad t>0$	$y(t)=\dfrac{1}{\sqrt{1+(\omega\tau)^2}}[\sin(\omega t+\varphi_1)-e^{-t/\tau}\cos\varphi_1]$	$y(t)=A(\omega)\sin[\omega t+\varphi(\omega)]-e^{-\xi\omega_n t}[K_1\cos\omega_d t+K_2\sin\omega_d t]$

注：1. 表中 $A(\omega)$ 和 $\varphi(\omega)$ 见式(3-31)和式(3-32)：$\omega_d=\omega_n\sqrt{1-\xi^2}$，$\varphi_1=\arctan(-\omega\tau)$；$K_1$、$K_2$ 均取决于 ω_n 和 ξ 的系数；$\varphi_2=\arctan(\sqrt{1-\xi^2}/\xi)$。

2. 对二阶系统只考虑 $0<\xi<1$ 的欠阻尼情况。

由于单位阶跃函数可看成是单位脉冲函数的积分，因此单位阶跃输入下的输出就是测试系统脉冲响应的积分。对系统突然加载或突然卸载即属于阶跃输入，这种输入方式既简单易行，又能充分揭示系统的动态特性，故常被采用。

一阶系统在单位阶跃激励下的稳态输出误差理论上为零。虽然一阶系统的响应只在 t 趋于无穷大时才达到稳态值，但实际上，当 $t=4\tau$ 时系统输出和稳态响应间的误差已小于2%，可认为已达到稳态，一阶系统时间常数 τ 越小越好。

二阶系统在单位阶跃激励下的稳态输出误差为零。但是其响应很大程度上取决于阻尼比 ξ 和固有频率 ω_n。ω_n 越高，系统的响应越快。阻尼比 ξ 直接影响超调量和振荡次数。当 $\xi=0$ 时，超调量为100%，且持续不断地振荡，达不到稳态；当 $\xi>1$ 时，系统蜕化到等同于两个一阶环节的串联，此时虽然不产生振荡（即不发生超调），但也需经过较长时间才能达到稳态；如果阻尼比 ξ 为 0.6~0.8，则最大超调量将不超过 2.5%~10%。若允许动态误差为

$2\% \sim 5\%$ 时，其调整时间也最短，为 $(3 \sim 4)/(\xi \omega_n)$，这是很多测试系统在设计时，常选择阻尼比 $\xi = 0.6 \sim 0.8$ 的理由之一。

斜坡输入函数是阶跃函数的积分。由于输入量不断增大，一、二阶系统的相应输出量也不断增大，但总是"滞后"于输入一段时间。所以，不管是一阶还是二阶系统，都有一定的"稳态误差"，并且稳态误差随 τ 的增大，或 ω_n 的减小和 ξ 的增大而增大。

在正弦激励下，一、二阶系统稳态输出也均为该激励频率的正弦函数。但在不同频率下存在不同的幅值和相位滞后。在正弦激励之初，还有一段过渡过程，一般不作研究。用不同频率的正弦信号去激励测试系统，观察稳态时的响应幅值和相位滞后，就可得到测试系统准确的动态特性。

第五节　测试系统动态特性参数的获取

任何一个测试系统，都要求必须对其测量的可靠性进行验证，即需要通过试验的方法来确定系统的输入/输出关系，这个过程称为**定标**。即使是已经定标的测试系统，也应当定期校准，这实际上就是要测定系统的特性参数。

测试系统动态特性参数的测定，通常采用试验的方法：频率响应法、阶跃响应法，即用正弦信号或阶跃信号作为标准激励源，分别绘出频率响应曲线或阶跃响应曲线，从而确定测试系统的时间常数 τ、阻尼比 ξ 和固有频率 ω_n 等动态特性参数。阶跃响应法是测定系统动态特性较常用的一种方法。

一、一阶系统时间常数 τ 的获取

方法 1：确定一阶系统时间常数 τ 最简单的办法，是在测得阶跃响应曲线后，取输出值达到稳态值的 63.2% 所需的时间作为时间常数 τ。但这种方法未考虑响应的全过程，测量结果不可靠。准确测定 τ 值的方法见方法 2。

方法 2：一阶测试系统的阶跃响应函数为

$$y_u(t) = 1 - e^{-\frac{t}{\tau}}$$

改写后得
$$1 - y_u(t) = e^{-\frac{t}{\tau}}$$

令
$$z = -\frac{t}{\tau} \tag{3-35}$$

则
$$z = \ln[1 - y_u(t)] \tag{3-36}$$

式 (3-35) 表明 z 与时间 t 成线性关系，并且 $\tau = \Delta t / \Delta z$（见图 3-23）。因此可根据测得的 $y_u(t)$ 值及式 (3-36) 做出 z—t 曲线，并根据 $\Delta t / \Delta z$ 值获得时间常数 τ。该方法考虑了瞬态响应的全过程，因此得到的时间常数较可靠。

根据 z—t 曲线与直线的拟合程度，可判断系统和一阶线性测试系统的符合程度。

二、二阶系统固有频率 ω_n 和阻尼比 ξ 的获取

二阶系统在欠阻尼 $(\xi < 1)$ 时的阶跃响应表明，其瞬态响应以 $\omega_n \sqrt{1 - \xi^2}$ 的角频率做衰减振荡，此角频率称为有阻尼角频率，用 ω_d 表示。

方法 1：利用阶跃响应的最大超调量来估计 ξ。

按照求极值的方法，得到各振荡峰值所对应的时间 $t_p = 0$、π/ω_d、$2\pi/\omega_d \cdots$，将 $t = \pi/\omega_d$ 代入表 3-2 中单位阶跃的响应式，可求得最大超调量 M（见图 3-24）和阻尼比 ξ 之间的关系。测得 M 后，便可按式（3-37）或者与之相应的图 3-25 求得阻尼比 ξ。

$$M = e^{-\left(\frac{\pi\xi}{\sqrt{1-\xi^2}}\right)}$$

或
$$\xi = \sqrt{\frac{1}{\left(\dfrac{\pi}{\ln M}\right)^2 + 1}} \tag{3-37}$$

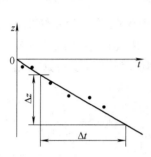

图 3-23　一阶系统时间常数的测定

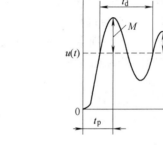

图 3-24　二阶系统阶跃响应曲线

方法 2：根据相隔 n 个振荡的两个超调量的值来估计 ξ。

如果测得的阶跃响应的瞬变过程较长，或者由于其阻尼比 ξ 较小，当相邻两个振幅峰值的变化不明显时，还可利用（相隔 n 个振幅峰值的）任意两个超调量 M_i 和 M_{i+n} 来求阻尼比 ξ，其中 n 为两峰值相隔的周期（整数）。设 M_i 峰值对应的时间为 t_i，则 M_{i+n} 峰值对应的时间为

$$t_{i+n} = t_i + \frac{2\pi n}{\sqrt{1 - \xi^2}\,\omega_n}$$

代入表 3-2 中的公式，可得

$$\ln \frac{M_i}{M_{i+1}} = \ln\left[\frac{e^{-\xi\omega_n t_i}}{e^{-\xi\omega_n(t_i + 2\pi n/\sqrt{1-\xi^2}\,\omega_n)}}\right] = \frac{2\pi n\xi}{\sqrt{1 - \xi^2}}$$

整理后得
$$\xi = \frac{\delta_n/n}{\sqrt{4\pi^2 + \left(\dfrac{\delta_n}{n}\right)^2}} \quad \text{或} \quad \xi = \frac{\delta_n}{\sqrt{\delta_n^2 + 4\pi^2 n^2}} \tag{3-38}$$

其中
$$\delta_n = \ln \frac{M_i}{M_{i+n}} \tag{3-39}$$

称为相隔 n 个周期的超调量的对数衰减率。

当 $\xi < 0.1$ 时，以 1 代替 $\sqrt{1-\xi^2}$，不会产生过大的误差（$<0.6\%$），则式（3-38）可改写为

$$\xi \approx \frac{\ln \dfrac{M_i}{M_{i+n}}}{2\pi n} \tag{3-40}$$

上式中，n 为任意整数，即 ξ 值与 n 的取值无关。若 n 取不同值时计算得到的 ξ 值不同，则说明该系统不是二阶系统。

求得阻尼比 ξ 后，可根据下式计算固有频率 ω_n（其中，振荡频率 $\omega_d = 2\pi/t_d$）为

$$\omega_n = \frac{\omega_d}{\sqrt{1-\xi^2}} \qquad (3\text{-}41)$$

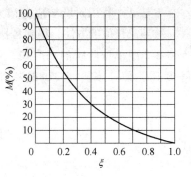

图 3-25　超调量与阻尼比的关系

还可利用正弦输入测定输出和输入的幅值比、相位差以确定系统的幅频特性和相频特性，然后根据幅频特性分别按图 3-26 和图 3-27 求得一阶系统的时间常数 τ 和欠阻尼二阶系统的阻尼比 ξ、固有频率 ω_n。但若测试系统不是纯粹的电气系统，而是机械-电气装置或其他物理系统，一般很难获得正弦的输入信号，而获得阶跃输入信号却很方便。所以在这种情况下，建议采用阶跃输入信号来测定系统的参数。

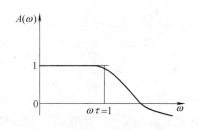

图 3-26　由幅频特性求时间常数 τ

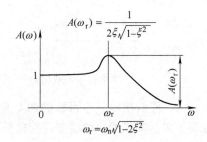

图 3-27　欠阻尼二阶装置的 ξ 和 ω_n

【例 3-4】　对某个典型二阶系统（装置）输入一个脉冲信号，从输出响应曲线上测得其振荡周期为 4ms，第 2 个和第 10 个振荡的超调量（峰值）分别为 18mm 和 6mm。试求该系统的固有频率 ω_n 和阻尼比 ξ 各为多少？

解： 由式（3-39）得输出波形相隔 8 个周期的超调量的对数衰减率的平均值为

$$\frac{\delta_n}{n} = \frac{\ln(18/6)}{8} = 0.1373265$$

振荡频率为

$$\omega_d = \frac{2\pi}{T_d} = \frac{2\pi}{4 \times 10^{-3}} = 1570.796 \ (\text{rad/s})$$

根据式（3-38）得该系统的阻尼比：

$$\xi = \frac{\delta_n/n}{\sqrt{4\pi^2 + \left(\dfrac{\delta_n}{n}\right)^2}} = \frac{0.1373265}{\sqrt{4\pi^2 + 0.1373265^2}} = 0.02185$$

由式（3-41）得该系统的固有频率为

$$\omega_n = \frac{\omega_d}{\sqrt{1-\xi^2}} = \frac{1570.796}{\sqrt{1-0.02185^2}} = 1571.171 \ (\text{rad/s})$$

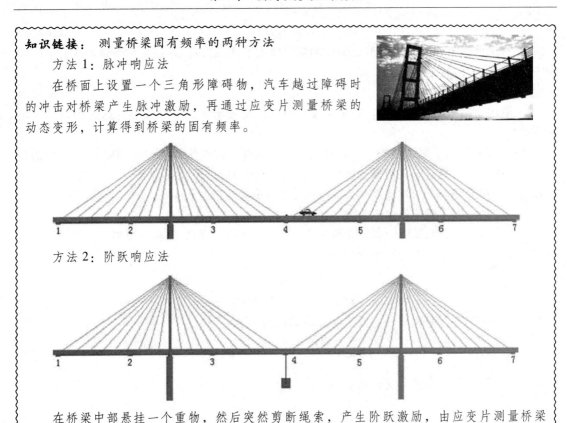

知识链接： 测量桥梁固有频率的两种方法

方法 1：脉冲响应法

在桥面上设置一个三角形障碍物，汽车越过障碍时的冲击对桥梁产生脉冲激励，再通过应变片测量桥梁的动态变形，计算得到桥梁的固有频率。

方法 2：阶跃响应法

在桥梁中部悬挂一个重物，然后突然剪断绳索，产生阶跃激励，由应变片测量桥梁的动态变形，通过计算得到桥梁的固有频率。

【人生哲理】 做学问必须有一个基本信念——相信**凡事皆有规律**。通过对事物的学习和研究、对已知现象的把握，我们总能得出一些规律，这些规律可以帮助我们规划未来。

第六节　实现不失真测试的条件

当信号通过测试系统时，系统输出响应波形与激励波形通常是不同的，即产生了**失真**。测试的目的是使测试系统的输出信号能够真实地反映被测对象的信息，这种测试称为不失真测试。从时域上看，所谓不失真测试就是指系统输出信号的波形与输入信号的波形完全相似的测试。

将信号 $x(t)$ 接入测试系统，其输出 $y(t)$ 可能出现以下三种情况：

1）输出波形与输入波形相似，输出无滞后，只是幅值放大了 A_0 倍（如图 3-28 所示，这是最理想的情况），即输出与输入之间满足下列关系式：

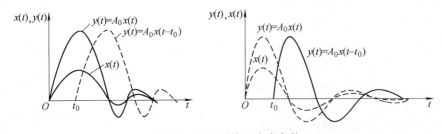

图 3-28　测试系统不失真条件

$$y(t) = A_0 x(t) \tag{3-42a}$$

2）输出波形与输入波形相似，输出的幅值放大了 A_0 倍，而且还相对于输入滞后了时间 t_0（见图 3-28），即满足下列关系式：

$$y(t) = A_0 x(t - t_0) \tag{3-42b}$$

3）输出与输入完全不一样，产生了波形畸变，即输出失真了。显然，这是测试系统不希望的情况。

式（3-42b）表示了测试系统不失真测试的时域条件，输出信号 $y(t)$ 是激励信号 $x(t)$ 的精确再现，因为输出响应波形与激励波形一样，只不过响应的幅度是原信号的 A_0 倍，并延迟了 t_0 时间。式（3-42a）是式（3-42b）在 $t_0 = 0$ 时的特例。

下面讨论不失真测试的频域条件。

系统在进行动态测试时，最好是满足上面第一种情况，至少也应满足第二种情况。分别对式（3-42a）、（3-42b）进行傅里叶变换，得

$$Y(j\omega) = A_0 X(j\omega)$$

$$Y(j\omega) = A_0 e^{-jt_0\omega} X(j\omega)$$

要满足第一种不失真测试情况，系统的频率响应为

$$H(j\omega) = \frac{Y(j\omega)}{X(j\omega)} = A_0 = A_0 e^{j \cdot 0} \tag{3-43}$$

欲满足第二种不失真测试情况，系统的频率响应为

$$H(j\omega) = \frac{Y(j\omega)}{X(j\omega)} = A_0 e^{j(-t_0\omega)} \tag{3-44}$$

从式（3-43）和式（3-44）可以看出，系统要实现不失真测试，其幅频特性和相频特性应满足下列条件：

$$A(\omega) = A_0 \quad (A_0 \text{ 为常数}) \tag{3-45}$$

$$\varphi(\omega) = 0 \quad (\text{理想条件}) \tag{3-46}$$

或

$$\varphi(\omega) = -t_0\omega \quad (t_0 \text{ 为常数}) \tag{3-47}$$

式（3-45）表明：测试系统实现不失真测试的幅频特性曲线应是一条平行于 ω 轴的直线。式（3-46）和式（3-47）则分别表明，系统实现不失真测试的相频特性曲线应是与水平坐标重合的直线（理想条件）或是一条通过坐标原点的斜直线，如图 3-29 所示。

$A(\omega) \neq$ 常数所引起的失真称为幅值失真，由于 $\varphi(\omega)$ 与 ω 之间成非线性关系而引起的失真称为相位失真。

注意：任何测试系统不可能在很宽的频带范围内满足不失真测试的条件，在测试过程中要根据不同的测试目的，合理把握不失真的条件。如果测试的目的只是要精确地测出输入波形，那么满足式（3-45）、式（3-47）即可；但如果测试的结果将作为反馈控制信号，输出对

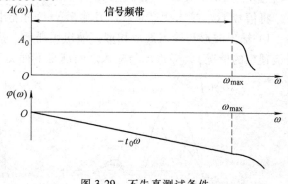

图 3-29　不失真测试条件

输入的时间滞后则有可能破坏系统的稳定性，这时 $\varphi(\omega)=0$ 才是理想的。

测试系统通常是由若干测试环节组成的，只有保证每一环节满足不失真测试的条件，才能使最终的输出波形不失真。所以在设计不失真测试系统时，组成环节应尽可能少。

从实现波形不失真条件和其他性能综合来看，对一阶系统而言，时间常数 τ 越小，则时域中系统的响应速度越快，频域中近似满足不失真测试条件的频带也越宽。因此一阶系统的时间常数 τ 原则上越小越好。

对于二阶系统，在 $\xi=0.6\sim0.8$、$\omega=0\sim0.58\omega_n$ 的频率范围内，幅值特性 $A(\omega)$ 的变化不超过5%、相频特性曲线接近直线，波形失真较小。此时二阶系统可获得最佳的综合特性，这也是设计或选择二阶测试系统的依据。

【核心提示】　失真是指信号在传输过程中与原有信号或标准相比发生了偏差。失真可分为幅值失真、频率失真、相位失真三种。对幅值不同的信号放大量不同称为幅值失真；对频率不同的信号放大量不同称为频率失真；对频率不同的信号，经放大后产生的时间延迟不同称为相位失真（或时延失真）。

【例 3-5】　某测试系统（装置）的幅频特性、相频特性曲线如图 3-30 所示。请问：当输入信号为 $x_1(t)=A_1\sin\omega_1t+A_2\sin\omega_2t$ 时，输出信号是否失真？当输入信号为 $x_2(t)=5A_1\sin\omega_1t+3A_2\sin0.5\omega_2t+0.5A_3\sin\omega_4t$ 时，输出信号是否失真。为什么？

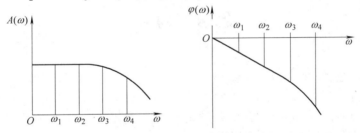

图 3-30　某测试装置的幅频、相频特性曲线

解：在测试系统（装置）不失真测试的条件下，为了使输出波形与输入波形一致而没有失真，测试装置的幅频特性应该满足式（3-45）、相频特性应满足式（3-47），即

$$A(\omega)=常数，\quad \varphi(\omega)=-t_0\omega$$

从图 3-30 中可以看出，当输入信号的频率 $\omega\leqslant\omega_2$ 时，测试装置的幅频特性 $A(\omega)$ 为常数，且相频特性为线性，当输入信号的频率 $\omega\geqslant\omega_3$ 时，幅频特性曲线不是直线（不是常数）、相频特性曲线也不是直线（成非线性）。因此在输入信号频率 $\omega\leqslant\omega_2$ 的范围内，能保证输出不失真；当输入信号的频率 $\omega\geqslant\omega_3$ 时，输出将失真。

对于本题而言，当输入信号 $x_1(t)$ 时，输出信号不会失真。在 $x_2(t)$ 中，因为存在频率 $\omega_4>\omega_3$，所以，当输入信号 $x_2(t)$ 时，输出信号会发生失真。

【人生哲理——较真】　生活中喜欢"较真"的人很多：科学家为探求大自然真谛"较真"；律师为揭露案件真相"较真"；打抱不平者出于正义感而"较真"……这类"较真"能够弘扬正气，值得赞扬。但另一类"较真"如争强好胜、偏激死磕、钻牛角尖、斤斤计较等，属于**负能量**，会影响社会的和谐文明。历史的经验证明：别与小人较真，因为不值得；勿与亲友较真，因为伤感情；不和自己较真，因为伤身体。观人察事要具体问题具体分析，没有绝对的真与不真，谁说非得这样或那样，一切顺其自然便好。

本 章 小 结

测试装置是一个测试系统。理想的测试装置（测试系统），以输入-输出成线性关系为最佳。

理想测试系统具有叠加性、比例特性、微分特性、积分特性和频率保持性。

测试系统的静态特性指标包括：灵敏度、非线性度、回程误差（滞后）、分辨率、漂移等。

描述测试系统动态特性的方法为：微分方程、传递函数 $H(s)$、频率响应函数 $H(j\omega)$。重点是频率响应函数、幅频特性曲线和相频特性曲线。

测试系统不失真测试的幅值和相频特性应分别满足：$A(\omega)$ 为水平直线、$\varphi(\omega)$ 为斜直线。

典型系统实现不失真测试的条件如下：

1）反馈系统。要求 $A(\omega)$ 和 $\varphi(\omega)$ 均为水平直线（即 $A(\omega)=A_0$ 且 $\varphi(\omega)=0$）。

2）一阶系统。时间常数 τ 越小，越不容易失真。

3）二阶系统。阻尼比 $\xi=0.6\sim0.8$，且 $\omega=0\sim0.58\omega_n$（ω_n 为系统的固有频率）。

思考与练习

一、思考题

3-1　一个理想的测试装置应具有什么特性？

3-2　线性系统中两个最重要的特性是什么？

3-3　误差如何表示？三个度的含义是什么？

3-4　描述测试装置动态特性的手段有哪几种？

二、简答题

3-5　何谓静态特性？哪些指标可以反映测试系统的静态特性？

3-6　如何表示测试系统的动态特性？一阶、二阶测试装置的动态特性参数分别是什么？

3-7　什么是系统的频率响应函数？它和系统的传递函数有何关系？

3-8　满足了什么条件，测试装置可实现不失真测试？

3-9　在结构及工艺允许的条件下，为什么都希望将二阶测试装置的阻尼比定在 0.7 附近？

3-10　说明水银温度计和红外温度计原理的异同，为什么后者响应快？

3-11　在选择不同的仪器时，如何在灵敏度、量程和稳定性方面进行考虑？

3-12　将单位阶跃信号输入某个测试仪器，从函数记录仪上绘制得到的响应曲线如图 3-31 所示，请问：①该测试仪器属于什么系统？②根据该响应曲线如何求取该仪器（系统）的动态特性参数？

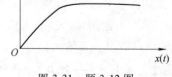

图 3-31　题 3-12 图

3-13　测试系统中装置之间有哪些组合方式？组合时应该注意些什么？

三、计算题

3-14　由传递函数为 $H_1(s)=\dfrac{6}{5+2.3s}$ 和 $H_2(s)=\dfrac{100\omega_n^2}{s^2+1.4\omega_n s+\omega_n^2}$ 的两个环节串联组成一个测试系

统，问该系统的总灵敏度是多少？

3-15 某个压电式力传感器的灵敏度为 93pC/MPa，电荷放大器的灵敏度为 0.06V/pC，若压力变化 20MPa，为使记录笔在记录纸上的位移不大于 50mm，则笔式记录仪的灵敏度应选多大？

3-16 图 3-32 所示为一测试系统的框图，试求该系统的总灵敏度。

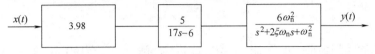

图 3-32 题 3-16 图

3-17 用一个时间常数 $\tau = 0.35s$ 的一阶测试系统，测量周期分别为 5s、1s、2s 的正弦信号，求测量的幅值误差各是多少？

3-18 用时间常数 $\tau = 2s$ 的一阶装置测量烤箱内的温度，箱内的温度近似地按周期为 160s 进行正弦规律变化，且温度在 500~1000℃ 范围内变化，试求该装置所指示的最大值和最小值各是多少？

3-19 设用时间常数 $\tau = 0.2s$ 的一阶装置测量正弦信号：$x(t) = \sin 4t + 0.4\sin 40t$，试求其输出信号。

3-20 用一阶系统进行 200Hz 正弦信号的测量，如果要求振幅误差在 10% 以内，则时间常数应取多少？如用具有该时间常数的同一系统进行 50Hz 正弦信号的测试，问此时的振幅误差和相位差是多少？

3-21 将温度计从 20℃ 的空气中突然插入 100℃ 的水中，若温度计的时间常数 $\tau = 2.5s$，则 2s 后的温度计指示值是多少？

3-22 用时间常数 $\tau = 0.5s$ 的一阶装置进行测量，若被测参数按正弦规律变化，若要求装置指示值的幅值误差小于 2%，问被测参数变化的最高频率是多少？如果被测参数的周期是 2s 和 5s，问幅值误差是多少？

3-23 对一个二阶系统输入单位阶跃信号后，测得响应中产生的第 1 个过冲量 $M = 1.5$，同时测得其周期为 6.28s。已知装置的静态增益为 3，试求：①该装置的传递函数？②该装置在欠阻尼固有频率处的频率响应。

3-24 一种力传感器可作为二阶系统处理。已知传感器的固有频率进行 800Hz，阻尼比为 0.14。问使用该传感器作频率进行 500Hz 和 1000Hz 正弦变化的外力测试时，其振幅和相位角各为多少？

3-25 求周期信号 $x(t) = 0.6\cos(10t + 30°) + 0.3\cos(100t - 60°)$ 通过传递函数为 $H(s) = 1/(0.005s + 1)$ 的测试装置后所得到的稳态响应。

3-26 在某发动机处于稳定工况下，对输出转矩进行了 10 次测量，得到如下测定值：14.3N·m，14.3N·m，14.5N·m，14.3N·m，13.8N·m，14.0N·m，14.4N·m，14.5N·m，14.3N·m，14.0N·m，试表达测量结果。

第四章 传 感 器

智能制造归功于数字化工厂炫酷传感器的闪亮登场

【**本章学习要求**】 完成本章内容的学习后应明白:

1. 传感器的作用是什么?传感器怎么分类?
2. 每一种传感器基于什么原理?有哪些特点?应用在什么场合?
3. 你会选购传感器吗?

阅读材料: 仿生传感器

电子蛙眼:在迅速飞动的各种小动物中,青蛙可立即识别出最喜欢吃的苍蝇和飞蛾,而对其他飞动着的东西和静止不动的景物都毫无反应。根据蛙眼的视觉原理和结构,仿生学家发明了电子蛙眼。电子蛙眼能准确无误地识别出特定形状的物体。在现代战争中,当敌方发射导弹来攻击我方目标时,我方可以发射反导弹截击对方导弹,但敌方会发射假导弹来迷惑我方。由于真假导弹都处于快速运动之中,要克敌制胜,就必须及时把真假导弹区别开来。将电子蛙眼装入雷达系统后,能快速、准确地识别出真假导弹,敏锐、迅速地跟踪飞行中的真正目标。

盲人"探路仪":根据蝙蝠超声定位原理,人们仿制了盲人用的"探路仪"。这种探路仪内装一个超声波发射器,盲人携带时可以发现电线杆、台阶、桥上的行人等。如今,具有类似作用的"超声眼镜"也已制成。

水母耳风暴预测仪:仿照水母的顺风耳的结构和功能,人们设计了水母耳风暴预测仪,能提前15h对风暴做出预报,对航海和渔业的安全都具有重要意义。

第一节 概 述

传感器是测试系统的首要环节,它能把非电量转换为电量,使某些非电量容易测量。其实,传感器并不陌生,图4-1a中的传声器(俗称话筒、麦克风)就是一种传感器,它是把声音转换成相应电信号的装置;图4-1b电视机中的光敏二极管是另一种传感器,用以检测遥控器发出的红外线,并将其变换成电信号以控制相应器件的通断。

【**小思考**】 你家里、在你的生活当中,有哪些地方使用了传感器?

一、传感器的定义

传感器的概念来自"感觉(sensor)"一词,人们为了从外界获取信息,必须借助于感觉器官。当今世界已进入信息时代,在利用信息的过程中,首先要解决的就是获取准确的信息。而仅仅依靠人体自身的感觉器官,在研究自然现象和规律及生产活动中,它们的功能已

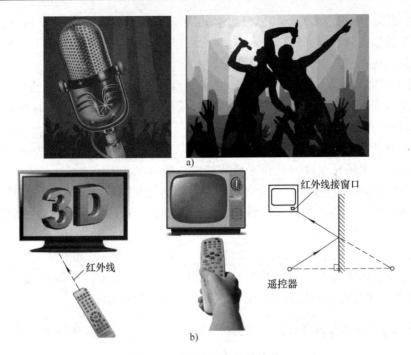

图 4-1　日常生活中的传感器

a) 卡拉 OK 演唱会用传声器放大声音信号　b) 电视机里的光敏二极管接收红外线

远远不够，于是发明了能代替或补充人的五官功能的传感器。

我们常把电子计算机比作人脑的模拟物，而传感器可以说是人的五种感觉（视觉、听觉、触觉、嗅觉、味觉）的模拟物、是人类五官的延伸。例如，眼——光敏传感器，鼻——气敏传感器，耳——声敏传感器，舌——味觉传感器，皮肤——触觉传感器，如图 4-2 所示，通信技术则相当于人的经络。

现代信息技术的三大基础是信息的采集、传输和处理技术，即传感器技术、通信技术和计算机技术。因此通过感官（传感器）来获取信息，由大脑（计算机）发

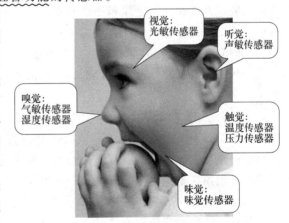

图 4-2　人的五种感觉与传感器

出指令，由经络（通信技术）进行传输，分别构成了信息技术系统的"感官""大脑"和"神经"，缺一不可。

根据国家标准（GB/T 7665—2005）《传感器通用术语》，将传感器（transducer/sensor）定义为"能感受规定的被测量、并按照一定的规律转换成可用输出信号的**器件**或装置，通常由**敏感元件和转换元件组**成。"这一定义包含了以下几方面的含义：

1）从传感器的输入端来看：一个传感器只能感受规定的被测量（物理量、化学量、生物量等），即传感器对规定的被测量具有最大的灵敏度和最好的选择性。例如，温度传感器只能用于测温，而不希望它同时受其他被测量的影响。

2）从传感器的输出端来看：传感器的输出信号为"可用信号"，这里所谓的"可用信号"是指便于传输、转换、处理、显示的信号，最常见的是电信号、光信号。在将来，"可用信号"或许是更先进、更实用的其他信号形式。

3）从输入与输出的关系来看：它们之间的关系具有"一定规律"，即传感器的输入与输出不仅是相关的，而且可以用确定的数学模型来描述，即具有确定规律的静态特性和动态特性。

4）从结构组成来看：传感器一般由敏感元件、转换元件组成，敏感元件（sensing element）能直接感受被测量（一般为非电量）并将其转换为其他物理量；转换元件（transduction element）可将敏感元件输出的物理量转换成电量（如电压、电流、电阻、电感、电容等）。可见，传感器有两个作用：一是敏感作用，即感受并拾取被测对象的信号；二是转换作用，将被测信号（一般是非电量）转换成易于传输和测量的电信号，以便后接仪器接收和处理。

综上所述，传感器的基本功能是检测信号及信号转换，可将诸如温度、压力、流量、应变、位移、速度、加速度等信号转换成电的能量信号（如电流、电压）或电的参数信号（如电阻、电容、电感等），然后通过转换、传输进行记录或显示。

【特别提示】　传感器的功用是一感二传，即感受被测信息，并传送出去。

二、传感器的工作机理

传感器之所以具有信息转换的机能，是因为它的工作机理是基于各种物理的、化学的和生物的效应，并受相应的定律和法则所支配。了解这些定律和法则，有助于我们对传感器本质的理解及新型传感器的开发。作为传感器工作物理基础的基本定律主要有以下 3 种类型：

1）守恒定律。包括能量、动量、电荷量等守恒定律，这些定律是研究、开发新型传感器，或分析、综合现有传感器时，都必须严格遵守的基本法则。基于守恒定律的传感器，目前数量不多。

2）场的定律。包括动力场的运动定律、电磁场的感应定律等，其作用与物体在空间的位置及分布状态有关。场的定律一般由物理方程给出，作为传感器工作时的数学模型。例如：利用静电场定律研制的电容式传感器，利用电磁感应定律研制的电感式传感器，利用运动定律与电磁感应定律研制的磁电式传感器等。

利用场的定律构成的传感器，其形状、尺寸（结构）决定了传感器的量程、灵敏度等性能，故此类传感器又统称为"结构型传感器"。这类传感器的特点是：传感器的工作原理以传感器中元件相对位置变化引起场的变化为基础，而不是以材料特性变化为基础。

3）物质定律。它是表示各种物质本身内在性质的定律（如虎克定律、欧姆定律等），是描述物质某种客观性质的法则。这种法则，通常以物质本身所固有的物理常数形式给出，这些常数的大小决定了传感器的主要性能。

基于物质定律的传感器统称为"物性型传感器"，属于有广阔发展前景的一类传感器。半导体传感器，以及所有利用各种环境变化引起金属、半导体、陶瓷、合金等性能变化的传感器，都属于物性型传感器。如：利用半导体物质法则——压阻效应、热阻效应、光阻效应、湿阻效应等，可分别做成压阻式传感器、热敏电阻传感器、光敏电阻传感器、湿敏电阻传感器等；利用压电晶体物质法则——压电效应，可做成压电传感器。

【核心提示】 传感器，是利用物理定律或物质的物理特性、化学特性或生物效应，将待测非电量（压力、温度、位移等）及其变化转换为电量、输出电信号的器件。

三、传感器的作用和地位

传感器的作用相当于人的五官，是获取外部信息的"窗口"。传感技术是现代控制测量技术的主要环节，如果没有传感器对原始数据进行准确、可靠的测量，无论对信息的转换、处理、传输和显示多么精确，都将失去意义。

在自动化生产线上，要用各种传感器来监视和控制生产过程中的各个参数，确保设备工作在正常状态或最佳状态，并使产品达到最好的质量。没有众多优良的传感器，现代化生产无从谈起。生产过程的自动化程度、智能化程度越高，对传感器的需求量也越大。

在基础科学与尖端技术的研究中，大到上千光年的茫茫宇宙，小到 10^{-13} cm 的粒子世界；高达 5×10^{8}℃ 的超高温，低到 0.01K 的超低温；高于 3×10^{8} Pa 的超高压，低于 10^{-13} Pa 的超真空，要测量如此极端区域的信息，人的感官或一般电子设备远远不能胜任。此外，还出现了对深化物质认识、开拓新能源、新材料等各种技术的研究。显然，要获取大量人类感官无法直接获取的信息，没有相应的传感器是不可能的。许多基础科学研究的障碍，就是对象信息的获取存在困难，而一些新机理和高灵敏度检测传感器的出现，会使该领域内获得突破。先进传感器的发展，往往是一些边缘学科和高新技术开发的先驱。

现在，传感器早已渗透到诸如工业生产、宇宙开发、海洋探测、环境保护、资源调查、医学诊断、生物工程、文物保护等多种广泛的领域。一艘宇宙飞船可以看作一个高性能传感器的集合体，可以捕捉和收集宇宙中的各种信息。工业自动化中的柔性制造系统（FMS）或智能制造系统（IMS），无人驾驶飞机、无人驾驶汽车，现代战争指挥系统、制导系统，现代通信、气象卫星等，都配有先进的、高精度的传感检测系统。毫不夸张地说，从神秘的太空，到浩瀚的海洋，以至各种复杂的工程系统，几乎每一个现代化项目，都离不开各种各样的传感器。传感器在家用电器及日常生活用品中的应用也日新月异。

传感器是物联网的神经末梢，而物联网又是"智慧城市"的技术基础之一。未来社会将是充满传感器的世界。传感器的水平是衡量一个国家综合经济实力和技术水平的标志之一，正如国外有的专家所说，谁支配了传感器，谁就支配了新时代。

（谁称霸世界？）

【小思考】 现代战争的胜负是否决定于传感器？

四、传感器的组成

传感器按其定义一般由敏感元件、变换元件、信号调理电路三部分组成，有时还需外加辅助电源提供转换能量，如图 4-3 所示。

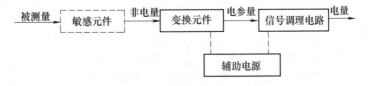

图 4-3 传感器组成框图

其中,<u>敏感元件</u>是直接感受被测量(一般为非电量),并输出与被测量成确定关系的某一物理量的元件。在机械量(如力、压力、位移、速度等)的测量中,常采用弹性元件为敏感元件,这种弹性元件也称为<u>弹性敏感元件</u>。

图4-4所示为一种气体压力传感器的示意图。膜盒2的下半部与壳体1固接,上半部通过连杆与磁芯4相连,磁芯4置于两个电感线圈3中,后者接入转换电路5。这里的膜盒就是敏感元件,其外部与大气压力相通,内部感受被测压力,当被测压力变化时,引起膜盒上半部移动,即输出相应的位移量。

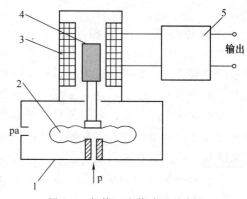

图4-4　气体压力传感器示意图
1—壳体　2—膜盒　3—电感线圈
4—磁芯　5—转换电路

<u>变换元件</u>(也称为<u>转换元件</u>)。敏感元件的输出就是变换元件的输入,变换元件把输入转换成电参量(电压、电流、电阻、电感、电容等)。在图4-4中,变换元件是可变电感线圈3,它可把输入的位移量转换成电感的变化。

<u>信号调理电路</u>:对变换元件电参量,进行放大、运算等处理,变成易于进一步传输和处理的形式,从而获得被测值或进行过程控制。

当然,不是所有的传感器都有敏感元件、变换元件之分,有些传感器是将两者合二为一,还有些新型的传感器将敏感元件、变换元件及信号调理电路集成为一个器件。

最简单的传感器由一个敏感元件(兼转换元件)组成,它在感受被测量时直接输出电量,如热电偶(见图4-5)。热电偶中两种不同金属材料的一端连接在一起,放在被测温度 T 环境中,另一端为参考端,温度为 T_0,则在回路中将产生一个与温度 T、T_0 有关的电动势,从而进行温度测量。

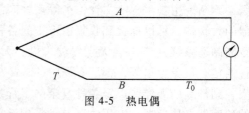

图4-5　热电偶

五、传感器的分类

传感器的种类繁多,往往同一种被测量可以用不同类型的传感器来测量,而同一原理的传感器又可测量多种物理量,因此传感器有多种分类方法。

1. 按被测物理量分类

如测力、位移、速度、加速度、温度、流量等物理量所用的传感器分别称为力传感器、位移传感器、速度传感器、加速度传感器、温度传感器、流量传感器等(见表4-1)。

表4-1　传感器按被测物理量分类

被测物理量类别	被测物理量
机械量	位移(线位移、角位移)、尺寸、形状;力、重力、力矩、应力;质量;转速、线速度;振动幅值、频率、加速度、噪声
热工量	温度、热量、比热容;压力、压差、液位、真空度;流量、流速、风速
状态量	颜色、透明度、磨损量、材料内部裂纹或缺陷、气体泄漏、表面质量
物性和成分量	气体化学成分、液体化学成分;酸碱度(pH)、盐度、浓度、黏度、密度

这种分类方法是按用途进行分类，便于使用者根据测量对象来选型。但它把用途相同而变换原理不同的传感器归为一类，对研究和学习不甚方便。

2. 按变换原理分类

传感器对信息的获取，主要是基于各种物理的、化学的、生物的现象、效应或定律。根据不同的作用机理，可将传感器分为电阻式传感器、电感式传感器、电容式传感器、压电式传感器、光电式传感器、磁电式传感器等。

这种分类方法便于从原理上认识输入与输出之间的变换关系，有利于专业人员从原理、设计及应用上进行归纳性的分析与研究。

3. 按信号变换特征分类

1）物性型传感器。利用敏感器件材料本身物理性质的变化来实现信号的检测。例如，用水银温度计测温，利用了水银的热胀冷缩现象；用光电传感器测速，利用了光电器件本身的光电效应；压电式传感器则利用石英晶体的压电效应以实现测量等。

2）结构型传感器。通过传感器本身结构（形状、尺寸、位置等）的变化，将被测参数转换成电阻、电感、电容等的变化。例如，电容式传感器通过极板间距离发生变化而引起电容量的改变；电感式传感器通过活动衔铁的位移引起自感或互感的变化等。

4. 按能量传递方式分类

1）能量控制型传感器（或称无源传感器）。需要从外部供给能量使传感器工作，由被测量的变化来控制外部能量的变化。

电阻式、电感式、电容式传感器都属于能量控制型传感器，在感受被测量以后，它只改变自身的电参量（如电阻、电感、电容），这类传感器本身不起变换能量的作用，但能对传感器提供的能量起控制作用。使用这种传感器时必须加上外部电源，因此也称为无源传感器。例如，电阻式传感器可将被测物理量（如位移）转换成自身电阻的变化，如果将电阻式传感器接入电桥中，该电阻的变化就可以控制供桥电压幅值（或相位、频率）的变化，完成被测量到电量的转换过程，所以能量控制型传感器也称为参量型传感器。基于应变电阻效应、磁阻效应、热阻效应、霍尔效应等的传感器也属于此类传感器。

2）能量转换型传感器（或称有源传感器）。具有换能功能，它能将被测物理量（如速度、加速度等）直接转换成电量（如电流或电压）输出，不需要外加电源，因此也称为有源传感器。传感器本身犹如发电机一样，故又称为发电型传感器。例如，热电偶将被测温度直接转换为电量输出。光电式、磁电式、压电式、热电式等传感器均属能量转换型传感器。

3）能量传递型传感器。在能量发生器与接收器之间进行能量传递的过程中实现敏感检测功能，如超声波换能器必须有超声发生器和接收器。核辐射检测器、激光器等都属于这一类，实际上它们是一种间接传感器。

【小思考】　在传感器产品的销售中，以何种方式发布广告比较合适？

六、对传感器的性能要求

各种传感器，由于原理、结构不同，使用环境、条件、目的不同，其技术指标也不可能相同。但是对传感器的一般要求是相同的，即①可靠性；②静态精度；③动态性能；④量程；⑤抗干扰能力；⑥通用性；⑦轮廓尺寸；⑧成本；⑨能耗；⑩对被测对象的影响等。

很多传感器需要在动态条件下工作，精度不够、动态性能不好或出现故障，整个工作就无法进行。在某些系统中或设备上安装有许多传感器，若有一个传感器失灵，就会影响全局。所以传感器的工作可靠性、静态精度和动态性能是最基本的要求。抗干扰能力也十分重要，因为使用现场总会存在各种干扰、出现各种意想不到的情况，因此要求传感器具有这方面的适应能力，同时还应包括在恶劣环境下使用的安全性。通用性主要是指传感器可用于各种不同的场合，以免一种应用场合就要搞一种设计。

信息时代信息量激增、要求捕获和处理信息的能力日益增强，对于传感器性能指标（包括精确度、可靠性、灵敏度等）的要求越来越严格。实际的传感器往往很难同时满足这些性能要求，应根据测量目的、使用环境、被测对象状况、精度要求和信号处理等具体条件进行全面综合考虑。

> **知识链接：** 动物的奇能
>
> **蝙蝠：** 能够在漆黑的夜晚穿越茂密的树林，准确无误地定向。其实，蝙蝠是用耳朵来"看"、用超声波来定位的。蝙蝠在 1s 内，能够捕捉和分辨 250 组回声，同时发出相等数目的声波。蝙蝠能够一边飞，一边不断发出超声波，根据从物体反射回来的回波时间，感觉出自己与物体的距离，从而避开物体。
>
> **狗：** 以鼻子灵敏而著称，它能够感觉 200 万种物质的气味和浓度，能够感觉到浓度为 0.0000000336 的油酸，其灵敏度达到了分子水平。狗几乎可以根据气味找到任何要找的东西。狗可以从 15 种混杂的气味中找出特定的一种气味。追捕猎物到几千米外的猎犬，可以轻而易举地返回主人身边。警犬可以根据逃犯的气味，将其从人群中找出。

七、传感器的发展趋势

人类社会对传感器越来越高的要求是传感器发展的强大动力，而现代科学技术突飞猛进则为传感器的发展提供了坚强的后盾。下面介绍传感器的发展动向。

1. 开发新型传感器

传感器的工作机理基于各种效应和定律，随着人们对自然认识的深化，会不断发现一些新的物理效应、化学效应、生物效应等。利用这些新的效应可开发出相应的新型传感器，从而为拓展传感器的应用范围提供新的可能。由此也启发人们进一步探索具有新效应的敏感功能材料，改变材料的组成、结构、添加物或采用各种工艺技术，利用材料形态变化来提高材料对电、磁、热、声、力、光等的敏感功能，并以此研制出新型的传感器。

结构型传感器发展得较早，目前日趋成熟，但是它的结构复杂、体积较大、价格偏高。物性型传感器与之相反，具有不少诱人的优点，于是世界各国都在物性型传感器方面投入大量人力、物力以加强研究。其中利用量子力学等效应研制的低灵敏阈传感器，可用来检测微弱的信号，是发展新动向之一。例如：利用约瑟夫逊效应的热噪声温度传感器，可测 10^{-6}K 的超低温；利用光子滞后效应，研制出了响应速度极快的红外传感器等。

大自然是生物传感器的优秀设计师和工艺师，它通过漫长的岁月，不仅造就了集多种感官于一身的人类，而且还构造了许多功能奇特、性能高超的生物感官。例如狗的嗅觉（灵敏阈为人的 10^6 倍）、鸟的视觉（视力为人的 8~50 倍），蝙蝠、飞蛾、海豚的听觉（属于主动型生物雷达——超声波传感器）等，是当今传感器技术所望尘莫及的。研究它们的机理，开发仿生传感器，也是引人注目的方向。

【小思考】 自称万物之灵的人类，应该从其他动物中学习什么？

2. 开发新材料

传感器材料是传感器技术的重要基础，材料科学的进步，使新型传感器的开发成为可能。近年来对传感器材料的研究主要涉及以下几个方面：从单晶体到多晶体、非晶体；从单一型材料到复合材料；原子（分子）型材料的人工合成。利用复合材料来制造性能更加良好的传感器是今后的发展方向之一。

半导体敏感材料在传感器技术中具有较大优势，将在今后相当长时间内占据主导地位。半导体硅在力敏、热敏、光敏、磁敏、气敏、离子敏及其他敏感元件上，具有广泛用途。

智能材料是指通过设计和控制材料的物理、化学、机械、电学等参数，研制出生物体材料所具有的特性或者优于生物体材料性能的人造材料。具有下述功能的材料可称为智能材料：具备环境判断的可自适应功能、自诊断功能、自修复功能、自增强功能。

最引人注目的智能材料是形状记忆合金、形状记忆陶瓷和形状记忆聚合物。对智能材料的探索工作刚刚开始，相信不久的将来会有更大的发展。

3. 新工艺的采用

发展新型传感器离不开新工艺的采用。新工艺的含义很广，这里主要指微细加工技术（又称微机械加工技术）：离子束、电子束、分子束、激光束和化学刻蚀等用于微电子加工的技术，目前已越来越多地用于传感器领域，如溅射、蒸镀、等离子体刻蚀、化学气体淀积（CVD）、外延、扩散、腐蚀、光刻等，迄今已有大量采用上述工艺制成的传感器问世。

4. 集成化、多功能化与智能化

传感器集成化包括两种定义：①在同一芯片上，将多个相同的敏感元件集成为一维、二维或三维阵列型传感器，如 CCD 图像传感器。②将传感器与放大、运算及温度补偿等电路集成在一起，做在一块芯片上，使之具有校准、补偿、自诊断和网络通信的功能，可增强抗干扰能力，消除仪表带来的二次误差，具有很大的实用价值。

为了完整、准确地反映客观事物和环境，往往需要同时测量几种不同的参数。把多个功能不同的敏感元件集成在一起（做成集成块），就能同时测量多项参数，还可对这些参数的测量结果进行综合处理和评价。传感器的多功能化不仅可以降低生产成本、减小体积，而且可以提高传感器的稳定性、可靠性等性能指标。

传感器与微处理器相结合，使之不仅具有检测、转换功能，还具有记忆、存储、分析、处理、逻辑思考和结论判断等人工智能功能，可称之为传感器的智能化。智能传感器相当于微型机与传感器的综合体，其组成部分包括主传感器、辅助传感器及微型机硬件。

5. 操作简单化

让产品更适于用户的操作和需要，能进行二维、三维空间的测量，让用户能够感受到图像信息、更简单地使用传感器已经成为传感器产品发展的一个方向。

6. 微型化

各种控制仪器、设备的功能越来越多，要求各个部件体积越小越好，因而传感器本身体积也是越小越好。微型传感器的特征是体积微小、质量较轻（体积、质量仅为传统传感器的几十分之一甚至几百分之一），其敏感元件的尺寸一般为微米级。

在当前的技术水平下，微切削加工技术已经可以制作具有不同层次的 3D 微型结构，从而可以生产出体积非常小的微型传感器敏感元件，如毒气传感器、离子传感器、光电探测器都装有极微小的敏感元件。

　　微型传感器将对航空、远距离探测、医疗及工业自动化等领域的信号检测系统产生深远的影响。微型传感器将在人们的日常生活环境中无处不在，人们甚至可以将一种含有微计算机的微型传感器，像服药丸一样"吞"下，在人体内进行各种检测，以帮助医生进行诊断。

　　【核心提示】　看事情必须要看它的**本质**，而把它的现象只看作入门的向导。只有搞清楚传感器的信号感受**本质**，才能弄懂其原理、明白其应用，知道怎么改进完善，这也是开发新型传感器的着眼点。

　　下面，我们按变换原理分别介绍机械工业中常用传感器的原理、结构和应用情况。

第二节　电阻式传感器

　　导入案例：　石油机械的可靠性评定

　　　　　　井架、抽油机等石油机械是油田现场钻井、采油的重要设备。在其结构强度设计时，有限元分析法得到了广泛应用。由于制造误差、搬运过程中的碰撞、安装找正偏差和长期服役的腐蚀等因素，使这些结构不可避免地隐含了各种初始缺陷，使它们的实际受力、变形状况与理想情况之间存在差别，如仍采用有限元分析法，将会产生较大误差。

　　　　由于应变电测技术所使用的传感器（电阻应变片）具有尺寸小、质量轻、灵敏度高、频率响应快和测量范围广，可在较恶劣环境下使用等优点，因此广泛应用于石油机械的应力测试。通过对井架等在实际受载条件下的应力、变形进行综合测试，弄清楚井架等在各种工况下的最大静应力和最大动应力，并确定动载系数，才能可靠地评定井架等承载能力的大小。目前的做法是将应变电测技术同有限元理论计算相结合、相互验证，对石油机械结构强度进行全面评估。

　　电阻式传感器是根据导体的电阻 R 与其电阻率 ρ 及长度 l 成正比、与截面积 A 成反比的关系，即

$$R = \rho \frac{l}{A} \tag{4-1}$$

由被测物理量（如压力、温度、流量等）引起式中 ρ、l、A 中任一个或几个量的变化，使电阻 R 改变的原理构成。按其工作原理可分为变阻器式、电阻应变式两种。

一、变阻器式传感器

1. 工作原理

　　变阻器式传感器实际是精密线绕电位器（见图 4-6），也称为电位器式传感器，其工作原理是将物体的位移转换为电阻的变化，即通过移动滑片与电阻线的接触点来改变接入电路中电阻线的长度，从而改变电阻。

2. 类型

　　根据式 $R=\rho l/A$（其中 ρ 是电阻率，l 是电阻丝长度，A 为电阻丝截面积），变阻器式传

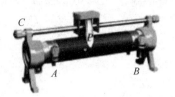
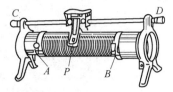

图 4-6 变阻器式传感器

感器可分为直线位移型、非线性位移型和角位移型三种，如图 4-7 所示。

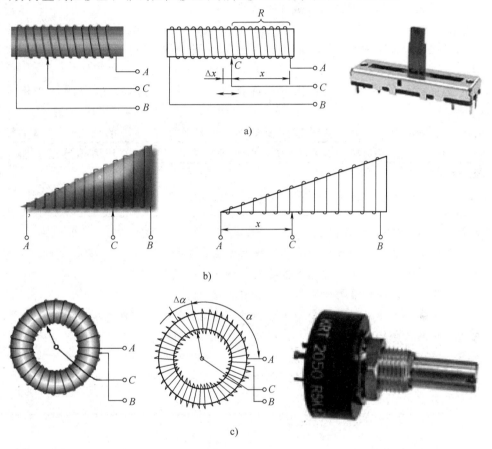

图 4-7 三种变阻器式传感器

a) 直线位移型 b) 非线性位移型 c) 角位移型

（1）直线位移型（见图 4-7a） 改变触点 C 的位置时，AC 间电阻值为 $R = k_L x$，k_L 为单位长度内的电阻值（Ω/m），灵敏度 $S = dR/dx = k_L =$ 常数。当导线分布均匀时，传感器的输出（电阻）与输入（线位移）成线性关系。

（2）非线性位移型（见图 4-7b） 又称为函数电位器，其骨架形状根据要求的输出 $f(x)$ 来决定。例如，输出 $f(x) = kx^2$，其中 x 为输入位移，为了得到输出电阻值 $R(x)$ 与 $f(x)$ 成线性关系，变阻器骨架应做成直角三角形。如果输出要求为 $f(x) = kx^3$，则应采用抛物线形骨架。输入与变阻器位移成某种函数关系，但输出与输入仍成线性。

（3）角位移型（见图 4-7c） 其灵敏度 $S = dR/d\alpha = k_\alpha =$ 常数，α 是角位移，k_α 为单位

弧度电阻值（Ω/rad）。当导线分布均匀时，传感器的输出（电阻）与输入（角位移）成线性关系。

3. 特点

变阻器式传感器的优点如下：

1）结构简单、尺寸小、质量轻、价格低、使用方便。

2）可实现线性输出或任意函数特性输出，受环境因素（如温度、湿度、电磁场干扰等）影响小。

3）性能稳定，输出信号大（一般无须再放大）。

其缺点如下：

1）滑动触点存在摩擦磨损，会产生噪声干扰，从而影响其可靠性和寿命，而且会降低测量精度，所以分辨力较低。

2）电阻值随位移成阶梯状变化（非线性），动态响应较差，适合测量变化较缓慢的量。

变阻器式传感器往往用在测量精度要求不高、动作不太频繁的场合，可测量较大的线位移、角位移及能转变成位移的压力、液位、振动等参数，如压力传感器、加速度传感器。

【小思考】 电风扇调速开关里有变阻器吗？

应用案例：　生活中的变阻器

调节收音机的音量控制旋钮，为什么扬声器音量会变化？

旋转电视机的亮度旋钮，荧光屏上的图像会变明、变暗。

一幕话剧开始，剧场里的照明灯是怎样由亮变暗的？

上述生活中的例子，都有一个相当于变阻器的元件。通常，在电压不变的条件下，要减小电流，应增大电阻；要增大电流，应减小电阻。通过移动变阻器滑片与电阻线的接触点，可改变接入电路中电阻线的长度，即改变了电阻，从而改变了电流。滑片移动可改变收音机音量、灯泡亮度，都是由于通过它的电流大小不同引起的，所以变阻器是改变电路中电流的元件。

二、电阻应变式传感器

电阻应变式传感器具有悠久的历史，是应用最广泛的传感器之一。电阻应变式传感器的敏感元件是电阻应变片（简称应变片），是一种将应变转换为电阻变化的变换元件。将应变片粘贴在被测构件表面，随着构件受力变形，应变片产生与构件表面应变成比例的电阻变化，使用适当的测量电路和仪器就能测得构件的应变或应力。应变片不仅能测应变，而且对能转化为应变变化的物理量，如力、转矩、压强、位移、温度、加速度等，都可利用应变片进行测量。应变片电测技术之所以得到了广泛应用，是由于它具有以下优点：

1）电阻的变化同应变成线性关系。

2）应变片尺寸小（国产应变片的最小栅长是 0.178mm）、质量轻（一般为 0.1~0.2g）、惯性小、频率响应好，可测 0~500kHz 的动态应变。

3）测量范围广，一般测量范围为 10^{-4}~10 量级的微应变；用高精度、高稳定性测量系统和半导体应变片可测出 10^{-2} 量级的微应变。

4）测量精度高，动态测试精度为 1%，静态测试时达 0.1%。

5）可在各种复杂或恶劣的环境中进行测量。如从 −270℃（液氮温度）的深冷温度到 1000℃ 的高温，从宇宙空间的真空到几千个大气压的超高压状态，长时间地浸没于水下，大的离心力和强烈振动，强磁场、放射性和化学腐蚀等恶劣环境。

应变片是在（用苯酚、环氧树脂等绝缘材料浸泡过的）玻璃基板（也叫基片、基底）上，粘贴直径为 0.025mm 左右的金属丝（电阻丝）或金属箔制成的，如图 4-8 所示。

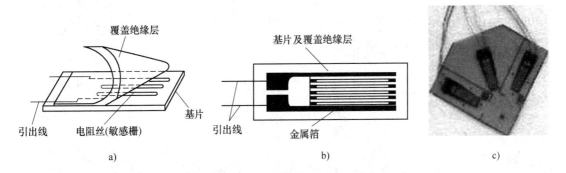

图 4-8　粘接式应变片
a）丝式应变片　b）箔式应变片　c）箔式应变片实物

1. 工作原理——电阻应变效应

电阻应变片的敏感量是应变，如图 4-9 所示，当金属丝受到拉伸作用时，在长度方向发生伸长的同时会在径向发生收缩。金属丝的伸长量与其原来长度之比称为应变，利用金属应变量与其电阻变化量成正比的原理制成的器件称为金属应变片。

由欧姆定理可知，金属丝的电阻（$R = \rho l/A$）与材料的电阻率 ρ 及其几何尺寸（长度 l 和截面积 A）有关，而金属丝在承受机械变形的过程中，ρ、l、A 三者都要发生变化，从而引起金属丝的电阻变化。金属或半导体在外力作用下产生机械变形（伸长或缩短）时，引起金属或半导体的电阻值发生相应变化的物理现象称为电阻应变效应，电阻应变片是基于电阻应变效应工作的。

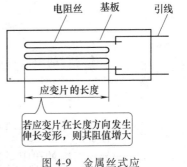

图 4-9　金属丝式应变片的应变效应

【小思考】　油条是一种长条形中空的油炸面食，制作油条的短条状发面（油条面坯）在拉长的过程中有没有发生应变？

应变片因变形而产生的应变（应变片的输入）和其电阻的变化值（应变片的输出）成线性关系。如果把应变片贴在弹性结构体上，当弹性体受外力作用变形（在弹性范围内）时，应变片也随之变形，所以可通过应变片电阻的大小来检测外力的大小。

设应变片在不受外力作用时的初始电阻值如式（4-1），即

$$R = \rho \frac{l}{A}$$

当应变片随弹性结构受力变形后，如图 4-10 所示，应变片的长度 l、截面积 A 都发生了

变化，电阻率 ρ 也会由于晶格的变化而有所改变。l、A 和 ρ 三个因素的变化必然导致电阻值 R 的变化，设其变化为 $\mathrm{d}R$，则有

$$\mathrm{d}R = \frac{\partial R}{\partial l}\mathrm{d}l + \frac{\partial R}{\partial \rho}\mathrm{d}\rho + \frac{\partial R}{\partial A}\mathrm{d}A$$

即

$$\mathrm{d}R = \frac{\rho}{A}\mathrm{d}l + \frac{l}{A}\mathrm{d}\rho - \frac{\rho l}{A^2}\mathrm{d}A \qquad (4\text{-}2)$$

方程（4-2）两边都除以 R，并结合式（4-1），得

$$\frac{\mathrm{d}R}{R} = \frac{\mathrm{d}l}{l} + \frac{\mathrm{d}\rho}{\rho} - \frac{\mathrm{d}A}{A}$$

若导体截面积为圆形，则式（4-2）变为

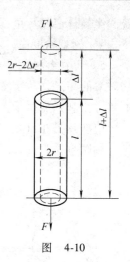

图　4-10

$$\frac{\mathrm{d}R}{R} = \frac{\mathrm{d}l}{l} + \frac{\mathrm{d}\rho}{\rho} - 2\frac{\mathrm{d}r}{r} \qquad (4\text{-}3)$$

式中　$\dfrac{\mathrm{d}l}{l}$——导体的轴向相对变形，称为纵向应变，即单位长度上的变化量，$\dfrac{\mathrm{d}l}{l}=\varepsilon$；

$\dfrac{\mathrm{d}r}{r}$——导体的径向相对变形，称为径向应变。

当导体纵向伸长时，其径向必然缩小，二者之间的关系为

$$\frac{\mathrm{d}r}{r} = -\nu\frac{\mathrm{d}l}{l} = -\nu\varepsilon$$

式中　ν——导体材料的泊松系数，也称为泊松比。

$$\frac{\mathrm{d}\rho}{\rho} = \lambda\sigma = \lambda E\varepsilon \qquad (4\text{-}4)$$

式中　E——导体材料的弹性模量；

λ——导体材料的压阻系数；

$\dfrac{\mathrm{d}\rho}{\rho}$——导体电阻率的相对变化，与导体所受的轴向正应力有关。

于是式（4-3）可改写成

$$\frac{\mathrm{d}R}{R} = \varepsilon + 2\nu\varepsilon + \lambda E\varepsilon = (1 + 2\nu + \lambda E)\varepsilon \qquad (4\text{-}5)$$

当导体材料确定后，ν、λ 和 E 均为常数，则式（4-5）中的 $(1+2\nu+\lambda E)$ 也为常数，这表明应变片电阻的相对变化率 $\dfrac{\mathrm{d}R}{R}$ 与应变 ε 之间为线性关系，则应变片的灵敏度为

$$S = \frac{\mathrm{d}R/R}{\varepsilon} = (1 + 2\nu + \lambda E) \qquad (4\text{-}6)$$

由此，式（4-5）也可写成

$$\frac{\mathrm{d}R}{R} = S\varepsilon \tag{4-7}$$

对于金属电阻应变片，其电阻的变化主要是由于电阻丝的几何变形所引起的。从式（4-6）可知，其灵敏度 S 主要取决于（$1+2\nu$）项，λE 项则很小，可忽略，金属电阻应变片的灵敏度 $S=1.7\sim3.6$。而对半导体应变片，由于其压阻系数 λ 及弹性模量 E 都较大，所以其灵敏度主要取决于 λE 项，而其几何变形引起的电阻变化则很小，可忽略，半导体应变片的灵敏度 $S=60\sim170$，比金属丝式应变片的灵敏度要高 $50\sim70$ 倍。

【小思考】 如何利用应变片测定材料的弹性模量 E？

2. 应变片的结构和种类

应变片种类繁多、形式多样，但基本构造大体相同，由敏感栅、基底、引出线及覆盖层等部分组成。应变片主要分为金属电阻应变片、半导体应变片两大类。

（1）金属电阻应变片 金属电阻应变片的结构如图 4-11 所示，它由绝缘的基片 1、电阻丝 2、覆盖层 3 及引线 4 组成。高电阻率的合金电阻丝，绕成形如栅栏的敏感栅。敏感栅为应变片的敏感元件，作用是敏感应变。敏感栅粘贴在基片上，基片除能固定敏感栅外，还具有绝缘作用；敏感栅上面粘贴有覆盖层，电阻丝两端焊有引线，用以和外接导线相连。

常用的金属电阻应变片有丝式、箔式和薄膜式三种，前两种为粘接式应变片。

1）丝式应变片

① 回线式应变片。回线式应变片是将电阻丝绕制成敏感栅粘贴在绝缘基底上制成的，是一种常用的应变片，基底很薄（一般在 0.03mm 左右），粘

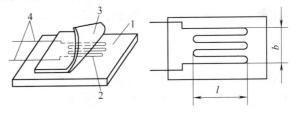

图 4-11 金属电阻应变片的基本结构
1—基片 2—电阻丝 3—覆盖层 4—引线

贴性能好，能保证有效地传递变形，图 4-12a 所示为常见的回线式应变片。

a)   b)

图 4-12 丝式应变片
a）回线式应变片 b）短接式应变片

② 短接式应变片。敏感栅平行安放，两端用直径比栅丝直径大 $5\sim10$ 倍的镀银丝短接而构成，如图 4-12b 所示。短接式应变片的优点是克服了回线式应变片的横向效应。但由于焊点多，在冲击、振动试验条件下，易在焊接点处出现疲劳破坏，且制造工艺要求高。

2）箔式应变片。利用照相制版或光刻腐蚀的方法，将箔材在绝缘基底下制成各种图形。图 4-13 所示为常见的几种箔式应变片形式，在常温下，已逐步取代了回线式应变片。

3）薄膜式应变片。金属薄膜式应变片是采用真空镀膜（如蒸发或沉积等）方式在基底上制成一层很薄的敏

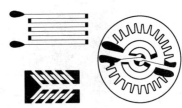

图 4-13 箔式应变片

感电阻膜（膜厚在 0.1μm 以下）而构成的一种应变片，其优点是灵敏度高，散热好，工作温度范围广，可从−197℃到 317℃。

（2）半导体应变片　半导体应变片的工作原理是基于半导体材料的电阻率随所受应力而变化的所谓"压阻效应"。所有材料在某种程度上都具有压阻效应，但半导体的这种效应特别显著，能直接反映出很微小的应变。半导体应变片有体型、薄膜型和扩散型三种（见图 4-14）。

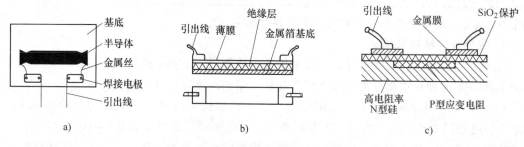

图 4-14　半导体应变片

a）体型　b）薄膜型　c）扩散型

常见的半导体应变片是用锗或硅等半导体材料作为敏感栅，一般为单根状，如图 4-15所示。根据压阻效应，半导体会把应变转换成电阻的变化。

半导体应变片的优点是尺寸、横向效应、机械滞后都很小，灵敏度高，因而输出也大。缺点是电阻值和灵敏度的温度稳定性差，测量较大应变时非线性严重，灵敏度随受拉或受压而变，且分散度大，一般在 3%~5%之间。

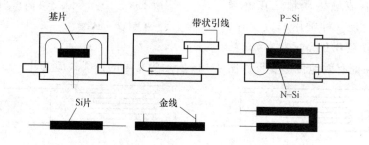

图 4-15　半导体应变片的结构形式

按被测应力场的不同，应变片还可以分为测量单向应力的应变片和测量平面应力的应变花两种。应变花（见图 4-16）通常是在同一基片上由两个以上的应变片拼合而成，它可以同时测出多个方向的应力、应变，主要用于框架、桁架、支架等结构上平面应力的测量。

图 4-16　应变花

3. 电阻应变片的温度误差及补偿

温度变化引起应变片的电阻变化，与试件应变所造成的电阻变化几乎具有相同的数量级，如果不采取措施消除温度的影响，测量精度将无法保证。温度补偿方法有桥路补偿、应变片自补偿两大类，其中桥路补偿法应用较多，如图 4-17 所示。

工作片 R_1 作为平衡电桥的一个臂，R_2 为补偿片，故桥路补偿法有时也称为补偿片法。工作片 R_1 粘贴在需要测量应变的试件上，补偿片 R_2 粘贴在一块不受力的、与试件相同的材料上，这块材料自由地放在试件上或附近，如图 4-17b 所示。当温度发生变化时，工作片 R_1 和补偿片 R_2 的电阻都会发生变化。R_1 与 R_2 为同类应变片，又贴在相同的材料上，因此 R_1 和 R_2 的电阻变化相同，即 $\Delta R_1 = \Delta R_2$。由于 R_1 和 R_2 分别接入电桥的相邻两桥臂，则温度变化引起的电阻变化 ΔR_1 和 ΔR_2 的作用相互抵消。

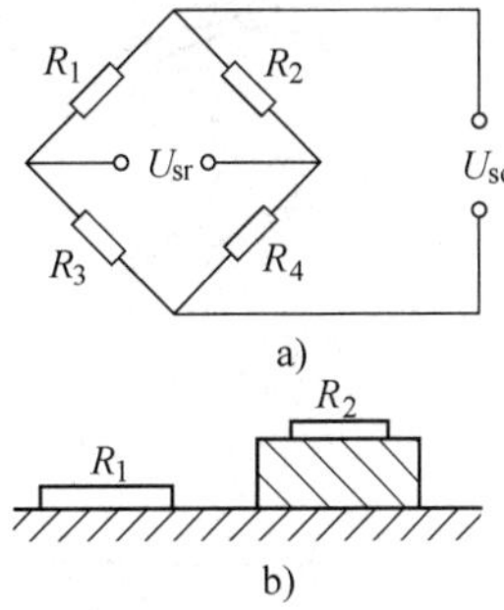

桥路补偿法的优点是简单、方便，在常温下补偿效果较好，缺点是在温度变化梯度较大时，工作片与补偿片很难保证处于完全一致的温度情况，因而影响补偿效果。

图 4-17 桥路补偿法

4. 电阻应变片的应用

电阻应变片在使用时通常将其接入测量电桥，如图 4-18 所示，以便将电阻的变化转换成电压量输出。

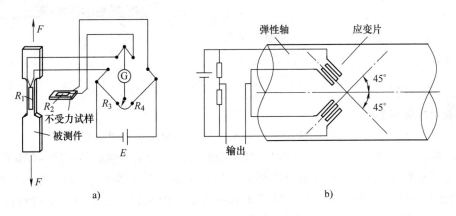

图 4-18 应变片测量电桥的组桥方式

a) 一个桥臂是工作片 b) 两个桥臂是工作片

R_1—工作片 R_2—温度补偿片 R_3、R_4—滑线电阻

应变片构成的这种电桥称为惠斯顿电桥（或惠斯通电桥），在组桥时，可以采用一个桥臂为应变片、其他桥臂为固定电阻的方法（见图 4-18a），也可以采用两片或 4 片应变片组成的桥路结构，以提高测量精度（见图 4-18b）。

为了研究机械、建筑、桥梁等结构上某些部位在工作状态下的受力变形情况，往往将不同形状的应变片贴在预定部位上，直接测得这些部位的拉应力、压应力、弯矩等，为结构设计、应力校核、构件破坏及设备的故障诊断提供试验数据或诊断信息。图 4-19 所示为三种实际应用的例子。

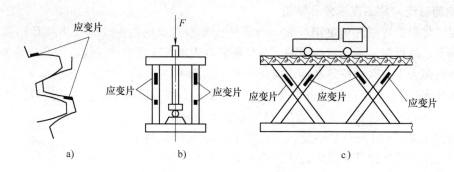

图 4-19　构件应力的测定

a) 齿轮齿根应力测量　b) 压力机立柱应力测量　c) 桥梁构架应力测量

应用案例：　振动式地音入侵探测器

　　利用应变式加速度传感器可以制作地音入侵探测器，它对地面上行人走动产生的振动信号极为敏感。埋入地下 10~20cm 处或埋入围墙中，可在 10~15m 范围内探测到行人走动或人体翻墙产生的振动信号。多个接力布防可以形成周界防线。其特点是不受地形地貌影响，防线可以迂回、曲折，桥梁、水面、涵洞都可设防，使用非常方便。

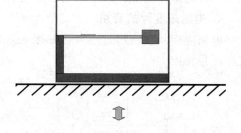

　　除周界应用外，振动探测器还可以用于水泥墙、砖混墙的建筑物墙体防范。如建筑物整体性较好，每个探测器可以控制墙面 $60m^2$ 范围。特别适合于金库、仓库、古建筑的防范，对挖墙、打洞、爆破等破坏行为均可及时发现。

5. 应变式传感器

　　应变片和弹性元件是构成应变式传感器不可缺少的两个关键件。常用应变式传感器的弹性元件结构如图 4-20 所示，其中图 4-20a 所示为膜片式压力应变传感器；图 4-20b 所示为圆柱式力应变传感器；图 4-20c 所示为圆环力应变传感器；图 4-20d 所示为转矩应变传感器；图 4-20e 所示为八角环车削测力仪，可用来同时测量三个互相垂直的力（走刀抗力 F_x、吃刀抗力 F_y、主削力 F_z）；图 4-20f 所示为弹性梁应变加速度计。

　　将应变片贴于弹性元件上可制成多种用途的应变式传感器，用以测量各种能使弹性元件产生应变的物理量，如压力、流量、位移、加速度等。被测物理量使弹性元件产生与之成正比的应变，这个应变再由应变片转换成其自身电阻的变化。根据应变效应可知，应变片电阻的相对变化与应变片所感受的应变成比例，从而可以通过电阻与应变、应变与被测量的关系测得被测物理量的大小。图 4-21 所示为应变式传感器应用举例。

　　图 4-21a 所示为位移传感器。位移 x 使横梁产生与之成比例的弹性变形，横梁上粘贴的应变片感受横梁的应变，并将其转换成电阻的变化，直流电压表的读数反映了位移的大小。

　　图 4-21b 所示为加速度传感器。它由质量块 m、悬臂斜梁、基座组成。当基座外壳与被测物体一起运动时，质量块 m 的惯性力作用在悬臂斜梁上，斜梁的应变与物体（即外壳）的

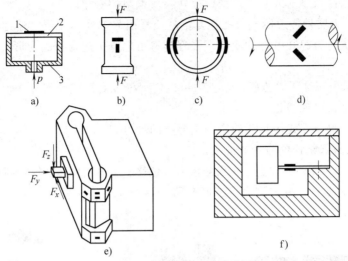

图 4-20 应变式传感器示意图

a) 膜片式压力应变传感器 b) 圆柱式力应变传感器 c) 圆环力应变传感器
d) 转矩应变传感器 e) 八角环车削测力仪 f) 弹性梁应变加速度计

1—应变片 2—膜片 3—壳体

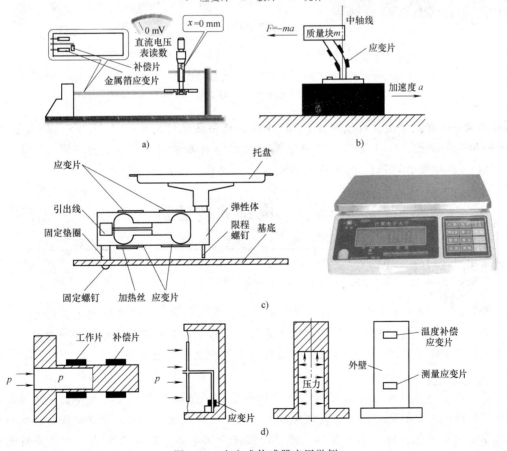

图 4-21 应变式传感器应用举例

a) 位移传感器 b) 加速度传感器 c) 质量传感器 d) 压力传感器

加速度成正比，贴在斜梁上的应变片把应变转换成电阻的变化。

图 4-21c 所示为质量传感器。放在托盘上的质量引起弹性体变形，贴在弹性体上的应变片也随之变形，从而引起其电阻的变化，限程螺钉可以避免应变片的变形过大。电子秤就是一种应变式质量传感器。

图 4-21d 所示为两种压力传感器。压力可以使薄壁金属筒或者膜片变形，应变片也随之发生变形，使其电阻出现变化。

从上可见，电阻应变式传感器的应用主要有两种方式：

1）直接用来测定结构的应变或应力。

2）将应变片贴于弹性元件上，作为测量力、位移、压力、加速度等物理参量的传感器。

图 4-22 所示为四种应变式测力传感器产品。

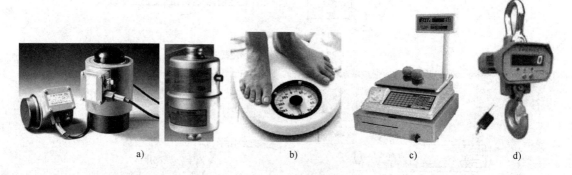

图 4-22　应变式测力传感器产品

a）称重传感器　b）体重电子秤　c）超市电子秤　d）电子吊秤

【小思考——遵纪守法、以诚取信】　随着编程软件技术的发展，精准、公平的**电子秤**也开始沦为"黑心秤"——只需输入几个密码就可以使商品在消费者眼皮底下凭空"增重"，原本 2kg 的肉却显示 2.7kg。你知道怎么判断"黑心秤"吗？

第三节　电感式传感器

导入案例

　　自感现象是一种特殊的电磁感应现象——导体中的电流发生变化时，导体本身就会产生感应电动势，这个电动势总是阻碍导体中原来电流的变化。这种由于导体本身的电流发生变化而产生的电磁感应现象称为自感现象，自感现象中产生的感应电动势，称为自感电动势。

　　将一线圈（有铁心）与小灯泡串联后分别连接到直流电源、交流电源上，发现连接直流电源的小灯泡较亮些，连接交流电源的较暗些。原因是当交流电通过线圈时，线圈中产生了感应电动势，对交流电流形成阻碍，致使交流电路中的电流变小，所以小灯泡较暗些。

自感现象非常普遍，凡是有导线、线圈的设备中，只要电路中的电流发生了变化，都会有程度不同的自感现象发生，因此要充分考虑自感、利用自感。例如，荧光灯开始点燃时需要一个高电压才能击穿灯管中的气体而发光。在正常工作时灯管两端所需电压低于220V，需要降压限流，以保护灯管不致因电压过高而损坏。荧光灯里安装有镇流器，它是绕在铁心上的线圈，自感系数较大。镇流器就是保证在启动时产生瞬时高压、正常发光时实现降压限流的电感线圈，由下面荧光灯的工作原理即可知。

1. 荧光灯的点燃过程

1）闭合开关，电源电压加在辉光启动器的两极间，220V 的电压立即使辉光启动器的惰性气体（氖气）电离，形成辉光放电。辉光放电产生的热量使双金属片受热膨胀，两极接触，电路接通，镇流器中有电流通过。

2）电路接通后，由于辉光启动器两极闭合，两极间电压为零，辉光启动器中的氖气停止放电，温度降低，双金属片冷却收缩、自动复位，两个触片分离，电路自动断开。

3）在电路突然断开的瞬间，由于电流急剧减小，镇流器产生很大的自感电动势，方向与电源电压同向，这个自感电动势与电源电压叠加，形成了一个瞬时高压作用于灯管两端，灯管中的气体开始放电、释放出紫外光，灯管内壁的荧光物质吸收紫外光后，发出近乎白色的可见光。

2. 荧光灯正常发光

荧光灯开始发光后，灯管两端不再需要那么高的电压。由于交变电流不断通过镇流器线圈，线圈中会产生自感电动势，它总是阻碍电流变化，这时镇流器起降压限流的作用，使电流、电压稳定在灯管的额定值内，以保证荧光灯正常发光。此时辉光启动器上的电压低于电离电压，辉光启动器不再起作用。

一、概述
1. 工作原理

电感式传感器的敏感元件是电感线圈，它是利用**电磁感应原理**把被测量（位移、压力、流量、振动等）转换成线圈的自感或互感的变化（在电路中表现为感抗 X_L 的变化），再通过测量电路转换为电压或电流的变化量输出，实现被测非电量到电量的转换。其测量原理可以表达为：

被测量→电感式传感器（自感或互感的变化）→测量电路→电压、电流、频率

图 4-23 所示为单线圈电感式传感器原理图。敏感元件为单个线圈，衔铁运动（机械位移输入）会改变空气间隙，使线圈产生磁路的磁阻发生变化，从而改变了线圈的电感。电感的变化借助于测量电路，在表头上显示输入值（位移量）。

双线圈互感型传感器如图 4-24 所示，一个激励源线圈的磁通量被耦合到另一个传感线圈上，就可从第二个线圈得到输出信号。输入是衔铁的位移（线位移或角位移），它改变了线圈和衔铁之间的相对位置，从而改变了线圈间的耦合。

电感式传感器具有以下特点：①结构简单，无活动电触点，因此工作可靠、寿命长；②灵敏度和分辨力高，能测出 $0.01\mu m$ 的位移变化。传感器的输出信号强，电压灵敏度可达（数百 mV/mm 位移）；③线性度高、重复性好，在一定位移范围（几十微米至数毫米）内，

非线性误差为 0.05% ~ 0.1%；④能实现信号的远距离传输、记录、显示和控制，在工业自动控制系统中应用广泛；⑤无输入时存在零位输出电压，可引起测量误差；⑥对激励电源的频率和幅值稳定性要求较高；⑦频率响应较低，不适用于快速、高频动态测量。

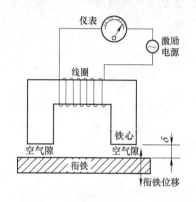

图 4-23　单线圈电感式传感器原理图　　　　　图 4-24　双线圈互感型传感器

【核心提示】　电感式传感器是由铁心、线圈构成的将线位移或角位移的变化转换为线圈电感量变化的传感器。这种传感器的线圈匝数和材料磁导率恒定，其电感量的变化是由于位移导致线圈磁路的几何尺寸变化而引起的。当把线圈接入测量电路并接通激励电源时，就可获得正比于输入位移的电压或电流输出。

2. 类型

电感式传感器种类很多（见图 4-25），按照转换所依据的物理效应的不同，可将电感式传感器分为自感型（变磁阻式）、互感型（差动变压器式）两种。

图 4-25　电感式传感器产品

二、自感型——变磁阻式传感器

自感型电感传感器是利用线圈自感的变化来实现测量的，它由线圈、铁心和衔铁三部分组成，如图 4-26 所示。铁心、衔铁由导磁材料（硅钢片或坡莫合金）制成，在铁心和衔铁之间有空气隙 δ，传感器的运动部分与衔铁相连。当被测量变化使衔铁产生位移时，会引起磁路中磁阻变化，从而导致线圈的电感发生变化，只要测出该电感的变化，

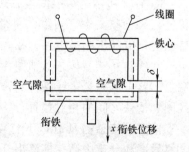

图 4-26　变磁阻式传感器原理图

就能确定衔铁位移的大小和方向。

由电工学原理得知，线圈的电感（自感量）L 为

$$L = \frac{W^2}{R_m} \tag{4-8}$$

式中　W——线圈匝数；

　　R_m——磁路的总磁阻。

从式（4-8）可知，若电感线圈的匝数 W 一定，当磁阻 R_m 变化时，自感量 L 将随之改变，根据 L 可以求出被测位移 x，因此，自感型电感传感器又称为变磁阻式传感器。

图 4-26 所示的磁路的总磁阻由两部分组成：空气隙的磁阻、衔铁和铁心的磁阻，即

$$R_m = \frac{L_1}{\mu_1 A_1} + \frac{2\delta}{\mu_0 A_0} \tag{4-9}$$

式中　L_1——磁路中软铁（铁心和衔铁）的长度（m）；

　　μ_1——软铁的磁导率（H/m）；

　　μ_0——空气的磁导率，$\mu_0 = 4\pi \times 10^{-7}$（H/m）；

　　A_1——铁心导磁截面积（m^2）；

　　A_0——空气隙导磁截面积（m^2）。

由于铁心和衔铁的磁导率 μ_1 远大于空气的磁导率 μ_0，即铁心和衔铁的磁阻远小于空气隙的磁阻，所以磁路中的总磁阻可只考虑空气隙的磁阻这一项，故 $R_m \approx \frac{2\delta}{\mu_0 A_0}$。将此式代入式（4-8）得

$$L = \frac{W^2 \mu_0 A_0}{2\delta} \tag{4-10}$$

式（4-10）是自感型传感器的工作原理表达式。由该式表明，若电感线圈的匝数 W 一定，则空气隙厚度 δ、空气隙导磁截面积 A_0 是改变自感量 L 的主要因素。被测量只要能够改变空气隙厚度或面积，就能达到将被测量的变化转换成自感变化的目的，由此可构成间隙变化型、面积变化型两种自感型电感传感器。图 4-27a 所示为间隙变化型电感传感器，W、μ_0 及 A_0 都不可变，δ 为可变。当工件直径变化引起衔铁移动时，磁路中气隙的磁阻将发生变化，从而引起线圈电感的变化，由此可判断衔铁的位移（即被测工件直径的变化）值。

由式（4-10）知 L-δ 的关系是双曲线关系，即为非线性关系（见图 4-28a）。灵敏度为

$$S = \frac{dL}{d\delta} = -\frac{W^2 \mu_0 A_0}{2\delta^2} = -\frac{L}{\delta} \tag{4-11}$$

为保证传感器的线性度、限制非线性误差，间隙变化型电感传感器多用于微小位移的测量。在实际应用中，一般取 $\Delta\delta/\delta_0 \leq 0.1$，位移测量范围为 $0.001 \sim 1mm$。这种传感器的测量范围与线性度、灵敏度相互制约，解决办法是采用差动结构或螺线管式（自感型）电感传感器。

图 4-27b 所示为面积变化型电感传感器，此时 W、μ_0、δ 均不变，铁心和衔铁之间的相对覆盖面积（即磁通截面）随被测量的变化而改变，从而改变磁阻。由于磁路截面积变化了 ΔA 而使传感器的电感改变 ΔL，实现了被测参数到电参量 ΔL 的转换。由式（4-10）可知，L-A_0（输出-输入）成线性（见图 4-28b）。其灵敏度为

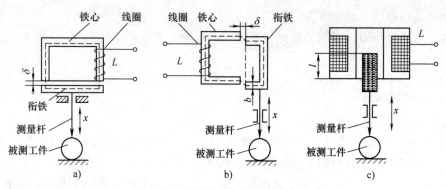

图 4-27　变磁阻式传感器典型结构

a）间隙变化型　b）面积变化型　c）螺线管型

$$S = \frac{\mathrm{d}L}{\mathrm{d}A} = \frac{W^2 \mu_0}{2\delta_0} = 常数 \qquad (4-12)$$

这种传感器自由行程限制小、示值范围较大，线性度良好，灵敏度为常数（但灵敏度较低）。如果将衔铁做成转动式，可测量角位移。

图 4-27c 所示为螺线管型电感传感器，它由螺管线圈、与被测物体相连的柱型衔铁构成。当衔铁在线圈内移动时，磁阻将发生变化，导致自感变化。由于螺线管中磁场分布不均匀，输出 L 和输入 l 是非线性的。这种传感器结构简单、便于制作，由于螺管可以做得较长，故适于测量较大的位移量（数毫米），但灵敏度较低。

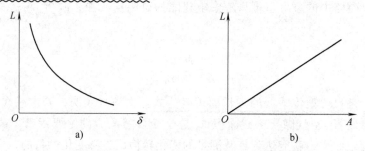

图 4-28　间隙变化型、面积变化型传感器的输出特性

a）间隙变化型　b）面积变化型

在实际应用中，常将两个完全相同的线圈与一个共用的活动衔铁结合在一起，构成差动结构。图 4-29 所示为间隙变化型差动式电感传感器的结构和输出特性。

当衔铁位于气隙的中间位置时，$\delta_1 = \delta_2$，两线圈的电感相等（$L_1 = L_2 = L_0$），总的电感 $L_1 - L_2 = 0$；当衔铁偏离中间位置时，一个线圈的电感增加为 $L_1 = L_0 + \Delta L$，另一个线圈的电感减小为 $L_2 = L_0 - \Delta L$，总的电感变化量为

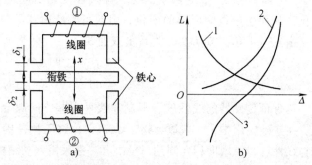

图 4-29　间隙变化型差动式电感传感器的结构和输出特性

a）差动式结构　b）传感器的输出曲线

1—线圈①的输出曲线　2—线圈②的输出曲线

3—差动式传感器的输出特性

$$L_1 - L_2 = (+\Delta L) - (-\Delta L) = 2\Delta L$$

于是差动式电感传感器的灵敏度 S 为

$$S = \frac{\mathrm{d}L}{\mathrm{d}\delta} = -2\frac{L}{\delta} \tag{4-13}$$

　　与式（4-11）比较可知，差动结构比单边式传感器的灵敏度约高 1 倍。从图 4-29b 中可见，其输出线性度改善很多。面积变化型、螺线管型也可以构成差动结构（见图 4-30）。如图 4-30b 所示的差动螺管型结构，总电感的变化是单一螺管型电感变化量的两倍，可以部分消除磁场不均匀造成的非线性，测量范围为 $0\sim300\mu m$，最高分辨率可达 $0.5\mu m$。

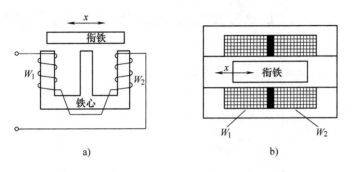

图 4-30　面积变化型、螺线管型差动式传感器

a）面积变化型　b）螺线管型

三、互感型——差动变压器式传感器

　　互感型传感器实质上是一个具有可动铁心的变压器，其原理为变压器原理，且次级线圈以差动方式连接，故互感型传感器又称为差动变压器式传感器。

　　差动变压器式传感器的结构主要为螺管型，如图 4-31 所示。线圈由初级线圈（激励线圈，相当于变压器原边）P 和次级线圈（相当于变压器的副边）S_1、S_2 组成，两个次级线圈反相串接。线圈中心插入圆柱形铁心（衔铁）b。图 4-31a 所示为三段式差动变压器，图 4-31b 所示为两段式差动变压器。

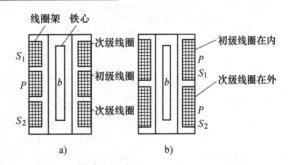

图 4-31　差动变压器式传感器结构示意图

a）三段式结构　b）两段式结构

　　互感型传感器的工作原理是，初级线圈接入交流电源后，次级线圈将因互感而输出电压。当初级、次级线圈之间的互感随被测量（如位移）变化时，次级线圈的输出电压将产生相应变化，且输出电压的大小、相位与可动衔铁的位移量及方向有关。

　　差动变压器式传感器与变压器的比较见表 4-2。

　　互感型传感器具有精度高、线性范围大（可达 $\pm100mm$）、稳定性好、使用方便等优点，在直线位移的测量中得到了广泛的应用，亦可测压力、重力等参数（借助弹性元件转化为位移）。

表 4-2　差动变压器式传感器与变压器的异同

两类装置	相　同　点	不　同　点
差动变压器式传感器	由初级线圈、次级线圈、铁心组成 初级线圈相当于变压器的原线圈	初级线圈作为差动变压器激励电源之用 差动变压器是开磁路 初、次级线圈之间互感系数随衔铁移动而变化 作为测量位移的传感器
变压器	次级线圈相当于变压器的副线圈 工作原理都是基于互感现象	原线圈加上交变电流后，铁心中产生交变磁通量，副线圈中产生交变电动势 变压器是闭合磁路 原、副线圈之间的互感系数是常数 变压器是用来改变交流电压的装置 远距离输电时，利用变压器进行高压输电可大大降低传输线路的电能损失

【小思考】　差动变压器里为什么要有铁心？

在实际使用中，差动变压器式电感传感器多采用螺线管式结构，如图 4-32 所示。当初级线圈中通入一定频率的交流励磁电压 e_i 时，由于互感作用，在两组次级线圈（W_1、W_2）中就会产生感应电势 e_{ob} 和 e_{oa}，如图 4-33 所示。

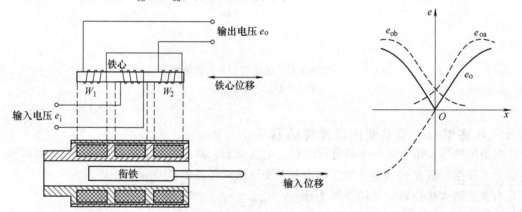

图 4-32　螺线管式互感型传感器　　　　　图 4-33　螺线管式互感型传感器的特性

两组次级线圈是反相串接（见图 4-32），设初级线圈中电流为 I_i，初级与次级的互感系数分别为 M_a 和 M_b，则次级线圈中的感应电势为

$$e_{oa} = -j\omega M_a I_i \tag{4-14}$$

$$e_{ob} = -j\omega M_b I_i \tag{4-15}$$

根据初级输入电流公式，可得次级的空载输出电压 e_o 为

$$e_o = e_{oa} - e_{ob} = -j\omega(M_a - M_b)I_i = -j\omega(M_a - M_b)e_i/(R_1 + j\omega L_1) \tag{4-16}$$

式中　R_1、L_1——初级线圈的电阻和电感；

　　　　ω——交变电流 I_i 的角频率。

当铁心处于中间位置时，$M_a = M_b = M_0$，此时输出电压为零。

当铁心左移至某一位置时，$M_a = M_0 + \Delta M$，$M_b = M_0 - \Delta M$，所以输出电压 e_o 的有效值为

$$e_o = \frac{2\omega\Delta M e_i}{\sqrt{R_1^2 + (\omega L_1)^2}} \tag{4-17}$$

输出电压 e_o 的相位与 e_{oa} 相同。

当铁心右移至某一位置时，$M_a = M_0 + \Delta M$，$M_b = M_0 - \Delta M$，输出电压的有效值同式 (4-17)，但其相位与 e_{oa} 相反。

从上面的分析可知，输出电压的幅值 E_o 与互感的变化量 ΔM 成正比，在衔铁上移或下移量相等时，输出电压幅值相同，但相位相差 180°，如图 4-33 中波形所示。

【人生哲理】 有人说，做人要做**电容**不要做**电感**，**电感**总是阻挠历史发展的趋势：当电流升高时，它阻碍；电流变小时，它还是阻碍。

四、应用举例

电感式传感器属于接触式测量，可用于静态和动态测量。测量的基本量是位移，能够转换成位移的其他机械量（如力、张力、压力、压差、加速度、振动、应变、流量、厚度、液位、密度、转矩等），也可以应用电感式传感器进行测量。

图 4-34 所示为自感型纸页厚度测量仪原理图。E 形铁心上绕有线圈，构成一个电感测量头，衔铁实际上是一块钢板。在工作过程中衔铁保持固定不动，被测纸张置于 E 形铁心与衔铁之间，磁力线从上部的 E 形铁心通过纸张达到下部的衔铁。当被测纸张沿着衔铁移动时，压在纸张上的 E 形铁心将随着被测纸张厚度的变化而上下浮动，即改变了铁心与衔铁之间的间隙，从而改变了磁路的磁阻。

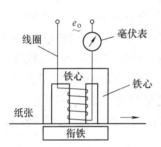

图 4-34 自感型纸页厚度测量仪原理图

交流毫伏表的读数与磁路的磁阻成比例，即与纸张的厚度成比例。毫伏表通常按微米刻度，即可以直接显示被测纸张的厚度。如果将这种传感器安装在一个机械扫描装置上，使电感测量头沿纸张的横向进行扫描，则可自动记录纸张横向的厚度，根据此检测信号可在造纸生产线上自动调节纸张的厚度。

图 4-35 所示为互感型测力传感器结构，被测力 F 会使差动变压器铁心产生位移。

图 4-36 所示为电感式圆度仪原理图。传感器 3 与精密主轴 2 一起回转，精密主轴 2 的精度很高，在理想情况下可认为它回转运动的轨迹是"真圆"。当被测工件 1 有圆度误差时，必定相对于"真圆"产生径向偏差，该偏差值被传感器感受并转换成电信号。载有被测工件半径偏差信息的电信号，经放大、相敏检波、滤波、A/D 转换后送入计算机处理，最后显示出圆度误差，或用记

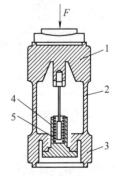

图 4-35 互感型测力
传感器结构
1—传感器的上部 2—可变形的薄壁圆环
3—传感器的下部 4—铁心 5—线圈
注：2 作为弹性元件，相当于弹簧。

录仪器记录下被测件的轮廓图形（径向偏差）。

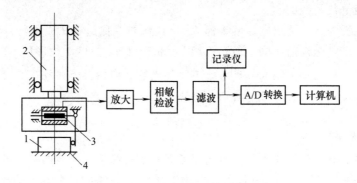

图 4-36　电感式圆度仪原理图

1—被测工件　2—精密主轴　3—传感器　4—工作台

差动变压器式电感传感器测量的基本量仍然是位移。它可以作为精密测量仪的主要部件，对零件进行多种精密测量，如内径、外径、平行度、表面粗糙度、垂直度、振摆、偏心和圆度等；作为轴承自动分选机的主要测量部件，可以分选大、小钢球，圆柱，圆锥等；用于测量各种零件膨胀、伸长、应变等。

图 4-37 所示为液位测量原理图。当某一设定液位使铁心处于中间位置时，差动变压器输出信号 $U_o = 0$；当液位上升或下降时，$U_o \neq 0$，通过相应的测量电路便能确定液位的高低。

植物的生长取决于土壤的温度、湿度、养分和光照。在塑料大棚内，测定植物的生长，了解在什么样的土壤条件和光合作用下，植物生长最快，对于提高植物产量和经济效益是有利的，其测试方法如图 4-38 所示。用细线跨接在两个定滑轮上，细线一端夹在被测植物上，另一端系在差动变压器的活动铁心上，铁心下挂一重物。当植物生长时，重物使铁心下移偏离平衡位置而产生输出电压，这个电压与位移成正比。

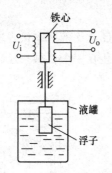

图 4-37　液位测量原理图

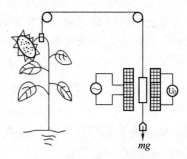

图 4-38　差动变压器式电感
传感器测定植物生长

图 4-39 所示为将差动变压器式电感传感器应用于锅炉自动连续给水的实例。锅炉水位的变化被浮球所感受，推动传感器的衔铁随着水位的波动而上下移动，使传感器的电感量发生变化，经控制器将电感量放大后反馈给调节阀。调节阀感受线圈电感量的变化，通过执行器，开大或关小阀门，可实现连续调节给水的目的。当锅炉水位上升时，调节阀逐步关小，使锅炉的给水量减少；反之，调节阀逐步开大，锅炉的给水量将逐渐增加。

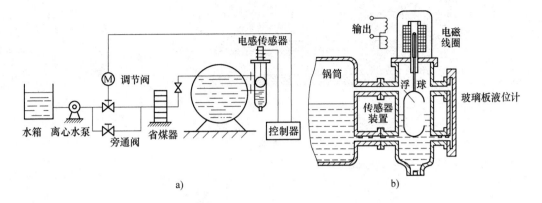

图 4-39 锅炉自动连续给水控制装置

第四节 电容式传感器

一、概述

1. 工作原理

由物理学可知，两块平行金属板构成的电容器（见图 4-40），其电容量 C 为

$$C = \frac{\varepsilon \varepsilon_0 A}{\delta} \qquad (4\text{-}18)$$

式中　ε_0——真空的介电常数，$\varepsilon_0 = 8.85 \times 10^{-12}$（F/m）；

　　　ε——极板间介质的相对介电常数，空气介质 $\varepsilon = 1$；

　　　A——极板相互覆盖的面积（m^2）；

　　　δ——极板间距离（m）。

由式（4-18）知，当被测参数（如位移、压力等）使式中的 ε、A 和 δ 变化时，都将引起电容器电容量 C 的变化，从而达到从被测参数到电容的变换。其测量原理可以表达为：

被测量 → 电容式传感器 ε、A 或 δ 变化 → 电容量 C 变化 → 测量电路 → 电压、电流、频率

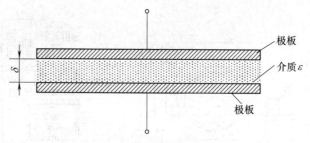

图 4-40　平板电容器

图 4-41 所示为电容式传感器产品。

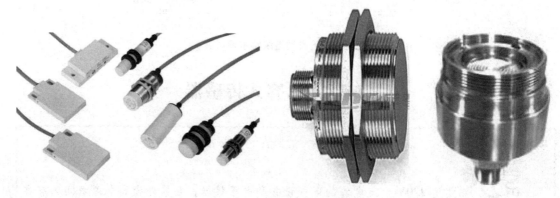

图 4-41　电容式传感器产品

【**核心提示**】　电容式传感器是将被测量的变化转换成电容量变化的器件。

2. 类型

在实际应用中，通常限定式（4-18）中 ε、A 和 δ 三个参数中的两个保持不变，只改变其中的一个参数，使电容产生变化，所以电容式传感器可分为：极距变化型、面积变化型、介质变化型三大类。

【**小思考**】　电容式传感器与电容是一回事吗？

二、极距变化型电容传感器

如图 4-42 所示，当电容器的两平行板的重合面积及介质不变，而动板因受被测量控制而移动时，极板间距 δ 发生了改变，引起电容器电容量的变化，从而实现将被测参数转换成电容量变化的目的。若电容器的极板面积为 A，初始极距为 δ_0，极板间介质的介电常数为 ε，则电容器的初始电容量为

$$C_0 = \frac{\varepsilon A}{\delta_0} \tag{4-19}$$

当间隙 δ_0 减小 $\Delta\delta$ 时，电容量增加 ΔC，即

$$C = C_0 + \Delta C = \frac{\varepsilon A}{\delta_0 - \Delta\delta} = C_0 \frac{1}{1 - \dfrac{\Delta\delta}{\delta_0}}$$

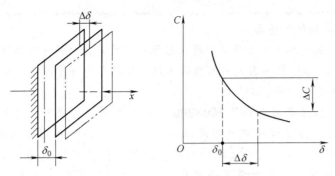

图 4-42 极距变化型电容传感器的结构和特性

$$\Delta C = C_0 \frac{1}{1 - \dfrac{\Delta \delta}{\delta_0}} - C_0 = C_0 \left(\frac{1}{1 - \dfrac{\Delta \delta}{\delta_0}} - 1 \right) = \frac{C_0 \dfrac{\Delta \delta}{\delta_0}}{1 - \dfrac{\Delta \delta}{\delta_0}}$$

$$\frac{\Delta C}{C_0} = \frac{\Delta \delta}{\delta_0} \left(1 - \frac{\Delta \delta}{\delta_0} \right)^{-1} = \frac{\Delta \delta}{\delta_0} \left[1 + \frac{\Delta \delta}{\delta_0} + \left(\frac{\Delta \delta}{\delta_0} \right)^2 + \left(\frac{\Delta \delta}{\delta_0} \right)^3 + \cdots + \left(\frac{\Delta \delta}{\delta_0} \right)^n \right]$$

由式（4-19）可知，极距变化型电容传感器的输入（被测参数引起的极距变化 $\Delta \delta$）与输出（电容的变化 ΔC）之间的关系是非线性的，由非线性引起的误差为

$$\Delta = \left(\frac{\Delta \delta}{\delta_0} \right)^2 + \left(\frac{\Delta \delta}{\delta_0} \right)^3 + \cdots + \left(\frac{\Delta \delta}{\delta_0} \right)^n \qquad (4\text{-}20)$$

但当（$\Delta \delta / \delta_0$）≪1 时，可略去高次项而认为是线性的，此时

$$\frac{\Delta C}{C_0} = \frac{\Delta \delta}{\delta_0}$$

它的灵敏度可近似为

$$S = \frac{\mathrm{d}(\Delta C)}{\mathrm{d}(\Delta \delta)} = \frac{C_0}{\delta_0} = \frac{\varepsilon A}{(\delta_0)^2} \qquad (4\text{-}21)$$

显然，要减小非线性误差，必须缩小测量范围 $\Delta \delta$。一般取测量范围为 0.1μm 至数百微米。对于精密的电容传感器，取（$\Delta \delta / \delta_0$）<0.01。

极距变化型电容传感器的特点：动态特性好，灵敏度和精度较高（可达纳米级），适用于较小位移（1nm～1μm）的精密测量。由于存在原理上的非线性误差，相应的测量电路比较复杂。

图 4-43 所示为差动式极距变化型电容传感器。两电容器的变化量大小相等、符号相反。利用后接的转换电路（如电桥等）可以检出两电容器电容量的差值，该差值与活动极板的移动量 $\Delta \delta$ 有一一对应的关系。

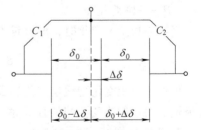

图 4-43 差动式极距
变化型电容传感器

采用差动式原理后，传感器的灵敏度提高了 1 倍，非线性得到很大改善，某些因素（如环境温度变化、电源电压波动等）对测量精度的影响也得到了一定的补偿。

应用案例：　电容式指纹传感器

　　人的指纹具有唯一性（人各不同、指指相异）和稳定性（终生基本不变），因此指纹识别是当前进行身份认证的一种比较可靠的方法。将某人的指纹采集下来输入计算机是进行自动指纹识别的首要步骤。

　　电容式指纹传感器表面集合了 300×300 个甚至更多个电容器，其外面是绝缘表面。当手指放在上面时，由皮肤组成电容器阵列的另一个极板。电容器的电容值由于导体间距离的缩短而降低，这里的距离指的是手指的指纹线的脊（近的）和谷（远的）相对于另一个极板的距离。因为脊是凸起的、谷是凹下的，根据电容值与距离的关系，会在脊和谷的地方形成不同的电容值。通过读取充、放电之后的电容差值，来获取指纹图像数据。

三、面积变化型电容传感器

1. 直线位移型

　　如图 4-44a 所示为平面线位移型电容传感器，当动板沿 x 方向移动时，相互覆盖的面积发生了变化，电容量也随之改变，其输出特性为

$$C = \frac{\varepsilon b x}{\delta} \tag{4-22}$$

式中　b——极板宽度；

　　　x——位移；

　　　δ——极板间距。

　　其灵敏度为

$$S = \frac{\mathrm{d}C}{\mathrm{d}x} = \frac{\varepsilon b}{\delta} = 常数 \tag{4-23}$$

　　图 4-44b 所示为单边圆柱体线位移型电容传感器，动板（圆柱）与定板（圆筒）相互覆盖，其电容量为

$$C = \frac{2\pi\varepsilon x}{\ln(D/d)} \tag{4-24}$$

式中　d——圆柱外径；

　　　D——圆筒孔径。

　　当覆盖长度 x 变化时，电容量 C 也随之改变，其灵敏度为

$$S = \frac{\mathrm{d}C}{\mathrm{d}x} = \frac{2\pi\varepsilon}{\ln(D/d)} = 常数 \tag{4-25}$$

　　可见，面积变化型线位移传感器的输出（电容的变化 ΔC）与其输入（由被测量引起的极板覆盖面积的改变）成线性关系。

2. 角位移型

　　图 4-44c 所示为角位移型电容传感器。当动板转动一角度时，与定板之间的覆盖面积也发生变化，从而导致电容量随之改变。覆盖面积为

$$A = \frac{\alpha r^2}{2}$$

式中　α——覆盖面积对应的中心角；

　　　r——极板半径。

　　所以电容量为

$$C = \frac{\varepsilon \alpha r^2}{2\delta} \qquad\qquad (4\text{-}26)$$

　　其灵敏度为

$$S = \frac{\mathrm{d}C}{\mathrm{d}\alpha} = \frac{\varepsilon r^2}{2\delta} = 常数 \qquad\qquad (4\text{-}27)$$

可见，角位移型电容传感器的输入（被测量引起的极板角位移 $\Delta\alpha$）与输出（电容的变化 ΔC）为线性关系。

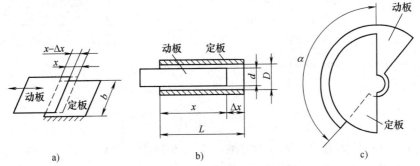

图 4-44　面积变化型电容传感器

a) 平面线位移型　b) 单边圆柱体线位移型　c) 角位移型

图 4-45 所示为几种面积变化型电容传感器的其他形式。

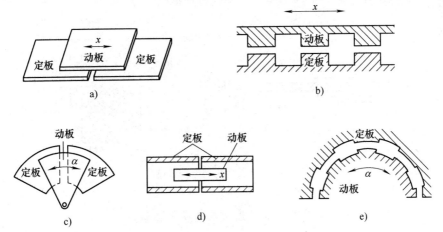

图 4-45　面积变化型电容传感器的其他形式

a) 差动平面线位移型　b) 齿形式面积变化型　c) 差动角位移型

d) 差动圆柱体线位移型　e) 齿形式角位移型

　　面积变化型电容传感器在理想情况下灵敏度为常数，不存在非线性误差，但实际上因电场边缘效应的影响仍存在一定的非线性误差，且灵敏度较低。

【核心提示】　电容式位移传感器的位移测量范围为 $1\mu m \sim 10mm$ 之间，变极距式电容传感器的测量精度约为 2%，变面积式电容传感器的测量精度较高，其分辨率可达 $0.3\mu m$。

四、介质变化型电容传感器

被测参数使介电常数发生变化，从而引起电容量的变化，称为介质变化型电容传感器（见图 4-46）。这种传感器多用来测量材料的厚度、液体的液面、容量及温度、湿度等能导致极板间介电常数变化的物理量。

对于图 4-46 所示的液位测量用介质变化型电容传感器，传感器的总电容 C 等于上、下两部分电容 C_1 和 C_2 的并联，即

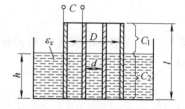

图 4-46　介质变化型电容传感器

$$C = C_1 + C_2 = \frac{2\pi\varepsilon_0(l-h)}{\ln(D/d)} + \frac{2\pi\varepsilon_x\varepsilon_0 l}{\ln(D/d)}$$

$$= \frac{2\pi\varepsilon_0 l}{\ln(D/d)} + \frac{2\pi(\varepsilon_x-1)\varepsilon_0}{\ln(D/d)}h$$

$$= a + bh \tag{4-28}$$

灵敏度
$$S = \frac{dC}{dh} = b = \frac{2\pi(\varepsilon_x-1)\varepsilon_0}{\ln(D/d)} = 常数 \tag{4-29}$$

由此可见，这种传感器的灵敏度为常数，电容 C 理论上与液位 h 成线性关系，只要测出传感器电容 C 的大小，就可得到液位 h 的值。

在图 4-47a 中，当极板间介质的厚度变化时，会导致极板间介电常数的改变，可用来测量纸张等固体介质的厚度；图 4-47b 所示为极板间介质本身的介电常数在温度、湿度或体积容量改变时发生的变化，可用于测量温度、湿度或容量。

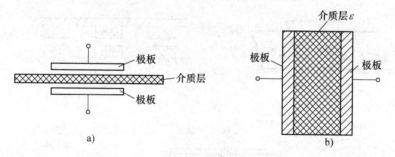

图 4-47　介质变化型电容传感器
a）介质厚度变化导致介电常数的改变　b）温度、湿度或体积容量变化引起介电常数的变化

【小思考】　为什么在实际应用中常采用差动式电容传感器？

五、电容传感器的测量电路

电容传感器把被测位移量转换成电容量，尚需后续测量电路将电容量转换成电压、电流或频率信号。常用的测量电路有以下几种。

1. 桥式电路

图 4-48 所示为桥式测量电路。图 4-48a 所示为单臂接法的桥式测量电路，高频电源经变

压器接到电容桥的一条对角线上，电容 C_1、C_2、C_3、C_x 构成电容桥的四臂，C_x 为电容传感器，交流电桥平衡时

$$\frac{C_1}{C_2} = \frac{C_x}{C_3} \quad U_{sc} = 0$$

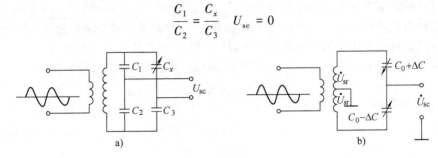

图 4-48　电容传感器桥式测量电路

a) 单臂接法　b) 差动接法

当 C_x 改变时，$U_{sc} \neq 0$ 存在输出电压。

在图 4-48b 所示的电路中，接有差动电容传感器，其空载输出电压为

$$\dot{U}_{sc} = \frac{(C_0 - \Delta C) - (C_0 + \Delta C)}{(C_0 + \Delta C) + (C_0 - \Delta C)} \dot{U}_{sr} = \frac{\Delta C}{C_0} \dot{U}_{sr} \qquad (4\text{-}30)$$

式中　$\dot{U}_{sr}$——工作电压；

$\quad\quad C_0$——电容传感器平衡状态的电容值；

$\quad\quad \Delta C$——电容传感器的电容变化值。

2. 运算放大器电路

由前述已知，变极距型电容传感器的极距变化与电容量成非线性关系，这一缺点使电容传感器的应用受到一定限制，而采用运算放大器电路可得到输出电压与输入位移的线性关系。

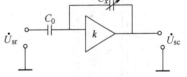

如图 4-49 所示，C_0 为固定电容，C_x 为反馈电容且为电容式传感器，Z_0、Z_x 分别为固定电容 C_0、反馈电容 C_x 的交流阻抗。根据运算放大器的运算关系，有

图 4-49　运算放大器电路

$$\dot{U}_{sc} = \frac{-Z_x}{Z_0} \dot{U}_{sr} = -\frac{C_0}{C_x} \dot{U}_{sr} \qquad (4\text{-}31)$$

将 $C_x = \varepsilon A / x$ 代入上式，得到输出特性为

$$\dot{U}_{sc} = -\frac{C_0 x}{\varepsilon A} \dot{U}_{sr} \qquad (4\text{-}32)$$

🎐【人生哲理】　当外界干扰纷纷，无法心无旁骛地输出**正能量**时，怎么办？效法**电容**！奔腾江水，滔滔不绝、波涛汹涌，一入海便归于平静，**有容乃大**。对他人、对社会，我们应当**大度能容**，不要把自己的生命浪费在无谓的争论中。**电容器**连电都能忍，还有什么不能忍呢？忍辱才可**负重**，这是仁人志士取胜的法宝，如卧薪尝胆的勾践，胯下受辱的韩信。

六、应用举例

电容传感器结构简单、灵敏度高、能够实现动态非接触测量，可检测 $0.01\mu m$ 甚至更小的位

移，能在恶劣环境（高温、低温、辐射等）条件下工作，它不但可用于测量位移、振动、角度、加速度、荷重等机械量，也广泛可用于压力、差压、料位、成分含量等热工参数的测量。

电容传感器的主要缺点是初始电容较小，受引线电容、寄生电容的干扰影响较大，电容传感器与测量电路之间的屏蔽电缆线存在分布电容（两根平行敷设的绝缘导线之间的电容为 $166 \sim 333 \mathrm{PF/m}$），会使传感器的传输效率降低、稳定性变差、误差增大。

图 4-50 所示为极距变化型电容传感器用于振动位移或微小位移测量的例子。当测量金属导体表面振动位移时，可把被测对象作为电容传感器的一个电极，电容传感器只有一个电极。图 4-50a 所示为振动体的振动测量；图 4-50b 所示为旋转轴的偏心量的测量，用于测量旋转轴的回转精度，利用垂直安放的两个电容式位移传感器，可测出旋转轴轴心的动态偏摆情况。

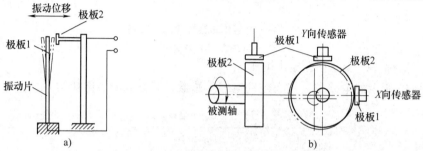

图 4-50 电容位移传感器应用实例

a) 振动体的振动测量 b) 旋转轴的偏心量的测量

图 4-51 所示为一种用于测量氢液高度的介质变化型电容传感器。

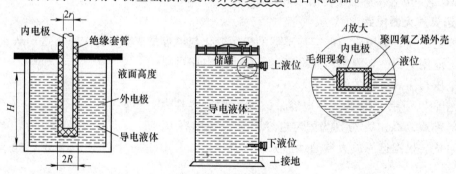

图 4-51 电容式氢液高度传感器

纺织工艺要求纱条有一定的均匀度，纱条均匀度测试仪中的传感器就是一个介质变化型电容传感器，如图 4-52 所示。当测试时，纱条通过电容器两个极板间的间隙，构成一个具有两层介质（一层是空气，一层是纱条）的电容器。若纱条不均匀，即当 d 值发生变化时，极板间的介电常数将随之改变，从而使电容器的电容量发生变化，达到测试纱条均匀度的目的。

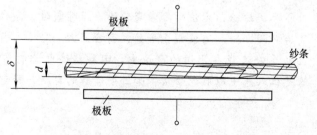

图 4-52 纱条均匀度测试仪中的电容传感器

【核心提示】 电容传感器有极距变化型、面积变化型、介质变化型三种，其中极距变化型主要用于位移的测量（精度最高可达 0.1nm）；介质变化型主要用于液位、湿度等参数的测量。

第五节　电涡流式传感器

导入案例

为什么发电机、电动机、变压器通常用相互绝缘的薄硅钢片叠合而成？

根据法拉第电磁感应定律，将一块金属放在变化的磁场中，或使金属块在磁场中进行切割磁力线运动时，金属块内将产生感应电流，这种电流在金属块内自成闭合回路，像水的旋涡一样，因此这种电流称为电涡流。由于整块金属的电阻很小，所以电涡流常常很大。

涡流是发生于整块导体的一种特殊的电磁感应现象，涡流和自感一样，也存在利和弊两个方面。发电机、电动机、变压器内部采用相互绝缘的薄硅钢片叠合结构，是为了减少涡流造成的损失。

一、概述

1. 工作原理

金属导体在交变磁场中，或在磁场中运动，都会在导体内产生感应电流，此电流在导体内是闭合的（呈涡旋状），故称电涡流，该效应称为电涡流效应。电涡流的产生必然要消耗一部分磁场能量，从而使产生磁场的线圈阻抗发生变化。电涡流式传感器就是基于金属导体在交变磁场中的电涡流效应原理制成的传感器。

当传感器线圈通以高频交变电流 I_1 时，线圈周围空间必形成交变磁场 Φ_1（见图 4-53），使处于此磁场中的金属导体中感应出电涡流 I_2，此 I_2 又产生新的交变磁场 Φ_2（反抗原磁场 Φ_1），从而引起线圈等效阻抗 Z 发生变化。

电涡流传感器实质是一个**线圈-金属导体**系统。在系统中，线圈的阻抗是一个多元函数，与金属导体的性质（电阻率 ρ、磁导率 μ、厚度 h 等）、线圈的几何参数、线圈与金属之间的距离 x、线圈电流的激励频率 ω 等有关。即，阻抗 $Z=f(\rho, \mu, h, x, \omega, \cdots\cdots)$，因此，可将线圈作为传感器的敏感元件，通过其阻抗的变化实现被测参数的测量。例如，仅改变参数 x（其余参数不变），可测位移、厚度、转速、振动；当只改变 ρ 或 μ 时，可测量导体表面温度、温度变化率，根据材料表面裂纹、缺陷、硬度和强度，可用于材质鉴别和探伤。

电涡流式传感器的测量原理可以表达为：

$$\boxed{\text{被测非电量}} \rightarrow \boxed{\text{电涡流式传感器（电涡流效应）}} \rightarrow \boxed{\text{线圈阻抗 } Z \text{ 的变化}}$$

【小思考】 利用电涡流原理制成的冶炼金属的高频感应炉有什么优点？

2. 类型

电涡流式传感器有高频反射式和低频透射式两种类型，其中高频反射式电涡流传感器应用较为广泛。

二、高频反射式电涡流传感器

高频反射式电涡流传感器的工作原理如图 4-53a 所示。在金属板一侧的线圈中通以高频（MHz 以上）激励电流 I_1 时，线圈周围空间便产生高频磁场 Φ_1，该磁场作用于金属板，由于<u>集肤效应</u>$^{\ominus}$，高频磁场不能透过有一定厚度 h 的金属板，而仅作用于表面的薄层内，并在这薄层中产生电涡流 I_2。涡流 I_2 又会产生交变磁场 Φ_2，由于 Φ_2 对线圈的反作用（减弱线圈原磁场 Φ_1），从而导致线圈的阻抗发生变化。

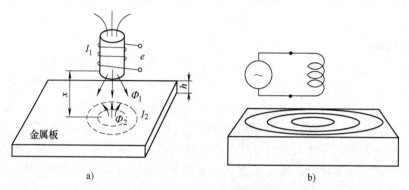

图 4-53　高频反射式电涡流传感器

若激励线圈和金属导体材料确定，则线圈的阻抗 Z 就是线圈与金属板之间的距离 x 的单值函数，即 $Z = f(x)$，当距离 x 发生变化时，线圈的阻抗也发生变化，从而达到以传感器线圈的阻抗变化来检测位移量的目的，这就是<u>电涡流传感器测位移</u>的原理。

🦭【核心提示】　金属导体上电涡流的分布是不均匀的，电涡流密度不仅是距离 x 的函数，而且电涡流只能在金属导体的表面薄层内形成，在半径方向上也只能在有限的范围内形成。

根据线圈—导体系统的电磁作用，如不考虑电涡流分布的不均匀性，可以演算得到导体中的电涡流 I_2 与距离 x 的关系为

$$I_2 = I_1 \left(1 - \frac{x}{\sqrt{x^2 - r_{os}^2}} \right) \qquad (4\text{-}33)$$

式中　I_1——线圈的激励电流；

　　　r_{os}——线圈的外半径。

由式（4-33）可以画出电涡流强度与 x/r_{os} 的关系曲线，如图 4-54 所示。曲线表明，电涡流强度随着 x/r_{os} 的增加而迅速减小。为了能产生强电涡流效应，一般取 $x/r_{os} = 0.05 \sim 0.15$。

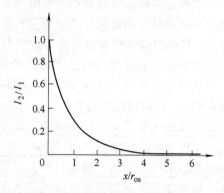

图 4-54　电涡流强度与 x/r_{os} 关系曲线

$\ominus$　集肤效应——当交变电流通过导体时，由于感应作用引起导体截面上电流分布不均匀，越接近导体表面，电流密度越大，这种现象称为集肤效应。集肤效应使导体的有效电阻增加。交流电的频率越高、集肤效应越显著。

高频反射式电涡流传感器的基本结构如图 4-55 所示。线圈 1 绕制在用聚四氟乙烯做成的线圈骨架 2 内，线圈用多股漆包线或银线绕制成扁平盘状。在使用时，通过骨架衬套 3 将整个传感器安装在支架 4 上，5、6 是电缆和插头。

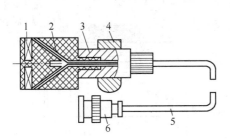

图 4-55　电涡流传感器的基本结构

1—线圈　2—线圈骨架　3—骨架衬套　4—支架　5—电缆　6—插头

在测量时，为了提高灵敏度，将已知电容 C 与传感器线圈并联（一般在传感器内）组成 LC 并联谐振回路。传感器线圈等效电感的变化使并联谐振回路的谐振频率发生变化，将被测量变换为电压或电流信号输出。

> **知识链接：涡流探伤仪**
>
> 涡流检测是无损检测方法之一，它应用"电涡流效应"作为检测的基础。
>
> 涡流探伤仪的工作原理是：正弦波交流电通入探头线圈，当探头接近金属导体时，线圈周围的交变磁场在金属表面产生感应电流。对于平板金属，感应电流的流向是与线圈同心的圆形，形似旋涡，称为**涡流**。同时金属导体中的涡流也会产生相同频率的磁场，其方向与线圈磁场方向相反。涡流产生的反磁通再反射到探头线圈，改变了原磁场的强弱，进而导致线圈阻抗的变化。当探头在金属表面移动，遇到缺陷时，会使涡流磁场对线圈的反作用不同，且线圈阻抗的变化也不同，测出这种变化量就能鉴别金属表面有无缺陷或其他物理性质的变化。
>
> 当采用高频交流电时，涡电流主要在近表面处流动，涡电流的流动状况受金属表面伤痕的影响，有伤痕处涡电流的流动困难，就好像金属在远处的感觉，据此判断这里存在伤痕。
>
> 涡流探伤仪常用于军工、航空、铁路、工矿企业野外或现场，是具有多功能、实用性强、高性价比特点的仪器，可广泛应用于各类有色金属、黑色金属管、棒、线、丝、型材的在线、离线探伤，对表面裂纹、暗缝、夹渣和开口裂纹等缺陷均具有较高的检测灵敏度。

三、低频透射式电涡流传感器

金属导体内电涡流的贯穿深度与传感器线圈激励电流的频率有关：频率越低，贯穿深度越厚。因此，当采用低频电流激励时，可以测量金属导体的厚度。图 4-56a 所示为低频透射式电涡流测厚仪。发射线圈 W_1、接收线圈 W_2 分别置于被测金属板的两边；当低频（1000Hz 左右）电压加到线圈 W_1 的两端后，线圈 W_1 中即流过一个同频率的交流电流，并在其周围产生交变磁场。W_1 产生的交变磁场在金属板中会产生涡流 i，这个涡流损耗了 W_1 的部分磁场能量，使其贯穿金属板后耦合到 W_2 的磁通量减少，从而引起感应电势 e_2 的下降。

金属板的厚度 h 越大，涡流损耗的磁场能量也越大，e_2 就越小。因此 e_2 的大小反映了金属板厚度 h 的大小，如图 4-56b 所示。这就是低频透射式电涡流传感器测厚的原理。

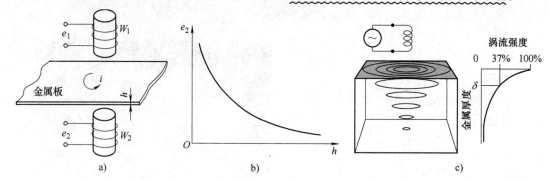

图 4-56　低频透射式电涡流测厚仪

a）低频透射式电涡流传感器原理　b）接收线圈感应电势与厚度的关系　c）涡流强度与金属板厚度的关系

接收线圈的电压 e_2 随被测材料的厚度，按负指数幂的规律减小。为使传感器有较宽的测量范围，常取激励频率 $f \approx 1\text{kHz}$。在测电阻率 ρ 较小的材料（如纯铜）时，选择较低的频率 f（$=500\text{Hz}$），而测 ρ 较大的材料（如黄铜、铝）时，则选用频率较高的 f（$=2\text{kHz}$），从而保证传感器在测量不同材料时的线性度和灵敏度。

【核心提示】　低频透射式电涡流传感器是利用互感原理工作的，它多用于测量金属板的厚度。

四、特点与适用范围

电涡流传感器能够实现非接触测量，具有结构简单可靠、可测参数多、测量范围大、频率响应宽、灵敏度高、抗干扰能力强、不受油污影响等一系列优点，分辨率达 $0.1\mu\text{m}$，可代替电容式传感器，很有发展前景。

电涡流检测具有如下特征：①检测结果可以直接以电信号输出，故可实现自动化检测；②作为非接触式检测，故检测速度较快；③适用范围广，除可用于缺陷检测，还可用于检测材质的变化、形状与尺寸的变化等；④不容易对形状复杂的试件、表面下较深部位的缺陷进行检测。

涡流检测适用于由钢铁、有色金属及石墨等导电材料所制成的试件，而不适用于玻璃、石头和合成树脂等非导电材料的检测。从检测对象来说，电涡流方法适用于如下项目的检测：①缺陷检测——检测试件表面或近表面的内部缺陷；②材质检查——检测金属的种类、成分、热处理状态等变化；③尺寸检测——检测试件的尺寸、涂膜厚度、腐蚀状况和变形等；④形状检测——检测试件形状的变化情况。

【人生哲理——面对人生"涡流"，该怎么做】　每个人的一生都会遇到或大或小的"涡流"，身处其中，找不到方向时，你越挣扎，越容易被涡流的中心吸进去。一旦你放弃挣扎，接纳这个事实，顺应涡流的规律往下沉，反而容易从涡流的中心逃离出来。

五、电涡流传感器的应用

电涡流传感器已广泛应用于工业生产和科学研究的各个领域，可以测量位移、振动、厚度、转速、温度等参数，还可以进行无损探伤及制作接近开关。下面就几种主要应用进行简略介绍。

1. 位移测量

电涡流式传感器的频率特性在零到几十千赫兹的范围内是平坦的，故可进行<u>静态位移测量</u>，以测量各种形状试件的位移值。例如，汽轮机主轴的轴向位移（见图 4-57a）；磨床换向阀、先导阀的位移（见图 4-57b）；金属试件的线膨胀系数（见图 4-57c）等。测量位移的范围可从 0~1mm 到 0~30mm，国外个别产品可达 80mm，分辨率为满量程的 0.1%。图 4-58 所示为位移测量仪。

凡是可变换成位移量的参数，都可用电涡流式传感器来测量，如钢水液位、纱线张力、液体压力、汽轮机主轴的轴向位移等。有试验表明，用电涡流传感器测量 600mm 以上的炉衬厚度（即炉内钢液和传感器的距离）是可行的。

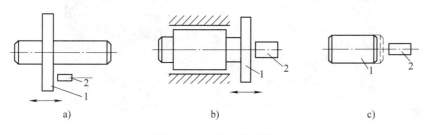

图 4-57 电涡流位移计
1—被测试件 2—电涡流传感器

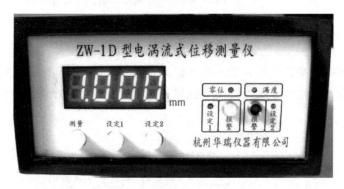

图 4-58 位移测量仪

2. 振幅测量

电涡流式传感器可以非接触地测量各种振动的幅值，<u>特别适合进行**低频振动测量**</u>。在汽轮机、空气压缩机中常用电涡流式传感器来监控主轴的径向振动（见图 4-59a），属于振动位移的测量，检测范围从 0~1mm 到 40mm。也可测量涡轮叶片的振幅（见图 4-59b），振幅测量范围从几微米到几毫米。

在研究轴的振动时，需要了解轴的振动形式，绘出轴的振型图，为此，可用多个传感器并排地安装在轴的附近（见图 4-59c），用多通道指示仪输出并记录，或用计算机进行多通道数据采集，便可以获得主轴上各个位置的瞬时振幅及轴的振型图。

3. 转速测量

电涡流式转速计的工作原理如图 4-60 所示，在旋转体（转轴或飞轮）上开一个或数个槽或齿，旁边安装电涡流传感器（见图 4-61），轴转动时便能检出传感器与轴表面的间隙

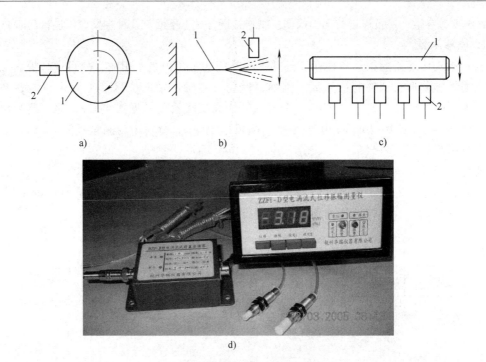

图 4-59　电涡流式传感器用于振幅测量

a）测转轴的径向振动　b）涡轮叶片的振幅　c）测构件的振型　d）位移振幅测量仪

1—被测试件　2—电涡流传感器

（周期性）变化，于是传感器的输出也会发生周期性变化，经放大、整形后，成为周期性的脉冲信号，然后可由频率计计数并指示频率值即转速。为了提高转速测量的分辨率，可在轴圆周上增加键槽数，开一个键槽，转一周输出一个脉冲；开四个键槽，转一周可输出四个脉冲，以此类推。

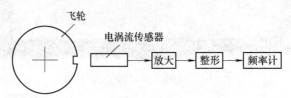

图 4-60　电涡流式转速计的工作原理

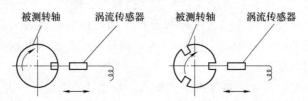

图 4-61　电涡流传感器测转速

脉冲信号频率与轴的转速成正比，即

$$n = \frac{f}{z} \times 60 \tag{4-34}$$

式中 n——轴的转速；

    f——脉冲信号频率；

    z——转轴上的槽数或齿数。

用同样的方法可将电涡流传感器安装在金属产品输送线上，并对产品进行计数，如图4-62所示。

【小思考】 电涡流传感器能够对流水线上的塑料件计数吗？

4. 尺寸测量

电涡流传感器可以测量试件的几何尺寸，如图4-63a所示，当被测工件通过传送线时，几何尺寸不合格（过大或偏小）的工件通过电涡流传感器时，传感器会输出不同的信号；图4-63b所示为工件表面粗糙度测量，当表面不平整时，传感器输出信号会有波动。

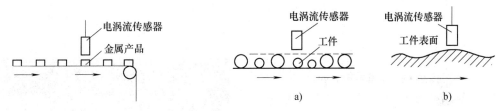

图4-62 电涡流式零件计数器   图4-63 电涡流传感器用于几何尺寸测量

5. 温度测量

金属导体的电阻率 ρ 与温度 t 的关系一般较为复杂，但在较小的温度范围内可用下式表示：

$$\rho_t = \rho_0 \ (1 + \alpha \Delta t) \tag{4-35}$$

式中 ρ_0、ρ_t——温度为 t_0、t 时材料的电阻率；

    α——材料的电阻温度系数；

    Δt——温度变化（$\Delta t = t - t_0$）。

由式（4-35）知，若能测出导体的电阻率随温度的变化，便可求得相应的温度变化值 Δt。而在利用电涡流传感器测量温度时，可以设法保持传感器线圈与导体间距离、导体的磁导率、线圈的结构和几何参数及激励电流频率等不变，从而使电涡流传感器的输出只随导体电阻率 ρ 的变化而变化，即只随导体的温度变化而变化。

（1）表面温度的测量 图4-64a所示为电涡流温度计的结构示意图。使电涡流传感器线圈靠近被测金属导体表面，将其与电容 C 组合成谐振回路，由计数器测量振荡器输出振荡信号的频率，便可测出导体表面温度的高低。

（2）介质温度的测量 图4-64b所示为电涡流传感器测量液态或气态介质温度的结构原理图。它用金属或半导体作为温度敏感元件，传感器的测量线圈3靠近温度敏感元件5，补偿线圈1远离温度敏感元件5。在测量时，把传感器端部放入被测介质中，温度敏感元件5由于周围温度变化引起电阻率变化，从而导致测量线圈3的等效阻抗（或电感）变化，用测量电路测出传感器线圈的参数，以确定传感器所在介质的温度。

电涡流传感器测温的最大优点是**快速测量**。其他温度计往往会存在热惯性问题，时间常数为几秒甚至更长，而用厚度为0.0015mm的铅板作为热敏元件所组成的电涡流式温度计，其热惯性为0.001s。

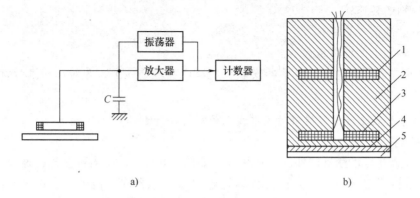

a)　　　　　　　　　　b)

图 4-64　电涡流温度计

a）表面温度测量　b）介质温度测量

1—补偿线圈　2—骨架　3—测量线圈　4—绝缘衬套　5—温度敏感元件

6. 金属零件表面裂纹检查（电涡流探伤）

用电涡流传感器可以探测金属导体表面或近表面裂纹、热处理裂纹及焊缝裂纹等缺陷。当测试时，传感器贴近零件表面，传感器与被测金属零件之间的距离保持不变，遇有裂纹时，金属的电阻率、磁导率会产生变化，裂缝处也会有位移量的改变，使电涡流传感器等效电路中的涡流反射电阻、涡流反射电感发生变化，导致线圈的阻抗改变，输出信号电压也随之发生改变。涡流探伤仪即是这样的一种无损

图 4-65　火车轮表面裂纹的涡流探伤

检测装置，图 4-65 所示为用涡流探伤仪进行火车轮表面裂纹的无损检测。

【小思考】　观察你计算机上使用的麦克风，并用它测量你自己的声音，绘出频谱。

第六节　压电式传感器

导入案例

压电效应是某些物质在力的作用下，表面出现异种电荷的现象。电荷的电量与作用力成正比，电量越多，相对应的两表面电势差（电压）也越大。

手机没电了又没带充电器怎么办？荷兰女设计师娜塔莉设计了一款安装有传感器的椅子，只要人坐在上面抖腿或晃动椅子，利用压电效应，就能激活传感器发电，并通过USB 接口给手机充电。

某些打火机既不用电池，也没有打火石，但可以使用较长时间。这种打火机内就有能够产生压电效应的晶体，当按下打火机的按钮时，利用杠杆原理，晶体因为受压而放

出少量高压电流。这个电流足以使两个相隔很近的电极在空气中放电，喷出电火花，从而实现点火。

煤气灶点火开关、汽车发动机的自动点火装置、压电电源、炮弹触发引信等也是根据压电效应生产出来的。

一、压电式传感器的工作原理——压电效应

压电式传感器是一种典型的**有源**传感器或**发电型**传感器，其传感元件是压电材料，它以压电材料的压电效应为基础，从而实现非电量电测的目的。

压电效应可分为正压电效应和逆压电效应。某些物质如石英、钛酸钡等，在一定方向上受到外力作用时，不仅几何尺寸、形状发生变化，而且内部极化，表面上会产生正负相反的电荷、形成电场。所产生的电荷量与外力的大小成正比。当作用力的方向改变时，电荷的极性也随之改变。外力去除后，又重新回到原来不带电状态，这种现象称为正压电效应。

若将这些物质置于交变电场中，其几何尺寸（体积）将发生变化，电场去除后，变形随之消失，这种由于外电场作用导致物质变形的现象，称为**逆压电效应**或电致伸缩效应。压电式传感器大多是利用**正压电效应**制成的。

知识链接

给人体加压会引起压电效应，可以补充人体钙质，强壮人体骨骼。有人发现：长期停留在太空处于失重状态下的宇航员，骨骼会受到一定程度的损害。在太空中连续逗留 1 个月的宇航员，其骨骼质量会减轻 5%，其中受损伤最严重的是足跟骨。有的宇航员返回地面 3 个月后，足跟骨都未能恢复正常。这是由于宇航员在长期失重的环境中，骨骼所受的压力减少，刺激骨骼生长的压电效应减弱而导致的。

1. 压电效应控制骨骼生长

动物的骨、腱、牙齿、皮肤、肌肉甚至血管、韧带和毛发等，都程度不同地存在压电效应。日本学者发现，当将一块细长的骨头弯曲时，骨头的凸起部位出现正电荷、凹陷部位出现负电荷，同时发现凸起部位的正电荷阻止骨骼的生长，而凹陷部位的负电荷促进骨骼的生长。说明，骨骼的压电效应影响并控制着骨骼的生长。

2. 生物电加速骨折愈合

医生们曾对兔子进行试验，他们在兔子的大腿骨施加一定电压，使大腿骨通过约 1μA 的直流电，两个星期后，发现从负电极向正电极有长出的假骨。在这个试验启发下，医生利用电流加速骨折的愈合，取得了显著疗效。对骨骼通电，还具有矫正畸形骨等功能。印度的医生曾对十位骨折患者采用通电刺激骨骼生长的疗法，大大缩短了病人的康复时间。

然而，使人体产生压电效应和生物电流的最佳办法是进行按摩、推拿、打太极拳、练武术、气功及跑步、登山、骑车、游泳等体育锻炼，这同时也是增强人体骨骼，防治骨质疏松的最佳手段。

具有压电效应的材料称为压电材料，常见的压电材料有两类：①压电单晶体，如石英、酒石酸钾钠等；②多晶压电陶瓷，如钛酸钡、锆钛酸铅（PZT）等。下面以石英晶体为例，

来说明压电效应的机理。

石英晶体的基本形状为六角形晶柱。如图 4-66a 所示，两端为一对称的棱锥。六棱柱是它的基本组织。纵轴线 z-z 称为**光轴**，通过六角棱线而垂直于光轴的轴线 x-x 称为**电轴**，垂直于棱面的轴线 y-y 称为**机械轴**，如图 4-66b 所示。从晶体上沿轴线切下的薄片称为晶体切片，并使其晶面分别平行于 z-z，y-y，x-x 轴线，这个晶片在正常状态下不呈现电性。当沿 x 方向对晶片施加外力 F 时，晶片极化，沿 x-x 方向形成电场，其电荷分布在垂直于 x-x 轴的平面上，如图 4-67a 所示，这种现象称为纵向压电效应。当沿 y 方向对晶片施加外力 F 时，其电荷仍在与 x 轴垂直的平面上出现，如图 4-67b 所示，这种现象称为横向压电效应。当沿 z 轴对晶片施加外力时，不论外力的大小和方向如何，晶片的表面都不会极化，不产生电荷。

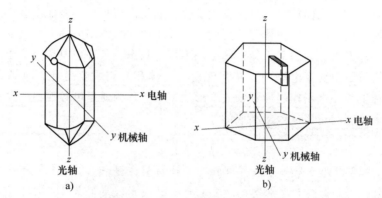

图 4-66　石英晶体

a）石英晶体　b）光轴、电轴和机械轴

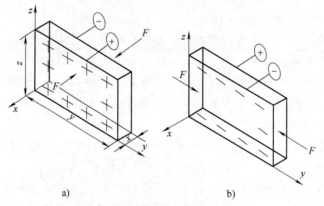

图 4-67　石英晶体受力后的极化现象

a）纵向压电效应　b）横向压电效应

【特别提示】　石英晶体的压电元件，其性质随晶体轴切割方向的不同有很大的差异。

试验证明，在极板上积聚的电荷量 q（库仑）与晶片所受的外力 F 成正比，即

$$q = DF \tag{4-36}$$

式中　　D——压电常数，与材质及切片方向有关。石英晶体的 $D = 2.31 \times 10^{-12}$（C/N），而 PZT 的 $D = (230 \sim 600) \times 10^{-12}$（C/N），$D$ 很小，所以输出电荷极微，需要接电荷放大器。

由式（4-36）可知，应用压电式传感器测力 F，实质上就是测量电荷量 q 的问题。

晶体切片上电荷的符号与受力方向的关系可用图 4-68 表示，图 4-68a 所示为在 x 轴方向上受压力，图 4-68b 所示为在 x 轴方向受拉力，图 4-68c 所示为在 y 轴方向受压力，图 4-68d 所示为在 y 轴方向受拉力。当沿电轴 x 方向加作用力 F_x 时，则在与电轴 x 垂直的平面上产生电荷。当作用力 F_y 沿着机械轴（y 轴）方向时，其电荷仍在与 x 轴垂直的平面上出现。

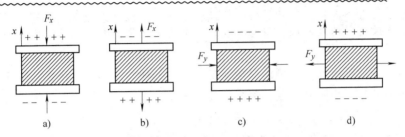

图 4-68　晶体切片上电荷符号与受力方向的关系

压电效应与压电机理的特点比较见表 4-3。

表 4-3　压电效应与压电机理的特点比较

压电效应与压电机理		前　提	效　果
压电效应	正压电效应	在压电材料上施加一定方向的外力	1）压电材料的尺寸、形状发生变化 2）压电材料的两个相对表面上出现正负相反的静电荷
	逆压电效应 （电致伸缩效应）	压电材料处于交变电场中	1）压电材料的尺寸、体积发生变化 2）压电材料产生机械振动
石英晶体的 压电机理 （三个晶轴）	纵向压电效应	沿电轴 x 加力	垂直于 x 的面上压电效应最显著
	横向压电效应	沿机械轴 y 加力	垂直于 x 的面上产生压电效应
		沿光轴 z 加力	不产生电荷

下面以石英晶体为例来说明压电晶体是怎样产生压电效应的。石英晶体的分子式为 SiO_2。如图 4-69a 所示，硅原子带有 4 个正电荷，而氧原子带有 2 个负电荷，正负电荷互相平衡，所以外部没有带电现象。

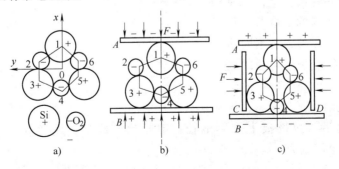

图 4-69　石英晶体的压电效应

如在 x 轴方向压缩，如图 4-69b 所示，硅离子 1 挤入氧离子 2 和 6 之间，而氧离子 4 挤入硅离子 3 和 5 之间。结果是在表面 A 上呈现负电荷，而在表面 B 上呈现正电荷。如所受的力为拉伸力，则硅离子 1 和氧离子 4 向外移，在表面 A 和 B 上的电荷符号与前者正好相反。如沿 y 轴方向上压缩，如图 4-69c 所示，硅离子 3 和氧离子 2 及硅离子 5 和氧离子 6 都向内移动同一数值，故在电极 C 和 D 上仍不呈现电荷，而由于把硅离子 1 和氧离子 4 向外挤，因此在 A 和 B 表面上分别呈现正电荷与负电荷。若受拉力，则表面 A 和 B 上的电荷符号与前者相反，当在 z 轴上受力时，由于硅离子和氧离子是对称平移的，故在表面上没有电荷呈现，因而没有压电效应。

可见，压电效应是某些材料在一定方向的外力作用下，引起内部正负电荷中心相对位移而发生极化，导致材料两端表面出现符号相反的电荷的现象，表面电荷的密度与所受的外力成正比。

压电材料是力敏感元件，可测最终能变换为力的物理量，如力、压力、加速度等，具有结构简单、灵敏度高、响应频率宽、信噪比高、工作可靠、质量轻等优点。

【小思考】 为什么小区的汽车，一听到雷声就吵个不停？

> **知识链接**
>
> 压电陶瓷的压电效应非常显著，能测出 $10^{-5}\mathrm{N}$ 的力的变化，可以将极其微弱的机械振动转换成电信号，甚至可以感应到十几米外飞虫拍打翅膀引起的空气扰动。
>
> 地震是毁灭性的灾害，而且震源一般在地壳深处，以前很难预测。压电陶瓷作为敏感材料，用于压电地震仪，可以对人类不能感知的细微振动进行监测。当地震仪中的压电陶瓷受到地震机械波的作用后，根据正压电效应，就会感应出一定强度的电信号，从而精确地测出地震的强度。由于压电陶瓷能测定声波的传播方向，故压电地震仪还能指示出地震的方位和距离。

二、压电式传感器的等效电路

压电式传感器的压电元件是在两个工作面上蒸镀有金属膜的压电晶片，金属膜可构成两个电极，如图 4-70a 所示。当压电晶片受到力的作用时，便有电荷聚集在两极上，一面为正电荷，一面为等量的负电荷，这种情况和电容器十分相似，所不同的是晶片表面上的电荷会随着时间的推移逐渐漏掉，因为压电晶片材料的绝缘电阻（也称漏电阻）虽然很大，但毕竟不是无穷大。

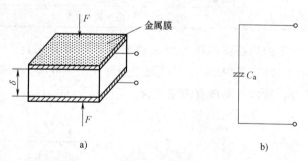

图 4-70 压电晶片及其等效电路

压电晶片受力后，两极板上聚集电荷，中间为绝缘体，使它成为一个电容器，如图 4-70b 所示，其电容量为

$$C_{\mathrm{a}} = \varepsilon_0 \varepsilon A / \delta \tag{4-37}$$

式中　ε_0——真空介电常数，$\varepsilon_0 = 8.85 \times 10^{-12}$（F/m）；

　　ε——压电材料的相对介电常数，石英晶体 $\varepsilon = 4.5$；

　　A——极板的面积，即压电晶片工作面的面积（m^2）；

　　δ——极板间距，即晶片厚度（m）。

压电晶片受力后，两极板间电压（也称为极板上的开路电压）e_a 为

$$e_a = \frac{q}{C_a} \tag{4-38}$$

式中　q——压电晶片表面上的电荷；

　　C_a——压电晶片的电容。

从信号变换或能量转换的角度看，压电元件相当于一个电荷发生器。从结构上看，它又是一个电容器。

如果仅由单片压电晶片工作，为了产生足够的表面电荷，需要很大的作用力。在实际的压电传感器中，往往用两片或两片以上的压电晶片串联或并联而成。

当两压电晶片串联时（见图 4-71），正电荷集中在上极板、负电荷集中在下极板。总电容量 C'、总电压 U'、总电荷 Q'，与单片的 C、U、Q 的关系为

$$C' = C/2 \qquad U' = 2U \qquad Q' = Q \tag{4-39}$$

串联时传感器的总电容量变小，输出电压变大，适于测量高频信号及要求以电压为输出信号、测量电路的输入阻抗很高的场合。此时，压电式传感器可以等效为 1 个电压源和 1 个电容器的串联。

当两压电晶片并联时（见图 4-72），负电荷集中在中间极板上、正电荷集中在两侧的电极上，其关系为

$$C' = 2C \qquad U' = U \qquad Q' = 2Q \tag{4-40}$$

并联时总电容量变大，输出电荷量变大，时间常数大，宜于测量缓变信号及需要以电荷量作为输出的场合。此时，压电式传感器可以等效为 1 个电荷源与 1 个电容器的并联。

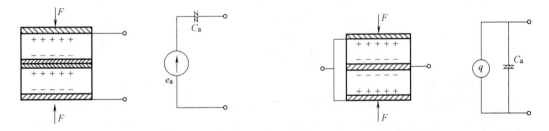

图 4-71　压电晶片串联及其等效电压源　　　　　图 4-72　压电晶片并联及其等效电荷源

压电传感器并非开路工作，它总是通过电缆与负载相连，如图 4-73a 所示。

设 C_i 为负载的等效电容，C_c 为连接电缆的分布电容，R_i 为负载的输入电阻，R_a 为传感器本身的漏电阻。将所有的电阻、电容合并，得到图 4-73b 所示的等效电路，其中等效电容 C 为

$$C = C_a + C_c + C_i \tag{4-41}$$

等效电阻 R_0 为

$$R_0 = \frac{R_a R_i}{R_a + R_i} \tag{4-42}$$

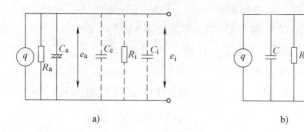

图 4-73　压电传感器等效电路

压电元件在外力作用下产生的电荷 q，除了给等效电容 C 充电外，还将通过等效电阻 R_0 泄漏掉。根据电荷平衡方程式，压电元件在外力 F 作用下产生的电荷 q 为

$$q = Ce_i + \int i \, \mathrm{d}t \tag{4-43}$$

$$q = DF = DF_0 \sin\omega t$$

式中　F_0、ω——交变外力的幅值、圆频率；

　　　e_i——接负载后压电元件的输出电压（就是等效电容 C 上的电压值），$e_i = R_0 i$；

　　　i——泄漏电流。

式（4-43）可写为

$$q = q_0 \sin\omega t = CR_0 i + \int i \, \mathrm{d}t \tag{4-44}$$

忽略过渡过程，其稳态解为

$$i = \frac{\omega q_0}{\sqrt{1 + (\omega CR_0)^2}} \sin(\omega t + \varphi) \tag{4-45}$$

$$\varphi = \arctan \frac{1}{\omega CR_0} \tag{4-46}$$

接负载后压电元件的输出电压 $e_i = R_0 i$ 为

$$e_i = \frac{D}{C} \frac{1}{\sqrt{1 + \left(\dfrac{1}{\omega CR_0}\right)^2}} F_0 \sin(\omega t + \varphi) \tag{4-47}$$

由以上分析可知：

1）根据输出电压 e_i 推算被测力幅值 F_0，受 ω、R_0 及 C 的影响。

2）当被测信号频率 ω 足够高时，输出电压 e_i 与频率无关，这时可实现不失真测试，即

$$\omega \gg \frac{1}{CR_0} \tag{4-48}$$

此时式（4-47）可写为

$$e_i = \frac{DF_0}{C} \sin(\omega t + \varphi) \tag{4-49}$$

式（4-48）表明，压电传感器实现不失真测试的条件与被测信号的频率 ω 及回路的时间常数 CR_0 有关。为扩大被测信号频率的范围，压电式传感器的后接测量电路必须有很高的负载输入电阻 R_i（当 R_i 值很大时，在图 4-73 所示的压电传感器等效电路中可将其视为

断开）。

3）在测量静态信号或缓变信号时，为使压电晶片上的电荷不消耗或泄漏，负载电阻 R_i 必须非常大，否则将会因电荷泄漏而产生测量误差。但 R_i 值不可能无限加大，因此，用压电传感器测量静态信号或缓变信号时，或者作用在压电元件上的力是静态力（$\omega = 0$）时，电荷会通过放大器的输入电阻和传感器本身的泄漏电阻漏掉，这从原理上决定了压电式传感器不能测量静态量。

当压电式传感器用于动态信号的测量时，由于动态交变力的作用，压电晶片上的电荷可以不断补充，以供应测量电路一定的电流，使测量成为可能。当被测信号频率足够高时，压电传感器的输出电压才与 R_i 无关。

上述三点分析表明压电传感器适用于动态信号的测量，高频响应很好（高频时输入电压与作用力的频率 ω 几乎无关），这是压电式传感器的一个突出优点。但测量信号频率的下限受 CR_0 的影响，上限则受压电传感器固有频率的限制。

压电传感器的输出，理论上应当是压电晶片表面上的电荷 q。由图 4-73b 可知，实际测试中往往是取等效电容 C 上的电压值作为压电传感器的输出。因此，压电式传感器有电荷、电压两种输出形式。相应地，其灵敏度也有电荷灵敏度、电压灵敏度两种表示方法。

电荷灵敏度 S_q：单位作用力所产生的电荷，即

$$S_q = q/F \tag{4-50}$$

电压灵敏度 S_e：单位作用力所形成的电压，即

$$S_e = e/F \tag{4-51}$$

因为 $q = Ce$，得到两种灵敏度之间的关系为

$$S_q = CS_e = (C_a + C_c + C_i)S_e \tag{4-52}$$

或

$$S_e = \frac{S_q}{C} = \frac{S_q}{C_a + C_c + C_i} \tag{4-53}$$

注意：压电传感器结构和材料确定之后，其电荷灵敏度 S_q 便已确定。由于等效电容 C 受电缆电容 C_c 的影响，电压灵敏度 S_e 会因所用电缆长度的不同而有所变化。

▤▤▤【人生哲理】　近朱者赤，近墨者黑，每个人的性格脾气或多或少都会受到周围人的影响，如同压电效应。与三观端正、乐观阳光的人在一起，内心就不会晦暗；与积极进取的人共事，就不会落后。所以，想成为更好的自己，应该与优秀的人同行。

【例 4-1】　某压电式加速度计的固有电容 $C_a = 1000\text{pF}$，电缆电容 $C_c = 100\text{pF}$，后接前置放大器的输入电容 $C_i = 150\text{pF}$，在此条件下标定得到的电压灵敏度 $S_e = 100\text{mV/g}$，试求传感器的电荷灵敏度 S_q。若该传感器改接 $C_c' = 300\text{pF}$ 的电缆，求此时的电压灵敏度 S_e'。

解：根据式（4-52），有

$$S_q = CS_e = (C_a + C_c + C_i)S_e = (1000+100+150) \times 10^{-12} \times 100 \times 10^{-3}\text{C/g} = 1.25 \times 10^{-10}\text{C/g}$$
$$= 125\text{pC/g}$$

若传感器改接 $C_c' = 300\text{pF}$ 的电缆，由于 S_q 不随外电路发生变化，因此

$$S_e' = \frac{S_q}{C'} = \frac{S_q}{C_a + C_c' + C_i} = \frac{1.25 \times 10^{-10}}{(1000+300+150) \times 10^{-12}}\text{V/g} \approx 8.62 \times 10^{-2}\text{V/g} = 86.2\text{mV/g}$$

两个晶片并联可以将电荷灵敏度提高一倍，通常用于后接电荷放大器；两个晶片串联可以将电压灵敏度提高一倍，通常用于后接电压放大器。

三、前置放大器

一般来说，压电式传感器的绝缘电阻 $R_a \geq 10^{10}\Omega$，因此传感器可近似看作开路。当传感器与测量仪器连接后，在测量回路中就应当考虑电缆电容和前置放大器的输入电容、输入电阻对传感器的影响。要求前置放大器的输入电阻尽量高，至少大于 $10^{11}\Omega$。这样才能减小由于漏电造成的电压（或电荷）损失，不致引起过大的测量误差。

压电式传感器后面的前置放大器有以下两个作用：

1）阻抗转换功能。在压电式传感器的输出端先接高输入阻抗的前置放大器，将传感器高阻抗输出转换为低阻抗输出，然后才能接通用的放大、检波等电路及显示记录仪表。

2）将压电式传感器输出的微弱信号放大。由于压电材料内阻很高，输出的信号能量很小，这就要求测量电路的输入电阻非常大。

压电式传感器的输出可以是电压，也可以是电荷；压电式传感器可以等效为电压源或电荷源。因此与它配套的测量电路的前置放大器也有电压型和电荷型两种形式。

1. 电压放大器

电压放大器具有很高的输入阻抗（1000MΩ 以上）、很低的输出阻抗（小于 100Ω）。图 4-74 所示为"压电传感器-电缆-电压放大器"等效电路。放大器的输入电压（即传感器的输出电压）e_i 为

$$e_i = \frac{q}{C_a + C_c + C_i} \qquad (4\text{-}54)$$

系统的输出电压为

$$e_y = K e_i = \frac{qK}{C_a + C_c + C_i} \qquad (4\text{-}55)$$

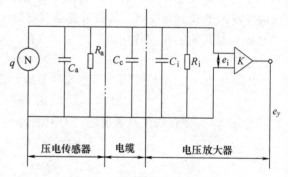

图 4-74　"压电传感器-电缆-电压放大器"等效电路

式（4-55）表明测量系统的输出电压对电缆电容 C_c 敏感。当电缆长度变化时，C_c 随之变化，从而使放大器输入电压 e_i 变化，系统的电压灵敏度也发生变化。

2. 电荷放大器

电荷放大器克服了上述电压放大器的缺点，它是一个高增益带电容反馈的运算放大器，能将高内阻的电荷源转换为低内阻的电压源，且输出电压正比于输入电荷，因此电荷放大器同样起阻抗变换的作用，其输入阻抗高达 $10^{12} \sim 10^{14}\Omega$、输出阻抗小于 100Ω。图 4-75 所示为"压电传感器-电缆-电荷放大器"的等效电路。当略去传感器的漏电阻 R_a、电荷放大器的输入电阻 R_i 的影响时，有

$$\begin{aligned} q &\approx e_i\,(C_a + C_c + C_i) + (e_i - e_y)\,C_f \\ &= e_i C + (e_i - e_y)\,C_f \end{aligned} \qquad (4\text{-}56)$$

式中　　e_i——放大器输入端电压；

$\quad\quad e_y$——放大器输出端电压 $e_y = -Ke_i$；

$\quad\quad C_f$——电荷放大器反馈电容。

将 e_y 代入式（4-56），可得到放大器输出端电压 e_y 与传感器电荷 q 的关系式为

$$e_y = \frac{-Kq}{(C+C_f) + KC_f} \tag{4-57}$$

式中　K——电荷放大器开环放大倍数。

当放大器的开环增益足够大时，式（4-57）简化为

$$e_y \approx -\frac{q}{C_f} \tag{4-58}$$

式（4-58）表明，在一定条件下，电荷放大器的输出电压 e_y 与传感器的电荷量 q 成正比关系，而与电缆的分布电容无关，输出灵敏度取决于放大器的反馈电容 C_f。因此，只要保持反馈电容的数值不变，就可得到与电荷量 q 变化成线性关系的输出电压。同时，反馈电容 C_f 越小，输出就越大，因此要达到一定的输出灵敏度，必须选择适当容量的反馈电容 C_f。当采用电荷放大器时，即使连接电缆长度达百米以上，其灵敏度也无明显变化，即传感器的灵敏度与电缆长度无关，这是电荷放大器的突出优点。

在电荷放大器的实际电路中，考虑被测物理量的不同及后级放大器不致因输入信号太大而引起饱和，反馈电容 C_f 需可调，范围一般为 $100 \sim 10000pF$。为减小零漂，使电荷放大器工作稳定，一般在反馈电容的两端并联一个大电阻 R_f（约 $10^8 \sim 10^{10} \, \Omega$），其功能是提供直流反馈。

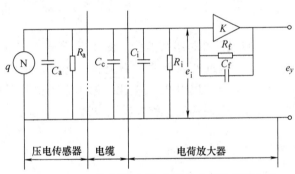

图 4-75　压电传感器-电缆-电荷放大器的等效电路

电压放大器电路简单、元件少、价格便宜、工作可靠。但电缆长度对传感器测量精度的影响较大，只适于高频参数的动态测量。

电荷放大器的显著优点是，放大器输出电压只与传感器的电荷量及反馈电容有关，无须考虑电缆的电容，这为远距离测试提供了很大的方便，可对高、低频参数做不失真测试，但成本比电压放大器要高。

阅读材料

　　道路发电是指在不影响车辆（包括汽车和火车）正常行驶的情况下，将运动着的车辆的动能转化为电能的发电形式。其奥秘在于：在路面下铺设了一种特殊材料——压电晶体，汽车行驶时对路面的压力通过它转变成电能，其具体发电量取决于路面上通行车辆的数量、质量和行驶速度，理想情况下每公里路段发电量可达 $500kW \cdot h$，足以供应 800 户家庭的用电需求。

这个具有开创性的发电方式与已经用于伦敦夜总会的可发电舞池类似，汽车挤压微型压电晶体，使其产生少量电量。将数千个压电晶体植入公路表面，便可获得巨大的电量，产生的电流可以被传回国家供电网或用于照明和供热。

公路发电本身并不产生任何额外污染，其成本也仅相当于传统发电方式的一半，预计设备投资成本6~10年即可收回。全球汽车所产生的可利用动能总量不逊于风能、太阳能的可利用总量。理论上，这些植入沥青路面的压电晶体能使用至少30年，因此，该技术可以用于任何大流量的道路，包括铁路和公路。

四、压电式传感器的应用

压电式传感器可用于测量动态力（如切削力、炸药爆炸力），也可做成振动加速度计（测量振动速度、加速度、振幅）。当施加交变电压时，压电体可作为一种振动源制造高频振动台、超声波发生器。与其他传感器相比，压电传感器具有如下独特优点：工作频率范围宽（可从几十赫兹到几百兆赫兹）、动态范围大、频响时间快、灵敏度高、温度稳定性好（-20~150℃）、质量轻、结构简单，既可以粘贴在结构表面还可以通过一定的工艺措施嵌入或集成到结构之中，在应变、加速度、振动、冲击载荷、声波等物理量的测量方面，在航空航天、土木、机械、交通及能源化工、医学等领域得到了广泛的应用。

1. 压电式力传感器

压电元件直接作为**力-电转换元件**是很自然的。图4-76所示为压电式力传感器及其特性曲线。当被测力 F（或压力 p）通过外壳上的传力上盖作用在压电晶片上时，压电晶片受力，上下表面产生电荷，电荷量与作用力 F 成正比。两个石英晶片采用并联方式，电荷由导线引出接入测量电路（电荷放大器或电压放大器），可测量动态力。

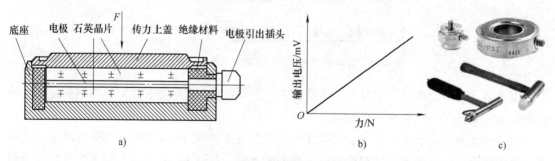

图4-76　压电式力传感器及其特性曲线

a）压电式力传感器结构　b）压电式力传感器输出特性　c）压电式力传感器产品外观

2. 压电式加速度传感器

压电式加速度传感器是由惯性质量、压电元件组成的二阶系统，使用时不需外加电源，能直接把振动的机械能转换成电能，具有体积小、质量轻、输出大、固有频率高等突出优点，是振动冲击测量中使用最广泛的传感器。图4-77所示为压电式加速度传感器产品外观图，图4-78所示为四种压电式加速度传感器。

在压电晶片2上，放有一个密度较大的质量块 M。在测量时，将传感器基座固紧在被测对象的运动方向上。当壳体随被测振动体一起振动时，质量块感受与传感器基座相同的振动，并

图 4-77 压电式加速度传感器产品外观图

受到与加速度方向相反的惯性力的作用。这样，质量块 M 就有一正比于加速度的交变力 $F=Ma$ 作用在压电晶体上。当质量 M 一定时，传感器的输出电荷（电压）与作用力成正比，亦即与被测振动体的加速度 a 成正比。由传感器输出端引出的电荷（电压），输入到前置放大器后即可用普通的测量仪器测出被测振动体的加速度，如在放大器中增加一级或两级积分电路，还可测出被测振动体的振动位移或速度。

3. 阻抗头

在对机械结构进行激振试验时，为了测量机械结构每一部位的阻抗值（力和响应参数的比值），需要在结构的同一点上激振并测定它的响应。阻抗头就是专门用来传递激振力、测定激振点的受力及加速度响应的特殊传感器，其结构如图 4-79a 所示。在使用时，阻抗头的安装面与被测机械紧固在一起，激振器的激振力输出顶杆与阻抗头的激振平台紧固在一起。激振器通过阻抗头将激振力传递并作用于被测结构上，如图 4-79b

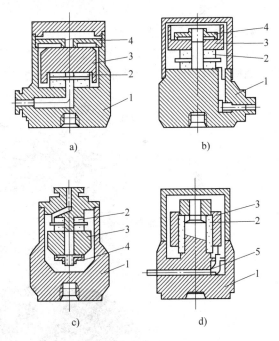

图 4-78 四种压电式加速度传感器

a) 外圆配合压缩式 b) 中心配合压缩式

c) 倒装中心配合压缩式 d) 剪切式

1—基座 2—压电晶片 3—质量块 4—弹簧片 5—电缆

所示。激振力使阻抗头中检测激振力的压电晶片受压力作用产生电荷，并从力输出端 6 输出。机械受激振力作用后产生受迫振动，其振动加速度通过阻抗头中的惯性质量块 5 产生惯性力，使检测加速度的晶片受力作用产生电荷，从加速度输出端 3 输出。

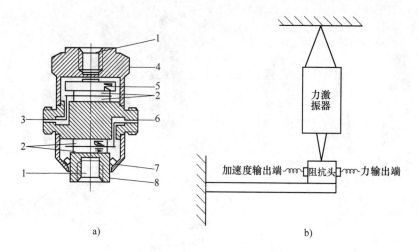

图 4-79　阻抗头

a）阻抗头的结构　b）阻抗头的安装

1—联接螺孔　2—两片压电元件　3—加速度输出端　4—外壳　5—质量块
6—力输出端　7—硅橡胶　8—激振平台

4. 安全气囊用加速度计

现在的汽车上都安装了安全气囊，当遇到前后方向碰撞时，它能起到保护驾驶员的作用。如图 4-80 所示，在汽车前副梁左右两边各安装一个能够检测前方碰撞的加速度传感器，

图 4-80　压电式加速度传感器在安全气囊中的应用

这两个传感器一般设置成当受到 12.3g 以上的碰撞时可自动打开气囊开关。12.3g 以上的碰撞，相当于汽车以 16km/h 的速度，与前面障碍物相撞时产生的冲击。

5. 压电式玻璃破碎入侵报警器

基于压电陶瓷的压电效应，利用压电元件对振动敏感的特性来感知玻璃受撞击和破碎时产生的振动波，可以制成玻璃破碎入侵报警器，如图 4-81 所示。将压电陶瓷片用胶粘贴在门窗玻璃上，用导线与控制电路（报警电路）相连。一旦玻璃被重力打击或破裂，压电效应产生，压电陶瓷便把振动波转换成电压输出，输出电压经放大、滤波、比较等处理后提供给报警系统，报警器将产生声光报警。

滤除是否报警由控制电路辨别决定。带通滤波使玻璃振动频率范围内的输出电压信号通过，而其他频段的信号。比较的作用是当传感器输出信号高于设定的阈值时，输出报警信号，驱动报警执行机构工作（如进行声光报警）。这就排除了汽车经过、行人行走、刮风等引起的振动，只有打击玻璃才报警，从而大大减少了误报警。小到几十平方厘米、大到几平方米的不同厚度、规格的玻璃均可使用。在居民住宅区再将门锁控制连成一体，便是最实用的一套防盗报警系统。

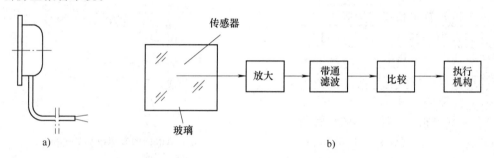

图 4-81　压电式玻璃破碎入侵报警器

a）压电报警传感器外形　b）报警器电路框图

根据同样的思路，可以制作防盗压力垫，其应用范围很大。例如，把贵重文物展品放在压力垫上，一旦被取走就发出报警。在地毯下放置压力垫，有人走动则报警。在汽车驾驶座椅上放上压力垫，有人偷车也能报警。

第七节　热电式传感器

导入案例

聪明

在某个工厂，工程师对一个实习生开玩笑，让他在午饭前检验完 1000 个电流计。如果把每个电流计都搬到试验台上，并接通电源……至少需要 1 个星期才能检验完毕。

实习生拿起一个热电偶（手温使金属丝的两端出现了电势差），绕着放置电流计的货架走了一圈，依次将金属丝的两端插入电流计的接线柱，挑出了废品。

一个半小时后，实习生报告说：他检验完成了。这令工程师瞠目。

热电式传感器是基于温度敏感元件受热后电阻、电势值变化的性质而工作的。按照被测量（温度）转换为电量的方式不同，热电式传感器分为热电偶、热电阻（金属热电阻、半导体热敏电阻）。

一、热电偶

热电偶是工业上最常用的一种测温元件，属于能量转换型温度传感器。在接触式测温仪表中，具有信号易于传输和变换、测温范围宽、测温上限高等优点，主要用于 500~1500℃ 范围内的温度测量。新近研制的钨铼-钨铼系列热电偶的测温上限可达 2800℃ 以上。

1. 热电效应及测温原理

先来看一个简单的试验：取两种不同材料的金属导线 A 和 B，按图 4-82a 所示连接，当温度 $t \neq t_0$ 时，回路中会有电压或电流产生，其大小可由图 4-82b、图 4-82c 所示的电路测出。试验表明，测得的电压值随温度 t 的升高而增加。由于回路中的电压或电流与两接点的温度 t 和 t_0 有关，所以在测温仪表术语中称为热电势或热电流。

一般来说，将任意两种不同材料的导体 A 和 B 首尾相接就构成了一个闭合回路，当两接触点温度不同时，在回路中就会产生热电势，这种现象称为**热电效应**。这两种不同导体的组合就称为**热电偶**，组成热电偶的导体 A、B 称为**热电极**，两种导体的接触点称为结点，形成的回路称为**热电回路**。两种不同材料的金属导体的一端焊在

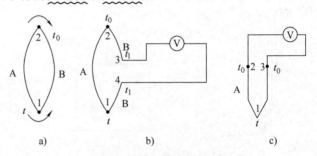

图 4-82　热电回路及热电势的检测

一起，称为工作端或热端（温度为 t），未焊接端称为冷端或参考端（参比端）（温度为 t_0）。

热电偶所产生的热电势包括两部分：接触电势和温差电势，即**热电势是由两种导体的接触电势**（帕尔帖电势）**和单一导体的温差电势**（汤姆逊电势）组成的。

1）两种导体的**接触电势**

各种金属导体中都有大量的自由电子，不同金属的自由电子密度是不同的，当 A、B 两种金属（它们的自由电子密度分别为 n_A、n_B 且 $n_A > n_B$）接触在一起时，A 金属中的自由电子向电子浓度小的 B 金属中扩散，这样 A 金属因失去电子而带正电，B 金属由于得到电子而带负电。这时，在接触面两侧的一定范围内形成一个电场，电场的方向由 A→B，如图 4-83a 所示，该电场将阻碍电子的进一步扩散，最后达到动态平衡，从而得到一个稳定的接触电势。

温度越高，自由电子就越活跃、扩散能力越强，所以接触电势的大小除了与两种不同导体的性质有关，也和接触点的温度有关，通常记作 $E_{AB}(t)$，下标 A 表示正电极，下标 B 表示负电极，如图 4-83b 所示。如果下标次序由 AB 变为 BA，则 E 前面的符号也要做相应的改变，即 $E_{AB}(t) = -E_{BA}(t)$。

若把两个电极的另一端闭合构成一个热电回路，则在两接点处形成了两个方向相反的接触电势 $E_{AB}(t)$ 和 $E_{AB}(t_0)$，如图 4-84 所示，其中 R_1、R_2 是热电极的等效电阻。$E_{AB}(t) = K_e t \ln(n_A/n_B)$，$E_{AB}(t_0) = K_e t_0 \ln(n_A/n_B)$，其中 K_e 为常数。总的接触电势为：$E_{AB}(t) - E_{AB}(t_0) = K_e(t-t_0)\ln(n_A/n_B)$。

2）单一导体的温差电势

一根均质的金属导体 A，如果两端温度不同（即 $t \neq t_0$ 且设 $t>t_0$），由于导体 A 内自由电子在高温端 t 具有较大功能，因而将向低温端 t_0 扩散，高温端 t 因失去电子而带正电，低温端 t_0 因得到电子而带负电，动态平衡时得到一个稳定的温差电势 $E_A(t,t_0)$；同样，另一个金属导体 B 也有一个温差电势 $E_B(t,t_0)$；总的温差电势为 $E_A(t,t_0)-E_B(t,t_0)$，可分别按如下公式计算：

$$E_A(t,t_0)=\int_{t_0}^{t}\sigma_A dt,\quad E_B(t,t_0)=\int_{t_0}^{t}\sigma_B dt,\quad E_A(t,t_0)-E_B(t,t_0)=\int_{t_0}^{t}(\sigma_A-\sigma_B)dt$$

其中，σ_A、σ_B 分别是金属导体 A、B 的汤姆逊系数，表示温差为 1℃ 时，导体两端所产生的电势。

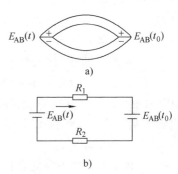

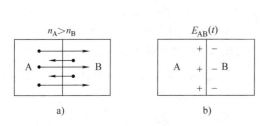

图 4-83　接触电势的形成过程

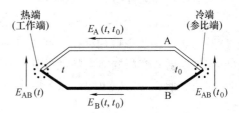

图 4-84　接触电势热电回路

如图 4-85 所示，热电偶回路总的热电势 $E_{AB}(t,t_0)$ 为

$$E_{AB}(t,t_0)=[E_{AB}(t)-E_{AB}(t_0)]+[E_B(t,t_0)-E_A(t,t_0)]=f(t)-f(t_0)\quad(4\text{-}59)$$

式（4-59）表明，热电偶回路中总的热电势为接触电势与温差电势的代数和。当热电极材料确定后，热电偶总的热电势 $E_{AB}(t,t_0)$ 的大小只取决于热端温度 t 和冷端温度 t_0。如果使冷端

图 4-85　热电偶回路的热电势

温度 t_0 固定不变，则热电偶输出的总电势只是热端（被测）温度 t 的单值函数。只要测出热电势的大小，就能得到被测点的温度 t，这就是利用热电现象测温的基本原理。

由式（4-59）可得如下结论：

1）如果热电偶两电极材料相同，即使两端温度不同，总输出电势仍为零，因此，必须由两种不同的材料才能构成热电偶。

2）如果热电偶两结点温度相同，即使两电极材料不同，则回路中的总电势依然等于零。

3）热电势的大小只与材料、结点温度有关，与热电偶的尺寸、形状及沿电极的温度分布无关。

热电偶工作的两个必要条件：两电极的材料不同；两接点的温度不等。

2. 热电回路的基本定律

（1）中间温度定律　当一支热电偶的测量端和参考端的温度分别为 t 和 t_1 时，其热电势为

$E_{AB}(t, t_1)$；当温度分别为 t_1 和 t_0 时，其热电势为 $E_{AB}(t_1, t_0)$；因此在温度分别为 t 和 t_0 时，该热电偶的热电势 $E_{AB}(t, t_0)$ 为前二者之和，这就是<u>中间温度定律</u>，其中 t_1 称为<u>中间温度</u>。

$$E_{AB}(t, t_0) = E_{AB}(t, t_1) + E_{AB}(t_1, t_0) \tag{4-60}$$

为了便于理解，可参照图 4-86 所示的定律。

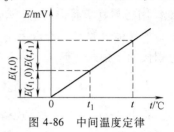

图 4-86　中间温度定律

热电偶的热电势 $E(t, t_0)$ 与温度 t 的关系，称为<u>热电特性</u>。当冷端温度 $t_0 = 0℃$ 时，将热电偶热电特性（$E(t, t_0)$-t）制成的表，称为<u>分度表</u>，"$E(t, t_0)$-t"之间通常成非线性关系。当冷端温度 $t_0 \neq 0℃$ 时，不能根据热电势 $E(t, t_0)$ 直接查表求热端温度 t；也不能按 $E(t, t_0)$ 查表的温度值，再加上冷端温度 t_0 得到热端被测温度值，<u>需按中间温度定律进行修正</u>。

例如：$t = 100℃$，$t_1 = 40℃$，$t_0 = 0℃$，则 $E_{AB}(100, 0) = E_{AB}(100, 40) + E_{AB}(40, 0)$。

中间温度定律的应用如下：

1）为制定热电偶的"热电势-温度"关系分度表奠定了理论基础。

在实际测量时，冷端 t_0 往往为环境温度。例如当 $t_0 = 20℃$ 时，若测得 $E_{AB}(t, 20)$，可根据中间温度定律 $E_{AB}(t, 0) = E_{AB}(t, 20) + E_{AB}(20, 0)$ 得到实际温度 t 值。

【例 4-2】　用一支镍铬-镍硅热电偶，在冷端温度为室温 $25℃$ 时，测得热电势 $E_K(t, 25) = 17.537\text{mV}$，求实际温度 t。

解：　由 $t_0 = 25℃$ 查分度表得 $E_K(25, 0) = 1\text{mV}$，根据中间温度定律得

$$E_K(t, 0) = E_K(t, 25) + E_K(25, 0) = (17.537 + 1)\text{mV} = 18.537\text{mV}$$

查分度表得实际温度 $t = 450.5℃$。

如果用 $E_K(t, 25) = 17.537\text{mV}$ 直接查表，则得 $t = 427℃$，显然误差是很大的。

2）为工业测温中应用补偿导线提供了理论依据。

与热电偶具有相同热电特性的补偿导线可引入热电偶的回路中，相当于把热电偶延长而不影响热电偶应有的热电势。如：铂铑-铂热电偶，其补偿导线：铜-铜镍。

【核心提示】　两接点温度为 t、t_0 的热电偶，它的热电势等于接点温度分别为 t、t_n 和 t_n、t_0 的两支同性质热电偶的热电势的代数和，这就是<u>中间温度定律</u>。t_n 是中间温度。

（2）中间导体定律　对于图 4-87 中的回路，当 $t \neq t_0$ 时，接触电势为

$$E_{AB}(t) - [E_{AC}(t_0) - E_{BC}(t_0)] = E_{AB}(t) - E_{AB}(t_0) \tag{4-61}$$

回路的总热电势为

$$E_{ABC}(t, t_0) = [E_{AB}(t) - E_{AB}(t_0)]$$
$$+ [E_B(t, t_0) - E_A(t, t_0)] = E_{AB}(t, t_0) \tag{4-62}$$

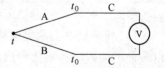

图 4-87　中间导体连接的测温系统

式（4-62）表明，将 A、B 两种材料构成的热电偶的 t_0 端拆开，接入第三种导体 C，只要第三种导体的两端温度都为 t_0，它的接入不会影响原热电偶的热电势。这一性质称为<u>中间导体定律</u>。

该性质很重要，正是由于这一性质，才可在回路中引入各种仪表、连接导线等，而不必担心会对热电势有影响。

【小思考】　有人担心用铜导线连接热电偶冷端到仪表读取 mV 值，在导线与热电偶连接处产生的接触电势会使测量产生附加误差。根据中间导体定律，有没有这个误差？

（3）参考电极定律　如图 4-88 所示，已知热电极 A、B 分别与参考电极 C 组成的热电偶在接点温度为 t、t_0 时的热电势，则在相同接点温度（t、t_0）下，由 A、B 两种热电极配对后的热电势可按下面公式计算：

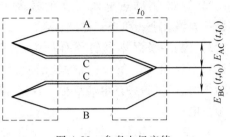

图 4-88　参考电极定律

$$E_{AB}(t,t_0)=E_{AC}(t,t_0)-E_{CB}(t,t_0) \quad (4\text{-}63)$$
$$=E_{AC}(t,t_0)+E_{BC}(t,t_0)$$

【特别提示】　用高纯度铂丝做标准电极，假设镍铬-镍硅热电偶的正负极分别与标准电极配对，它们的热电势值相加就等于这支镍铬-镍硅的热电势值。

参考电极定律大大简化了热电偶的选配。只要获得热电极与标准铂电极配对的热电势，那么任何两个热电极配对时的热电势便可按式（4-63）求得，无须逐个进行测定。

阅读材料：3 个热电效应

1821 年，塞贝克（Seebeck）通过试验发现，将两种金属导线首尾相接连成有两个结点的回路，把其中一个结点加热，而另一个结点保持低温，回路中会产生电势。这种由于两种金属的温度不同而引起电压差，使热能转变为电能的现象称为塞贝克效应，又称第一热电效应。塞贝克效应通常应用于热电偶，用来直接测量温差。几个热电偶连接在一起时称热电堆，能产生更大的电压。

1834 年，帕尔帖（Peltier）发现了塞贝克效应的逆效应：他在铜丝的两头各接了一根铋丝，再将两根铋丝分别接到直流电源的正负极上，通电后，发现一个接头变热，另一个接头变冷。这说明两种不同金属构成的闭合回路中有直流电通过时，不同金属的接触面会有一个温差，两个接头处分别发生了吸、放热现象，这就是帕尔帖效应，也称第二热电效应，是热电制冷（又称温差电制冷）的依据。1837 年，楞次（Lenz）又发现，电流的方向决定了是吸热还是放热，放热（制冷）量的多少与电流的大小成正比。

1856 年，汤姆逊（Thomson）利用他所创立的热力学原理对塞贝克效应、帕尔帖效应进行了全面分析，从理论上预言了一种新的温差电效应——汤姆逊效应，又称第三热电效应：当一根金属导线的两端存在温度差时，如果外加一电流通过此导线，则这段导线中将产生吸热或放热现象。当电流方向与导线中的热流方向一致时产生放热效应，如果电流从导体的低温端流向高温端则产生吸热效应。

综上，热电效应这个术语包含了 3 个效应：塞贝克效应、帕尔帖效应、汤姆逊效应。

3. 热电偶的种类

根据热电偶的用途、结构和安装形式等可分为多种类型的热电偶，如图 4-89 所示。

（1）按热电偶材料划分　国际计量委员会制订的《1990 年国际温标》的标准中规定了 8 种通用热电偶。

1）铂铑$_{10}$-铂热电偶（分度号为 S）。正极：铂铑合金丝（用 90% 铂和 10% 铑冶炼而成）；负极：铂丝。

2）镍铬-镍硅热电偶（分度号为 K）。

正极：镍铬合金；负极：镍硅合金。

3）镍铬-康铜热电偶（分度号为 E）。

正极：镍铬合金；负极：康铜（铜、镍合金冶炼而成）。这种热电偶也称为镍铬-铜镍合金热电偶。

4）铂铑$_{30}$-铂铑$_6$热电偶（分度号为 B）。正极：铂铑合金（70% 铂和 30% 铑冶炼而成）；负极：铂铑合金（94% 铂和 6% 铑冶炼而成）。

（2）按热电偶结构划分

1）普通热电偶。工业上常用的热电偶

图 4-89　热电偶产品

一般由热电极、绝缘管、保护套管、接线盒、接线盒盖组成。这类热电偶已经制成标准形式，主要用于气体、蒸汽、液体等介质的测温。

2）铠装热电偶。由热电偶丝、绝缘材料（氧化铁）、不锈钢保护管经拉制工艺制成，其主要优点是：外径细、响应快、柔性强，可进行一定程度的弯曲，耐热、耐压、耐冲击性强。根据测量端结构，有碰底型、不碰底型、裸露型、帽形等形式。

3）薄膜热电偶。有片状、针状等结构。这种热电偶的特点是热容量小、动态响应快，适宜测微小面积和瞬变温度，测温范围为 $-200 \sim 300 \text{℃}$。

4）表面热电偶。有永久性安装和非永久性安装两种，主要用来测金属块、炉壁、涡轮叶片、轧辊等固体的表面温度。

5）浸入式热电偶。可直接插入液态金属中，测量铜液、钢液、铝液及熔融合金的温度。

**【小思考】** 热电偶有几条基本定律？如何指导实际应用？

知识链接： 生物的热电效应

　　美国科学家发现，鲨鱼鼻孔里的一种胶体能把海水温度的变化转换成电信号，并传送给神经细胞，使鲨鱼能够感知细微的温度变化，从而准确地找到食物。科学家猜测，其他动物体内也可能存在类似的胶体。这种因温差而产生电流的性质与半导体材料的热电效应类似。

　　鲨鱼鼻孔的皮肤小孔布满了对电流非常敏感的神经细胞。海水的温度变化使胶体内产生电流，刺激神经，使鲨鱼感知到温度差异。借助这种胶体，鲨鱼能感知到 0.001℃ 的温度变化，这有利于它们在海水中觅食。

4. 热电偶的冷端温度补偿

　　用热电偶测温时，热电势的大小取决于冷热端温度之差。如果冷端温度固定不变，则取决于热端温度。如冷端温度是变化的，将会引起测量误差。为此，需采用措施来消除冷端温度变化所产生的影响。

　　（1）冷端恒温法　一般热电偶定标时，冷端温度是以 0℃ 为标准。因此，常常将冷端置于冰水混合物中，使其温度保持为恒定的 0℃。在实验室条件下，通常是把冷端放在盛有绝缘油的试管中，然后再将其放入装满冰水混合物的保温容器中，使冷端保持 0℃。

（2）冷端温度校正法　由于热电偶的温度分度表是在冷端温度保持0℃的情况下得到的，如冷端温度高于0℃，但恒定于t_1℃，为求得真实温度，可利用中间温度定律，用下式进行修正：

$$E\ (t,\ 0)\ =E\ (t,\ t_1)\ +E\ (t_1,\ 0) \tag{4-64}$$

（3）补偿导线法　为了使热电偶冷端温度保持恒定（0℃为最佳），当然可将热电偶做得很长，使冷端远离工作端，并连同测量仪表一起放置到恒温或温度波动较小的地方，但这种方法一方面会使安装使用不方便，另一方面也可能耗费许多贵重的金属材料。因此，一般是用一种称为补偿导线的连接线将热电偶冷端延伸出来，如图4-90所示，这种导线在一定温度范围（0~150℃）内具有和所连接的热电偶相同的热电性能。若是廉价金属制成的热电偶，则可用其本身材料作为补偿导线将冷端延伸到温度恒定的地方。

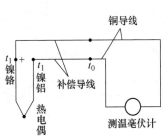

图4-90　补偿导线法

【特别提示】　热电偶温度计，适于测量500℃以上的较高温度，对于500℃以下的中、低温，热电偶测温不一定恰当。第一，在中、低温区热电偶输出的热电势很小，对于测量电路的抗干扰措施要求高，否则测不准。第二，在较低的温度区域，冷端温度的变化、环境温度的变化所引起的相对误差显得特别突出。所以在中、低温区，一般使用热电阻进行温度测量。

【人生哲理】　鸡蛋可因适当的温度孵化为鸡，但温度不能使石头变为鸡，内在的**条件很重要**。

二、热电阻

随着温度的升高，金属材料的电阻率增加，半导体的电阻率则显著下降，这就是<u>热电阻效应</u>。利用热电阻效应制成的传感器称为<u>热电阻传感器</u>，它用于检测温度或与温度有关的参数（速度、浓度、密度等）。按照电阻的性质可以分为热电阻、热敏电阻传感器，前者材料是金属，后者材料是半导体。

1. 金属热电阻

从物理学可知，一般金属导体具有正的<u>电阻温度系数</u>，电阻率随着温度的上升而增加，在一定的温度范围内电阻与温度的关系为

$$R_t=R_0+\Delta R_t$$

式中　R_t——温度为t时的电阻值；

　　　R_0——温度为0℃时的电阻值。

对于线性较好的铜电阻，或一定温度范围内的铂电阻可表示为

$$R_t=R_0\ [1+\alpha\ (t-t_0)\ ]\ =R_0\ (1+\alpha t) \tag{4-65}$$

式中　α——电阻温度系数（随材料不同而异）。

金属热电阻根据传感元件的材料不同有铂热电阻（Pt_{100}）、铜热电阻（Cu_{50}）等，在工业上广泛应用于-200~500℃范围的温度检测。铜电阻的线性很好，但测量范围不宽，

一般为0~150℃。铂电阻的线性稍差，但其物理化学性能稳定，重复性好，精度高，测温范围宽，因而应用广泛，在0~961.78℃范围内还被用作复现国际温标的基准器。

图4-91所示为金属热电阻传感器结构。其传感元件采用不同材料的电阻丝，电阻丝将温度（热量）的变化转变成电阻的变化。用热电阻作为电桥的一臂，通过电桥将电阻的变化转变为电压的变化。

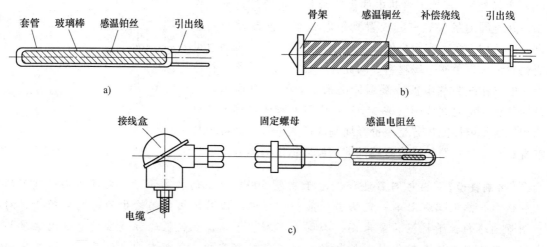

图4-91 热电阻传感器结构

a）微型铂电阻传感器 b）铜电阻传感器 c）普通热电阻传感器

阅读材料：温度计谁发明的？

温度与我们日常生活的关系十分密切，穿什么衣服出门，需要查一下当天的气温，用温度计测体温更是司空见惯。在温度计发明之前，人们对于温度的概念只有冷和热，靠经验来表达温度高低，无法定量描述。最早的温度计是伽利略于1593年发明的基于**热胀冷缩原理**的液体温度计。随着科学技术的发展，后来诞生了多种多样的温度计。自从有了温度计，人们对"热"有了进一步的认识，还诞生了**热力学**这门学科，与**牛顿力学**、**电磁学**一起，构成经典物理的**三大支柱**。

伽利略（1564—1642），意大利天文学家、物理学家。他研究了摆的等时性、速度、加速度、重力、自由落体定律、惯性等，为牛顿理论体系的建立奠定了基础。他信奉**"试验是知识最可靠的依据"**，为了证实和传播哥白尼的**日心说**，伽利略坚持与唯心论和教会斗争，由此受到教会迫害并被终身监禁。他为争取学术自由、思想解放、近代科学发展做出了巨大贡献，堪称科学史上获好评最多的奇葩，是科学圈里公认的一代宗师，被誉为**"现代科学之父""科学方法之父"**。伽利略**追求真理**的精神和成果，永远为后人所敬仰。

2. 半导体热敏电阻

热敏电阻是一种当温度变化时电阻值发生显著变化的元件，一般是由锰、镍、钴、铁、铜等的金属氧化物（NiO、MnO、CuO、TiO 等）粉末按一定比例混合烧结而成的半导体。

热敏电阻一般具有负的电阻温度系数，即温度上升阻值下降。根据半导体理论，热敏电阻在温度 T 时的电阻为

$$R = R_0 e^{B\left(\frac{1}{T}-\frac{1}{T_0}\right)} \qquad (4\text{-}66)$$

式中　R_0——温度 T_0 时的电阻值；

　　　B——常数（与材质有关，一般在 2000~4500K 之间，通常取 $B \approx 3400K$）。

由上式可求得电阻温度系数

$$\alpha = \frac{dR/dT}{R} = -\frac{B}{T^2} \qquad (4\text{-}67)$$

如果 $B = 3400K$，$T = 273.15+20 = 293.15K$，则 $\alpha = -3.96 \times 10^{-2}$，其绝对值相当于铂电阻的 10 倍。

热敏电阻的结构形式及符号如图 4-92 所示，半导体热敏电阻元件如图 4-93 所示。

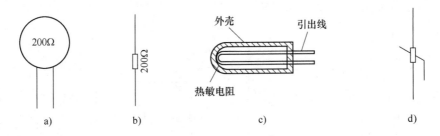

图 4-92　热敏电阻的结构形式及符号

a）圆形热敏电阻　b）柱形热敏电阻　c）珠形热敏电阻　d）热敏电阻在电路中的符号

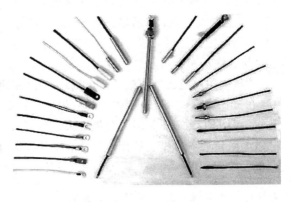

图 4-93　半导体热敏电阻元件

根据热敏电阻温度特性的不同，可将热敏电阻分为以下三种类型：

1）NTC 型热敏电阻。随温度升高其电阻值下降。

2）PTC 型热敏电阻。温度超过某一温度后其电阻值急剧增加。

3）CTR 型热敏电阻。温度超过某一温度后其电阻值减少。

这三种热敏电阻的温度特性曲线，如图 4-94 所示。在温度测量方面，<u>多采用 NTC 型热敏电阻</u>。热敏电阻是非线性元件，它的温度-电阻关系是指数关系，流过热敏电阻的电流和热敏电阻两端的电压不服从<u>欧姆定律</u>。

热敏电阻的连接方法如图 4-95 所示，在由阻值求解被测物体温度时，需要根据热敏电阻的温度特性曲线进行对数运算。热敏电阻测量温度的计算式为

$$\frac{1}{T} = \frac{1}{B} \ln \frac{R}{R_0} + \frac{1}{T_0} \tag{4-68}$$

式中　T——被测温度；

　　　R——被测温度下的阻值；

　　　T_0——基准温度；

　　　R_0——基准温度下的阻值；

　　　B——热敏常数。

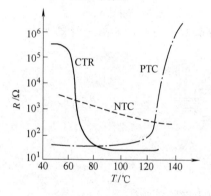

图 4-94　NTC、PTC、CTR
热敏电阻的温度特性曲线

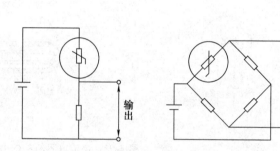

图 4-95　热敏电阻的连接方法

热敏电阻与金属热电阻比较有下述优点：

1）电阻温度系数较大，所以灵敏度很高，目前可测到 0.001~0.0005℃ 微小温度的变化。

2）热敏电阻元件可做成片状、柱状、珠状等，直径可达 0.5mm，体积小，热惯性小，响应速度快，时间常数可小到毫秒级。

3）热敏电阻的电阻值可达 1~700kΩ，当远距离测量时导线电阻的影响可不考虑。

4）在 -50~350℃ 温度范围内，具有较好的稳定性。

热敏电阻的主要缺点是阻值分散性大，重复性差，非线性度大，老化较快。

热敏电阻传感器可用于液体、气体、固体及海洋、高空、冰川等领域的温度测量。测量温度范围一般为 -10~400℃，也可以做到 -200~10℃ 和 400~1000℃。

阅读材料：热电阻、热电偶的 3 个区别

　　热电阻、热电偶均是接触式测温，但两者的原理与特点不同。

1）信号的性质不同。热电阻本身是电阻，测温原理是基于导体或半导体的电阻值随温度而变化的特性；热电偶的测温原理是基于热电效应，热电偶产生的热电势随温度而

改变。

　　2）测温范围不同。热电阻常用于低温检测，金属热电阻适于-200~500℃范围内的温度测量，半导体热敏电阻的测温范围只有-50~300℃；热电偶测温范围宽，最低可测零下270℃，最高可达2800℃，多用于高温检测。

　　3）组成材料不同。热电阻只有一种材料，热电偶需要两种不同的金属。

　　热电偶热响应灵敏、寿命长，应用广泛，但价格比热电阻贵。热电阻输出信号较大，但需要外加电源，测温反应慢，不能测瞬时温度。

【小思考】

1. 开始做饭时为什么要压下电饭锅的开关按钮？手松开后这个按钮是否会弹起？为什么？
2. 若用电饭锅烧水，在水沸腾以后是否会自动断电？
3. 热电偶产生的电势由哪几部分组成？
4. 在回路中接入测量仪表，是否影响热电偶的测温效果？
5. 热电偶工作必须满足哪两个必要条件？
6. 当温度改变时，金属热电阻、半导体热敏电阻如何变化？

第八节　磁电式传感器

导入案例：电磁感应定律的发现

　　在证明了电可以转化为磁后，许多科学家放慢了前进的脚步。但法拉第却在想一个新问题："既然电可以产生磁，那么反过来，磁能否产生电呢？""如果能够转磁为电，那么人类将得到一种新的、源源不断的能源。"

　　"必须转磁为电。"这是1822年法拉第在工作日志上写下的目标。

　　日复一日，年复一年，法拉第不断地进行着各种试验。他的口袋里装满了磁铁、导线和线圈。他坚信：电流产生磁场是一种感应，那么就一定会有磁转为电的反感应。

　　在十年的试验中，法拉第使用过各种形状的磁铁，变换了磁铁与导线或线圈的各种相对位置，但所有的方法都没能使导线中产生电流。然而，失败并没有动摇法拉第的决心。

　　历史记下了1831年10月17日这个不平凡的日子。这一天，法拉第像往常一样进行着试验。他将磁棒一端接近线圈，电流表的指针丝毫未动。后来，法拉第猛地把磁棒插入线圈，突然，电流表的指针摆动了一下。他又把磁棒猛地抽出来，指针朝相反方向摆动。他把磁棒又转过来，朝里猛插，向外猛拔；再插、再拔……电流表的指针来回摆动，转磁为电的想法终于成了事实。

　　经过仔细思索，加上试验的验证，法拉第终于意识到成功的关键所在——运动才能产生电流。因此，他得出："要将磁转化为电，运动是必要条件"的结论。接着他做了几十个试验，把产生感应电流的情形概括为5类：变化的电流、变化的磁场、运动的恒定电流、运动的磁铁、在磁场中运动的导体。

法拉第将以上的结果与发现总结成定律，这就是著名的"电磁感应定律"。这一定律表明：只要持续不断地使线圈在磁场中进行切割磁力线的运动，就能够产生出源源不断的电能。这是一项多么重大的发现啊！如今，他的定律正深刻地改变着我们的生活，世界的面貌因这个定律的出现而大为改观。

一、工作原理

磁电式传感器是一种将被测非电量转换成感应电势的有源传感器，也称为电动式传感器或感应式传感器。

根据电磁感应定律，一个匝数为 W 的线圈，当穿过该线圈的磁通量 Φ 发生变化时，线圈两端就会产生出感应电势 e

$$e = -W\frac{\mathrm{d}\Phi}{\mathrm{d}t} \tag{4-69}$$

负号表明感应电势的方向与磁通变化的方向相反。使穿过线圈的磁通发生变化的方法通常有两种：

1. 定磁通式（动圈式、动磁式）

永久磁铁产生直流磁场，工作气隙中的磁通保持不变，线圈和磁力线做相对运动，即线圈做切割磁力线运动（直线移动、转动）而产生感应电动势。

2. 变磁通式（磁阻式、可动衔铁式）

永久磁铁及线圈均不动，被测机械量（如转速）导致磁路气隙的改变，靠衔铁运动使磁路的磁阻发生变化，从而改变通过线圈的磁通（$\mathrm{d}\Phi/\mathrm{d}t$），在线圈中感应出交变的电动势（变化频率与被测转速成正比）。

因此，磁电式传感器可分成两大类型：定磁通式和变磁通式。

知识链接："快递小哥"

自动导引车（Automated Guided Vehicle）简称 AGV，是自动化领域的"快递小哥"，它是基于电磁或光学等传感原理，能够根据作业要求、沿着规划路径行走的无人驾驶自动化运输车辆。通俗地说，就是一个依靠外部传感器实现车辆的导航定位功能，告诉"我在哪？"再安全自如地实现"我要怎么去？"并在准确抵达目的地完成"我到了"而停车。

上海洋山深水港全自动化集装箱码头的这个"快递小哥"是一个四轮转弯的大吨位 AGV，能运输 61t 重的集装箱，相比两轮转弯方式，其转弯半径小，故行车道可以窄些，从而可以有更多的地面空间用来堆放集装箱。

二、定磁通式（动圈式、动磁式）磁电传感器

定磁通式的工作原理是，当处在恒定磁场中的线圈进行直线移动或转动时，切割磁力线而产生感应电动势，该感应电动势 e 的大小与线圈的移动速度或旋转角速度成正比。故定磁通式磁电传感器也称为动圈式磁电传感器，可以直接测量线速度或角速度，故有时也称为速度传感器。一般用于振动测量，如：相对式（振动）速度传感器、绝对式（振动）速度传感器（又称测振计）。

按结构分，定磁通式磁电传感器有线速度型、角速度型两种。

1. 线速度型

图 4-96a 所示为线速度型传感器。在永久磁铁产生的直流磁场内，放置一个可动线圈，当线圈在磁场中随被测对象的运动而做直线运动时，线圈切割磁力线会产生感应电势：

$$e = WBLv\sin\theta \tag{4-70}$$

式中　W——参与切割磁力线的有效线圈匝数；

B——磁场的磁感应强度（T）；

L——单匝线圈的有效长度（m）；

v——线圈与磁场的相对移动速度（m/s）；

θ——B 与 v 的夹角，即线圈运动方向与磁场方向的夹角。

在设计时，若使 $\theta = 90°$，则 $e = WBLv \propto v$（当传感器结构一定，即 W、B、L 均为常数时，感应电动势与线圈运动速度 v 成正比）——绝对式磁电速度计的工作原理（由 e 测 v）。因此，这种传感器又称为速度计。如果将图 4-96a 中的线圈固定，让永久磁铁随被测对象的运动而运动，则为动磁式磁电传感器。

2. 角速度型

图 4-96b 所示为角速度型传感器。线圈在磁场中转动时产生的感应电势为

$$e = WBA\omega\sin\theta \tag{4-71}$$

式中　A——单匝线圈的截面积（m^2）；

ω——线圈旋转的角速度（rad/s）；

θ——线圈平面法线方向与 B 的夹角。

当 $\theta = 90°$ 时，$e = WBA\omega \propto \omega$（当传感器结构已定，即 W、B、A 均为常数时，感应电动势与线圈角速度 ω 成正比）——磁电式转速计原理（由 e 测 ω）。因此，这种传感器常用来测量转速，如图 4-96c 所示。

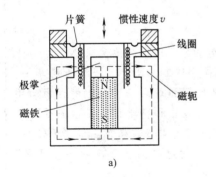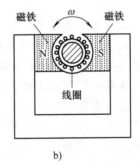

图 4-96　动圈式磁电传感器
a）线速度型　b）角速度型　c）测速电动机

图 4-97 所示为动圈式绝对速度传感器，工作线圈、阻尼器、心棒和软弹簧片组合在一起构成了传感器的惯性运动部分。弹簧的另一端固定在壳体上，永久磁铁用铝架与壳体固定。使用时，将传感器的外壳与被测机体连接在一起，传感器外壳随机件的运动而运动。当外壳与振动物体一起振动时，由于心棒组件质量很大，产生了很大的惯性力，阻止了心棒组件随壳体一起运动。当振动频率高到一定程度时，可以认为心棒组件基本不动，只是壳体随

被测物体振动。这时，线圈以振动物体的振动速度切割磁力线而产生感应电势，此感应电势与被测物体的绝对振动速度成正比。

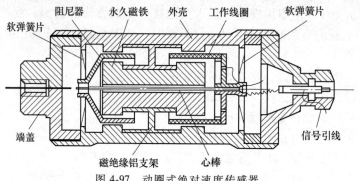

图 4-97　动圈式绝对速度传感器

图 4-98 所示为动圈式相对速度传感器。传感器活动部分由顶杆、弹簧和工作线圈连接而成，活动部分通过弹簧连接在壳体上。磁通从永久磁铁的一极出发，通过工作线圈、空气隙、壳体再回到永久磁铁的另一极构成闭合磁路。在工作时，将传感器壳体与机件固接，顶杆顶在另一构件上，当此构件运动时，会使外壳与活动部分产生相对运动，

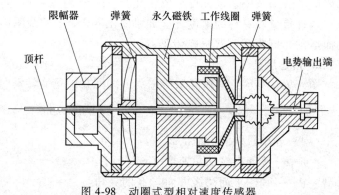

图 4-98　动圈式型相对速度传感器

使工作线圈在磁场中运动而产生感应电势，此电势反映了两构件的相对运动速度。

名人故事

　　迈克尔·法拉第（Michael Faraday），**自学成才**的物理学家、化学家。1791 年出生于英国一个贫苦铁匠家庭，因家穷只上了 2 年小学便被迫辍学，9 岁时他父亲去世，迫于生计，他不得不去一家文具店当学徒，13 岁时到一家书店打工，让他有机会看科学书，而化学、电方面的书使他着迷。他用省下来的工钱买来仪器和药品，照书上的说明动手试验，以验证书本知识。他经常去听为失学青少年举办的文化和科学讲座，由此受到了自然科学的基础教育。乐观的天性使法拉第丝毫没有因贫穷而沮丧与痛苦，他喜爱读书、唱歌、绘画，并富幽默感。一次父亲在动物园里回答年少的他"为什么麻雀不会开屏"时说"先做孔雀，后再开屏"无意中启迪了法拉第日后的做人和处世。

　　人生常会出现意外转折。1812 年，21 岁的法拉第有幸旁听了当时极负盛名、被称为"无机化学之父"的戴维的四场化学讲座，便下定决心献身科学。这位科技大咖渊博的知识吸引了法拉第，他精心整理听课笔记并装订成一本精美的书，取名《H·戴维爵士演讲录》，并附上一封渴望做科研工作的信，寄给了大化学家。法拉第对科学的激情感动了戴维，1813 年 3 月戴维举荐他到皇家学院的研究所任实验室助手。同年 10 月法拉第随同戴维到欧洲进行科学考察，开阔了眼界，大大丰富了他的科学知识。

法拉第在化学、电磁学领域有许多重大发明，其最出色的工作是电磁感应的发现和电磁场概念的提出。1821 年，受奥斯特关于电流磁效应论文的启发，他捣鼓出了**电动机**的雏形。法拉第确信自然界的各种力是紧密联系的，电和磁之间应当有一种和谐的对称：既然电能生磁，磁亦能生电。经过 10 年屡败屡战的研究，法拉第终于发现了电磁感应现象，进而创制出世上第一台**发电机**。法拉第左手电动机、右手发电机，使人类进入了电气时代。他在电磁学方面的巨大贡献，使其被誉为"电学之父""交流电之父"，是世界十大杰出物理学家之一，也是被爱因斯坦崇拜的三位偶像之一（另两位是牛顿、麦克斯韦）。

1835 年，法拉第研究发现带电导体上的电荷只依附于导体表面，对导体内部没有任何影响。这个**法拉第屏蔽效应**被应用于**法拉第笼**上：即使金属笼子的静电压升高到 1000kV，由于屏蔽效应，电荷全部分布在笼子外表面而笼子内部却不带电，笼子里的人依然很安全。这一发现引发了许多应用：如飞机遇到雷击时乘客却平安无事。

法拉第一生**淡泊名利，生活简朴，不计较钱财**，收入的大部分都救济了穷人。成名后他虽然获得了很高的荣誉、地位，却一直**谦虚谨慎**，终身在皇家学院实验室工作，甘愿当个平民。他在临终遗嘱里吩咐家人不要举行隆重葬礼，不要葬入名人公墓，而是葬在普通人墓地。他的墓碑上只刻着 3 行字：迈克尔·法拉第，生于 1791 年 9 月 22 日，殁于 1867 年 8 月 25 日。

伟人

三、变磁通式（磁阻式、可动衔铁式）磁电传感器

变磁通式磁电传感器由永久磁钢及缠绕其上的线圈组成，其基本原理是，处于交变磁场中的线圈两端的感应电动势，与线圈的磁通变化率 $\mathrm{d}\Phi/\mathrm{d}t$ 成正比。传感器在工作时永久磁铁及线圈均不动，被测机械量（如转速）导致磁路气隙的改变，从而使磁路的磁阻发生变化，磁路的磁通也发生变化，通过线圈的磁力线增强或减弱，在线圈中可感应出交变的电动势（变化频率与被测转速成正比）。故，变磁通式磁电传感器也称磁阻式磁电传感器。

变磁通式磁电传感器的优点是：结构简单、牢固、工作可靠、价廉、使用方便，可在 -50~100℃ 环境温度下有效地工作。缺点是非线性误差大。常作为频率式（或开关式）传感器，可测转速、直线移动速度、偏心量、振动、频数，也可测流量、扭矩（由两个磁阻式传感器把扭矩转换为相位即扭转角，再用相位计来测相位，从而达到扭矩测量的目的）。

 【人生哲理】 每个人生来就有着特殊的**磁场**，人与人之间的**缘分**就是由此引发的。有时偶遇一个人，会突然感到相互欣赏和吸引，仿佛以前就认识。长途车上的邻座，居然聊得很投机，甚至有种**相见恨晚**的感觉，说明你们的**磁场相互吸引**，这就是缘分。磁场相同的人，会有某种共鸣和默契：你一个眼神，我就能懂你的意思。磁场不合的人，即使朝夕相处，也是一场空欢，终究不是一路人。

图 4-99 所示为变磁通式磁电传感器在频数、转速、偏心量、振动测量方面的应用，变磁通式磁电传感器产品如图 4-100 所示。

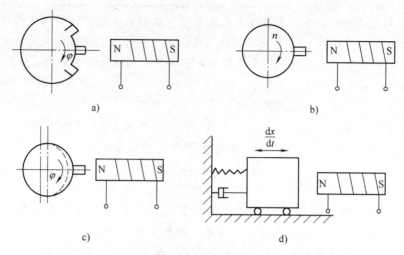

图 4-99　变磁通式磁电传感器的应用举例

a）测频数　b）测转速　c）偏心量　d）振动测量

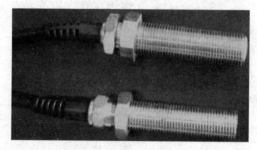

图 4-100　变磁通式磁电传感器产品

【特别提示】　磁电式传感器是一种可输出较大能量的发电型传感器，因此一般不需要专门的测量转换电路，主要用于速度测量。

第九节　霍尔（Hall）传感器

霍尔传感器是利用半导体材料（霍尔元件）的霍尔效应进行测量的一种传感器，它可以将被测量转换成电动势输出，可以直接测量磁场及微位移量，也可以间接测量液位、压力等工业生产过程参数。霍尔元件在静止状态下，具有感受磁场的独特能力，并且具有结构简单、体积小、噪声低、频率范围宽（从直流到微波）、动态范围大（输出电势变化范围可达 1000∶1）、寿命长等特点，因此其应用广泛。如，用于制作测量位移、力、加速度等的传感器；在计算技术中用于加、减、乘、除、开方、乘方及微积分等运算的运算器等。霍尔传感器产品如图 4-101 所示。

一、霍尔效应

霍尔传感器的工作原理是霍尔效应。霍尔（Hall）发现：将一个半导体薄片置于磁场中，当有电流流过时，在垂直于电流和磁场的方向上将产生电动势，这种现象称为霍尔效应。

图 4-101 霍尔传感器产品

假设薄片为 N 型半导体，磁感应强度为 B 的磁场方向垂直于薄片，如图 4-102 所示，在薄片左右两端通以控制电流 I，那么半导体中的载流子（电子）将沿着与电流 I 相反的方向运动。由于外磁场 B 的作用，使电子受到磁场力 F_L（洛仑兹力）而发生偏转，结果在半导体的后端面上电子积累带负电，而前端面缺少电子带正电，在前后端面间形成电场。该电场产生的电场力 F_E 会阻止电子继续偏转。当 $F_E = F_L$ 时，电子积累达到动态平衡。这时在半导体前后两端面之间（即垂直于电流和磁场方向）会建立一个电场，即霍尔电场 E_H，相应的电势称为霍尔电势 U_H。霍尔电势 U_H 可用下式表示

$$U_H = R_H IB/\delta = k_H IB$$

式中　R_H——霍尔系数，由半导体材料的物理性质决定；

　　　I——流经霍尔元件的电流；

　　　B——磁场的磁感应强度；

　　　δ——霍尔元件薄片的厚度；

　　　k_H——灵敏度系数，与载流材料的物理性质和几何尺寸有关，表示在单位磁感应强度和单位控制电流时的霍尔电势的大小。

如果磁场和薄片法线有 α 角，则

$$U_H = k_H IB\cos\alpha$$

改变 B、I、α 中的任何一个参数，都会使霍尔电势发生变化。

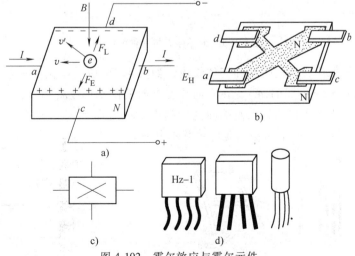

图 4-102 霍尔效应与霍尔元件

a）霍尔效应　b）霍尔元件结构示意图　c）符号　d）封装

【核心提示】 霍尔效应：处于磁场中的半导体薄片，若在 X 方向通以电流 I，则在垂直于 I 和 B 的 Y 方向的两个侧面间会产生电动势 V_H（称为霍尔电势）。

霍尔效应的产生机理：运动电荷（载流子）受磁场中洛仑兹力作用的结果。

知识链接

霍尔传感器是根据霍尔效应制作的一种磁场传感器。霍尔效应是磁电效应的一种，这一现象是美国物理学家霍尔（Edwin Herbert Hall，1855—1938）于 1879 年在美国霍普金斯大学读研二时，研究载流导体在磁场中受力的性质时发现的。后来发现半导体、导电流体等也有这种效应，而半导体的霍尔效应比金属强得多，利用该现象制成的各种霍尔元件，广泛地应用于工业自动化技术、检测技术及信息处理等方面。

【人生哲理】 善于把握事物的规律，看准其发展动向，会事半功倍、取得最后的成功。

二、霍尔元件

霍尔元件是根据霍尔效应原理制成的磁电转换元件，霍尔元件多采用 N 型半导体材料。霍尔元件越薄（δ 越小），k_H 就越大，所以，通常薄膜霍尔元件的厚度只有 1mm 左右。

霍尔效应产生的电压（霍尔电势）与磁场强度 B 成正比。为减小元件的输出阻抗，使其易于与外电路实现阻抗匹配，半导体霍尔元件多数都采用十字形结构，如图 4-103 所示。

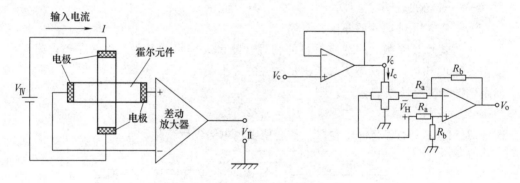

图 4-103　半导体霍尔元件的结构

霍尔元件由霍尔片、四根引线和壳体组成，如图 4-104 所示。霍尔片是一块半导体单晶薄片（一般为 4mm×2mm×0.1mm），在它的长度方向的两端面上焊有 a、b 两根控制电流引线，通常用红色导线，在它的另两侧端面的中间点对称地焊有 c、d 两根霍尔输出引线，通常用绿色导线。图 4-105 所示为霍尔元件的基本电路。

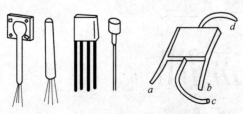

图 4-104　霍尔元件

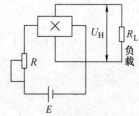

图 4-105　基本电路

三、应用举例

　　霍尔元件的应用原理：当被测量以某种方式改变了霍尔元件在磁场中所处的位置时，作用在元件上的有效磁场强度也随之改变，所以输出的霍尔电势 U_H 就成为霍尔元件位置（即被测量）的函数。

　　霍尔元件应用范围（见图 4-106）：能转换为磁感应强度变化的参数的测量，如位移（线位移、角位移）、压力或压力差、加速度、转速、力、磁场、工件计数、钢丝绳探伤等；可以对能转换为电流变化的参数进行测量；还可以用作乘法器（电功率测量中的电流与电压的相乘等）。

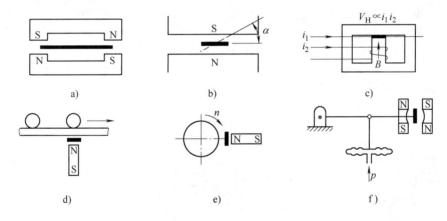

a）　　　　　　　　　b）　　　　　　　　　c）

d）　　　　　　　　　e）　　　　　　　　　f）

图 4-106　霍尔传感器的几种应用

a）线位移测量　b）角位移测量　c）信号相乘运算　d）零件计数　e）转速测量　f）压力测量

1. 霍尔效应位移传感器

　　图 4-107 所示为一种霍尔效应位移传感器的工作原理。将霍尔元件置于磁场中，左半部磁场方向向上，右半部磁场方向向下，从 a 端通入电流 I，根据霍尔效应，左半部产生霍尔电势 V_{H1}，右半部产生霍尔电势 V_{H2}，其方向相反。因此，c、d 两端电势为 $(V_{H1} - V_{H2})$。如果霍尔元件在初始位置时 $V_{H1} = V_{H2}$，则输出为零；当改变磁极系统与霍尔元件的相对位置时，即可得到输出电压，其大小正比于位移量。

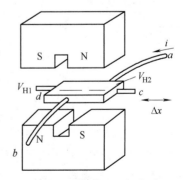

图 4-107　霍尔效应位移传感器

2. 霍尔效应电流计

　　图 4-108 所示为卡形电流计，被测电流所通过的导线不必切断就可穿过铁心张开的缺口，当放开扳手后铁心闭合。它将导线电流产生的磁场引入到高磁导率的磁路中，通过磁路中插入的霍尔元件对该磁场进行检测，以此测量导线上的电

流。这种电流计的测量范围很宽，可以测量从直流到高频的电流，是一种不需要断开电路即可直接测量电路中交流电流的携带式仪表，在电气检修中应用非常方便。

3. 霍尔电动机

它是一种由检测位置的霍尔元件制成的一种无刷电动机，一个元件能够控制两组晶体管，是当今无刷中使用最多的一种。因为无电刷，因此具有体积小、无噪声等优点，广泛用于盒式录音机、VTR、FDD 等需要进行转动控制的精密机械中，其结构和等效电路图分别如图 4-109a、b 所示。

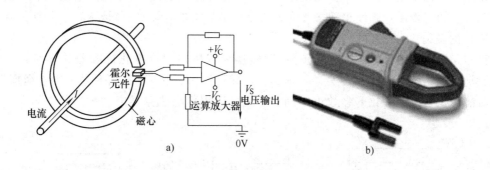

图 4-108　卡形电流计

a）结构简图　　b）产品外观

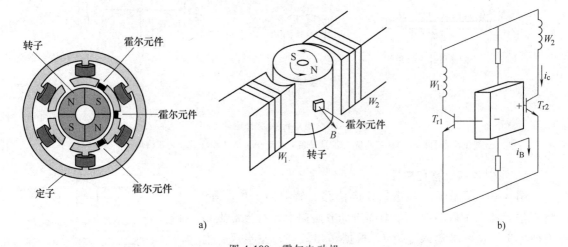

图 4-109　霍尔电动机

a）霍尔电动机的结构　b）霍尔电动机等效电路

4. 钢丝绳断丝检测（见图 4-110）

钢丝绳是由多根优质碳素钢丝捻制成绳股，再由多个绳股捻制而成的柔性构件，在矿山、冶金、交通运输、港口、旅游等行业可完成起重、提升、牵引等作业，发挥着极为关键的作用。复杂的绳股结构和恶劣的工作环境，使其在使用中易出现磨损、锈蚀、疲劳、断丝等损伤，导致其强度下降，造成安全隐患。断丝是钢丝绳损伤的主要形式，运行中的钢丝绳一旦断裂，会造成严重的人员伤亡和经济损失。钢丝绳断丝检测直接关系到生产部门的正常生产和人民的生命安全，因此只凭手摸、眼观、锤敲的方法来检测钢丝绳的状态是不科学的。根据生产现场调查，约有20%的钢丝绳，其强度下降30%却仍在使用，约有70%的钢丝绳，其强度损失很少甚至没有损失却被强制更换。

随着钢丝绳的安全运行越来越被重视，钢丝绳运行状况（包括断丝、磨损、锈蚀、绳径缩细、疲劳程度、承载能力及寿命等）的无损检测研究得到了迅速发展。基于霍尔效应的断丝检测是现阶段使用效果较好的钢丝绳无损检测方法，满足了实际需求。

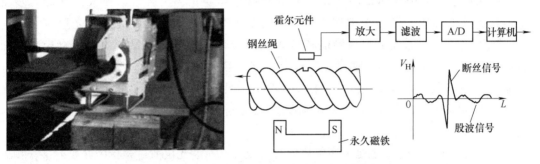

图 4-110　霍尔效应钢丝绳断丝检测装置

阅读材料

钢丝绳是提升装置的关键件，钢丝绳在使用过程中，始终潜伏着因强度损耗而发生断绳的危险，而定期强制更换钢丝绳实在太浪费。为了从根本上杜绝隐患，避免生命财产的巨大损失，重要设备钢丝绳的运行必须一直处于安全受控的检测状态，智能化无损监控是钢丝绳缺陷在线检测、**按需更换**的发展方向。

有关钢丝绳无损检测技术的历史与现状，感兴趣的读者可参看下述文献：

［1］黄剑坤，周新年. 钢丝绳无损检测及其驱动技术研究进展［J］. 林业机械与木工设备，2023，51（2）：15-21，30.

［2］魏松. 钢丝绳无损检测方法分析［J］. 机械工程师，2023（3）：114-116.

［3］杨叔子. 钢丝绳电磁无损检测［M］. 北京：机械工业出版社，2017.

第十节　光电式传感器

导入案例

某些较老的居民住宅小区公共楼道、厕所等处的照明灯，要么是传统的拉线或按钮开关控制，要么由物业集中控制开灯和关灯的时间，长明灯现象十分严重，造成了能源的极大浪费，且容易烧坏灯管。为了节约物业的经费支出，物业管理部门往往是灯管坏了也不换，或者尽可能减少换灯管的次数，遇到阴雨天时，即使是白天，楼道也漆黑一片，给业主生活带来不便，也不安全。

　　　新建住宅小区公共楼道的照明采用的是声控加光控的延时开关。夜晚，楼梯上漆黑一片。但随着脚步声响，楼梯灯点亮。登上一层楼，身后的灯依次熄灭。这种楼梯灯控制装置好像能"听见"我们的到来，开灯迎接；又似乎能"看见"我们的离去，关灯节能。光声控延时开关中的光控电路由光敏电阻等元件组成。在白天光线充足时，光控电路受到光照，开关断开，无论楼道内发出多大的声音，楼道灯都不会点亮。

　　光电式传感器先把被测量的变化转换成光信号的变化，然后借助光电元件进一步将光信号转换成电信号，可用于检测直接引起光量变化的非电量，如光强、光照度、辐射测温、气体成分等；也可用来检测能转换成光量变化的其他非电量，如零件直径、表面粗糙度、应变、位移、振动、速度、加速度，以及物体形状、工作状态的识别等。光电式传感器的结构简单，形式灵活多样，体积小，具有非接触、响应快、性能可靠等优点，而且可测参数多，因此在轻工自动机、工业自动化装置和机器人中得到了广泛的应用。

　　光电式传感器的工作原理是利用物质的光电效应，所谓光电效应是指用光照射某一物体（可以看作是一连串带有一定能量的光子轰击该物体），该物体中某些电子得到光子传递的能量后其状态会发生变化，从而使受光照射的物体产生相应的电效应。由于被光照射的物体材料不同，故所产生的光电效应也不同。光照射到物体表面后产生的光电效应可分为外光电效应、内光电效应，而内光电效应又分为两类：光电导效应、光生伏打效应。

一、外光电效应与光电管

1. 外光电效应

　　光线照射到某些物体（金属或金属氧化物）上，物体表层的电子吸收光子能量后，从物体表面逸出、向外发射的现象称为**外光电效应**，也称**光电发射**，逸出来的电子称为**光电子**。根据这一效应可制成不同的光电转换器件，光电管和光电倍增管就是基于外光电效应原理工作的光电器件。

2. 光电管

　　光电管是一个装有光电阴极、光电阳极的真空玻璃管，如图 4-111 所示。将光电阴极 1 的感光面对准光的照射孔，光电阴极受到光照射后便有电子逸出，这些电子被具有正电位的阳极 2 吸引，在光电管内形成空间电子流。若在外电路中串联入一适当阻值的电阻，则该电阻上将产生正比于空间电流的电压降，其值与照射在光电管阴极上的光强成函数关系。

　　当入射光极微弱时，光电管产生的光电流很小，信噪比低，为此人们便研制了光电倍增管。

3. 光电倍增管

　　光电倍增管的结构如图 4-112 所示。在玻璃管内除光电阴极、光电阳极外，还装有若干光电倍增极（又称二次发射极）。这些倍增极上涂有在电子轰击下能发射更多电子的材料（如 Sb-Cs 或 Ag-Mg 等光敏物质）。光电倍增极的形状及位置设置得恰好能使前一级倍增极发射的电子继续轰击后一级倍增极。在工作时，这些倍增极的电位是逐级增高的。

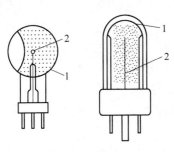

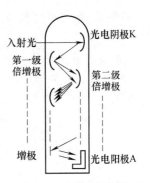

图 4-111 光电管

1—阴极 2—阳极

图 4-112 光电倍增管

当光线照射到光电阴极后，它产生的光电子受第一级倍增极的正电位的作用而加速，并打在这个倍增极上，产生二次发射；由第一级倍增极产生的二次发射电子，在更高电位的第二级倍增极的作用下，又将加速入射到第二级倍增极上，在第二级倍增极上又将产生二次发射……这样逐级前进，一直到达阳极 A 为止。由上述工作过程可见，光电流是逐级递增的，在阴极和阳极之间可形成较大的电流，因此光电倍增管具有很高的灵敏度。图 4-113 所示为光电倍增管的外形。

图 4-113 光电倍增管的外形

【核心提示】 光电倍增管能将微小光电流进行放大，由普通光电管的微安放大到毫安，主要用于高精度分析仪器。

二、内光电效应（光电导效应、光生伏打效应）

受光照物体（通常为半导体材料）的电导率发生变化或产生光电动势的现象称为内光电效应。内光电效应按其工作原理可分为两种：光电导效应和光生伏打效应。

1. 光电导效应与光敏电阻

（1）光电导效应 半导体材料受到光照时会产生（激发出）电子-空穴对，使其导电性能增强。这种在光线作用下，半导体材料的电导率增加、电阻值减小、导电能力奇妙增加的现象称为光电导效应。光线越强，电阻越低。光照停止，自由电子与空穴逐渐复合，半导体材料又恢复原电阻值。

（2）光敏电阻 光敏电阻又称为光导管，是基于光电导效应的光电器件，其工作原理如图 4-114 所示。光敏电阻没有极性，是一个电阻元件。使用时，可加直流偏压或加交流电压。

在黑暗的环境里，光敏电阻的阻值（或称暗电阻）很高，其阻值在 $1 \sim 100 M\Omega$，电路中暗电流很小。当受到光照时，光敏电阻的阻值（又称亮电阻）显著下降，它的阻值为几千欧，电路中光电流迅速增大；光照越强，阻值越小。入射光消失后，其阻值逐渐恢复原值。

在光敏电阻两端的金属电极之间加上电压，其中便会有电流通过。

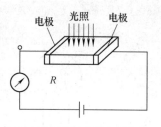

图 4-114　光敏电阻工作原理

常用于制作光敏电阻的半导体材料有硫化镉（CdS）、硒化镉（CdSe）。光敏电阻具有灵敏度高、体积小、质量轻、性能稳定、光谱响应范围宽（可以从紫外区到红外区）、机械强度高、耐冲击和振动、寿命长、价格便宜等优点，因此在自动化技术中应用较广。但由于其响应速度较慢，因此，影响了它在高频下的使用。

光敏电阻主要在光电控制装置和各种光检测设备中作为开关元件。例如：应用于生产线上的自动送料、带材跑偏检测、自动门开关、航标灯、路灯的自动亮灭、应急自动照明灯、自动调光台灯、自动给水和自动停水装置、生产安全装置、机械上的自动保护装置和位置检测、极薄零件的厚度检测、光电计数器、烟雾火灾报警、照相机的自动曝光、电子计算机的输入设备及医疗光电脉搏计、心电图等诸多场合。此外，它也广泛应用在电子乐器、家用电器及各种光控玩具、光控灯饰、庭院灯、草坪灯、迷你小夜灯中。例如，用于楼梯、走廊、公厕等场合的一种声光控制照明开关，在白天（当光照较强时，光敏电阻的阻值较小）呈关闭状态；夜晚只要有声响（脚步声、击掌声等）便可开启，经过一段时间（30～40s）后便自行熄灭。这种自动控制开关，是一种实用性很强的节电开关。

图 4-115 所示为光敏电阻（也称光电导管）作为开关用时的原理图。光电导管的结构非常简单，在光敏半导体材料的两端安装上电极即可。将光电导管与普通电阻串联后接通电源，当光电导管无光照时，光电导管的电阻很大而不导通，电阻两端没有电压输出；当光电导管接受光照后，光电导管的电阻明显下降，光电导管导通，电阻两端产生电压输出，从而起到了"关"和"开"的作用。

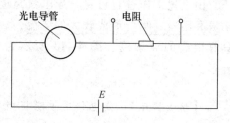

图 4-115　光电导管作为开关用时的原理图

2. 光生伏打效应与光电池、光敏二极管、光敏三极管

（1）光生伏打效应　半导体材料的 PN 结，受光照时产生一定方向电动势的现象称为<u>光生伏打效应</u>。基于这种效应的光电器件有光电池、光敏二极管和光敏三极管等，它们是自发电式的，属有源器件。

（2）光电池　当 PN 结两端没有外加电压时，在 PN 结势垒区内仍存在着内建结电场，其方向是从 N 区指向 P 区，如图 4-116 所示。当光照射到结区时，光照产生的电子-空穴对在结电场作用下，电子移向 N 区，空穴移向 P 区；电子在 N 区积累和空穴在 P 区积累使 PN 结两边的电位发生变化，PN 结两端出现一个因光照而产生的电动势，该现象就是光生伏打效应。由于它可以像电池那样为外电路提供能量，因此又称为<u>光电池</u>。P 区带正电，为光电池的正极；N 区带负电，为光电池的负极。图 4-117 所示为光电池的开路电压输出和短路电流输出。

可见，光电池是一种能直接将光照能量转换为电动势的半导体器件。因半导体材料的不同，光电池具有多种类型，如硅光电池、硒光电池、砷化镓光电池等，其中作为能量转换使用最广的是<u>硅光电池</u>。

图 4-116　PN 结光生伏打
效应原理

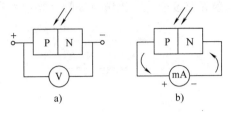

a)　　　　　　　b)

图 4-117　光电池的开路电压输出
和短路电流输出

阅读材料

　　由于光电池工作时不需要外加电压，光电转换效率高、光谱范围宽、频率特性好、噪声低等，目前，光电池的应用已十分广泛：

宇宙开发——人造卫星、宇宙飞船、空间站的长期电源。

航空运输——飞机、机场灯标、航空障碍灯、地对空无线电通信。

气象观测——无人气象站、积雪测量计、水位观测计、地震遥测仪。

航线识别——航标灯、浮子障碍灯、灯塔、潮流计。

通信设备——无线电通信机、步谈机、电视广播中继站。

农畜牧业——电围栏、水泵、温室、黑光灯、喷雾器、割胶灯。

公路铁路——无人信号灯、公路导向板、障碍闪光灯、备急电话、路灯自动控制。

日常生活——照相机、手表、野营车、游艇、手提式电视机、闪光灯、太阳能收音机。

　　硅光电池是用单晶硅制成的。在一块 N 型硅片上用扩散方法掺入一些 P 型杂质，从而形成一个大面积 PN 结，P 层极薄能使光线穿透到 PN 结上。硅光电池也称硅太阳能电池，为有源器件。它轻便、简单，不会产生气体污染或热污染，特别适用于宇宙飞行器的仪表电源。硅光电池转换效能较低，适宜在可见光波段工作。

应用案例：　自动干手器

　　当手放入干手器时，手遮住灯泡发出的光，光电池不受光照，晶体管基极正偏而导通，继电器吸合。风机和电热丝通电，热风吹出烘手。

　　手干抽出后，灯泡发出的光直接照射到光电池上，产生光生电动势，使三极管基射极反偏而截止，继电器释放，从而切断风机和电热丝的电源。

　　（3）光敏二极管　光敏二极管的结构与一般二极管相似，其敏感元件是一个具有光敏特性的 PN 结，如图 4-118a 所示。它封装在一个金属管壳内，管壳顶部装有透光玻璃，入射光透过玻璃直接照射在管芯的 PN 结上。电路中 PN 结一般处于反向工作状态（即在 PN 结加上反向电压），如图 4-118b 所示。光敏二极管在无光照时，反向电阻大，反向电流（又称暗电流）很小，处于截止状态。当光照射在 PN 结上，使 PN 结附近产生电子-空穴对时，使少数载流子（电子）的浓度增加，因此通过 PN 结的光电流也增加。通过外电路的光电流强度随入射光照度变化，光敏二极管将光信号转换为电信号输出。

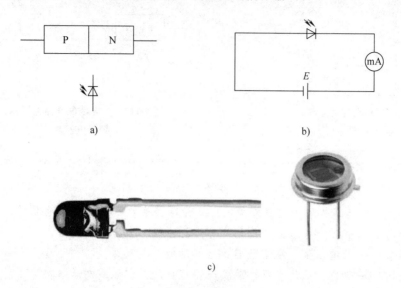

图 4-118　光敏二极管

a）光敏二极管符号　b）光敏二极管接法　c）光敏二极管产品

（4）光敏三极管　光敏三极管有两个 PN 结，如图 4-119a 所示，其基本原理与光敏二极管相同，但是它把光信号变为电信号的同时，还具有电流放大的作用。因此光敏三极管比光敏二极管具有更高的灵敏度，其应用范围也更广。

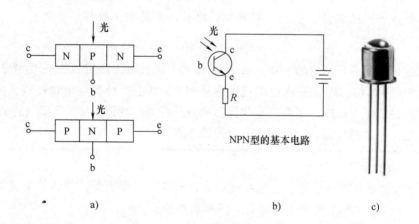

图 4-119　光敏三极管

a）光敏三极管符号　b）光敏三极管的基本电路　c）光敏三极管外观

光敏三极管的基本电路如图 4-119b 所示。当集电极加上正电压，基极开路时，基极-集电极处于反向偏置状态。当光照射在基-集结上，就会在该 PN 结上产生光电流，形成基极电流，与三极管相似，集电极电流是基极光电流的几十倍，因而光敏三极管可获得电流增益。由于光敏三极管基极电流是由光电流供给的，因此，一般基极不需外接点。

半导体光敏管（光敏二极管、光敏三极管）由于具有体积小、质量轻、寿命长、灵敏度高、工作电压低、可以实现集成化等优点，因此，它可以广泛应用于光纤通信系统、光视频系统、光接收系统、光信息存储系统及光学测距系统、光学检测仪器及自动控制等方面。

【小思考】

推广普及光伏发电、大力发展清洁能源，与"绿水青山就是金山银山"有什么关系？

三、光电式传感器的类型

光电式传感器按其输出量性质可分为两大类：模拟式光电传感器和开关式光电传感器。

1. 模拟式光电传感器

这类传感器将被测量转换成连续变化的光电流，要求光电元件的光照特性为单值线性，且光源的光照均匀恒定。属于这一类的光电式传感器有下列几种工作方式：

1）被测物体本身是光辐射源，由它射出的光射向光电元件。光电高温计、光电比色高温计、红外侦察、红外遥感和天文探测等均属于这一类。该方式还可用于防火报警，火种报警及构成光照度计等。

2）被测物体位于恒定光源与光电元件之间，根据被测物体对光的吸收程度或对其谱线的选择来测定被测参数，如测量液体、气体的透明度、混浊度，对气体进行成分分析等。

3）恒定光源发出的光投射到被测物体上，再从其表面反射到光电元件上，据反射的光通量多少测定被测物表面的性质和状态，如测量零件表面粗糙度、表面缺陷、表面位移等。

4）被测物位于恒定光源与光电元件之间，根据被测物阻挡光通量的多少来测定被测参数，如测定长度、厚度、线位移、角位移和角速度等。

5）时差测距，恒定光源发出的光投射于目的物，然后反射至光电元件，根据发射与接收之间的时间差测出距离。这种方式的特例为光电测距仪。

2. 开关式光电传感器

这类光电传感器利用光电元件受光照或无光照时"有""无"电信号输出的特性将被测量转换成断续变化的开关信号。为此，要求光电元件灵敏度高，而对光照特性的线性要求不高。这类传感器主要应用于零件或产品的自动记数、光控开关、电子计算机的光电输入设备、光电编码器及光电报警装置等方面。图4-120所示为光电开关。

图 4-120　光电开关

　　图 4-121 所示为光电式数字转速表工作
原理。在电动机转轴上涂以黑白两种颜色。
当电动机转动时，反光与不反光交替出现，
光敏元件间断地接收反射光信号，输出电脉
冲，经放大整形电路转换成方波信号，由数
字频率计测得电动机的转速。图 4-122 所示
为光电转速传感器。

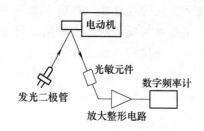

图 4-121　光电式数字转速表工作原理

图 4-122　光电转速传感器

四、光电式传感器的应用

1. 光电测微计

　　光电测微计用来检测加工零件的尺寸，如图 4-123 所示。从光源 3 发出的光束经过调制
盘 4 再穿过被测零件与样板环之间的间隙射向光电器件 5，小孔的面积是由被检测的尺寸所
决定的，当被检测零件尺寸改变时，其面积发生变化，从而使射向光电器件上的光束大小改
变，使光电流变化，因此测出光电流的大小即可获知被测零件尺寸的变化。

　　图中调制盘 4 以恒定转速旋转，对光通量进行调制，
使缓慢变化的光通量转换成以某一较快频率变化的光通
量。调制的目的是使光信号以某一频率变化，以区别自
然光和其他杂散光，提高检测装置的抗干扰能力。

2. 烟尘浊度连续监测仪

　　防止工业烟尘污染是环保的重要任务之一，因此必
须对烟尘源进行监测。烟尘浊度的检测可用光电传感器，
将一束光通入烟道，如果烟道里烟尘浊度增加，通过的
光被烟尘颗粒吸收和折射的就会增多，到达光检测器上
的光会减小，因而光检测器输出信号的强弱便可反映烟道浊度的变化。

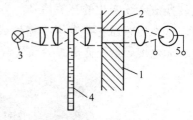

图 4-123　光电测微计示意图
1—被测物体　2—样板环　3—光源
4—调制盘　5—光电器件

　　图 4-124 所示为装在烟道出口处的烟尘浊度监测仪的组成框图。光源采用纯白炽平行光
源，可避免水蒸气和二氧化碳对光源衰减的影响。光检测器（光电管）可将浊度的变化变

换为相应的电信号。为提高检测灵敏度，采用具有高增益、高输入阻抗、低零点漂移、高共模抑制比的运算放大器，对获取的电信号进行放大。为保证测试的准确性，用刻度校正装置进行调零与调满。显示器可显示浊度的瞬时值，当放大器输出的浊度信号超出规定值时，便发出报警信号。

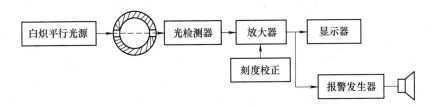

图 4-124 吸收式烟尘浊度监测仪框图

应用案例

1. 居室窗帘的自动开闭控制

窗帘不仅具有遮挡光线、保护隐私的作用，还给人以美的视觉享受。但是，窗帘的开闭一直采用人力拉动的方式，比较麻烦，也易损坏。

可通过光电传感器采集室外光线强度数据，根据光信号的强弱变化，驱动电路中电动机的转动方向，由此控制窗帘的开与闭，从而实现窗帘白天自动拉开、晚上自动关闭，达到了自动控制的目的，具有很强的实用性。

2. 彩塑包装制袋塑料薄膜的位置控制

成卷的塑料薄膜上印有商标和文字，并有定位色标。包装时不得将图案在中间切断（图案应为整体）。薄膜上色标（不透光的一小块区域，一般为黑色）未到达规定位置时，光电系统因投光器的光线能透过薄膜而使电磁离合器通电吸合，薄膜得以继续运动；当薄膜上的色标到达规定位置时，因投光器的光线被色标挡住而发出到位的信号，电磁离合器断电脱开，薄膜准确地停在该位置，待切断动作完成后，伺服电动机带动薄膜继续前进。

3. 光电传感器在轻工自动生产线上作为检测装置

产品流水线上的产量统计、装配件是否到位及装配质量检测，如灌装时瓶盖是否压合、商标是否漏贴（见图 4-125），以及送料机构是否断料（见图 4-126）等，都可以利用光电开关来实现。

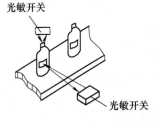

图 4-125 瓶子灌装检测示意图

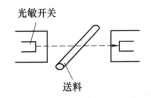

图 4-126 送料机构检测示意图

第十一节　光导纤维传感器

光导纤维传感器以光学测量为基础，可将被测量转换成可测的光信号。

1870年初春的一天，英国著名物理学家丁铎尔（Tyndall，1820—1893）做了一个有趣的试验：在暗室里，让一股水流从容器的侧壁孔向外流出，在另一侧壁给水照明。此时从孔中流出的水，几乎在整个水流长度上都在发光。本来直线传播的光，现在竟然沿着这股弯曲的水流在闪耀，光发生了弯曲。

后来，人们用玻璃纤维模拟这股水流，制成了玻璃光导纤维（简称光纤）。把玻璃纤维的一端截面对准某一物体，不管玻璃纤维弯曲成什么样的角度和形状，都能从另一端的截面上清楚地看到射入的图像。

光是沿直线传播的，而光导纤维却是弯曲的，光怎么能从一端传送到另一端呢？原来，光由折射率大的水中进入折射率小的物质时，在两种物质的交界面会产生全反射，使光不进入折射率小的物质，而是全部返回到折射率大的物质中。

大家知道，用镜子就可以改变光的传播方向。光导纤维实际上可以被看作非常细的圆柱，圆柱的侧壁能够像镜子一样，把光从上方反射到下方，又从下方反射到上方，如此反复，一直传送到光纤的末端。

光也是一种电磁波，它可以像无线电波那样，作为一种载体来传递信息。光波在光纤中传播时不会向外辐射电磁波，有很高的保密性能，信息以光速传送，速度极快。

载有声音、图像及各种数字信号的激光从光纤的一端输入，可以沿着光纤传到千里以外的另一端，实现光纤通信。光纤通信的优点是容量大、衰减小、抗干扰性强。光通信比电通信的容量要高1亿到10亿倍，一根光纤能同时传输100亿个电话，或1000万套电视节目。想象一下，它的容量有多大啊！

一、光导纤维的结构及传光原理

1. 光导纤维的结构

光导纤维（简称光纤）是由玻璃、石英或塑料等光透射率高的电介质拉制而成的极细纤维（直径为 $4\sim10\mu m$）。光纤一般为圆柱形结构，每一根光纤由纤芯和包层组成。纤芯位于光纤中心，纤芯外是包层，包层材料也是玻璃或塑料（一般为纯 SiO_2 中掺微量杂质），包层的折射率略低于纤芯的折射率；包层外面涂有涂料（即保护层），其作用是保护光纤不受损害，增强机械强度，保护层折射率远远大于包层，这种结构能将光波限制在纤芯中传输。

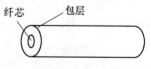

图 4-127　光纤的基本结构

光纤的基本结构如图 4-127 所示。光纤的外观如图 4-128 所示。

2. 传光原理

光的全反射现象是研究光纤传光原理的基础。在几何光学中，当光线以较小的入射角

图 4-128　光纤的外观

ϕ_1（$\phi_1 < \phi_c$，ϕ_c 为临界角），由光密物质（折射率较高，设为 n_1）射入光疏物质（折射率较低，设为 n_2）时，一部分光线被反射，另一部分光线折射入光疏物质，如图 4-129 所示。折射角 ϕ_2 满足<u>斯乃尔法则</u>，即

$$n_1 \sin\phi_1 = n_2 \sin\phi_2 \tag{4-72}$$

根据能量守恒定律，反射光与折射光的能量之和等于入射光的能量。

当逐渐加大入射角 ϕ_1，一直到 ϕ_c，折射光会沿着界面传播，此时折射角 $\phi_2 = 90°$（见图 4-129b）。此时的入射角 $\phi_1 = \phi_c$，ϕ_c 为临界角。根据斯乃尔法则，临界角 ϕ_c 由下式决定

$$\sin\phi_c = \frac{n_2}{n_1} \tag{4-73}$$

当继续加大入射角 ϕ_1（即 $\phi_1 > \phi_c$），光不再产生折射，只有反射，形成光的全反射现象，如图 4-129c 所示。

光学斯乃尔定律指出，当光线从光密物质射向光疏物质，如图 4-130 所示，且入射角大于临界角（折射角为 90°时的入射角，称为<u>临界角</u>）时，即满足关系式

$$\sin\alpha > \frac{n_2}{n_1} \tag{4-74}$$

式中　α——入射角；

n_1——光密物质的折射率；

n_2——光疏物质的折射率。

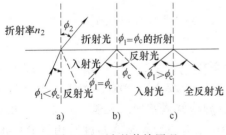

图 4-129　光的传输原理

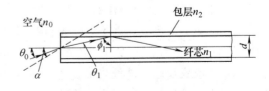

图 4-130　光纤传光原理

此时，光线将在两物质的交界面上发生全反射。根据这个原理，光纤由于其圆柱形内芯的折射率 n_1 大于包层的折射率 n_2，因此在角度为 2θ 范围内的入射光（见图 4-131），除去

在玻璃中吸收和散射损耗的一部分，其余大部分在界面上产生了多次的全反射，以锯齿形的
路线在纤芯中传播，并在光纤的末端以与入射角相等的反射角射出光纤。

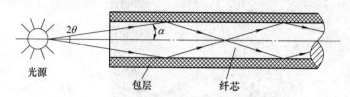

图 4-131　光纤的基本结构与传光原理

即，光线在光芯（内层）内传播，当入射角大于全反射临界角时，光线在内外层的界
面上发生全反射，光线在光纤中呈"之"字形轨迹传播。

知识链接

　　有没有想象过一面能透光的混凝土墙？研制这种混合材料的念头来自于一名匈牙利
建筑师，他从 2001 年便开始研制这种材料。

　　这种可透光的混凝土由大量的光导纤维和精致混凝土组合而成，可做成预制砖或
墙板的形式。用透光混凝土做成的混凝土墙就像是一幅银幕或一个扫描器。混凝土能
够透光的原因是混凝土两个平面之间的光导纤维是以矩阵的方式平行放置的。由于光
导纤维所占的体积很小，混凝土的力学性能基本不受其影响，完全可以用来做建筑材
料，因此承重结构也能采用这种混凝土。这种透光混凝土能做成不同的纹理和色彩，
在灯光下能表现出其艺术效果。用透光混凝土可制成园林建筑制品、装饰板材、装饰
砌块和曲面波浪型材，为建筑师的艺术想象与创作提供了实现的可能性。

二、光纤传感器的工作原理

　　光纤传感器由光发送器、敏感元件、光接收器、信号处理系统及光纤等部分组成，如
图 4-132 所示。

　　按光纤的作用分类，光纤
传感器可分为传感型（也称为
物性型）、传光型（也称为结
构型）两种。传感型光纤传感
器利用对外界环境变化具有敏
感性和检测功能的光纤，构成
了"传"和"感"合为一体的

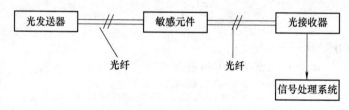

图 4-132　光纤传感器应用系统

传感器。这里光纤不仅起到了传输光的作用，而且还被作为了敏感元件。工作时利用被测量
（力、压力、温度等）改变了光束的一些基本参数（如光的强度、相位、偏振、频率等），
这些参数的改变反映了被测量的变化。由于对光信号的检测通常使用光敏二极管等光电器
件，所以光的这些参数的变化，最终都要被光接收器接收并被转换成光强度及相位的变化，
经信号处理后，即可得到被测的物理量。应用光纤传感器的这种特性可以实现力、压力、温
度等物理参数的测量。

　　传光型光纤传感器的光纤仅起传输光信号的作用。

光纤传感器产品如图 4-133 所示。

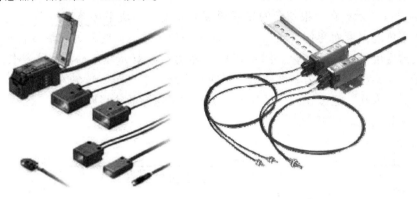

图 4-133 光纤传感器产品

三、光纤传感器的应用

光纤传感器以其高灵敏度、抗电磁干扰、耐腐蚀、柔软、可弯曲、体积小、结构简单及与光纤传输线路相容、能够实现动态非接触测量等独特优点，受到广泛重视。光纤传感器可应用于位移、振动、转速、压力、弯曲、应变、速度、加速度、电流、磁场、电压、温度、湿度、声场、流量、浓度、pH 等七十多个物理量的测量，具有十分广泛的应用潜力和发展前景。

1. 半导体吸光式光纤温度传感器

如图 4-134a 所示，在一根切断的光纤两端面间夹有一块半导体感温薄片，这种感温薄片入射光的强度随温度而变化，当光纤一端输入恒定光强的光时，另一端接收元件所接收的光强将随被测温度的变化而变化。图 4-134b 所示为一种双光纤差动测温光纤传感器。该结构中增加了一条参考光纤作为基准通道。用两条光纤对来自同一光源的光进行传输，测量光纤的光强随温度变化，通过在同一硅片上对称式的光探测器获得两光强的数值。此法可消除干扰，提高测量精度。

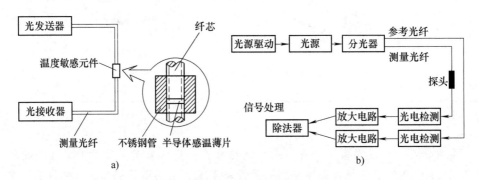

图 4-134　光纤温度传感器

a）半导体感温薄片式光纤温度传感器　b）双光纤差动测温光纤传感器

2. 光纤转速传感器

图 4-135 所示为一种光纤转速传感器。凸块随被测转轴转动，在转到透镜组内时，将光路遮断形成光脉冲信号，再由光电转换元件将光脉冲信号转变为电脉冲信号，经计数器处理得到转速值。

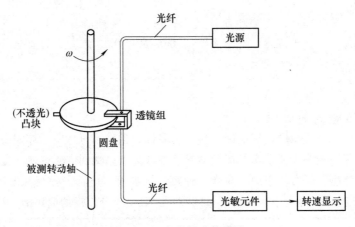

图 4-135　光纤转速传感器

3. 传光型光纤位移传感器

光纤位移传感器原理如图 4-136 所示。当光纤探头测量端紧贴被测件时，发射光纤中的光不能反射到接收光纤中，不能产生光电信号。当被测表面逐渐远离光纤探头时，发射光纤照亮被测表面的面积 A 越来越大，相应的反射光锥重合面积 B_1 也越来越大，因而接收光纤端面上照亮的 B_2 区也越来越大，即接收的光信号越来越多，光电流也越来越强。当整个接收光纤端面被全部照亮时，输出信号就达到了位移-输出曲线上的"光峰"点。光强变化的灵敏度，比位移变化的灵敏度大得多，可以用来测量微位移，也可用于对表面状况进行光学检测。

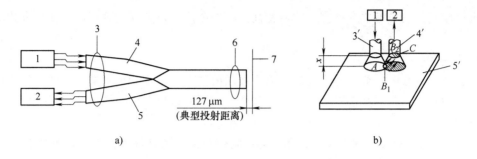

图 4-136 光纤位移传感器原理

1—发光器件 2—光敏元件 3—分叉端 4—发射光纤束 5—接收光纤束 6—测量端 7—被测体

3′—发射光纤 4′—接收光纤 5′—被测面

光纤位移传感器在光纤探头前方固定一个膜片便可以用来测量压力了。图 4-137 所示为一种光纤压力传感器。

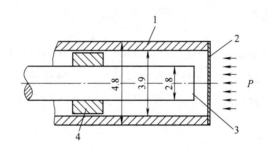

图 4-137 光纤压力传感器

1—外套 2—0.25mm 厚膜片 3—光纤测端 4—对中套管

应用案例

光导纤维在医学上可以用于食道、直肠、膀胱、子官、胃等深部探查内窥镜，还可以用于不必切开皮肉直接插入身体内部的手术激光刀。

在国防军事上用光导纤维制成纤维光学潜望镜，装备在潜艇坦克和飞机上，能够准确地侦察复杂地形或深层屏蔽的敌情。

光导纤维可以传输激光进行机械加工，制成各种传感器用于测量压力、温度、流量、位移、光泽、颜色、产品缺陷等。

在照明和光能传送方面，利用光导纤维可以实现一个光源多点照明和光缆照明。利用塑料光纤光缆传输太阳光，可以为水下、地下照明。

光纤技术还可用于火车站、机场、广场、证券交易场所等的大型显示屏幕。将光电池纤维布与光导纤维布巧妙地结合在一起制成夜间放光的夜行衣，不仅能为夜行人提供照明，还可提高驾驶人员的观察视距，有效减少交通事故的发生。

第十二节　传感器的选用

选择传感器主要考虑灵敏度、响应特性、线性范围、稳定性、精确度、测量方式等六个方面。

1. 灵敏度

传感器的灵敏度一般是越高越好，因为灵敏度越高，意味着传感器所能感知的变化量越小，即只要被测量有一微小变化，传感器就会有较大的输出。但是，在确定灵敏度时，应考虑以下几个问题。

1）当传感器的灵敏度很高时，那些与被测信号无关的外界噪声也会同时被检测到，并通过传感器输出，从而干扰被测信号。因此，为了既能使传感器检测到有用的微小信号，又能使噪声干扰小，就要求传感器的信噪比越大越好。

2）与灵敏度紧密相关的是量程范围。传感器的灵敏度越高，噪声干扰越大，其适用的测量范围越小。

2. 响应特性

传感器的响应特性是指在所测频率范围内保持不失真的测量条件。实际上，传感器的响应不可避免地有一定的延迟，只是希望延迟的时间越短越好。

3. 线性范围

传感器工作在线性区域内，是保证测量精度的基本条件。任何传感器都有一定的线性工作范围。然而，要保证传感器绝对工作在线性区域内是不容易的，此时可以选取其近似线性的区域。例如，变间隙型的电容、电感式传感器，其工作区均选在初始间隙附近。同时，必须考虑被测量的变化范围，令其非线性误差在允许限度以内。

4. 稳定性

稳定性是表示传感器经过长期使用以后，其输出特性不发生变化的性能。影响传感器稳定性的因素是时间与环境。为了保证稳定性，在选择传感器时，一般应注意以下两点。

1）根据环境条件选择传感器。如选择电阻应变式传感器时，应考虑湿度会影响其绝缘性，温度会产生零点漂移，长期使用会产生蠕动现象等。又如，对变极距型电容式传感器而言，在环境湿度的影响或油剂浸入间隙时，会改变电容器的介质。在光电传感器的感光表面有灰尘或水汽时，会改变感光性质。

2）要创造或保持一个良好的环境。在要求传感器长期工作而不需经常更换或校准的情况下，应对传感器的稳定性有严格的要求。

5. 精确度

传感器的精确度表示传感器的输出与被测量真值一致的程度。实际上，传感器的精确度并非越高越好，还需要考虑测量目的和经济性。因为传感器的精确度越高，其价格就越贵，所以应从实际出发来选择传感器。

6. 测量方式

传感器在实际条件下的工作方式，也是选择传感器时应考虑的重要因素。例如，接触与非接触测量、破坏与非破坏性测量、在线与非在线测量等，条件不同，对测量方式的要求亦不同。

除了以上选用传感器时应充分考虑的一些因素外，还应尽可能兼顾结构简单、体积小、质量轻、价格低廉、易于维修、互换性好等条件。

本 章 小 结

传感器是测试系统中的第一级，是感受和拾取被测信号的装置。传感器的性能会直接影响测试系统的测量精度。本章主要讲述了传感器的分类及常用传感器的工作原理、特性等及其应用实例。

1. 传感器（人类感官的延伸）

利用物理定律或物质的物理特性、化学特性或生物效应，将待测非电量（压力、温度、位移等）及其变化转换为电量，输出电信号的器件。

2. 传感器的分类

1）按用途分。速度（力、加速度、位移……）传感器，商业广告上常用。

2）按能量关系分。有源传感器（有电能输出）——光电池、热电偶、压电式传感器；无源传感器（需外加电源才能工作）——电阻式、电感式、电容式传感器。

3）按工作原理分。电阻式传感器、电感式传感器、电容式传感器、电涡流式传感器。

3. 传感器的发展方向

拓展感测范围、智能化、动态、非接触、在线、实时测量。

4. 传感器的选用

1）选用依据。测试目的、用途、性能；现有配套仪器、设备条件、经济性。

2）选用原则。灵敏度；响应特性；线性范围；稳定性；精确度；测量方式；外形、质量、体积；性能/价格；互换性好；传感器的引入对被测对象的干涉要小。

思考与练习

一、思考题

4-1 举例说明你生活和学习中用到的一些传感器，各属于什么类型的传感器？

4-2 某一造纸生产线上需要测量纸张的厚度，请问应该选择什么样的传感器，为什么？

4-3 收集资料说明：要测量某汽轮发电机转子的振动（振动幅值约 10mm，振动频率 60Hz，温度<120℃），可以选择何种传感器？

4-4 自动售/检票系统里需要哪些传感器？其作用分别是什么？

4-5 为什么说极距变化型电容传感器是非线性的？采取什么措施可改善其非线性特性？

4-6 如果被测物体的材质是塑料，可否用电涡流式传感器测量该物体的位移？为了能对该物体进行位移测量应采取什么措施？需要考虑哪些问题？

4-7 在用应变仪测量机构的应力、应变时，如何消除由于温度变化所产生的影响？

4-8 楼梯上的电灯如何能人来就开、人走就熄？

4-9 工业生产中所用的自动报警器、恒温烘箱是如何工作的？

二、简答题

4-10 现要测量机床主轴的振动，请问可以选择什么类型的传感器，为什么？

4-11 金属电阻应变片与半导体应变片在工作原理上有何不同？使用时应如何进行选用？

4-12　为什么说压电式传感器只适用于动态测量而不能用于静态测量？

4-13　热电偶是如何实现温度测量的？影响热电势与温度之间关系的因素是什么？

4-14　光电效应有哪几种？与之对应的光电元件各有哪些？光纤传感器有哪些优点？

4-15　可用于实现非接触式测量的传感器有哪些？

4-16　霍尔效应的本质是什么？用霍尔元件可测哪些物理量？请举例说明。

4-17　差动式传感器的优点是什么？

4-18　哪些传感器可选作小位移传感器？

4-19　在选择或购置传感器时，需注意哪些事项？

三、计算题

4-20　某电容测微仪，其传感器的圆形极板半径微 $r = 4\mathrm{mm}$，工作初始极板间距离 $\delta_0 = 0.3\mathrm{mm}$，介质为空气。问①工作时，若传感器与被测体之间距离的变化量 $\Delta\delta = \pm 1\mu\mathrm{m}$，电容的变化量为多少？②若测量电路的灵敏度为 $S_1 = 100\mathrm{mV/pF}$，读数仪表的灵敏度 $S_2 = 5$ 格/mV。在 $\Delta\delta = \pm 1\mu\mathrm{m}$ 时，读数仪表的指示值变化多少格？

4-21　压电式传感器的灵敏度 $S_1 = 10\mathrm{pC/MPa}$，连接灵敏度为 $S_2 = 0.008\mathrm{V/pC}$ 的电荷放大器，所用的笔式记录仪的灵敏度为 $S_3 = 25\mathrm{mm/V}$，当压力变化 $\Delta p = 8\mathrm{MPa}$ 时，记录笔在记录纸上的偏移量为多少？

4-22　将一只灵敏度为 $0.3\mathrm{mV/℃}$ 的热电偶与毫伏表相连，已知接线端温度（即冷端温度）为 30℃，毫伏表的输出为 30mV，求热电偶热测温端的温度为多少？（考虑该热电偶为线性）

第五章　信号调理与显示记录

频谱"搬家"可以排除干扰、以弱胜强？

【本章学习要求】 完成本章内容的学习后应明白：

1. 电桥是什么桥？电桥有哪些类型？每一类的输出特性是什么？

2. 信号为什么要进行调制处理？调制后如何还原（解调）？

3. 滤波器是干什么用的？常用的滤波器有哪几种？每一种的原理、特点是什么？你会购买滤波器吗？

4. 哪些仪器可以显示、记录被测信号？

导入案例：声音如何远距离传播？

通常，人的说话声、音乐声等各种声音的传播距离是很短的。我们平时所说的话都是在 30~3000Hz 的频段，不可能直接传送到空中去，隔几栋楼就听不见了。当人大声吼叫时，能在 30m 外听清楚已是不容易了。要把我们说的话送到几千千米甚至更远的地方该怎么办呢？

声音通过无线电广播的发射与接收，可以传到上千千米、上万千米以外，而且传送的时间，人是感觉不到的（非常快）。这种传播效果的实现，是通过让声音**加载**在无线电波上进行传播的。同时，无线电波的传播速度接近光速，并且在空气中的传播衰减也小，从而构成了能够快速、远距离传播的条件。

把声音**加载**在无线电波上的过程叫**调制**，被当作传播工具的无线电波称为**载波**。

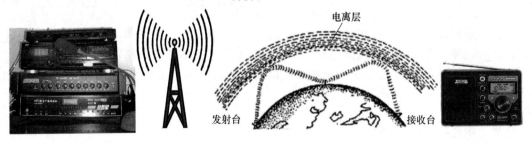

电离层

发射台　　　　接收台

把声音调制到载波的方式有两种：①使高频无线电磁波的振幅随声音信号改变的方式称为**调幅**；②使高频无线电磁波的频率随声音信号改变的方式称为**调频**。

被测量经传感器转换后通常是很微弱的非电压信号（如电阻、电感、电容、电荷、电流），显示不出来，也很难通过 A/D 转换器送入仪器或计算机进行数据采集，有些信号本身还伴随不需要的干扰信息，所以传感器输出的信号需经信号调理电路进行变换处理（加工）：将微弱电压信号放大、将非电压信号转换为电压信号、抑制干扰，才能由显示、记录仪器将其不失真地实时记录、存储下来，供观察研究、数据处理。完成信号变换、放大、滤波等任务的电路称为<u>信号调理电路</u>。图 5-1 所示为信号调理模块。

　　信号调理涉及的范围很广，本章讨论常用的信号调理环节，如电桥、调制与解调、滤波器，并对常见的信号显示与记录仪器进行简要介绍。

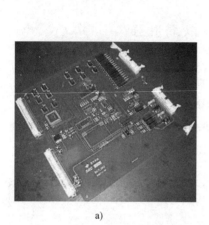

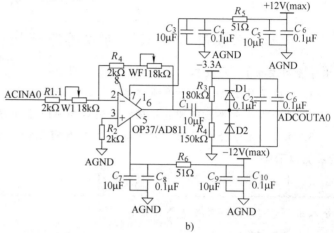

图 5-1　信号调理模块

a）信号调理模块实物　b）单通道信号调理电路

第一节　电　桥

　　电桥是将电阻 R、电感 L、电容 C 等电参数变为电压或电流信号后输出的一种测量电路。电桥具有测量电路简单可靠、灵敏度较高、测量范围宽、容易实现温度补偿等优点，因此在测量装置中被广泛应用。

　　电桥的类型很多，根据供桥电源的性质，电桥可分为直流电桥、交流电桥。<u>直流电桥由直流电源供电，其桥臂必须是纯电阻</u>。**交流电桥**由交流电源供电，其桥臂可以是电阻、电感或电容。按照输出测量方式，电桥又分为平衡电桥（零位法、零读式测量）、不平衡电桥（偏位法、偏差式测量）。**平衡电桥**在读数时，电表必须指零（电桥平衡），故称为"零读法"，一般的静态应变仪及惠斯通电桥中，采用平衡电桥。**不平衡电桥**在读数（得到电桥输出值）时，电桥处于不平衡状态，可对被测量进行动态测量（**最大优点**），不平衡时才有电压输出，它是在不平衡条件下工作的。

　　【核心提示】　电桥的分类

　　① 按所用电源分：直流电桥，只可用于测量 R；交流电桥，可用于测量 R、L、C。

　　② 按读数方式分：零读式（平衡电桥），适于测静态参数，相当于天平（平衡时读数）；偏差式（不平衡电桥），可以测静、动态参数，相当于弹簧秤（偏转时读数）。

　　阅读材料：　惠斯顿电桥不是惠斯顿发明的？

　　　　在测量电阻及其他电学试验中，经常会用到一种叫惠斯顿电桥（Wheatstone Bridge，也译为惠斯通电桥）的电路。惠斯顿电桥是一种可以精确测量电阻值的四臂电桥，两臂接入已知的精密电阻，一臂接入滑动变阻器，一臂接入待测电阻。使用时调节滑动变阻器使电桥达到平衡，再利用平衡关系算出未知电阻，所以**惠斯顿电桥是单臂电桥**。

很多人认为这种电桥是惠斯顿发明的，其实，这是一个误会，这种电桥是由英国发明家克里斯蒂在 1833 年发明的，但是由于惠斯顿是第一个用它来测量电阻的人，所以人们习惯上就把这种电桥称作惠斯顿电桥。

一、直流电桥（供桥电源为直流电源）

应变片将应变转换为电阻的变化 ΔR，由于 ΔR 很小（一般在百分之几，甚至万分之几），不易直接测量，为此，常采用电桥将微小的 ΔR 转换为电压的变化，再经放大器后即可用仪表显示和记录。

直流电桥的四个桥臂由电阻 R_1、R_2、R_3 和 R_4 组成，如图 5-2 所示。a、c 两端接直流电源 U_i，称为供桥端；b、d 两端接输出电压 U_o，称为输出端。一般电桥的输出端接输入阻抗很高（远远大于桥臂的电阻）的放大器或仪表，故电桥输出端可视为开路状态，电流输出为零。此时桥路电流为

$$I_1 = \frac{U_i}{R_1 + R_2} \qquad I_2 = \frac{U_i}{R_3 + R_4}$$

因此，a、b 之间电位差为

$$U_{ab} = I_1 R_1 = \frac{R_1}{R_1 + R_2} U_i$$

a、d 之间电位差为

$$U_{ad} = I_2 R_4 = \frac{R_4}{R_3 + R_4} U_i$$

电桥输出电压 $U_o = U_d - U_b = (U_a - U_b) - (U_a - U_d) = U_{ab} - U_{ad}$
即

$$U_o = U_{ab} - U_{ad} = \left(\frac{R_1}{R_1 + R_2} - \frac{R_4}{R_3 + R_4} \right) U_i = \frac{R_1 R_3 - R_2 R_4}{(R_1 + R_2)(R_3 + R_4)} U_i \qquad (5-1)$$

由此式可以看出，若电桥平衡，即输出 $U_o = 0$，则应满足

$$R_1 R_3 = R_2 R_4 \qquad (5-2)$$

即电桥平衡（$U_o = 0$ 时）条件为：$R_1 R_3 = R_2 R_4$（电阻值对臂相乘相等），平衡条件与电源电压 U_i 无关。

因此，调节桥臂各电阻的比例关系，可使电桥达到平衡。在实际测量时，让桥臂四个电阻 $R_1 = R_2 = R_3 = R_4$，称为等臂电桥。

根据式（5-1）和式（5-2），可以选择桥臂电阻值作为输入，使电桥的输出电压只与被测量引起的电阻变化量有关。在没有输入的情况下，电桥不应有输出。图 5-3 所示为采用不同形式电桥测量质量的应用示例。

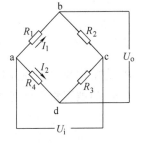

图 5-2　直流电桥

1. 电桥的连接方式（见图 5-4）

在工程测试中，根据工作电阻值的变化桥臂数，把电桥分为半桥和全桥。

（1）半桥单臂（一片）　电桥中只有一个臂接入可变电阻，其他三个臂为固定电阻。

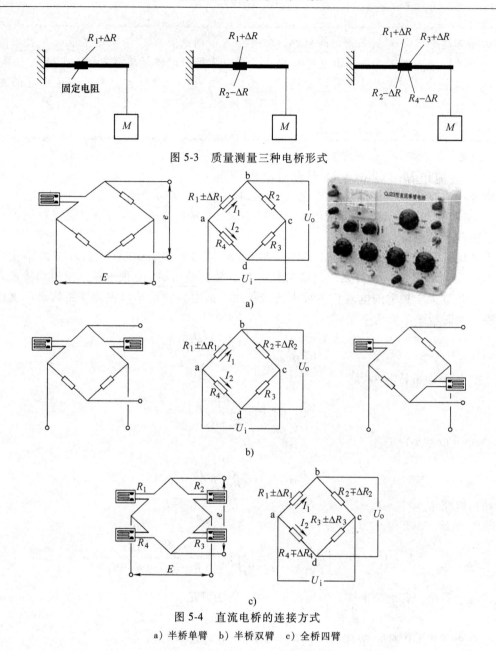

图 5-3　质量测量三种电桥形式

a)

b)

c)

图 5-4　直流电桥的连接方式

a) 半桥单臂　b) 半桥双臂　c) 全桥四臂

设 R_1 为工作片（即该片贴于变形的试件上，其电阻值将随试件的变形而变化），ΔR_1 为工作片 R_1 随被测物理量变化而产生的电阻增量，如图 5-4a 所示。此时输出电压为

$$U_o = \left(\frac{R_1 + \Delta R_1}{R_1 + \Delta R_1 + R_2} - \frac{R_4}{R_3 + R_4} \right) U_i$$

为了简化桥路设计，通常选取 $R_1 = R_2 = R_3 = R_4 = R_0$。当 R_1 未承受应变时，$R_1 R_3 = R_2 R_4$，电桥平衡（$U_o = 0$）。当 R_1 承受应变时，$(R_1 + \Delta R_1) R_3 \neq R_2 R_4$，电桥不再平衡（$U_o \neq 0$），即

$$U_o = \left(\frac{R_1 + \Delta R_1}{R_1 + \Delta R_1 + R_2} - \frac{R_4}{R_3 + R_4} \right) U_i = \left(\frac{R_0 + \Delta R_1}{2R_0 + \Delta R_1} - \frac{R_0}{2R_0} \right) U_i = \frac{\Delta R_1}{4R_0 + 2\Delta R_1} U_i$$

因为 $\Delta R_1 \ll R_0$，所以

$$U_o \approx \frac{\Delta R_1}{4R_0} U_i \qquad (5-3)$$

由此可知，电桥的输出 U_o 与输入电压 U_i 成正比。在 $\Delta R_1 \ll R_1$ 时，电桥的输出也与 $\Delta R_1 / R_0$ 成正比。

电桥的灵敏度定义为

$$S = \frac{dU_o}{d\left(\Delta R_1 / R_0\right)} \qquad (5-4)$$

半桥单臂的灵敏度为 $S \approx U_i / 4$，当 U_i 增大时，灵敏度 S 提高，但应变片的功耗及发热也升高了，难以实现温度补偿。所以，供桥电源的电压 U_i 往往不高，一般为 6V 或 9V 等。

（2）半桥双臂（两片）

1）双臂异号。在电桥的相邻两个臂同时接入两个工作片 R_1、R_2，一片受拉、另一片受压，另两个为固定电阻，如图 5-4b 所示。工作中，两个工作片 R_1、R_2 的电阻值随被测物理量而变化，且阻值变化大小相等、极性相反，即 $R_1 \pm \Delta R_1$，$R_2 \mp \Delta R_2$，该电桥的输出电压为

$$\begin{aligned} U_o &= \left(\frac{R_1 + \Delta R_1}{R_1 + \Delta R_1 + R_2 - \Delta R_2} - \frac{R_4}{R_3 + R_4}\right) U_i \\ &= \left(\frac{(R_0 + \Delta R_1)(R_3 + R_4) - (R_1 + \Delta R_1 + R_2 - \Delta R_2) R_4}{(R_1 + \Delta R_1 + R_2 - \Delta R_2)(R_3 + R_4)}\right) U_i \end{aligned}$$

由于 $R_1 = R_2 = R_3 = R_4 = R_0$，$\Delta R_1 = \Delta R_2 = \Delta R$，所以，半桥双臂（异号）时的输出电压为

$$U_o = \left(\frac{R_1 + \Delta R_1}{R_1 + \Delta R_1 + R_2 - \Delta R_2} - \frac{R_4}{R_3 + R_4}\right) U_i = \frac{\Delta R}{2R_0} U_i$$

当输入为 $\dfrac{\Delta R}{R_0}$ 时，半桥双臂连接的灵敏度为

$$S = \frac{1}{2} U_i \qquad (5-5)$$

输出电压比单臂时大一倍，灵敏度比单臂时高一倍，而且输出电压 U_o 为完全线性。

2）双臂同号。邻臂同号变化（R_1 变成 $R_1 + \Delta R_1$，R_2 变成 $R_2 + \Delta R_2$）时，因为 $R_1 = R_2 = R_3 = R_4 = R_0$，$\Delta R_1 = \Delta R_2 = \Delta R$，所以 $(R_1 + \Delta R) R_3 = (R_2 + \Delta R) R_4$，电桥仍然平衡（$U_o = 0$）

输出电压为两臂变化之差，应变片利用电桥进行温度补偿的道理就在于此。

🔲【小思考】　在电桥的相对两个臂同时接入两个工作片 R_1、R_3，如图 5-4b 右图所示，输出电压、灵敏度如何分析？

知识链接：双应变片（半桥双臂）的用途

如图 5-5 所示，同时对悬臂梁施加使其弯曲和伸长的两个作用力，在梁的上下表面对应的位置分别贴上一枚应变片，再连入桥路的相邻边或相对边，就可以测知分别由弯曲和伸长所引起的应变。

1. 弯曲引起的应变测量

由于悬臂梁的弯曲，在应变片①上产生拉伸应变（正），在应变片②上产生压缩应

变（负）。因为两枚应变片与梁的末端距离相同，所以虽然二者的正负不同，但绝对值的大小相同。这样，如果只想测量由于弯曲产生的应变，则采用图5-6的方案，将①、②连入电桥的相邻两边。输出电压为 $e=K(\varepsilon_1-\varepsilon_2)E/4$，其中 K 为应变片的比例常数（不同的金属材料有不同的常数，铜铬合金的常数 $K\approx2$），ε 是应变，$\Delta R/R=K\varepsilon$，R 是应变片原电阻值，ΔR 为伸长或压缩所引起的电阻变化量。

因为当拉伸作用在应变片①、②上时，会同时产生大小相等的正应变，所以上述公式括号中的项等于零。由于弯曲变形而在应变片①、②上产生的应变大小相等、符号相反，弯曲而产生的应变是每枚应变片上产生的应变的2倍。

2. 拉伸引起的应变测量

若如图5-7所示，将应变片连入桥路的相对边，则输出电压 $e=K(\varepsilon_1+\varepsilon_2)E/4$，此时，弯曲应变所产生的输出电压为零，由于拉伸应变所产生的输出电压是每枚应变片所产生的电压的2倍，可测得仅由拉伸作用所引起的应变。

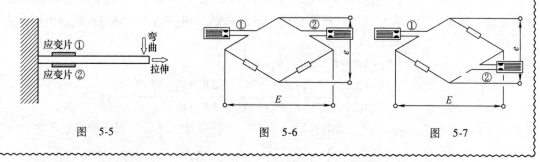

图 5-5　　　　　　　　　图 5-6　　　　　　　　　图 5-7

（3）全桥四臂（四片）

1）邻臂异号（对臂肯定同号）。四个桥臂都接入被测量，工作中四个桥臂的电阻值都随被测物理量而变化，相邻的两臂阻值变化大小相等、极性相反，相对的两臂阻值变化大小相等且极性相同。即，电桥上有4个工作片，相对的2片受拉、另外相对的2片受压，如图5-4c所示，当 $R_1=R_2=R_3=R_4=R_0$，$\Delta R_1=\Delta R_2=\Delta R_3=\Delta R_4=\Delta R$ 时输出电压为

$$U_o=\left(\frac{R_1+\Delta R_1}{R_1+\Delta R_1+R_2-\Delta R_2}-\frac{R_4-\Delta R_4}{R_3+\Delta R_3+R_4-\Delta R_4}\right)U_i=\left(\frac{R_0+\Delta R}{2R_0}-\frac{R_0-\Delta R}{2R_0}\right)U_i$$

$$=\frac{2R_0\Delta R+2R_0\Delta R}{4R_0^2}U_i=\frac{4\Delta R R_0}{4R_0^2}U_i=\frac{\Delta R}{R_0}U_i$$

当输入为 $\dfrac{\Delta R}{R_0}$ 时，全桥连接的灵敏度为

$$S=U_i \tag{5-6}$$

输出电压是单臂时的4倍，灵敏度也是单臂时的4倍，而且输出 U_o 完全线性。输出最大，灵敏度最高。

2）邻臂同号（对臂异号）。电桥仍然平衡（$U_o=0$）

3）四臂同号。电桥输出 $U_o=0$，不管 ΔR 如何变化，都无法测量出 ΔR 的变化，失去了作为电桥的作用。

由上分析，可得电桥特性的重要结论：当相邻桥臂为异号，或相对桥臂为同号的电阻变

化时，电桥的输出可相加；当相邻桥臂为同号，或相对桥臂为异号的电阻变化时，电桥的输出应相减，这就是电桥的加减特性。

不同的连接方式，输出的电压灵敏度不同。在输入量相同的情况下，全桥接法可以获得最大的输出。因此，在实际工作中，当传感器的结构条件允许时，应尽可能采用全桥接法，以便获得高的灵敏度。

2. 直流电桥的特点

上述电桥在不平衡时才有电压输出，它是在不平衡条件下工作的，其优缺点如下。

优点：结构简单，易于测量；稳定的直流电源 U_i 易获得；对从传感器到测量仪表的连接导线的要求较低。当电桥读数（得到电桥输出值）时，电桥处于不平衡状态，可对被测量进行动态测量（最大优点）。

缺点：对直流输出 U_o 进行直流放大较为困难（比交流放大难），易受零漂和接地电位的影响，容易引入高频干扰。当电源电压 U_i 不稳定，或环境温度有变化时，都会引起电桥输出 U_o 的变化，从而产生测量误差。为此，在测量之前，必须使电桥处于平衡状态。

阅读材料：温度补偿

在应变测量中会遇到一个问题，那就是温度对应变的影响。因为被测物都有自己的热膨胀系数，会随着温度的变化伸长或缩短。因此如果温度发生变化，即使不施加外力，贴在被测物上的应变片也会测到应变。为了解决这个问题，可以应用温度补偿法。

1. 动态模拟法（双应变片法）

这是使用两枚应变片的双应变片法。如图 5-8a 所示，在被测物上贴上应变片 A，在与被测物材质相同的材料上贴上应变片 D，并将其置于与被测物相同的温度环境里。将两枚应变片连入桥路的相邻边，如图 5-8b 所示，因为 A、D 处于相同的温度条件下，由温度引起的伸长量相同，即由温度产生的应变相同，所以由温度引起的输出电压为零。

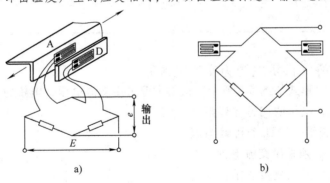

a)　　　　　　　　　　　　b)

图　5-8

2. 自我温度补偿法

用一枚应变片即可进行温度补偿的自我温度补偿应变片。根据被测物材料的热膨胀系数的不同来调节应变片的敏感栅，仅用一枚应变片即可对应变进行测量，且不受温度的影响。

3. 电桥测量的注意事项

电桥输出为 $\Delta R_0/R_0$ 与供桥电压 U_i 的乘积，而 $\Delta R_0/R_0$ 是一个非常小的量，因此，电源电压不稳定所造成的干扰是不可忽略的。根据测量电桥的特性，在进行测量时应注意：

1）半桥双臂、全桥四臂上应变片的初始电阻值及其灵敏度应当相等。

2）应变仪的灵敏度应该与应变片的灵敏度一致（通过调节应变仪上的"灵敏系数"旋扭来保证）。

3）测量桥路所用应变片的引线长度、引线直径应相等。

4）由式（5-5）和式（5-6）可知，半桥双臂和全桥接法不仅消除了非线性误差，输出灵敏度也成倍提高。因此，<u>尽量采用"半桥双臂异号"或者"全桥邻臂异号"的连接方式</u>，因为此时的灵敏度高、线性好，且有温度补偿作用。

名人故事：惠斯顿和他的科技成就

查尔斯·惠斯顿（Charle Wheatstone，1802—1875），19 世纪英国著名的物理学家，他一生在多个方面为科学技术的发展做出了贡献。

1802 年 2 月 6 日，惠斯顿出生于英格兰洛斯特附近的一个乐器制造商之家。1816 年，年仅 14 岁的惠斯顿就到伦敦当徒工学习乐器制造。1823 年他在伦敦开业制造乐器，同时进行声振动的试验研究。惠斯顿没有受过任何正规教育，但他善于学习、思考和钻研，通过自学在声学和光学领域做出了重要贡献。当他的论文被译成法文和德文后，成为当时在科学界颇有影响的人物，因而，1834 年他被任命为伦敦国王学院实验物理学教授。

惠斯顿不仅发明了乐器，同时还用实验展示了声音振动、传播等现象。1827 年，他发明了万声筒（亦称声音万花筒），可以直观地演示不同振动模式产生的错综复杂的振动曲线特征。

惠斯顿在促进英国人承认欧姆定律的过程中发挥了重要作用。欧姆定律建立于 1826~1827 年间，由于当时英国人没有形成电学中有关的清晰概念及对电学规律的错误认识，因而欧姆定律传入英国后难以被人们接受。1843 年惠斯顿公布了他用试验对欧姆定律的证明结果，还发明了变阻器及电桥，测量了电阻和电流，才使英国人充分认识到了欧姆定律的正确性。

二、交流电桥（供桥电源为交流电源）

交流电桥的一般形式如图 5-9 所示，供桥电源采用交流电压，电桥的四个臂可为电阻、电感或电容。因此，电桥的四臂需以阻抗 Z_1、Z_2、Z_3、Z_4 表示。当四个桥臂为电容 C 或电感 L 时，必须采用交流电桥。如果阻抗、电流及电压都用复数表示，直流电桥的平衡关系式也适用于交流电桥。

当电阻、电感或电容以阻抗形式表达时，交流电桥平衡的条件为

$$Z_1 Z_3 = Z_2 Z_4 \qquad (5\text{-}7)$$

即两相对臂阻抗的乘积相等。若桥臂阻抗以指数形式表示，则式（5-7）可写成

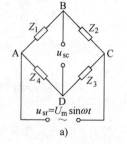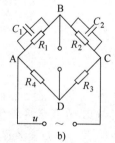

图 5-9　交流电桥的一般形式

$$Z_{01} Z_{03} e^{j(\varphi_1 + \varphi_3)} = Z_{02} Z_{04} e^{j(\varphi_2 + \varphi_4)} \qquad (5\text{-}8)$$

式中　Z_{01}、Z_{02}、Z_{03}、Z_{04}——各阻抗的模；

　　　φ_1、φ_2、φ_3、φ_4——各阻抗的阻抗角，是各桥臂上电压与电流的相位差。

当为纯电阻时，$\varphi=0$，即电压与电流同相位；当为电感阻抗时，$\varphi>0$，即电压的相位超前于电流；当为电容阻抗时，$\varphi<0$，即电压的相位滞后于电流。

由复数相等的条件，式（5-8）两边阻抗的模、阻抗角须分别相等，即

$$\begin{cases} Z_{01}Z_{03}=Z_{02}Z_{04} \\ \varphi_1+\varphi_3=\varphi_2+\varphi_4 \end{cases} \tag{5-9}$$

式（5-9）是交流电桥平衡条件的一种表达形式。因此，交流电桥设有电阻平衡装置和电容平衡装置。

直流电桥及交流电桥的平衡条件见表 5-1。

表 5-1　直流电桥及交流电桥的平衡条件

类型	直流电桥	交流电桥
供桥电源 e_0	直流电源	高频交流［常用 $e_0=E_0\sin\omega_0 t$］
桥臂	电阻 R_1,R_2,R_3,R_4	复阻抗 $Z(Z_i=Z_{0i}\mathrm{e}^{\mathrm{j}\varphi_i})$
平衡条件	$R_1R_3=R_2R_4$ （电阻值，对臂相乘相等）	$Z_1Z_3=Z_2Z_4$，即 ①$Z_{01}Z_{03}=Z_{02}Z_{04}$（阻抗模，对臂相乘相等）； ②$\varphi_1+\varphi_3=\varphi_2+\varphi_4$（阻抗角，对臂相加相等）

注：阻抗角 φ_i——各桥臂电流与电压之间的相位差。

1. 电容电桥

如图 5-10a 所示，两相邻桥臂为纯电阻 R_2、R_3，另相邻两臂为电容 C_1、C_4，此时，R_1、R_4 视为电容介质损耗的等效电阻。桥臂 1 和 4 的等效阻抗分别为 $R_1+\dfrac{1}{\mathrm{j}\omega C_1}$，$R_4+\dfrac{1}{\mathrm{j}\omega C_4}$，根据平衡条件

$$\left(R_1+\frac{1}{\mathrm{j}\omega C_1}\right)R_3=\left(R_4+\frac{1}{\mathrm{j}\omega C_4}\right)R_2 \tag{5-10}$$

则

$$R_1R_3+\frac{R_3}{\mathrm{j}\omega C_1}=R_2R_4+\frac{R_2}{\mathrm{j}\omega C_4}$$

令实部和虚部相等，则得到电桥平衡方程组：

$$\begin{cases} R_1R_3=R_2R_4 \\ \dfrac{R_3}{C_1}=\dfrac{R_2}{C_4} \end{cases} \tag{5-11}$$

式（5-11）的第一式与式（5-2）完全相同，说明图 5-10a 所示的电容电桥的平衡条件除了电阻满足要求外，电容也必须满足一定的要求。

【核心提示】 电阻、电容必须同时调平衡，电容电桥才能平衡。

2. 电感电桥

如图 5-10b 所示的电感电桥，两相邻桥臂为电感 L_1、L_4，另相邻两臂为电阻 R_2、R_3，此时，R_1、R_4 为电感线圈的损耗电阻。根据交流电桥的平衡要求，则

$$(R_1+j\omega L_1)R_3=(R_4+j\omega L_4)R_2$$

那么，电感电桥平衡条件为

$$\begin{cases} R_1R_3=R_2R_4 \\ L_1R_3=L_4R_2 \end{cases} \qquad (5\text{-}12)$$

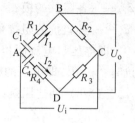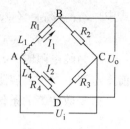

图 5-10　交流电桥种类

a) 电容电桥　b) 电感电桥

【核心提示】　电阻、电感必须同时调平衡，电感电桥才能平衡。

【注意】　① 如果 4 个臂为纯电阻，即纯电阻电桥，R（导线间存在分布电容）相当于 R 与 C 并联，其平衡包括：电阻平衡及电容平衡。

② 若一邻臂是纯电阻，则另外两个邻臂只能都是纯电阻（或只能都是电感，或者只能都是电容）。

③ 若一对臂是纯电阻，则另外两个对臂只能都是纯电阻（或只能是"电感+电容"）。

综上所述，交流电桥的平衡问题比直流电桥复杂得多，除了进行电阻平衡外，还要进行电抗平衡，而且需要反复调整多次，才能使电阻、电抗同时达到平衡。

交流电桥的平衡条件式（5-7）~式（5-12）只针对供桥电源只有一个频率 ω 的情况。当供桥电源有多个频率成分时，得不到平衡条件，即电桥是不平衡的。因此，交流电桥对供桥电源的要求较高，须具有良好的电压波形及频率稳定性。如果电源电压波形畸变（即含有高次谐波分量），则虽然对基波而言，电桥已达平衡，但是对高次谐波，电桥不一定平衡，所以，将有高次谐波的电压输出。

一般采用音频交流（5~10kHz）高频振荡作为交流电桥的供桥电源，由于频率高，故外界工频干扰不易从线路中引入，能获得较好的、一定频宽的频率响应。另外，因为电桥输出为调制波，使后接交流放大电路简单而无零漂。

【小思考——读书是智慧的桥梁】　想当年，躬耕于南阳的年轻诸葛亮，凭什么敢大言不惭"自比管仲、乐毅"，还不是读书给他带来的自信和底气吗？他在乡下种田，却可以把天下装在心里，这一点非读书不能做到。老子《道德经》说"不出户，知天下；不窥牖，见天道。"这段话用在诸葛亮身上最为贴切。

三、电阻应变仪

电阻应变片的电阻变化很小，测量电桥的输出信号也很小，不足以推动显示和记录装置，因此需将电桥的输出信号用一个高增益的放大器进行放大，以便推动显示或记录装置，用于完成这一任务的仪器称为应变仪，如图 5-11 所示。

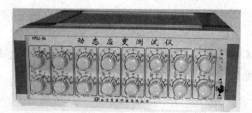

图 5-11　电阻应变仪

电阻应变仪具有灵敏度高、稳定性好、测量简便、准确、可靠、且能做多点较远距离测量等特点。对电阻应变仪的要求是：输出大，具有低阻抗的电流输出及高阻抗电压输出，便于连接各种记录仪器，适用于室内及野外测量。

应变仪按被测应变的变化频率及相应的电阻应变仪的工作频率范围可分为：静态应变仪、动态应变仪、静动态应变仪、超动态应变仪。按放大器工作原理可分为直流放大和交流放大两类。

1. 静态电阻应变仪

主要测量静载荷作用下物理量的变化，其应变信号变化十分缓慢或变化一次后能相对稳定。静态应变仪一般用零位法进行测量，进行多点测量时需选配一个预调平衡箱。各传感器和箱内电阻一起组桥，并进行预调平衡。预调或实测时需另配一手动或自动的多点转换开关，依次接通测量。手动平衡式静态应变仪如 YJ-5 型。

2. 动态电阻应变仪

动态应变仪与各种记录仪配合用以测量动态应变。测量的工作频率可达 0～2000Hz，个别可达 10kHz。动态应变仪用"偏位法"进行测量，可测量周期或非周期性的动态应变。如 YD-15 型动态应变仪。

3. 静动态电阻应变仪

静动态电阻应变仪测量静态应变为主，也可测量频率较低的动态应变。YJD-1 和 YJD-7 型静动态电阻应变仪的工作频率分别为 0～10Hz 和 0～100Hz。

4. 超动态电阻应变仪

工作频率高于 10kHz 的应变仪称超动态应变仪，用于测量冲击等变化非常剧烈的瞬间过程。超动态电阻应变仪工作频率比较高，要求载波频率更高，因此，多采用直流放大器。如国产 Y6C-9 型超动态应变仪采用直流供桥和直流放大电路，最高工作频率达 200kHz。

第二节　调幅及其解调

一、信号调制的概念

力、位移、温度等被测量经过传感器变换后，多为低频缓变信号，且信号很微弱，无法直接推动仪表，故需要放大。若用直流放大器，由于存在零点漂移、级间耦合等问题不易解决，所以往往先把缓变信号变为频率适当的交流信号，然后利用交流放大器进行放大，再恢复到原来的直流缓变信号。这种变换过程称为调制与解调，它被广泛用于传感器和测量电路中。

调制是用人们想传送的低频缓变信号去控制高频信号（载波）的某个参数（幅值、频率或相位），使该参数随欲测低频缓变信号的变化而变化。这样，原来的缓变信号就被这个受控的高频振荡信号所携带，而后可以进行该高频信号的放大和传输，从而得到最好的放大和传输效果。

控制高频振荡的低频缓变信号（被测信号）称为调制信号，载送欲测低频缓变信号的高频振荡信号称为载波，经过调制后的高频振荡信号称为已调制波。当被控参数分别为载波的幅值、频率和相位时，对应三种调制方式，分别称为：幅值调制（AM），即调幅；频率调制（FM），即调频；相位调制（PM），即调相。其调制后的波形分别称为调幅波、调频波和调相波。调幅波、调频波和调相波都是已调制波，测试技术中常用调幅、调频。

　　图 5-12 所示分别为载波信号、调制信号、调幅波及调频波的波形。

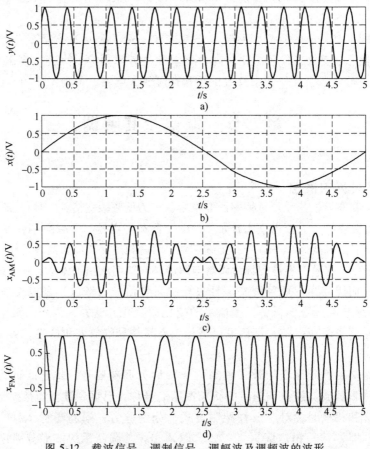

图 5-12　载波信号、调制信号、调幅波及调频波的波形

a）载波信号　b）调制信号　c）调幅波　d）调频波

解调是从已调制波中不失真地恢复原有的测量信号（低频调制信号）的过程。调制与解调是对信号进行变换的两个相反过程。本节讨论调幅及其解调。

【核心提示】

1. 信号调制之目的：使微弱缓变信号便于放大与传输。

2. 三种调制方式

1）调幅 AM——高频振荡（载波）的振幅受欲测低频缓变信号的控制而变化。

2）调频 FM——高频振荡（载波）的频率受欲测低频缓变信号的控制而变化。

3）调相 PM——高频振荡（载波）的相位受欲测低频缓变信号的控制而变化。

3. 几个概念

1）待调制波——需传送的低频缓变信号，也称为调制信号。

2）载波——载送欲测低频缓变信号的高频振荡。

3）已调波——经过调制的高频振荡，对应于三种调制方式，分别有调幅波、调频波和调相波。

二、调幅的原理

调幅是将一个高频载波（正弦或余弦信号）与被测缓变信号（调制信号）相乘，使载波的幅值随被测信号的变化而变化。调幅时，载波、调制信号及已调制波的关系如图 5-13 所示。现以频率为 f_0 的余弦信号 $\cos 2\pi f_0 t$ 作为载波进行讨论。

设调制信号为被测信号 $x(t)$，其最高频率成分为 f_m，载波信号为 $\cos 2\pi f_0 t$（要求 $f_0 \gg f_m$），则可得调幅波：

$$x(t)\cos(2\pi f_0 t) = \frac{1}{2}\left[x(t)\,\mathrm{e}^{-\mathrm{j}2\pi f_0 t} + x(t)\,\mathrm{e}^{\mathrm{j}2\pi f_0 t}\right] \tag{5-13}$$

如果已知傅里叶变换对 $x(t) \Leftrightarrow X(f)$，根据傅里叶变换的性质：在时域中两个信号相乘，则对应在频域中为两个信号进行卷积，即

$$x(t) \cdot y(t) \leftrightarrow X(f) * Y(f)$$

而余弦函数的频域图形是一对脉冲谱线，即

$$\cos 2\pi f_0 t \leftrightarrow \frac{1}{2}\delta(f-f_0) + \frac{1}{2}\delta(f+f_0)$$

利用傅里叶变换的频移性质，可得

$$x(t) \cdot \cos 2\pi f_0 t \leftrightarrow \frac{1}{2}\left[X(f) * \delta(f-f_0) + X(f) * \delta(f+f_0)\right] \tag{5-14}$$

由单位脉冲函数的性质可知，一个函数与单位脉冲函数卷积的结果，就是将其频谱图形由坐标原点平移至该脉冲函数频率处。所以，如果以高频余弦信号为载波，把信号 $x(t)$ 与载波信号相乘，其结果相当于把原信号 $x(t)$ 的频谱图形由原点平移至载波频率 f_0 处，其幅值减半［即式（5-14）中的 1/2］，如图 5-13 所示。

这一过程即为调幅，调幅过程相当于频谱"搬移"的过程。

从调制过程看，载波频率 f_0 必须高于被测信号 $x(t)$ 的最高频率 f_m 才能使已调制波仍

能保持原被测信号的频谱图形，而不致重叠。调幅以后，被测信号 $x(t)$ 中所包含的全部信息均转移到以 f_0 为中心、宽度为 $2f_m$ 的频带范围之内，即将被测信号从低频区推移至高频区。因为信号中不包含直流分量，可以用中心频率为 f_0、通频带宽为 $\pm f_m$ 的窄带交流放大器放大，然后，再通过解调从放大的调制波中取出原信号。

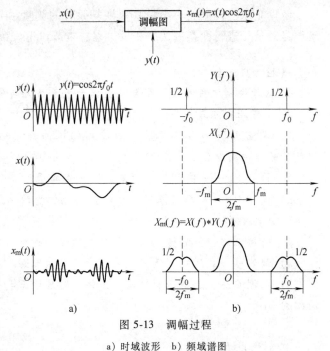

图 5-13　调幅过程

a）时域波形　b）频域谱图

综上所述，调幅过程在时域上是调制信号与载波信号相乘的运算；在频域上是调制信号频谱与载波信号频谱卷积的运算，是一个频移的过程。

调幅的频移功能在工程技术上具有重要的使用价值。例如，广播电台把声频信号移频至各自分配的高频、超高频频段上，既便于放大和传递，也避免了各电台之间的干扰。

【核心提示】　从时域上讲，调制过程就是使载波的某一参量随低频信号的变化而变化的过程。在频域上，调制过程是一个频移的过程。

知识链接：调制与解调的意义

调制是一种将信号注入载波，以此信号对载波加以调制的技术，以便将原始信号转变成适合传送的电波信号，常用于无线电波的广播与通信、电话线的数据通信等各方面。

通过调制，可以将信号的频谱搬移到任意位置，从而有利于信号的传送。如果不进行调制就把信号直接辐射出去，那么各电台所发出信号的频率就会相同。

调制作用的实质就是使相同频率范围的信号分别依托于不同频率的载波上，接收机可以分离出所需的频率信号，从而不会互相干扰。这也是在同一信道中实现多路复用的基础。

三、交流电桥的调幅

下面分析如图 5-14 所示的利用电桥实现调幅的过程。

由式（5-4）、式（5-5）和式（5-6）知，不同接法的电桥可表示为

$$U_o = K \frac{\Delta R}{R_0} U_i \tag{5-15}$$

式中　K——接法系数。

当电桥输入 $\Delta R / R_0 = R(t)$，供桥电源 $U_i = E_0 \cos 2\pi f_0 t$（$E_0$ 为载波的振幅，f_0 为载波的频率）时，式（5-15）可表示为

$$U_o = KR(t) E_0 \cos 2\pi f_0 t \tag{5-16}$$

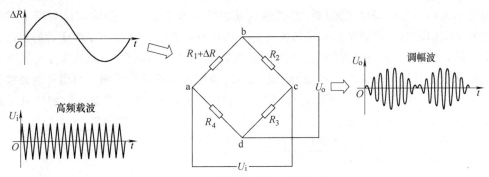

图 5-14 电桥调幅的输入/输出关系

可以看出：电桥的输出电压 U_o 随 $R(t)$ 的变化而变化，即 U_o 的幅值受 $R(t)$ 的控制，其频率为供桥电源电压 U_i 的频率 f_0。

与式（5-13）比较，可以看出：交流供桥电压 $U_i = E_0 \cos 2\pi f_0 t$ 实际上是载波信号，属高频信号；电桥的输入（被测电阻变化率）$\Delta R / R_0 = R(t)$ 实际上是调制信号（属于缓变信号），$R(t)$ 对载波进行了幅值调制。电桥的输出 U_0 为调幅波。可见，电桥是一个调幅器。从时域上讲，调幅器是一个乘法器。

调幅波的振幅随调制信号而变，且成正比关系。调幅波的振荡周期＝高频载波的振动周期；调幅波的各波峰顶点的包络线与调制信号相似，载波频率越高，则波形越密，近似程度越好。为了防止失真，一般要求：$f_0 > 10 f_m$，f_m 为被测信号 $R(t)$ 的最高频率。

 【核心提示】 交流电桥的调幅

1) 待调制信号：被测电阻变化率，属于缓变信号。

2) 载波：交流供桥电压，属高频正弦信号。

3) 调幅波：电桥的输出。

四、调幅波的解调——对已调波做鉴别以恢复原信号

为了从调幅波中将原被测信号恢复出来，就必须对调制信号进行解调。常用的解调方法有同步解调、整流检波解调和相敏检波解调。

1. 同步解调（见图 5-15）

同步解调是将已调制波 $x_m(t) = x(t)\cos 2\pi f_0 t$ 与原载波信号 $\cos 2\pi f_0 t$ 再进行一次乘法运算

$$x(t) \cdot \cos 2\pi f_0 t \cdot \cos 2\pi f_0 t = \frac{1}{2}x(t) + \frac{1}{2}x(t)\cos 2\pi f_0 t$$

（5-17）

频域图形将再一次进行"搬移"，即 $x_m(t)$ 与 $\cos 2\pi f_0 t$ 乘积的傅里叶变换为

$$F[x_m(t)\cos 2\pi f_0 t] = \frac{1}{2}X(f) + \frac{1}{4}X(f+2f_0) + \frac{1}{4}X(f-2f_0)$$

（5-18）

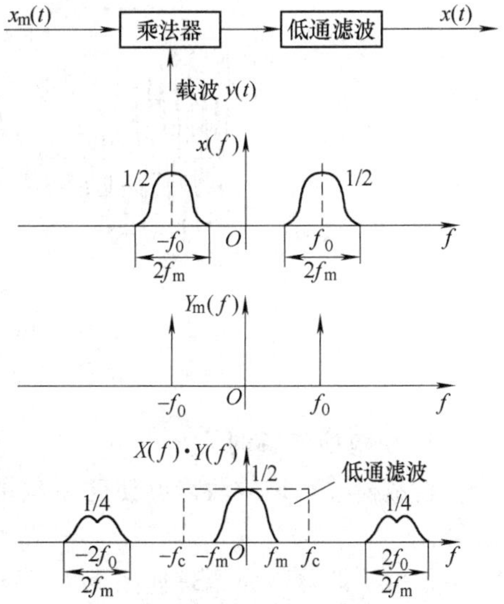

图 5-15 同步解调过程

以坐标原点为中心的已调制波频谱，再搬移到载波频率 f_0 处。由于载波频谱与原来调制时的载波频谱相同，第二次搬移后的频谱有一部分搬移到原点处，所以同步解调后的频谱包含两部分，即与原调制信号相同的频谱和附加的高频频谱（中心频率为 $2f_0$）。与原调制信号相同的频谱是恢复原信号波形所需的，附加的高频频谱则是不需要的。当用低通滤波器滤去大于 f_m 的成分时，则可以复现原信号（被测信号）的频谱，也就是说在时域恢复了原波形（只是其幅值减小一半，这可用放大处理来补偿）。这一过程称为同步解调，"同步"指解调时所乘的信号与调制时的载波信号具有相同的频率和相位。图 5-15 中高于低通滤波器截止频率 f_c 的频率成分将被滤去。

2. 整流检波解调

在进行调幅前，被测信号 $x(t)$（即调制信号）先叠加一个直流分量 A（称为对调制信号 $x(t)$ 进行偏置），使合成后的信号电压 >0（不再具有正负双向极性），此时调幅波的表达式为

$$x_m(t) = [A+x(t)]\cos2\pi f_0 t$$

其包络线具有原信号的形状，如图 5-16a 所示。$x_m(t)$ 再与高频载波相乘得到已调制波，在解调时，只需对已调制波进行整流、滤波，最后去掉所加直流分量 A，就可以恢复原信号 $x(t)$ 了，这种解调方式称为整流检波解调。

此方法虽然可以恢复原信号，但在调制解调过程中有一加、减直流分量 A 的过程，由于实际工作中要使每一直流本身很稳定，且使两个直流完全对称较难实现，这样原信号波形与经调制解调后恢复的波形虽然幅值上可以成比例，但若直流偏置不够大，出现 $x(t)<0$ 时，在分界正、负极性的零点上可能有漂移，从而使分辨原波形正、负极性上可能有误，如图 5-16b 所示，此称为过调。此时若采用包络法检波，则检出的信号就会产生失真，不能恢复原来信号，但相敏检波解调技术可以解决这一问题。

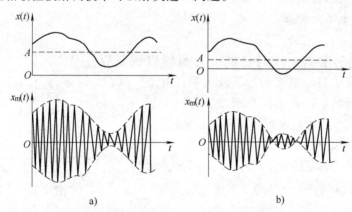

图 5-16　调制信号加偏置的调幅波
a) 正常调制（偏置电压 A 足够大）　b) 过调（偏置电压 A 过小）

3. 相敏检波解调

相敏检波解调方法能够使已调幅的信号在幅值和极性上完整地恢复原调制信号（被测信号）。

相敏检波器电路原理如图 5-17 所示。它由四个特性相同的二极管 $D_1 \sim D_4$ 沿同一方向串联成一个桥式电路，各桥臂上通过附加电阻将电桥预调平衡。四个端点分别接在变压器 T_1

和 T_2 的次级线圈上，变压器 T_1 的输入信号为经过调制后的调幅波 $x_m(t)$，T_2 的输入信号为载波 $y(t)$，输出为 $u_f(t)$。$x(t)$ 是原调制信号，电路设计使 T_2 的次级输出远大于 T_1 的次级输出。

由图 5-17 可观察信号的解调过程。在 $0 \sim t_1$ 时间内，被测信号（调制信号）$x(t) > 0$，调幅波 $x_m(t)$ 与载波 $y(t)$ 同相。

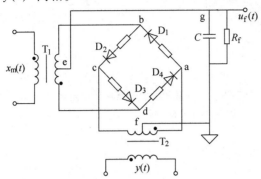

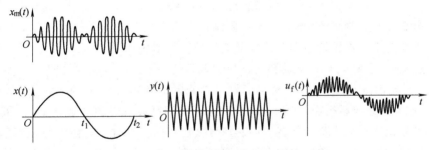

图 5-17　相敏检波器电路原理

若 $y(t) > 0$，则在变压器线圈上产生的电压极性如图 5-18a 所示，此时二极管 D_2、D_3 导通，在负载上形成两个电流回路：回路 1 为 e-g-f-3-c-D_3-d-2-e 及回路 2 为 1-b-D_2-c-3-f-g-e-1，其中回路 1 在负载电容 C 及电阻 R_f 上产生的输出为

$$u_{f1}(t) = \frac{x_m(t)}{2} - \frac{y(t)}{2} \tag{5-19}$$

回路 2 在负载电容 C 及电阻 R_f 上输出产生的输出为

$$u_{f2}(t) = \frac{x_m(t)}{2} + \frac{y(t)}{2} \tag{5-20}$$

总输出为

$$u_f(t) = u_{f1}(t) + u_{f2}(t) = x_m(t) \tag{5-21}$$

若 $y(t) < 0$，则在变压器线圈上产生的电压极性如图 5-18b 所示，此时二极管 D_1、D_4 导通，在负载上形成两个电流回路：回路 1 为 e-g-f-4-a-D_1-b-1-e 及回路 2 为 2-d-D_4-a-4-f-g-e-2，其中，回路 1 在负载电容及电阻上产生的输出为

$$u_{f1}(t) = \frac{x_m(t)}{2} - \frac{y(t)}{2} \tag{5-22}$$

回路 2 在负载电容及电阻上产生的输出为

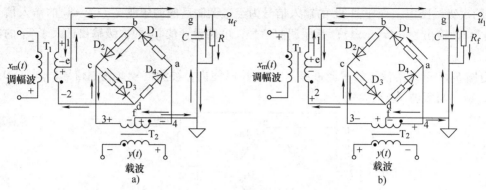

图 5-18　二极管相敏检波器解调原理

a) 二极管 D_2、D_3 导通时的两个回路　b) 二极管 D_1、D_4 导通时的两个回路

$$u_{f2}(t) = \frac{x_m(t)}{2} + \frac{y(t)}{2} \tag{5-23}$$

总输出为

$$u_f(t) = u_{f1}(t) + u_{f2}(t) = x_m(t) \tag{5-24}$$

由以上分析可知，当 $x(t) > 0$ 时，无论调制波（即调幅波 $x_m(t)$）是否为正，相敏检波器的输出波形均为正，即保持与调制信号极性相同，如图 5-19 中的 $u_f(t)$。同时可知，这种电路相当于在 $0 \sim t_1$ 段对 $x_m(t)$ 全波整流，故解调后的频率比原调制波（即 $x_m(t)$）高 1 倍。

在 $t_1 \sim t_2$ 时间内（见图 5-19），被测信号（即调制信号）$x(t) < 0$，调幅波 $x_m(t)$ 与载波 $y(t)$ 反相，同样可以分析得出：当 $x(t) < 0$ 时，不管调制波（即调幅波 $x_m(t)$）极性如何，相敏检波器的输出波形均为负，保持与调制信号极性相同。同时，电路在 $t_1 \sim t_2$ 段相当于对 $x_m(t)$ 全波整流后反相，解调后的频率为原调制波的二倍。结果如图 5-19 所示。

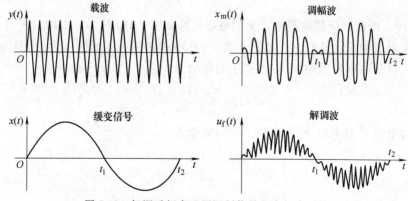

图 5-19　解调后频率比原调制信号频率提高 1 倍

相敏滤波器输出波形的包络线即是所需要的信号（被测信号），因此，必须把它和载波分离。在相敏检波器的输出端再接一个适当频带的低通滤波器，即可得到与原信号（被测信号）波形一致，但已经放大了的信号，从而达到解调的目的。

【核心提示】　调幅波的三种解调方法

1）整流检波：调幅前先加一直流偏置，使原信号不再具有双重极性。

2）同步解调：不加直流偏置，恢复波形时不存在零漂问题，所以能可靠地鉴别原信号幅值的正负极性。

3）相敏检波。不需加直流偏置，可从幅值大小与极性（变化方向）两方面完全恢复原信号。相敏——对调幅波 $x_m(t)$ 的相位（极性）敏感。

五、调幅及其解调的应用

幅值调制与解调在工程技术上用途很多，下面就常用的 Y6D 型动态电阻应变仪作为一典型实例予以介绍，如图 5-20 所示。

交流电桥由振荡器供给高频等幅正弦激励电压源作为载波 $y(t)$，贴在试件上的应变片受力 $F(\varepsilon)$ 等作用，其电阻变化 $\Delta R/R$ 反映了试件上的应变 ε 的变化。以电阻 R 作为交流电桥的一个桥臂，则电桥有电压输出 $x(t)$。信号 $x(t)$（电阻变化 $\Delta R/R$）与高频载波 $y(t)$ 相乘（调幅）后的调制波 $x_m(t)$，经放大器后幅值将放大为 $u_1(t)$。$u_1(t)$ 送入相敏检波器后，被解调为高频信号波形 $u_2(t)$，$u_2(t)$ 进入低通滤波器后，高频分量被滤掉，恢复了原信号被放大后的 $u_3(t)$。$u_3(t)$ 反映了试件应变的变化情况，其应变大小及正负由示波器显示出来。

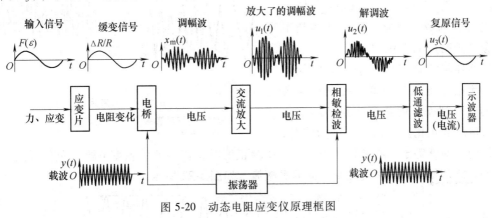

图 5-20　动态电阻应变仪原理框图

【小思考——信息调制】　广告的作用是传达信息，但如果仅仅是为了传达信息，很多厂商为什么要花那么多钱请大牌明星做广告呢？明星有足够的专业知识保证她代言的产品质量信息是可靠的吗？

第三节　调频及其解调

调幅的优点是结构简单，易于同电阻应变仪相配。但是调幅的抗干扰性能差，为使非线性失真小、频率特性佳，将使电路变复杂。

与调幅系统相比，调频的主要优点是改善了信号传输过程中的信噪比，这是因为调频信号所携带的信息包含在频率的变化之中，并非振幅之中，而一般的噪声干扰直接影响的是信号的幅度，而调频对于幅度的变化不敏感。而且由干扰引起的幅度变化，可以通过限幅器有效地消除掉。

经过调频的被测信号不易衰减，也不易混乱和失真，使信号的抗干扰能力得到了很大的提高。调频信号还便于远距离传输，易于同电容、电感式传感器相匹配，便于采用数字技术与后续设备相衔接。广播电台常把声音信号调制到某一频段，既便于放大和无线传送，也可避免各电台之间的干扰。基于调频信号的这些优点使调频和解调技术在测试技术中得到了广泛应用。

　　当然，调频的成本比调幅系统高，系统也比调幅系统复杂；调频波通常要求很宽的频带，甚至可达调幅所需频带宽度的 20 倍；因为调频调制实际上是一种非线性的调制，它不能运用叠加原理，因此，分析调频波比分析调幅波困难，对调频波只能进行近似分析。

　　【核心提示】　在调幅波中，由于高频载波信号的幅度很容易被周围的环境所影响，所以调幅信号的传输并不十分可靠，在传输过程中很容易被窃听，不安全。

一、调频的基本原理

　　调频就是用调制信号（缓变的被测信号）$x(t)$ 的幅值去控制载波信号的频率，使载波频率随调制信号的幅值变化而变化。或者说，调频波是一种随信号 $x(t)$ 的电压幅值而变化的疏密不同的等幅波，如图5-21 所示。由于 $x(t)$ 的幅值是一个随时间而变化的函数，因此，调频波的频率是一个"随时间而变化的频率"。

　　振荡器输出的是等幅波，调频就是利用被测信号电压的幅值去控制振荡器产生的信号频率，使其振荡频率的变化与信号电压成正比。当信号电压为零时，

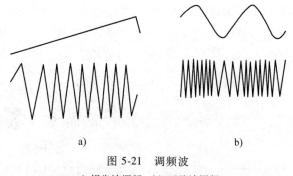

图 5-21　调频波
a）锯齿波调频　b）正弦波调频

调频波的频率就等于中心频率；当信号电压为正值时，调频波的频率升高，负值时则降低。所以调频波是随时间变化的疏密不同的**等幅波**，如图 5-22 所示。

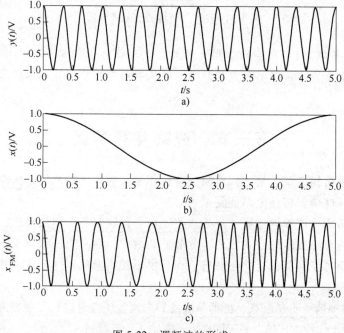

图 5-22　调频波的形成
a）载波信号　b）调制信号　c）调频波

调频波的瞬时频率为

$$f(t) = f_0 \pm \Delta f \tag{5-25}$$

式中　f_0——载波频率；

　　Δf——频率偏移，与调制信号的幅值成正比。

设调制信号 $x(t)$ 是幅值为 X_0、频率为 f_m 的正弦波（即被测信号），其初始相位为零，则有

$$x(t) = X_0 \cos 2\pi f_m t$$

载波信号为

$$y(t) = Y_0 \cos(2\pi f_0 t + \varphi_0)$$

调频时载波的幅值 Y_0 和初相位 φ_0 不变，瞬时频率 $f(t)$ 围绕着 f_0 随调制信号电压进行线性的变化，因此

$$f(t) = f_0 + K_f X_0 \cos 2\pi f_m t = f_0 + \Delta f_f \cos 2\pi f_m t \tag{5-26}$$

式中，Δf_f 是由调制信号幅值 X_0 决定的频率偏移，$\Delta f_f = K_f X_0$，K_f 为比例常数，其大小由具体的调频电路决定。

由式（5-26）可知，频率偏移与调制信号的幅值 X_0 成正比，而与调制信号的频率 f_m 无关，这是调频波的基本特征之一。

【核心提示】　调频波以其频率的变化（疏密程度）来反映信号电压幅值的变化规律。调频波是随信号幅值变化的、疏密不等的等幅波（疏→电压幅值小，密→电压幅值大）。

二、调频及解调电路（直接调频与鉴频）

实现信号的调频和解调的方法很多，这里主要介绍仪器中最常用的方法。

谐振电路是把电容、电感等电参量的变化转变为电压变化的电路，如图 5-23a 所示，通过耦合高频振荡器获得电路电源。谐振电路的阻抗值取决于电容、电感的相对值和电源的频率。对于图 5-23b 所示的谐振电路，其谐振频率为

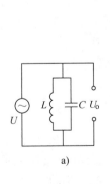
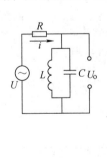
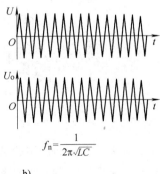

图 5-23　并联谐振电路

a) 谐振电路　b) 电抗到电压的转化

$$f_n = \frac{1}{2\pi\sqrt{LC}}$$

式中　f_n——谐振电路的固有频率（Hz）；

L、C——谐振电路的电感（H）和电容（F）。

只要改变 L 或 C，振荡频率 f_n 就会发生变化，即实现了调频。

在应用电感、电容、电涡流传感器测量位移、力等参数时，常把电感 L 或电容 C 作为自激振荡器谐振网络的一个调谐参数。以电感或电容作为传感器，感受被测量的变化，传感器的输出作为调制信号的输入，振荡器原有的振荡信号作为载波。当有调制信号（随被测量而变）输入时，振荡器输出的信号就是被调制后的调频波，如图 5-24 所示。

例如，在电容传感器中，当以电容作为调谐参数时，设 C_1 为电容传感器，初始电容量为 C_0，则电路的谐振频率为

$$f_0 = \frac{1}{2\pi\sqrt{LC_0}} \tag{5-27}$$

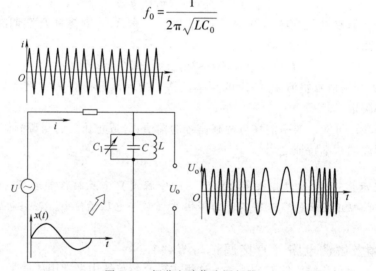

图 5-24　振荡电路作为调频器

若电容 C_0 的变化量为 $\Delta C = K_f C_0 x(t)$，K_f 为比例系数，$x(t)$ 为被测信号，则谐振频率变为

$$f = \frac{1}{2\pi\sqrt{LC_0\left(1+\dfrac{\Delta C}{C_0}\right)}} = f_0\frac{1}{\sqrt{1+\dfrac{\Delta C}{C_0}}} \tag{5-28}$$

将式（5-28）按泰勒级数展开并忽略高阶项，则

$$f \approx f_0\left(1-\frac{\Delta C}{2C_0}\right) = f_0 - \Delta f \tag{5-29}$$

式中，$\Delta f = f_0\dfrac{\Delta C}{2C_0} = f_0\dfrac{1}{2}K_f x(t)$。

式（5-29）表明，LC 振荡回路的振荡频率 f 与谐振参数（电容 C_0）的变化成线性关系，即在一定范围内，振荡频率 f 与被测参数（被测信号 $x(t)$）的变化存在线性关系。这种把被测参数的变化直接转换为振荡频率的变化的电路，称为直接调频式测量电路。

【核心提示】　两种调频方法

1）传感器→（电压/频率）转换器→已调频波。

2）利用电抗元件组成调谐振荡器（直接调频），电抗元件（电容或电感）作为传感器检测到的被测量可作为待调频信号输入，振荡器原有的振荡信号作为载波。当有待调频信号

（随被测量而变）输入时，振荡器输出即是已调频波。

对于 LC 振荡电路，只要改变 L 或 C，振荡频率 f 就会发生变化，即实现了调频。

调频波的解调（或称鉴频），是把频率变化变换为电压幅值变化的过程。谐振电路调频波的解调一般使用鉴频器。调频波通过正弦波频率的变化来反映被测信号的幅值变化，因此，调频波的解调首先把调频波变成调频调幅波，然后再进行幅值检波。

鉴频器通常由线性变换电路与幅值检波电路组成，是调频波的解调电路，在一些测试仪器中，常采用变压器耦合的谐振回路，如图 5-25a 所示，图中 L_1、L_2 是变压器耦合的原、副线圈，它们和 C_1、C_2 组成并联谐振回路。调频波 e_f 经过变压器耦合后，加于 L_1、C_1 组成的谐振电路上，而在 L_2、C_2 并联振荡回路两端获得如图 5-25b 所示的电压-频率特性曲线。

当等幅调频波 e_f 的频率等于回路的谐振频率 f_n 时，线圈 L_1、L_2 中的耦合电流最大，次级输出电压 e_a 也最大。e_f 的频率偏离 f_n，e_a 也随之下降。e_a 的频率虽然和 e_f 保持一致，但幅值 e_a 却随频率而变化，如图 5-25b 所示，通常利用特性曲线的亚谐振区近似直线的一段实现频率-电压变换，当测量参数（如位移）为零值时，调频回路的振荡频率 f_0 对应特性曲线上升部分近似直线段的中点。将 e_a 经过二极管进行半波整流，再经过 RC 组成的滤波器滤波，滤波器的输出电压 e_o 与调制信号成正比，复现了被测信号 $x(t)$，即解调完毕。

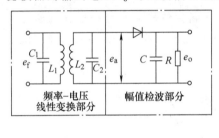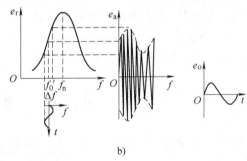

图 5-25 调频波的解调原理

a) 鉴频器电路 b) 电压-频率特性曲线

【核心提示】 调频波的解调方法

鉴频器——调频波的解调电路。调频波 f↑↓→鉴频器→电压↑↓（反映被测信号的幅值↑↓）。

三、调频的应用

在工程测试领域，调制技术不仅在一般检测仪表中应用，而且也是工程遥测技术中的一个重要内容。下面以图 5-26 所示的 Y6Y-12 型六通道遥测仪为例来说明。

这是一个调幅/调频（FM/FM）式遥测系统。可同时对多路信号传输，实现多点测量。图 5-26 中各测量电桥由副载波振荡器供电，各路副载波的中心频率不同，分别为 f_{01} = 4.25kHz、f_{02} = 6.75kHz……各路被测信号（应力、应变）通过电桥分别对不同频率的副载波进行调制。各路电桥的输出为不同频带的调幅信号。相互之间频谱不重叠，且有一定间隔带。各路调幅信号经过波道混合器（线性叠加网络）相加，再对发射机的主载波进行调频，然后由天线发射出去。在接收端，则通过鉴频（或检波）、带通滤波和二次鉴频等环节，还

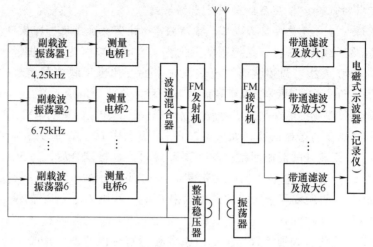

图 5-26　Y6Y-12 型六通道遥测仪原理框图

原成原被测信号，以获得所测应力（或应变）的信息。该遥测仪适用于旋转部件的应力、转矩测量，如机床主轴、轧钢机的轧辊、汽车发动机、电动机等旋转轴转矩、应力的测量。

【人生哲理】 普通百姓与公众人物的关系就像是**调幅信号**，无数普通百姓的追捧，成全了少数几个公众人物的价值。你是高频载波中的一个点，那些耀眼的公众人物，就是信号的**包络**，让你看得足够清楚，所以说，做名人难。

第四节　滤　波　器

　　滤波器是一种选频装置，只允许信号中特定的频率成分通过，同时极大地衰减了其他频率成分（无用信号），主要用于滤除或削弱输入信号中的噪声、干扰等，提取有用信号。正是滤波器的这种筛选功能，使其被广泛用于消除干扰和进行频谱分析，利用滤波器还可实现某种运算，如积分器、微分器。图 5-27 所示为滤波器在医学中的一个应用。

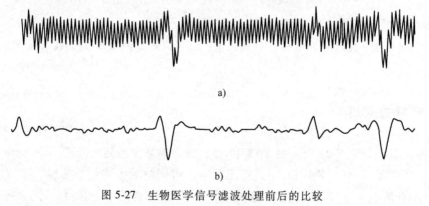

a)

b)

图 5-27　生物医学信号滤波处理前后的比较
a) 滤波以前干扰严重　b) 滤波以后干扰去除

一、滤波器的类型
　　信号进入滤波器后，只有部分特定的频率成分可以通过，而其他频率成分会极大地衰减。对于一个滤波器，信号能通过它的频率范围称为该滤波器的**通频带**（或**通带**），受到很大衰减或完全被抑制的频率范围称为频率**阻带**，通带与阻带的交界点，称为**截止频率**。

1. 按所通过信号的频段分类

根据滤波器的不同选频范围，滤波器可分为低通、高通、带通和带阻四种滤波器，如图 5-28 所示，其中低通滤波器是最基本的。

（1）**低通滤波器** 允许信号中的低频或直流分量通过，抑制高频分量。

在 $0 \sim f_2$ 频率之间，幅频特性平直，如图 5-28a 所示。它可以使信号中低于 f_2 的频率成分几乎不受衰减地通过，而高于 f_2 的频率成分都被衰减掉，故称为**低通滤波器**，f_2 称为低通滤波器的**上截止频率**。

（2）**高通滤波器** 滤除低频信号或信号中的直流分量，允许高频信号通过。

当频率大于 f_1 时，其幅频特性平直，如图 5-28b 所示。它使信号中高于 f_1 的频率成分几乎不受衰减地通过，而低于 f_1 的频率成分则被衰减掉，故称为**高通滤波器**，f_1 称为高通滤波器的**下截止频率**。

（3）**带通滤波器** 它允许一定频段的信号通过，抑制低于或高于该频段的信号。其通频带在 $f_1 \sim f_2$ 之间，信号中高于 f_1 而低于 f_2 的频率成分可以几乎不受衰减地通过，如图 5-28c 所示。而其他的频率成分则被衰减掉，所以称为**带通滤波器**。f_1、f_2 分别称为此带通滤波器的**下、上截止频率**。

（4）**带阻滤波器** 它抑制一定频段内的信号，允许该频段以外的信号通过。与带通滤波器相反，**带阻滤波器**的阻带在频率 $f_1 \sim f_2$ 之间，信号中高于 f_1 而低于 f_2 的频率成分受到极大地衰减，其余频率成分几乎不受衰减地通过，如图 5-28d 所示。

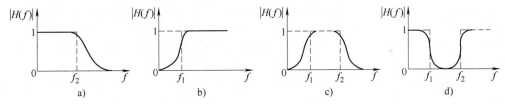

图 5-28 四种滤波器的幅值特性
a）低通 b）高通 c）带通 d）带阻

阅读材料：无线电频谱的争用

无线电频谱，即收音机的波段，当两个电台的频率很接近时，信号就会相互干扰。当时（1959 年）很多人认为，无线电频谱互相干扰的事情，一定得由政府（美国联邦通信委员会）出面来解决。

但经济学家、诺贝尔奖得主罗纳德·科斯说：不一定要政府帮忙，只需要把无线电频谱一段一段地切割开来（如同停车场分成一个一个的车位一样），然后拿去拍卖给无线电台，就可以解决问题了。这个想法，在当年政府官员第一次听到时，被认为是天方夜谭，但现在大家不觉得新奇了。这也是达成合作解的经典案例。

2. 按所采用的元器件分类

根据滤波器所采用的元器件分为无源和有源滤波器两种。

（1）无源滤波器　仅由无源元件（R、L、C）组成，它是利用电容和电感元件的电抗随频率的变化而变化的原理构成的。这类滤波器的优点是电路比较简单，不需要直流电源供电，可靠性高；缺点是：通带内的信号有能量损耗，负载效应较明显，使用电感元件时容易引起电磁感应，当电感L较大时滤波器的体积和质量都较大，在低频域不适用。

（2）有源滤波器　由无源元件（一般用R、C）和有源器件（如集成运算放大器）组成。这类滤波器的优点是通带内的信号不仅没有能量损耗，而且还可以放大，负载效应不明显，多级相连时相互影响很小，利用级联的简单方法很容易构成高阶滤波器，并且滤波器的体积小、质量轻、不需要磁屏蔽（因为不使用电感元件）；缺点是：通带范围受有源器件（如集成运算放大器）的带宽限制，需要直流电源供电，可靠性不如无源滤波器高，在高压、高频、大功率的场合不适用。

【人生哲理】　很多问题，不要讲理，要讲数。讲理谁都有道理，讲不清的。要找合作解，就要讲数，找一个双方的平衡点——这才是解决现实生活中各种资源冲突问题的好办法。

3. 按所处理的信号分类

根据滤波器所处理信号的性质，分为模拟滤波器和数字滤波器两种。

（1）模拟滤波器　在测试系统或专用仪器仪表中，模拟滤波器是一种常用的变换装置。例如：带通滤波器用作频谱分析仪中的选频装置；低通滤波器用作数字信号分析系统中的抗频混滤波；高通滤波器被用于声发射检测仪中剔除低频干扰噪声；带阻滤波器用作电涡流测振仪中的陷波器等。

（2）数字滤波器　在离散系统中广泛应用数字滤波器。它的作用是利用离散时间系统的特性对输入信号波形或频率进行加工处理。从而达到改变信号频谱的目的。数字滤波器一般用两种方法来实现：一种方法是用数字硬件装配成一台专门的设备，这种设备称为数字信号处理机；另一种方法是将所需要的运算编成程序让计算机来完成，即利用计算机软件来实现。

> **知识链接**
>
> 固体屏障就是一个声波的低通滤波器。当另外一个房间里播放音乐时，很容易听到音乐的低音，但是高音部分大部分被过滤掉了。
>
> 类似的情况是，一辆汽车中非常大的音乐声在另外一个车中的人听来却是低音节拍，因为封闭的汽车（和空气间隔）起到了低通滤波器的作用，减弱了所有的高音。

二、理想滤波器

1. 模型

理想滤波器是一个理想化的模型，在物理上是不能实现的，但它对深入了解滤波器的传输特性非常有用。

根据线性系统的不失真测试条件，理想测试系统的频率响应函数为

$$H(f) = A_0 e^{-j2\pi f t_0} \tag{5-30}$$

式中，A_0，t_0 均为常数。用 f_c 表示滤波器的截止频率，若滤波器的频率响应函数满足：

$$H(f) = \begin{cases} A_0 e^{-j2\pi f t_0} & |f| < f_c \\ 0 & 其他 \end{cases} \tag{5-31}$$

则该滤波器称为理想低通滤波器，其幅频和相频特性分别为

$$|H(f)| = \begin{cases} A_0 & -f_c < f < f_c \\ 0 & \text{其他} \end{cases}$$

$$\varphi(f) = -2\pi f t_0 \tag{5-32}$$

如图 5-29 所示，幅频图关于纵坐标对称，相频图中直线过原点且斜率为 $-2\pi t_0$，即一个理想滤波器在其通带内幅频特性为常数（幅频特性曲线为矩形），相频特性为通过原点的直线，在通带外幅频特性值为零。因此，理想滤波器能使通带内输入信号的频率成分不失真地传输，而在通带外的频率成分全部衰减掉。

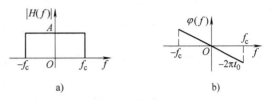

图 5-29　理想滤波器的幅频和相频特性

a）幅频特性　b）相频特性

2. 脉冲响应

根据线性系统的传输特性，当 $\delta(t)$ 函数通过理想滤波器时，其脉冲响应函数 $h(t)$ 应是频率响应函数 $H(f)$ 的逆傅里叶变换。现将一个单位脉冲信号 $\delta(t)$ 输入式（5-31）所示的理想低通滤波器，则该滤波器的输出（响应）为

$$
\begin{aligned}
h(t) &= F^{-1}[H(f)] = \int_{-\infty}^{\infty} H(f) e^{j2\pi f t} df \\
&= \int_{-f_c}^{f_c} A_0 e^{-j2\pi f t_0} e^{j2\pi f t} df \\
&= 2A_0 f_c \frac{\sin[2\pi f_c(t-t_0)]}{2\pi f_c(t-t_0)}
\end{aligned} \tag{5-33}
$$

若没有相角滞后，则式（5-33）变为

$$h(t) = 2A_0 f_c \frac{\sin(2\pi f_c t)}{2\pi f_c t} \tag{5-34}$$

其形状如图 5-30 所示，这是一个峰值在坐标原点的 $\mathrm{sinc}(t)$ 型函数。显然，$h(t)$ 具有对称性，整个冲激响应的持续时间从 $-\infty$ 到 $+\infty$。

$h(t)$ 的波形以 $t=0$ 为中心向左右无限延伸。其物理意义：在 $t=0$ 时输入单位脉冲于一理想滤波器，滤波器的输出不仅延伸到 $t \to +\infty$，并且延伸到 $t \to -\infty$。单位脉冲在时刻 $t=0$ 才作用于系统，而系统的输出 $h(t)$ 在 $t<0$ 时不为零，说明在输入脉冲 $\delta(t)$ 到来之前，这一系统就已有了响应（响应先于激励出现），这实际上是不可能的。显然，任何滤波器不可能有这种

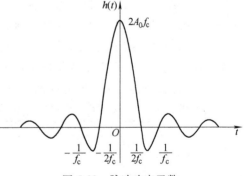

图 5-30　脉冲响应函数

"先知"。因此，理想低通滤波器在物理上是无法实现的。由此可以推论，"理想"的低通、高通、带通和带阻滤波器都是不存在的。实际滤波器的幅频特性不可能出现直角锐边（即幅值由 A 突然变为 0 或由 0 变为 A），也不会在有限频率上完全截止，对信号通带以外的频率成分只能极大地衰减，并不能完全阻止。

3. 阶跃响应

讨论理想滤波器的阶跃响应，是为了进一步了解滤波器的特性，定量说明滤波器的通频

带宽与滤波器稳定输出所需时间之间的关系。图 5-31 所示为滤波器框图。

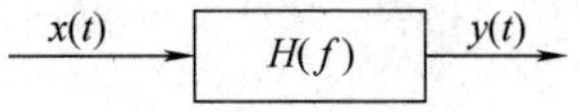

$$x(t) \rightarrow \boxed{H(f)} \rightarrow y(t)$$

图 5-31　滤波器框图

设滤波器的传递函数为 $H(f)$，若给滤波器一单位阶跃输入（见图 5-32a）：

$$x(t) = u(t) = \begin{cases} 1 & (t \geqslant 0) \\ 0 & (t < 0) \end{cases} \tag{5-35}$$

则滤波器的输出 $y(t)$ 是 $u(t)$ 和脉冲响应函数 $h(t)$ 的卷积，即

$$y(t) = u(t) * h(t) = \int_{-\infty}^{\infty} u(t') h(t-t') \, \mathrm{d}t'$$

$y(t)$ 的波形如图 5-32c 所示。可以看出，滤波器对阶跃输入的响应有一定的建立时间 T_e，这是因为 $h(t)$ 的图形主瓣有一定的宽度 $1/f_c$。可以想象，如果滤波器的通频带 B 很宽，即 f_c 很大，那么 $h(t)$ 的图形将很陡峭，响应建立时间 T_e 会很小。

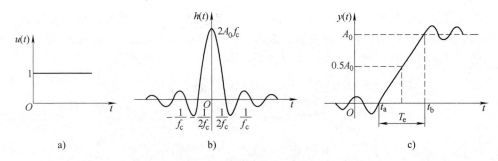

图 5-32　理想低通滤波器对单位阶跃输入的响应

a）单位阶跃信号　b）理想低通滤波器的脉冲响应函数　c）滤波器的单位阶跃响应

由图 5-32 可知，$T_e = t_b - t_a$，$BT_e = $ 常数。即低通滤波器对阶跃响应的建立时间 T_e 和带宽 B 成反比，这一结论对其他类型的滤波器也适用。

滤波器带宽表示它的分辨力，通带越窄则分辨力越高。滤波器的高分辨能力和测量时快速响应的要求是相互矛盾的，这对于理解和选用滤波器很有帮助。例如，在选择带通滤波器时，为了从信号中准确地选出某一频率成分（如希望做高分辨力的频谱分析），希望滤波器的带宽尽可能窄，这就需要有足够的时间（因为带宽与建立时间成反比，带宽越窄，输出信号建立时间越长）。如果建立时间不够，就会产生谬误和假象。因此，应根据具体情况进行适当处理，一般采用 $BT_e = 5 \sim 10$ 就足够了。

应用案例

许多音响装置的频谱分析器均使用带通滤波器，以选出各个不同频段的信号，在显示屏上用发光二极管点亮的多少来指示声音信号幅度的大小。

我们生存的空间内存在各种高频、低频信号，这些信号都会对电视台发射的视频和音频信号产生干扰，因此必须用低通滤波器，将夹杂在有用信号中高于规定频率范围的干扰波过滤掉，用高通滤波器将夹杂在有用信号中低于规定频率范围的干扰波过滤掉。这样，我们接收到的信号经过了滤波处理，去除了很多干扰，从而使信号能尽可能地得到了恢复。当然，100% 恢复到发射的初始状态是做不到的。

三、实际滤波器

图 5-33 中虚线表示理想带通滤波器的幅频特性曲线，通带为 $f_{c1} \sim f_{c2}$，通带内的幅值为常数 A_0，通带之外的幅值为零。实际带通滤波器的幅频特性如图 5-33 中实线所示，其不如理想滤波器的幅频特性曲线那么尖锐、陡峭，没有明显的转折点，通带与阻带部分也不是那么平坦，通带内幅值也并非为常数。因此，需要用更多的参数来描述实际滤波器的特性。

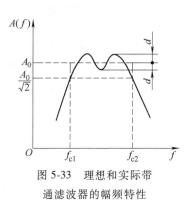

图 5-33　理想和实际带
通滤波器的幅频特性

1. 实际滤波器的性能指标

（1）截止频率　幅频特性值为 $A_0/\sqrt{2}$ 时所对应的频率称为滤波器的截止频率。在图 5-33 中，以 $A_0/\sqrt{2}$ 作平行于横坐标的直线与幅频特性曲线相交两点的横坐标值为 f_{c1}、f_{c2}，分别称为滤波器的下截止频率和上截止频率。若以 A_0 为参考值，则 $A_0/\sqrt{2}$ 相对于 A_0 衰减 $-3\mathrm{dB}$ $\left(20\lg\dfrac{A_0/\sqrt{2}}{A_0}=-3\mathrm{dB}\right)$。若以信号的幅值平方表示信号功率，则截止频率所对应的点正好是半功率点。

（2）带宽 B　滤波器上、下两截止频率之间的频率范围称为滤波器的带宽，$B=f_{c2}-f_{c1}$。因为 $A_0/\sqrt{2}$ 相对于 A_0 衰减 $-3\mathrm{dB}$，故称 $f_{c2}-f_{c1}$ 为"负 3 分贝带宽"，以 $B_{-3\mathrm{dB}}$ 表示，单位为 Hz。带宽决定着滤波器分离信号中相邻频率成分的能力——频率分辨力。

（3）品质因数 Q　中心频率 f_n 和带宽 B 之比称为滤波器的品质因数，即

$$Q=\frac{f_n}{B} \tag{5-36}$$

式中，中心频率 f_n 定义为上、下截止频率乘积的平方根，即 $f_n=\sqrt{f_{c1}f_{c2}}$。通常用中心频率来表示滤波器通频带在频率域的位置。

Q 值越大，表明滤波器的分辨力越高，频率选择性越好。例如，中心频率同为 1000Hz 的两个带通滤波器，品质因数分别为 $Q_1=20$，$Q_2=40$，则对应的 $B_1=50\mathrm{Hz}$，$B_2=25\mathrm{Hz}$，由于第二个滤波器的分辨力比第一个滤波器高，所以它比第一个频率选择性好。

（4）纹波幅度 d　在一定频率范围内，实际滤波器的幅频特性在通频带内可能有波动，d 为幅频特性的最大波动值，d 与幅频特性的稳定值 A_0 相比，越小越好，一般应远小于 $-3\mathrm{dB}$，即 $d\ll A_0/\sqrt{2}$。

（5）倍频程选择性　在两截止频率外侧，实际滤波器有一个过渡带，这个过渡带的幅频曲线倾斜程度表明了幅频特性衰减的快慢，它决定着滤波器对带宽外频率成分衰减的能力，通常用倍频程选择性来表征。倍频程选择性，是指在上截止频率 f_{c2} 与 $2f_{c2}$ 之间，或者在下截止频率 f_{c1} 与 $0.5f_{c1}$ 之间幅频特性的衰减值，即频率变化一个倍频程时的衰减量，以 dB 表示。显然，幅频特性衰减越快，滤波器的选择性越好。

🦭 【核心提示】　倍频程选择性，表示滤波器在阻带对信号衰减的快慢，反映了滤波器的频率选择能力。

对于远离截止频率的衰减率也可以用 10 倍频程衰减数来表示。

> **知识链接**
>
> 　　人耳听音的频率范围为 20Hz~20kHz，在声音信号频谱分析时一般不需要对每个频率成分进行具体分析。为了方便起见，人们把 20Hz~20kHz 的声频范围分为几个段落，每个频带成为一个频程。
>
> 　　若使每一频带的上限频率比下限频率高一倍，即频率之比为 2，这样划分的每一个频程称 1 倍频程，简称倍频程。如果在一个倍频程的上、下限频率之间再插入两个频率，使 4 个频率之间的比值相同（相邻两频率比值 = 1.26 倍）。这样将一个倍频程划分为 3 个频程，称这种频程为 1/3 倍频程。
>
> 　　倍频程的意思是：坐标上每个坐标点是其前一个坐标点的 2 倍。一句话，倍频程就是频率为 2 : 1 的频率间隔的频带。同理，10 倍频程，后一个坐标点是前一个坐标点的 10 倍。

（6）滤波器因数（或矩形系数）　滤波器选择性的另一种表示方法是用滤波器幅频特性的 -60dB 带宽与 -3dB 带宽的比值 $\lambda = \dfrac{B_{-60dB}}{B_{-3dB}}$ 来表示。

理想滤波器 $\lambda = 1$，常用滤波器的 $\lambda = 1~5$。显然，λ 越接近于 1，滤波器的选择性越好。

2. RC 滤波器的基本特性

RC 滤波器具有电路简单、抗干扰性能强，有较强的低频性能，且易通过标准电阻、电容元件来实现的特点。因此，在测试系统中，常常选用 RC 滤波器。

（1）一阶 RC 低通滤波器　RC 低通滤波器的典型电路如图 5-34a 所示。设滤波器的输入信号电压为 u_x，输出信号电压为 u_y，则电路的微分方程式为

$$RC\frac{\mathrm{d}u_y}{\mathrm{d}t} + u_y = u_x \tag{5-37}$$

令 $\tau = RC$，称为时间常数，对式（5-37）进行傅里叶变换，得到其频响函数为

$$H(\mathrm{j}\omega) = \frac{1}{\mathrm{j}\tau\omega + 1} \tag{5-38}$$

也可表达为

$$H(f) = \frac{1}{\mathrm{j}2\pi fRC + 1} \tag{5-39}$$

这是一个典型的一阶系统，其幅频、相频特性如图 5-34b、c 所示。

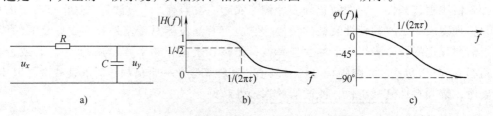

图 5-34　RC 低通滤波器及其幅频、相频特性

a）RC 低通滤波器　b）幅频特性　c）相频特性

由特性曲线可知：当 $f \ll \dfrac{1}{2\pi\tau}$ 时，$|H(f)| \approx 1$，信号几乎不受衰减地通过，并且 $\varphi(f) \sim f$ 相频特性也近似于一条通过原点的直线。此时，RC 低通滤波器可看作一个不失真传输系统。

当 $f = \dfrac{1}{2\pi\tau}$ 时，$|H(f)| = \dfrac{1}{\sqrt{2}}$，即幅频特性值为 -3dB 点，所以式（5-39）中的 RC 值决定着滤波器的上截止频率。因此，适当改变 RC 参数便可以改变滤波器的截止频率。

当 $f \gg \dfrac{1}{2\pi\tau}$ 时，输出 u_y 与输入 u_x 的积分成正比，即

$$u_y = \frac{1}{RC}\int u_x \mathrm{d}t \tag{5-40}$$

此时 RC 低通滤波器作为积分器来使用，对高频成分的衰减率为 -20dB/10 倍频程（或 -6dB/倍频程）。欲加大衰减率，应提高低通滤波器的阶数，可将几个一阶低通滤波器串联使用。但多个一阶低通滤波器串联时，后一级的滤波电阻、滤波电容会对前一级电容起并联作用，产生负载效应，故需要进行处理。

（2）一阶 RC 高通滤波器　RC 高通滤波器如图 5-35a 所示。设输入信号电压为 u_x，输出信号电压为 u_y，则微分方程为

$$u_y + \frac{1}{RC}\int u_y \mathrm{d}t = u_x \tag{5-41}$$

同样，令 $RC = \tau$ 代入，然后进行傅里叶变换，得到频响函数为

$$H(\mathrm{j}\omega) = \frac{\mathrm{j}\omega\tau}{1 + \mathrm{j}\omega\tau} \tag{5-42}$$

这是一阶系统，幅频特性和相频特性分别为

$$A(f) = \frac{2\pi f\tau}{\sqrt{1 + (2\pi f\tau)^2}}$$

$$\varphi(f) = \arctan\frac{1}{2\pi f\tau}$$

其幅频、相频特性曲线如图 5-35b、c 所示。

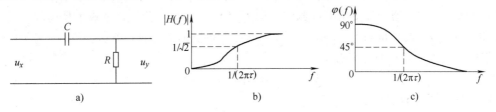

图 5-35　RC 高通滤波器及其幅频、相频特性

a）RC 高通滤波器　b）幅频特性　c）相频特性

当 $f = \dfrac{1}{2\pi\tau}$ 时，$|H(f)| = \dfrac{1}{\sqrt{2}}$，即滤波器的 -3dB 截止频率为 $f_{c1} = \dfrac{1}{2\pi\tau}$。

当 $f \gg \dfrac{1}{2\pi\tau}$ 时，$|H(f)| \approx 1$，$\varphi(f) \approx 0$，即当 f 相当大时，幅频特性接近于 1，相频特性趋于零，这时 RC 高通滤波器可视为不失真传输系统。

同样，当 $f \ll \dfrac{1}{2\pi\tau}$ 时，输出 u_y 与输入 u_x 的微分成正比，即

$$u_y = \frac{1}{RC} \frac{\mathrm{d}u_x}{\mathrm{d}t} \tag{5-43}$$

此时 RC 高通滤波器起微分器的作用。

（3）RC 带通滤波器　RC 带通滤波器可以看成是低通和高通两个滤波器的串联组合，如图 5-36 所示。串联后的传递函数为

$$H(s) = H_1(s)H_2(s) = \frac{\tau_1 s}{\tau_1 s + 1} \frac{1}{1 + \tau_2 s} \tag{5-44}$$

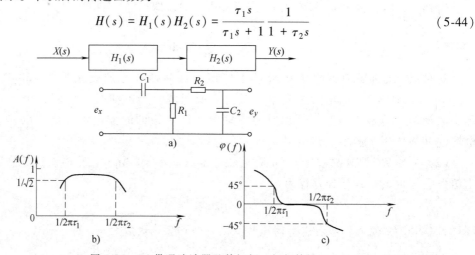

图 5-36 　RC 带通滤波器及其幅频、相频特性

a）RC 带通滤波器　b）幅频特性　c）相频特性

幅频特性和相频特性分别为

$$A(f) = A_1(f)A_2(f) = \frac{2\pi f\tau_1}{\sqrt{1 + (2\pi f\tau_1)^2}\sqrt{1 + (2\pi f\tau_2)^2}} \tag{5-45}$$

$$\varphi(f) = \varphi_1(f) + \varphi_2(f) = \arctan\frac{1}{2\pi f\tau_1} - \arctan 2\pi f\tau_2 \tag{5-46}$$

串联所得的带通滤波器，以原高通滤波器的截止频率为下截止频率，即 $f_{c1} = 1/(2\pi\tau_1)$；其上截止频率为原低通滤波器的截止频率，即 $f_{c2} = 1/(2\pi\tau_2)$。分别调节高、低通环节的时间常数（τ_1 及 τ_2），便可得到不同的上、下截止频率和带宽的带通滤波器。

带通滤波器的频率响应函数为

$$H(\mathrm{j}\omega) = H_1(\mathrm{j}\omega)H_2(\mathrm{j}\omega) \tag{5-47}$$

该函数如图 5-37 所示。

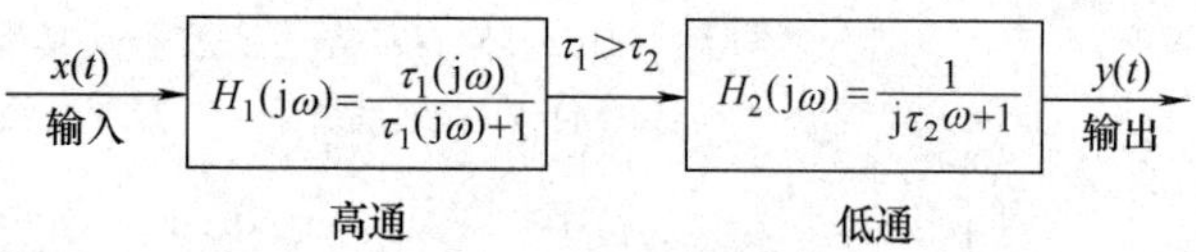

值得注意的是，当高、低通两级串联时，应消除两级耦合时的相互影响，因为后一级会成为前一级的"负载"，而前一级又是后一级的信号源内阻。实际上，两级间常用射极输出

图 5-37 　带通滤波器的频率响应函数

器或运算放大器进行隔离。因此，实际的带通滤波器常常是有源的，有源滤波器由 RC 调谐网络和运算放大器组成。

3. 有源滤波器

无源滤波器的缺点是过渡带衰减缓慢、倍频程选择性不佳、多级间有耦合影响。运算放大器作为有源器件，可以用来搭建有源滤波器电路，从而避免了电感的使用和输出负载所带来的问题，进行级间隔离，以消除多级间的耦合影响。有源滤波器具有非常陡峭的下降带，任意平直的通带，甚至可调的截止频率。

RC 滤波器与有源器件（运算放大器）的组合，即构成了有源滤波器。图 5-38 所示为基本的有源滤波器。无源滤波器网络连接到一个运算放大器上，此放大器用来提供能量并改善阻抗特性。无源网络仅由电阻和电容组成，电感的特性可由电路来模拟。由于输出阻抗一般较低，这些滤波器可以提供输出电流而不降低电路的性能。图 5-39 所示为典型的一阶有源滤波器。

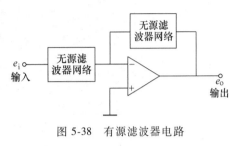

图 5-38　有源滤波器电路

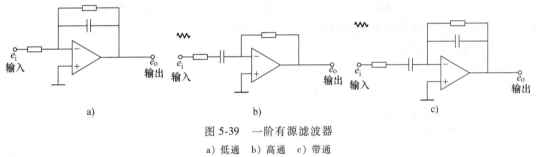

图 5-39　一阶有源滤波器
a）低通　b）高通　c）带通

【人生哲理——滤波】 我们每天面对很多的人和事，有各种名利诱惑，我们也要**滤波**、排除干扰，安心做自己的事情。该听的听，该看的看，不该听、不该看的，统统 "**滤波**" 掉。网上信息五花八门、良莠不齐，我们要像 "**滤波器**" 那样，只检索有用的知识，滤除杂乱甚至错误的信息，根据需要调整好自己的滤波频率。

四、恒带宽比滤波器和恒带宽滤波器

为了对信号进行频谱分析，或者需要摘取信号中某些特定频率成分，可将信号通过放大倍数相同而中心频率不同的多个带通滤波器，各个滤波器的输出主要反映信号在该通带内的量值。通常有两种做法：

一种做法是采用中心频率可调的带通滤波器，通过改变 RC 调谐参数使其中的频率跟随需要测量（处理）的信号频段。由于受到可调参数的限制，其可调范围是有限的。

另一种做法是，使用一组中心频率固定、但又按一定规律顺序递增的滤波器组。如图 5-40 所示的频谱分析装置，是将中心频率如图中所表明的各滤波器依次接通，各个滤波器的输出主要反映信号在该通带频率范围内的量值，可逐个显示信号的各频率分量。如果信号经过足够的功率放大，各滤波器的输入阻抗很高（只从信号源取电压，而取很小的输入电流），那么也可以把该滤波器组并联在信号源上，各滤波器同时接通，其输出同时显示或记录，就能获得信号的瞬时频谱结构，成为实时的频谱分析。

滤波器组各滤波器的通带应该相互连接，覆盖整个感兴趣的频率范围，这样才不致丢失

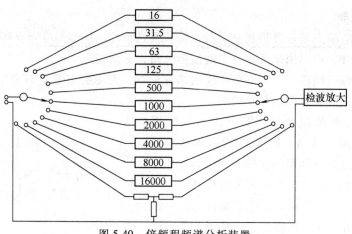

图 5-40　倍频程频谱分析装置

信号中的频率成分。通常做法是前一个滤波器的 $-3\mathrm{dB}$ 上截止频率（高端）是后一个滤波器的 $-3\mathrm{dB}$ 下截止频率（低端）。当然，滤波器组应具有同样的放大倍数（对其各个中心频率）。这样一组滤波器将覆盖整个频率范围，是"邻接的"。

1. 恒带宽比滤波器

滤波器的品质因数 Q 为中心频率 f_{n} 和带宽 B 之比，即 $Q = f_{\mathrm{n}}/B$。若采用具有相同 Q 值的调谐式滤波器做成邻接式滤波器，则滤波器组的带宽比恒定。中心频率 f_{n} 越大，其带宽 B 也越大，频率分辨力越低。

设一个带通滤波器的下截止频率为 f_{c1}，上截止频率为 f_{c2}，二者的关系可用下式表示：

$$f_{\mathrm{c2}} = 2^{n} f_{\mathrm{c1}} \tag{5-48}$$

其中，n 为倍频程数，$n = 1$ 时称为<u>倍频程滤波器</u>；$n = 1/3$ 时称为 <u>1/3 倍频程滤波器</u>。滤波器中心频率 f_{n} 为

$$f_{\mathrm{n}} = \sqrt{f_{\mathrm{c1}} f_{\mathrm{c2}}} \tag{5-49}$$

由式（5-48）和式（5-49）可得

$$f_{\mathrm{c2}} = 2^{n} f_{\mathrm{c1}}$$
$$f_{\mathrm{c1}} = 2^{-n/2} f_{\mathrm{n}}$$

因此

$$f_{\mathrm{c2}} - f_{\mathrm{c1}} = B = f_{\mathrm{n}}/Q$$
$$\frac{1}{Q} = \frac{B}{f_{\mathrm{n}}} = 2^{\frac{n}{2}} - 2^{-\frac{n}{2}} \tag{5-50}$$

对于不同的倍频程，其滤波器的品质因数分别为

倍频程 n	1	1/3	1/5	1/10
品质因数 Q	1.41	4.32	7.21	14.42

对于邻接式滤波器组，利用式（5-48）和式（5-49）可以推得后一个滤波器的中心频率 f_{n2} 与前一个滤波器的中心频率 f_{n1} 之间也有下列关系：

$$f_{\mathrm{n2}} = 2^{n} f_{\mathrm{n1}} \tag{5-51}$$

因此，根据式（5-50）和式（5-51），只要选定 n 值就可设计覆盖给定频率范围的邻接式滤波器组。例如，对于 $n = 1$ 的倍频程滤波器将是

中心频率/Hz	16	31.5	63	125	250	...
带宽/Hz	11.31	22.27	44.55	88.39	176.78	...

对于 $n = 1/3$ 的倍频程滤波器将是

中心频率/Hz	12.5	16	20	25	31.5	40	50	63	...
带宽/Hz	2.9	3.7	4.6	5.8	7.3	9.3	11.6	14.6	...

2. 恒带宽滤波器

上述利用 RC 调谐电路做成的恒带宽比滤波器，增益相同，在基本电路选定后，也将具有共同接近的 Q 值及带宽比。显然，其滤波性能在低频区较好，而在高频区则由于带宽增加而使分辨力下降。

为使滤波器在所有频段都具有同样良好的频率分辨力，可采用恒带宽的滤波器。图 5-41 所示为恒带宽比和恒带宽滤波器的特性对照。图中滤波器的特性都画成了理想的。

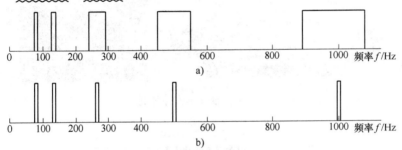

图 5-41　理想的恒带宽比滤波器和恒带宽滤波器的特性对照

a) 恒带宽比滤波器　b) 恒带宽滤波器

下面通过一个例子来说明滤波器的带宽和分辨力。

设有一信号是由幅值相同而频率分别为 $f = 940$Hz、$f = 1060$Hz 的两正弦信号合成，其频谱如图 5-42a 所示。现用恒带宽比的倍频程滤波器、恒带宽跟踪滤波器分别对它进行频谱分析。

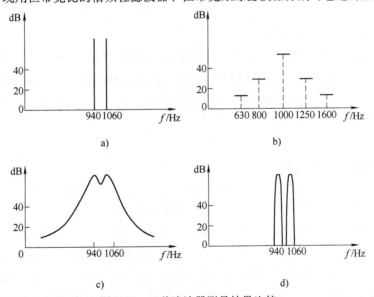

图 5-42　三种滤波器测量结果比较

a) 实际信号　b) 用1/3倍频程滤波器分析结果　c) 用1/10倍频程滤波器分析结果　d) 用恒带宽跟踪滤波器分析结果

图 5-42b 所示为用 1/3 倍频程滤波器（倍频程选择接近于 25dB，$B/f_n = 0.23$）分挡测量结果；图 5-42c 所示为用相当于 1/10 倍频程滤波器（倍频程选择 45dB，$B/f_n = 0.06$）测量并用笔式记录仪连续走纸记录的结果；图 5-42d 所示为用恒带宽跟踪滤波器（-3dB 带宽 3Hz，-60dB 带宽 12Hz，滤波器因数 $\lambda = 4$）分析结果。

比较三种滤波器测量结果可知：倍频程滤波器分析效果最差，它的带宽太大。恒带宽跟踪滤波器的带宽窄，选择性好，足以达到良好的频谱分析效果。

图 5-43 所示为实际的滤波器产品外观。

图 5-43　滤波器产品外观

第五节　信号的显示与记录

前面已经介绍了信号的定义、获取、加工（变换和调理）等内容。那么，如何显示、打印或输出这些信号呢？由于测试系统的对象和要求不一样，其配套的显示或记录仪器可能也不一样，这就要求我们对信号的显示和记录仪器有所了解。

一、显示记录仪器的功用

显示记录仪器是测试系统不可缺少的重要工具。被测信号只有通过一定的形式被显示或记录下来，才能使检测人员知晓测试结果，帮助人们了解被测量的大小及其变化过程，分析和研究测量结果，以便及时掌握测试系统的动态信息。必要时，可将现场被测信号记录或存储起来，随时重现，供后续分析处理。

二、显示记录仪器的种类

显示和记录仪器一般包括指示和显示仪表、记录仪器。根据被记录信号的性质可分为模拟型和数字型两大类，其显示方式有模拟显示和数字显示两种。

模拟显示是利用指针对标尺的相对位置表示被测量数值的大小，如各种指针刻度式仪表，其特点是读数方便、直观，结构简单、价格低，在检测系统中一直被大量应用。但这种显示方式的精度受标尺最小分度的限制，而且读数时易引入主观误差。数字显示直接以十进制数字形式来显示读数，有利于消除读数的主观误差，它可以附加打印机，易于和计算机联机，使数据处理更加方便。

知识链接：动物体内的"科学仪器"——鲶鱼的地动仪。

　　鲶鱼是淡水鱼的一种，口部比较宽广，身上可分泌出一种黏液，从而谐音叫鲶鱼。

　　日本很多地方饲养鲶鱼以预测地震。科学家研究发现，鲶鱼对轻微震动十分敏感，就连地震前所出现的微弱电流变化，鲶鱼的感受器都能感觉到。

【小思考】　选择显示与记录仪器时需要考虑哪些因素？　　　　想想看

三、信号的显示和指示

1. 指针式仪表

　　常用的指针式仪表有磁电式、电动式、电磁式三种，这些仪表的结构虽然不同，但工作原理却是相同的，都是利用电磁现象使仪表的可动线圈受到电磁转矩的作用而转动，从而带动指针偏转来指示被测量的大小。

　　指针式仪表具有结构简单，防尘、防水、防冻，可靠性高、价格便宜、维护方便等优点，现阶段仍在大量使用。但是，长时间的人工读表容易造成人的视觉疲劳，工作人员与仪表表盘的距离和角度等也容易造成读数误差，同时也不利于大量信息的及时采集和统一管理。基于图像传感器的图像识别技术对指针式仪表的数据进行自动采集是新的发展方向，通过自动识别指针式模拟表盘的显示值，大大提高了读数的准确率与效率。

2. 示波器

　　以阴极射线管（CRT）来显示信号的电子示波器是测试工作中最常用的显示仪器，它有模拟示波器、数字示波器和数字存储示波器等多种类型。

　　1）模拟示波器。其核心部分为阴极射线管，从阴极发射的电子束经水平、垂直两套偏转极板的作用，聚焦到荧光屏上显示出信号的轨迹。这种示波器常用来显示输入信号的时间历程，即显示 $x(t)$ 曲线，如图 5-44a 所示。模拟示波器的优点是频带宽、动态响应好，最高带宽可达 800MHz，可记录 1ns 左右的快速瞬变波形，适于显示瞬态、高频及低频的各种信号。

　　2）数字示波器。其核心器件是 A/D 转换器，可将被测模拟信号以数字信号方式显示。数字示波器的突出优点是：具有数据存储与回放功能，能够观测单次过程、缓慢变化的信号，便于进行后续数据处理；显示分辨率高，可观察到信号更多的细节；便于程序控制（以下简称程控）、自动测量；可进行数据通信。目前，数字示波器的带宽已达 1GHz 以上。

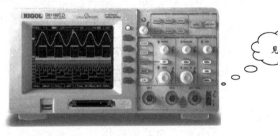

見过吗

a)　　　　　　　　　　　　　b)

图 5-44　示波器

a）模拟示波器　b）数字存储示波器

3）数字存储示波器。如图 5-44b 所示，它有与上述数字示波器一样的数据采集前端，即经 A/D 转换器将被测模拟信号转换为数字信号并存储。与数字示波器不同的是，已经存储的数字信号再通过 D/A 转换器恢复为模拟信号时，显示屏上最终显示的是被测信号的波形曲线。数字存储示波器可对波形进行自动计算，可在显示屏上同时显示波形的峰-峰值、上升时间、频率、均方根值等。通过计算机接口可将波形送至打印机打印或计算机做进一步处理。

3. LED 显示器

LED 即发光二极管，LED 显示器通过控制半导体发光二极管的显示方式，可用来显示文字、图形、动画、行情、视频信号等各种信息。LED 显示器以其色彩丰富（红、黄、绿等）、响应速度快（<1μs）、亮度及清晰度高、工作电压低、功耗小、耐冲击、工作稳定可靠、寿命长（约 10 万 h）等优点，成为最具优势的新一代显示媒体，LED 显示器已广泛应用于大型广场、商业广告、体育场馆、信息传播、新闻发布、证券交易等场合。

通过发光二极管芯片的适当连接（包括串联和并联）和专门的光学结构，可以组成数码管、符号管、米字管、矩阵管、电平显示器管等，从而显示出字符、图案，如图 5-45 所示。

图 5-45　LED 显示器

【人生哲理】 愉快的生活是由愉快的思想带来的，凡事多往好处想，这是**幸福快乐**的不二法门。

四、信号的记录

笔式记录仪（简称笔录仪）是用笔尖（墨水笔、电笔等）在记录纸上描绘被测量与时间或某一参考量之间函数关系的一种记录仪器，它实际上是在指针式仪表的基础上，把指针换成记录笔而成。按照记录笔的驱动方式笔录仪可分为检流计式笔录仪、函数记录仪两种。

1）检流计式笔录仪。主要用于记录电流信号，如图 5-46 所示。待记录信号电流输入线圈，在电磁力矩的作用下线圈产生偏转，此时游丝产生与转角成正比的弹性恢复力矩与电磁力矩相平衡。一定的电流幅值对应于一定的转角，从而使安装在线圈轴上的记录笔在记录纸上做放大幅值的偏斜，当记录纸匀速走纸时，记录笔会在纸上画出被测信号的波形。

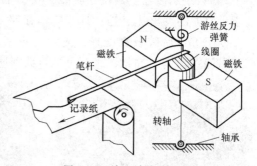

图 5-46　检流计式笔录仪

笔式记录仪的转动部分具有一定的转动惯量，因而其工作频率不高。当笔尖幅值在 10mm 范围之内时，其最高工作频率可达 125Hz。由于笔尖与纸接触的摩擦力矩较大，可动部分的质量大，需要一定的驱动力矩，要有抑制笔急速运动时跳动的强力阻尼装置，其灵敏度较低，误差较大。因此，这种记录仪只适合于记录长时间慢变化的信号。

2）函数记录仪。全称为 x-y 函数记录仪，如图 5-47 所示，它可用来记录两个被测量之间的函数关系，记录的幅值准确度高，误差一般小于全量程的 ±0.2%。但由于传动机构的机械惯性大，系统的固有频率很低，所以只能记录低频信号，即变化缓慢的信号，信号的频率一般不高于 10Hz。

x-y 函数记录仪将信号用函数图像的形式绘制在记录纸上，如果配上相应的传感器（如：压力传感器、电流传感器、位移传感器等），便可用来描绘温度、压力、流量、液位、力矩、速度、应变、位移、振动等的时间历程曲线，因此在石油、化工、机械、冶金、医疗、电工与电子技术方面都有应用。

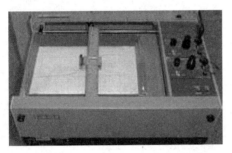

图 5-47　x-y 函数记录仪

五、虚拟仪器

虚拟仪器（Virtual Instrument，VI）是继第一代仪器（模拟式仪表）、第二代仪器（分立元件式仪表）、第三代仪器（数字式仪表）、第四代仪器（智能仪器）之后的新一代仪器，是计算机技术同仪器技术深层次结合产生的全新概念的仪器，是对传统仪器概念的重大突破。

1. 虚拟仪器的含义及特点

虚拟仪器在计算机显示屏上模拟传统仪器面板，原来由硬件电路完成的信号调理、分析处理功能可由计算机程序来完成。这种硬件功能的软件化，是虚拟仪器的一大特征。操作人员在计算机显示屏上用鼠标、键盘控制虚拟仪器程序的运行，就像操作真实的仪器一样，从而完成测量和分析任务。

阅读材料

智能仪器是内含微型计算机或微型处理器的测量仪器，其具有以下特点：

1）测量过程自动化。仪器的整个测量过程如扫描、量程选择、开关启动与闭合、数据的采集、传输与处理及显示打印等都用单片机或微控制器来控制操作。

2）自测功能。可以自动调零、自动状态检验、自动校准、量程自动转换，能自动检测出故障所在的部位甚至产生故障的原因。

3）数据处理功能。能够对测量结果取平均值、求极值、统计分析等，使用户从繁重的数据处理中解放出来。

4）友好的人机对话功能。只需通过键盘输入命令，就能实现某种测量功能，通过显示屏还能将仪器的工作状态、数据处理结果及时告诉操作人员。

5）可程控操作。配有 GPIB、RS232C、RS485 等标准的通信接口，可以很方便地与 PC 机和其他仪器一起组成多功能的自动测量系统，来完成更复杂的测试任务。

传统仪器的功能是由厂商事先定义好的，其功能用户无法变更。虚拟仪器的功能由软件定义，用户可以根据应用的需要进行调整，选择不同的应用软件可以形成不同的虚拟仪器。需要改变仪器功能或需要构造新的仪器时，可以由用户自己改变应用软件来实现，不必重新购买新的仪器。

阅读材料

测量仪器的主要功能都是由数据采集、数据分析和数据显示三大部分组成的。在虚拟仪器里，数据分析和显示完全用 PC 的软件来完成。因此，只要额外提供数据采集硬件，就可以与 PC 组成测量仪器，这种基于 PC 的测量仪器称为虚拟仪器。在虚拟仪器中，用同一个硬件、不同的软件，可以得到功能完全不同的测量仪器。

2. 虚拟仪器的组成

虚拟仪器是计算机化的仪器，由计算机、信号测量硬件模块（信号采集与控制板卡）和应用软件三大部分组成。应用软件是虚拟仪器的核心，它包括信号分析软件和仪器表头显示软件。信号分析软件主要用于完成各种数学运算，如：信号的时域波形参数计算、信号的相关分析、信号的频谱分析、传递函数分析、概率密度分析等。

LabVIEW、Matlab 等软件包中都提供了信号处理软件模块。一般虚拟仪器生产商会提供虚拟示波器（见图 5-48）、数字万用表等常用虚拟仪器应用程序。对用户的特殊应用需求，则可以利用 LabVIEW、Agilent VEE 等虚拟仪器开发软件平台来开发。

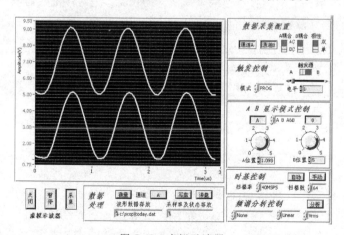

图 5-48　虚拟示波器

3. 虚拟仪器的应用

虚拟仪器的优势在于可由用户定义专用的仪器系统，功能灵活，可实现示波器、逻辑分析仪、频谱仪、信号发生器等普通仪器的全部功能；其图形化界面符合传统设备的使用习惯，用户不经培训即可迅速掌握操作规程；它集成方便，不但可以和高速数据采集设备构成自动测量系统，而且可以和控制装置构成自动控制系统。所以，虚拟仪器是开发、测量、检测、计量等领域的好工具。

传统的测量仪器设备由于缺乏相应的计算机接口，因而数据采集及数据处理十分困难。而且，传统仪器体积相对庞大，进行多种数据测量时很不方便。虚拟仪器借助于专用的软硬件配合计算机，除了可以实现传统仪器的功能，还可以使测量过程自动化、智能化，适合于需要计算机辅助进行数据存储、数据处理及数据传输的场合。只要技术上可行，传统的测量系统都可用虚拟仪器代替，其应用空间非常宽广。

本 章 小 结

多数传感器输出的信号过于微弱，且变化缓慢不易传输，容易受到外界的干扰。信号变换及调理，就是将传感器的输出进行技术加工，使其转化为更容易使用的形式。

1）电桥分直流电桥和交流电桥，可以将电阻、电感、电容变成电压和电流信号。电桥的连接方式分为半桥单臂、半桥双臂和全桥四臂，应尽量考虑"全桥邻臂异号"的测量方案，因为此时电桥的灵敏度高、线性好，且有温度补偿作用。

2）低频缓变信号、微弱信号需要先进行调制，再进行解调。调制的目的就是把缓变信号变成高频信号以便于传送。调制分为调幅、调频和调相。解调是调制的逆过程。

3）滤波器分为低通滤波器、高通滤波器、带通滤波器和带阻滤波器四种，可以滤除干扰噪声（无用信号），提取有用信号。实际滤波器的性能指标包括：截止频率、中心频率、带宽、品质因数、纹波幅度、倍频程选择性。频谱分析仪由多个滤波器并联组成，可逐个显示信号的各频率分量。

4）显示记录仪器是检测人员了解和分析测量结果的重要工具。选用仪器时需要考虑测试精度、被测信号的频率范围、信号的持续时间、是否同时记录多路信号、仪器的重量、体积、价格、抗振性等。

思 考 与 练 习

一、思考题

5-1　要使直流电桥平衡，桥臂参数应满足什么条件？

5-2　调节计算机 mp3 播放器等软件中的声音均衡器，试验其对音乐信号的滤波情况。

5-3　为了提高悬臂梁式电子秤的测量灵敏度，应如何使用应变片式传感器构成电桥测试？

5-4　显示与记录仪器有哪几种类型？

5-5　何为虚拟仪器？与传统仪器相比，虚拟仪器有什么特点？

二、简答题

5-6　为什么要对原始信号进行调制处理？如何实现对信号进行调幅和解调？

5-7　为提高电桥的灵敏度，可采取什么方法？

5-8　在用应变仪测量机构的应力、应变时，如何消除由于温度变化所产生的影响？

5-9　若调制信号是一个限带信号（最高频率 f_m 为有限值），载波频率为 f_0，那么 f_m 与 f_0 应满足什么关系？为什么？

5-10　有人在使用电阻应变仪时，发现灵敏度不够，于是试图在工作电桥上增加电阻应变片数以提高灵敏度。试问，在下列情况下，是否可提高灵敏度？说明为什么？

①半桥相邻双臂各串联一片；②半桥相邻双臂各并联一片。

三、计算题

5-11　单臂电桥工作臂应变片的阻值为 120Ω，固定电阻 $R_2 = R_3 = R_4 = 120\Omega$，电阻应变片的灵敏度 $S = 2$，电阻温度系数 $\gamma_f = 20\times10^{-6}/℃$，求当工作臂温度升高 10℃ 时相当于应变值为多少？若试件的 $E = 2\times10^{11} N/m^2$，则相当于试件产生的应力 σ 为多少？

5-12　以阻值 $R = 120\Omega$，灵敏度 $S = 2$ 的电阻丝应变片与阻值为 120Ω 的固定电阻组成电桥，供桥电压 $E = 3V$，若其负载电阻为无穷大，应变片的应变 $\varepsilon = 2000\mu\varepsilon$。求①单臂电桥的输出电压及其灵敏度；②双臂电桥的输出电压及其灵敏度。

5-13　电阻应变片接成全桥，测量某一构件的应变，已知其变化规律为 $\varepsilon(t) = A\cos10t + B\cos100t$，如果电桥激励电压是 $\mu_0 = E\sin1000t$，求此电桥输出信号的频谱。

5-14　已知直流电桥 $R_1 = 120\Omega$，$R_2 = 121\Omega$，$R_3 = 119\Omega$，$R_4 = 118\Omega$，若激励电压 $e_0 = 48V$，试求输出电压 e_r，若 R_4 可调，试求电桥平衡时的 R_4 值。

5-15　已知一压电式力传感器的电荷灵敏度为 100pC/kg，传感器自身的电容 $C_0 = 310pF$，电缆电容 $C_1 = 20pF$，试计算在连接和不连接电缆的两种情况下，该力传感器的电压灵敏度（传感器后接电压放大器）。

5-16　已知一压电加速度计的电压灵敏度 $S_v = 231mV/g$，传感器的电容 $C_0 = 6pF$，电缆电容 $C_c = 35pF$，试求该压电加速度计的电荷灵敏度。

5-17　设某个滤波器的传递函数为 $H(s) = \dfrac{3}{9+2s}$，（1）试求其上、下截止频率；（2）画出其幅频特性曲线。

5-18　已知某滤波器的传递函数为 $H(s) = \dfrac{\tau s}{\tau s+1}$，式中 $\tau = 0.04s$，现在该滤波器的输出信号表达式为 $y(t) = 46.3\sin(200t+34°)$，求该滤波器的输入信号 $x(t)$ 的表达式。

第六章 信号的处理与分析

"相由心生""看脸识人"与"自相关"及"互相关"有关吗？

【本章学习要求】 完成本章内容的学习后应明白：

1. 模拟信号与数字信号为什么要相互转换？怎么转换？
2. 信号为什么要进行采样？采样频率取多高才能不失真？
3. 信号截断处理的目的是什么？能量都泄漏到哪去了？打开"窗子"亮什么话？

导入案例

　　　　　最早的邮票跟现在的不一样，每枚邮票的四周没有齿孔。许多枚邮票连在一起，使用的时候，需使用小刀或剪刀一枚一枚剪开，很不方便。

　　1848 年的一天，英国发明家阿切尔到伦敦一家小酒馆喝酒。在他身旁，一位先生左手拿着一大张邮票，右手在身上找裁邮票的小刀。这位先生摸遍身上所有的口袋，也没有找到小刀，只好向阿切尔求助："先生，您带小刀了吗？"阿切尔摇摇头说："对不起，我也没带。"

　　那个人想了想，从西服领带上取下一枚别针，在每枚邮票的连接处都刺上小孔，邮票便被撕开了，而且撕得很整齐。

　　阿切尔被那个人的举动吸引住了。阿切尔想：要是有一台机器能给邮票打孔，不是很好吗？阿切尔开始了研究工作。很快，邮票打孔机制造了出来。用它打过孔的整张邮票，很容易被一枚枚地撕开，使用非常方便。英国邮政部门立即采用了这种机器。直到现在，世界各地仍然在使用邮票打孔机。

　　试想，这与信号采样及采样定理有联系吗？

第一节 概　　述

　　随着计算机技术的飞速发展，专用数字信号处理器件与算法不断出现，以连续时间信号处理技术为原理的设备或系统逐渐被以离散时间信号处理技术为原理的设备或系统取代，而实际应用中大多数情况遇到的还是连续时间信号。为充分利用数字信号处理技术的优势，首先要将连续时间信号转换成离散时间信号，再转换为连续时间信号。这种信号处理方式所面临的问题是，连续时间信号转换成离散时间信号后，它是否保留了原信号的全部信息，对离散时间间隔有什么要求？

1. 信号处理与分析的目的

通过测试所获得的信号往往混有各种噪声。噪声的来源可能是由于测试装置本身的不完善，也可能是由于系统中混入其他的输入源。信号的分析与处理过程就是对测试信号进行去伪存真、排除干扰从而获得所需的有用信息的过程。通常把研究信号的构成和特征值的过程称为**信号分析**，把对信号进行必要的变换以获得所需信息的过程称为**信号处理**，信号的分析与处理过程是相互关联的。

2. 信号处理与分析的内容

数字计算机只能处理有限长的数字信号。因此，必须把一个连续变化的模拟信号转换成有限长的离散时间序列，才能由计算机来处理。这一转换称为模拟信号数字化。从概念上又可分成采样、截断两个过程。

【小思考——信息的相关性】 你能根据哪些具体的现象(信息)来推测一个人、一个单位、一个团体甚至一个民族未来的模样吗？

3. 信号处理方法

（1）模拟信号处理法　模拟信号处理法是直接对连续时间信号进行分析处理的方法，其分析过程是按照一定的数学模型所组成的运算网络来实现的，即使用模拟滤波器、乘法器、微分放大器等一系列模拟运算电路构成模拟处理系统来获取信号的特征参数，如均值、均方根值、自相关函数、概率密度函数、功率谱密度函数等。

尽管数字信号分析技术已经获得了很大发展，但模拟信号分析仍然是不可缺少的，即使在数字信号分析系统中，也要辅助模拟分析设备。例如，对连续时间信号进行数字分析之前的抗频混滤波，信号处理以后的模拟显示记录等。

（2）数字信号处理法　数字信号处理就是用数字方法处理信号，它可以在专用的数字信号处理仪上进行，也可以在通用的计算机上或数字信号处理（DSP）芯片上通过编程实现。在运算速度、分辨力和功能等方面，数字信号处理技术都优于模拟信号处理技术。

知识链接： 数字通信的特点

1）抗干扰能力强、无噪声积累。在模拟通信中，为了提高信噪比，需要在信号传输过程中及时对衰减的传输信号进行放大，信号在传输过程中不可避免地叠加上的噪声也会被同时放大。随着传输距离的增加，噪声累积越来越多，致使传输质量严重恶化。

对于数字通信，由于数字信号的幅值为有限个离散值，在传输过程中虽然也受到噪声的干扰，但当信噪比恶化到一定程度时，采用判决再生的方法，可再生成没有噪声干扰和原发送端一样的数字信号，所以可实现长距离高质量的传输。

2）便于加密处理。信息传输的安全性和保密性越来越重要，数字通信的加密处理比模拟通信容易得多。以话音信号为例，经过数字变换后的信号可用简单的数字逻辑运算进行加密、解密处理。

3）便于存储、处理和交换。数字通信的信号形式和计算机所用信号一致，都是二进制代码，因此便于与计算机联网，也便于用计算机对数字信号进行存储、处理和交换，可使通信网的管理、维护实现自动化、智能化。

第二节　信号的数字化处理

一、信号数字化的基本步骤

信号数字化处理的一般步骤，可用图 6-1 所示的框图来概括。

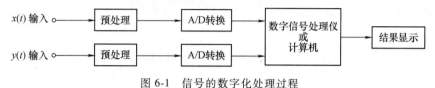

图 6-1　信号的数字化处理过程

1. 信号预处理

信号预处理是将信号变成适于数字处理的形式，以减小数字处理的难度。它包括以下几项内容：

1）信号电压幅值处理，使之适宜于采样。

2）过滤信号中的高频噪声。

3）隔离信号中的直流分量，消除趋势项。

4）如果信号是调制信号，则进行解调。

2. A/D 转换

把连续的时间信号转换为与其相应的数字信号的过程称为模/数（A/D）转换，A/D 转换包括在时间上对原信号的等间隔采样、幅值上的量化及编码，如图 6-2 所示。

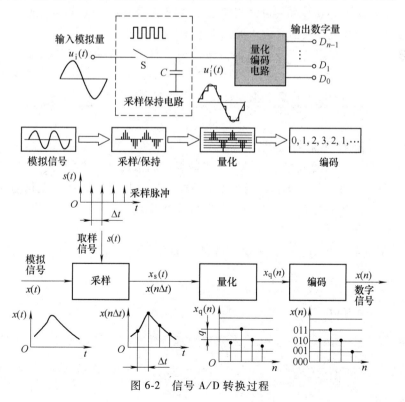

图 6-2　信号 A/D 转换过程

3. 数字信号分析

数字信号分析可以在信号分析仪、通用计算机或专用数字信息处理仪上进行。由于计算机只能处理有限长度的数据，所以要把长时间的序列截断。但截断会产生误差，有时需对截断的数字序列进行加权（乘以窗函数）以成为新的有限长的时间序列。必要时还可以设计专门的程序进行数字滤波，然后把所得的有限长的时间序列按给定程序进行运算。例如，进行时域中的概率统计、相关分析、建模和识别，以及频域中的频谱分析、功率谱分析、传递函数分析等。

4. 结果显示

运算结果可直接显示或打印，也可用数/模（D/A）转换器再把数字量转换成模拟量输入外部被控装置。还可将结果输入后续计算机，再由专门程序进行后续处理。

【小思考】　连续信号为什么需要进行离散化处理？

阅读材料

　　计算机中的声音文件是用二进制码 0 和 1 来表示的，在计算机上录音的本质就是把模拟声音信号转换成数字信号。这个转换过程称为采样，所用到的设备是模/数转换器（A/D），它以每秒上万次的速率对声波进行采样。采样的过程实际上是将模拟音频信号的电信号转换成二进制码 0 和 1，这些 0 和 1 便构成了数字音频文件。

　　声卡的主要作用是对声音信息进行录制与回放，在这个过程中采样的位数、采样的频率决定了声音采集的质量。声卡的位是指声卡在采集和播放声音文件时所用数字声音信号的二进制位数，反映了数字声音信号对输入声音信号描述的准确程度。

　　采样频率是指录音设备在一秒内对声音信号的采样次数，采样频率越高，音质越有保证，数字化后声波就越接近于原来的波形，声音的还原保真度越高。

　　由于采样频率一定要高于录制的最高频率的 2 倍才不会失真，而人类的听力范围为 20Hz~20kHz，所以采样频率至少为 20kHz×2 = 40kHz，才能保证不产生低频失真，这也是 CD 音质采用 44.1kHz（稍高于 40kHz 是为了留有余地）的原因。

二、采样、混叠和采样定理

采样是将信号从连续时间域上的模拟信号转换到离散时间域上的离散信号的过程，采样也称为抽样，是信号在时间上的离散化，即按照一定时间间隔 Δt 在模拟信号 $x(t)$ 上逐点采取其瞬时值。它是通过采样脉冲和模拟信号相乘来实现的。

1. 时域采样

采样过程可以看作是用等间隔的单位脉冲序列去乘模拟信号。设 $g(t)$ 是间隔为 T_s 的周期脉冲序列：

$$g(t) = \sum_{n=-\infty}^{\infty} \delta(t - nT_s) \quad n = 0, \pm 1, \pm 2, \pm 3, \cdots \tag{6-1}$$

$x(t)$ 为需要采样的模拟信号，由 δ 函数的筛选特性式（2-33）可知

$$x(t)g(t) = \int_{-\infty}^{\infty} x(t)\delta(t - nT_s)\mathrm{d}t = x(nT_s) \quad n = 0, \pm 1, \pm 2, \pm 3, \cdots \tag{6-2}$$

经时域采样后，各采样点的信号幅值为 $x(nT_s)$。采样原理如图 6-3 所示，其中 $g(t)$ 为采样函数（单位脉冲序列）。T_s 称为采样间隔（或采样周期），$1/T_s = f_s$ 称为采样频率。

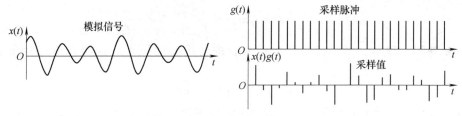

图 6-3　采样原理

由于后续的量化过程需要一定的时间 τ，对于随时间变化的模拟输入信号，要求瞬时采样值在时间 τ 内保持不变，这样才能保证转换的正确性和转换精度，这个过程即采样保持。正是有了采样保持，实际采样后的信号才是阶梯形的连续函数。

2. 频率混叠和采样定理

采样间隔 T_s 的选择很重要。采样间隔太小（采样频率高），则采样点数多，使计算工作量增大；如果数字序列长度一定，则只能处理很短的时间历程，可能产生很大的误差。若采样间隔太大（采样频率低），则可能丢失有用的信息。

【例 6-1】　对两个谐波信号 $x_1(t) = \cos 100\pi t$ 和 $x_2(t) = \cos 1100\pi t$ 进行采样，采样频率 $f_s = 40\text{Hz}$，求两个信号采样后的输出序列，并解释频率混叠现象。

解：将连续的模拟信号 $x(t)$ 变换为离散的数字序列即数字信号 $x(n)$，本质上可以看作是一个模拟信号 $x(t)$ 与一个等间隔的脉冲序列 $g(t)$ 相乘的结果，根据式（6-2），得到

$$\hat{x}(n) = x(t)g(t) = x(t)\sum_{n=-\infty}^{+\infty}\delta(t - nT_s) = x(nT_s)$$

已知采样频率 $f_s = 40\text{Hz}$，所以采样间隔 $T_s = 1/40$，$nT_s = n/40$，则

$$\hat{x}_1(n) = x_1\left(\frac{n}{40}\right) = \cos 100\pi \frac{n}{40} = \cos(2.5\pi n)$$

$$\hat{x}_2(n) = x_2\left(\frac{n}{40}\right) = \cos 1100\pi \frac{n}{40} = \cos(27.5\pi n)$$

经采样后，在采样点上两者的瞬时值（图 6-4 中的"×"点）完全相同。即，不同频率的信号 $x_1(t)$ 和 $x_2(t)$，经相同频率的采样，其结果却一样。导致从采样结果（数字序列）上，已分辨不出数字序列来自于 $x_1(t)$ 还是 $x_2(t)$，不同频率信号的采样结果的混叠，就是所谓的"频率混叠"现象。

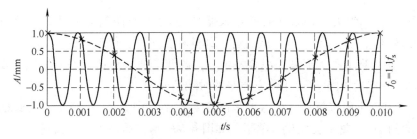

图 6-4　频率混叠现象

（1）频率混叠的原因　在时域采样中，采样函数 $g(t)$ 的傅里叶变换由式（2-44）表示，即

$$G(f) = f_s \sum_{n=-\infty}^{\infty} \delta(f - nf_s) = \frac{1}{T_s} \sum_{n=-\infty}^{\infty} \delta\left(f - \frac{n}{T_s}\right) \tag{6-3}$$

由频域卷积定理知，两个时域函数的乘积的傅里叶变换等于这两者傅里叶变换的卷积，即

$$x(t) \cdot g(t) \leftrightarrow X(f) * G(f) \tag{6-4}$$

考虑 δ 函数与其他函数卷积的特性，即将其他函数的坐标原点移至 δ 函数所在的位置，则式（6-4）变为

$$X(f) * G(f) = X(f) * \frac{1}{T_s} \sum_{n=-\infty}^{\infty} \delta\left(f - \frac{n}{T_s}\right) = \frac{1}{T_s} \sum_{n=-\infty}^{\infty} X\left(f - \frac{n}{T_s}\right) \tag{6-5}$$

式（6-5）即为信号 $x(t)$ 经间隔 T_s 的单位脉冲采样之后形成的采样信号的频谱，如图 6-5 所示。一般地，采样信号的频谱和原连续信号的频谱 $X(f)$ 不完全相同，即采样信号的频谱是将 $X(f)$ 依次平移至采样脉冲对应的频率序列点上，然后全部叠加而成，如图 6-5 所示。由此可见，一个连续信号经过周期单位脉冲序列采样以后，它的频谱将沿着频率轴每隔一个采样频率 f_s 就重复出现一次，即频谱产生了周期延拓，延拓周期为 f_s。

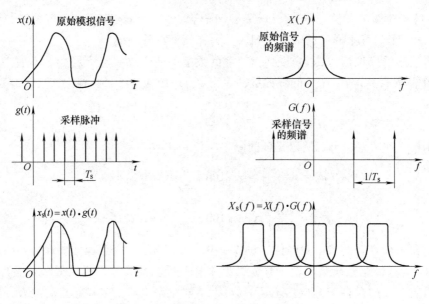

图 6-5　采样过程

如果采样间隔 T_s 太大（即采样频率 f_s 太低），频率平移距离 f_s 过小，则移至各采样脉冲对应的频率序列点上的频谱 $X(f)$ 就会有一部分相互交叠，使新合成的 $X(f)G(f)$ 图形与 $X(f)$ 不一致，这种现象称为**混叠**。混叠发生后，改变了原来频谱的部分幅值，故不可能准确地从离散的采样信号 $x(t)g(t)$ 中恢复原来的时域信号 $x(t)$ 了。

如果 $x(t)$ 是一个限带信号（信号的最高频率 f_c 为有限值），采样频率 $f_s \geqslant 2f_c$，那么采样后的频谱 $X(f)G(f)$ 就不会发生混叠了，如图 6-6 所示。如果将该频谱通过一个中心频率为零（$f = 0$），带宽为 $\pm f_s/2$ 的理想低通滤波器，则可把原信号完整的频谱提取出来，才有可

第六章　信号的处理与分析　　　　　　　·237·

能从离散序列中准确地恢复原信号的波形。

（2）采样定理　为了避免混叠，以便采样后仍能准确地恢复原信号，采样频率 f_s 必须

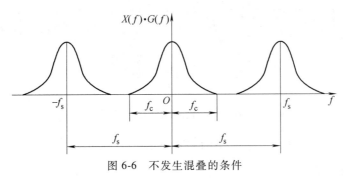

图 6-6　不发生混叠的条件

不小于信号最高频率 f_c 的 2 倍，即 $f_s \geqslant 2f_c$，这就是**采样定理**。在实际工作中，一般采样频率应选为被处理信号中最高频率的 3~4 倍以上。

如果确知测试信号中的高频成分是由噪声干扰引起的，为满足采样定理并且不使数据过长，常在信号采样前先进行滤波预处理。这种滤波器被称为抗混滤波器。抗混滤波器没有理想的截止频率 f_c，在 f_c 之后总会有一定的过渡带。由此，要绝对不产生混叠实际上是做不到的，工程上只能保证足够的精度。如果只对某一频带感兴趣，那么可用带通滤波器滤掉其他频率成分，这样就可以避免混叠并减少信号中其他成分的干扰。

知识链接

采样定理是 1928 年由美国电信工程师奈奎斯特（H Nyquist）首先提出来的，故采样定理又称奈奎斯特采样定理。1933 年苏联工程师科捷利尼科夫首次用公式严格地表述了这一定理，所以在苏联文献中称为科捷利尼科夫采样定理。1948 年，美国数学家、现代通信理论及信息论的创始人香农（C E Shannon，1916—2001）对这一定理做了明确的说明并正式作为定理引用，因此在许多文献中又称为香农采样定理。

三、量化和量化误差

采样是对模拟信号在时间轴上的离散化，而**量化**则是把采样点的幅值在一组有限个离散电平中取其中之一来近似代替信号的实际电平。这些离散电平称为量化电平，每一个量化电平用一个二进制数来表示，从而模拟信号经采样、量化之后，就转化为数字信号。**量化**又称为幅值量化，即将模拟信号经采样后的 $x(nT_s)$ 的电压幅值变成离散的二进制数。

把采样信号 $x(nT_s)$ 经过舍入或者截尾的方法变为只有有限个有效数字的数，这一过程称为**量化**。若取信号 $x(t)$ 可能出现的最大值 A，令其分为 d 个间隔，则每个间隔的长度为 $q = A/d$，q 称为**量化增量**或**量化步长**。当模拟信号采样值 $x(nT_s)$ 的电平落在两个相邻量化电平之间时，就要经过舍入或者截尾的方法归并到相应的一个量化电平上，该量化电平与信号实际电平之间的差值称为**量化误差**，如图 6-7 所示。

量化增量 q 越大，则量化误差越大。量化增量的大小，一般取决于计算机 A/D 卡的位数。例如，8 位二进制为 $2^8 = 256$，即量化增量 q 为所测信号最大电压幅值的 1/256。

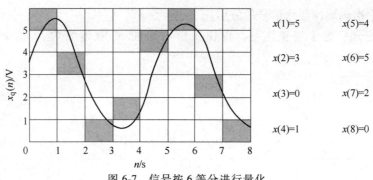

图 6-7　信号按 6 等分进行量化

A/D 卡的位数是一定的，一个 n 位的二进制数，共有 $L = 2^n$ 个数码，即有 L 个量化电平，量化误差的最大值为 $\pm 1 / (2L)$。

【例 6-2】　将幅值为 $A = 1000$ 的谐波信号按 6、10、18 等分量化，求其量化后的曲线。

解：图 6-8 中，图 6-8a 所示为谐波信号，图 6-8b 所示为 6 等分的量化结果，图 6-8c 所示为 10 等分的量化结果，图 6-8d 所示为 18 等分的量化结果。对比图 6-8b~d 可知，等分数越少（d 越小）、q 越大，量化误差越大。

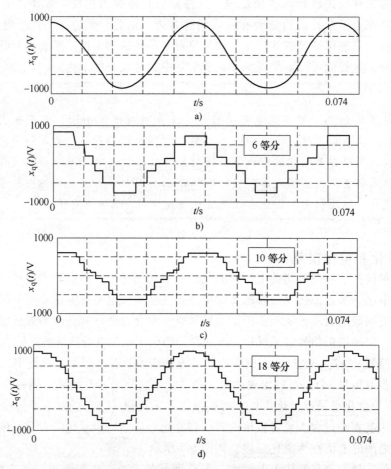

图 6-8　谐波信号分别按 6、10、18 等分进行量化
a）谐波信号　b）6 等分　c）10 等分　d）18 等分

四、截断、泄漏和窗函数

1. 截断、泄漏和窗函数的概念

信号的数字化处理的主要数学工具是傅里叶变换。应注意到，傅里叶变换是研究<u>整个时</u><u>域和频域</u>的关系的。然而，用计算机实现工程测试信号处理时，<u>不可能对无限长的信号进行</u><u>测量和运算</u>，而是取其有限的时间片段，即从信号中截取一个片段，然后对该片段进行周期延拓（见图 6-9），得到虚拟的无限长的信号，再对信号进行傅里叶变换、相关分析等处理。

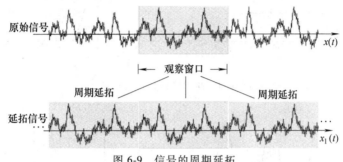

图 6-9 信号的周期延拓

信号的截断就是将无限长的信号乘以有限宽的窗函数。"窗"的意思是指透过窗口能够"看到"原始信号的一部分，而原始信号在"窗"以外的部分均视为零，如图 6-9 和图 6-10 所示。

周期延拓后的信号与真实信号是不同的，下面从数学的角度来看这样做产生的误差。

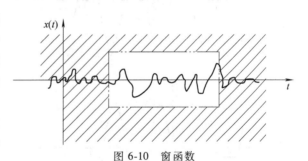

图 6-10 窗函数

设有余弦信号 $x(t)$ 在时域分布为无限长（$-\infty$，$+\infty$），矩形窗的时域表达式为

$$w_R(t) = \begin{cases} 1 & |t| \leqslant T \\ 0 & |t| > T \end{cases} \tag{6-6}$$

其傅里叶变换为

$$w_R(t) \Leftrightarrow W_R(f) = 2T\frac{\sin 2\pi fT}{2\pi fT} \tag{6-7}$$

当用如图 6-11 所示的矩形窗函数 $w_R(t)$ 与图 6-12a 所示的余弦信号 $x(t)$ 相乘时，对信号截取一段（$-T$，T），得到截断信号 $x_T(t) = x(t)w_R(t)$。根据傅里叶变换，余弦信号的频谱 $X(f)$ 是位于 f_0 处的 δ 函数，而矩形窗函数 $w_R(t)$ 的频谱为 $\mathrm{sinc}(f)$ 函数，按照频域卷积定理，则截断信号 $x_T(t)$ 的频谱 $X_T(f)$ 应为

$$x(t) \cdot w_R(t) \Leftrightarrow X(f) * W_R(f) \tag{6-8}$$

$W_R(f)$ 是一个频带无限宽的 sinc 函数，幅值随 f 增大逐渐衰减，如图 6-11 所示。即使是限带信号（频带宽度为有限值），如图 6-12 所示的谐波信号，被截断后也必然成为无限带宽函数。这说明信号的能量分布扩展了。

将截断信号的谱 $X_T(f)$ 与原始信号的频谱 $X(f)$ 相比较可知，它已不是原来的两条谱

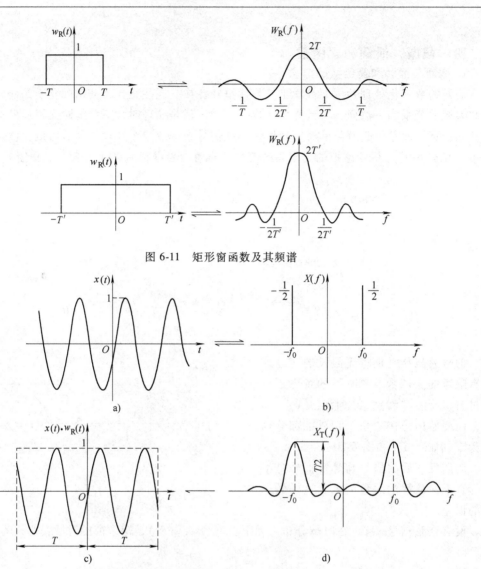

图 6-11　矩形窗函数及其频谱

图 6-12　信号截断与能量泄漏

a）未被截断的谐波信号（无限长）　b）未被截断的谐波信号的频谱 $X(f)$

c）谐波信号被截断　d）截断后的谐波信号的频谱 $X_T(f)$

线，而是两段振荡的连续谱。这表明原来的信号被截断以后，其频谱发生了畸变，原来集中在 f_0 处的能量被分散到两个较宽的频带中去了，这种现象称为频谱能量泄漏。

信号截断后产生能量泄漏现象是必然的，因为窗函数 $w_R(t)$ 是一个频带无限的函数，所以即使原信号 $x(t)$ 是限带信号，在截断后也必然成为无限带宽的函数，即信号在频域的能量与分布被扩展了。又从采样定理可知，无论采样频率多高，只要信号一经截断，就会不可避免地引起混叠，因此信号截断必然会导致误差，这是信号分析中不容忽视的问题。

增大截断长度 T，即矩形窗口加宽，则窗谱 $W_R(f)$ 将被压缩变窄（$1/T$ 减小）。中心频率以外的频率分量衰减较快，因而泄漏误差将减小。当窗口宽度 T 趋于无穷大时，则窗谱 $W_R(f)$ 将变为 $\delta(f)$ 函数，而 $\delta(f)$ 与 $X(f)$ 的卷积仍为 $X(f)$，这说明，如果窗口无限宽，即信号不截断，就不存在泄漏误差。

【人生哲理——透过窗口看世界】 有窗才是明亮的房。打开一扇窗，在明媚的阳光沐浴下，看一本喜爱的书，读别人的故事。当你真正能做到临窗极目，就能从繁杂中悟出简单，从喧嚣中听出宁静，从千磨万击中看到希望。这种视野，不仅是一时的心情，更是一种人生的气度！

为了减少频谱能量泄漏，可采用不同的截断函数对信号进行截断，截断函数称为<u>窗函数</u>，简称为窗。泄漏与窗函数频谱的两侧旁瓣有关，如果两侧旁瓣的高度趋于零，而使能量相对集中在主瓣，就接近于真实的频谱。

【小思考】 为什么要对周期信号实行整周期截断？信号的能量泄漏现象可以避免吗？

2. 几种常见的窗函数

（1）矩形窗 矩形窗属于时间变量的零次幂窗，函数形式为式（6-6），相应的窗谱为式（6-7）。矩形窗的时域及频域波形如图 6-11 所示。矩形窗使用最多，习惯上不加窗就是使信号通过了矩形窗。这种窗的优点是主瓣比较集中，缺点是旁瓣较高，并有负旁瓣，易导致变换中带进高频干扰和泄漏，甚至出现负谱现象。

（2）三角窗 三角窗是幂窗的一次方形式，其定义为

$$w(t) = \begin{cases} 1 - \dfrac{1}{T}|t| & |t| < T \\ 0 & |t| \geqslant T \end{cases} \tag{6-9}$$

相应的窗谱为

$$W(f) = T\left(\frac{\sin \pi ft}{\pi ft}\right)^2 \tag{6-10}$$

如图 6-13 所示，三角窗与矩形窗比较，主瓣宽约等于矩形窗的 2 倍，但旁瓣小，而且无负旁瓣。

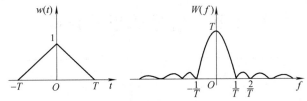

图 6-13 三角窗的时域及频域波形

（3）汉宁（Hanning）窗 汉宁窗的时域表达式为

$$w(t) = \begin{cases} \dfrac{1}{T}\left(\dfrac{1}{2} + \dfrac{1}{2}\cos\dfrac{\pi t}{T}\right) & |t| < T \\ 0 & |t| \geqslant T \end{cases} \tag{6-11}$$

相应的窗谱为

$$W(f) = \frac{\sin 2\pi fT}{2\pi fT} + \frac{1}{2}\left[\frac{\sin(2\pi fT + \pi)}{2\pi fT + \pi} + \frac{\sin(2\pi fT - \pi)}{2\pi fT - \pi}\right] \tag{6-12}$$

汉宁窗及其频谱的图形如图 6-14 所示，和矩形窗比较，汉宁窗的旁瓣小得多，因而泄漏也少得多，但是汉宁窗的主瓣较宽。

（4）海明（Hamming）窗 海明窗本质上和汉宁窗一样，只是系数不同。海明窗比汉宁窗消除旁瓣的效果要好一些，而且主瓣稍窄，但是旁瓣衰减较慢是不利的方面。适当地改

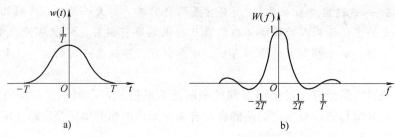

图 6-14　汉宁窗的时域及频域波形

a）汉宁窗时域波形　b）汉宁窗频谱图

变系数，可得到不同特性的窗函数。

$$w(t) = \begin{cases} 0.54 + 0.46\cos\left(\dfrac{2\pi t}{T}\right) & |t| \leqslant T \\ 0 & |t| > T \end{cases} \tag{6-13}$$

$$W(f) = 0.54\frac{\sin 2\pi fT}{2\pi fT} + 0.23\left[\frac{\sin(f+1/T)}{f+1/T} + \frac{\sin(f-1/T)}{f-1/T}\right] \tag{6-14}$$

在实际的信号处理中，常用"单边窗函数"。若以开始测量的时刻作为 $t = 0$，截断长度为 T，$0 \leqslant t < T$。这等于把双边窗函数进行了时移。根据傅里叶变换的性质，时域的平移，对应着频域进行相移而幅值绝对值不变。因此以单边窗函数截断信号所产生的泄漏误差与双边窗函数截断信号产生的泄漏相同。

窗函数的选择，应考虑被分析信号的性质与处理要求。如果仅要求精确读出主瓣曲率，而不考虑幅值精度，则可选用主瓣宽度较窄而便于分辨的矩形窗，如测量物体的自振频率等；如果分析窄带信号，且有较强的干扰噪声，则应选用旁瓣幅度小的窗函数，如汉宁窗、三角窗等。

第三节　信号的相关分析

导入案例

　　增兵减灶、减兵增灶是古代作战时的一种计谋，它反映的是：灶多说明吃饭的人也多，灶少吃饭的人也就少的道理（灶的数量与士兵人数之间存在相关性）。古代军法"百人为卒，五人为伍"，士兵行军打仗时，每到一个地方都是按着此编制自己"埋锅造饭"，敌方会根据留下的"灶"计算我方士兵数。为了迷惑对方，主帅常常采用增兵减灶或减兵增灶的办法，隐瞒自己的真实兵力，让对方误判，从而有利于自己战胜敌方。

　　20 世纪三四十年代，中国也进行过一次全国人口普查。在当时的情况下，要做这件事非常困难。除了把统计表格尽可能地层层分发到各地，对无法发放表格进行统计的地区，统计部门则会根据该地区食盐用量的多少，来推算人口数，因为一个人每天的用盐量是可以估计的。这样经过逐级统计核算，终于完成了全国的户口统计，确定了那时中国人口数为四亿五千万。这是食盐消耗量与人口数量之间相关性的一个应用。

实测所得的信号往往是随机的，而随机信号无法用数学关系式描述。考虑到这类信号一般是从同一个被测对象上测试得到的，其间总存在某种内在联系，通过大量的统计还是可以发现它们之间存在着某种相互关系（表征其特性的近似关系）。对这类信号的分析常常要用到相关的概念，利用相关分析可以揭示信号间关联程度的内在规律，并且从对随机信号分析中得到的某些规律可推及至确定性信号中去。

一、何谓相关

任何事物的存在都不是孤立的，而是相互联系、相互制约的。自然界中事物变化规律的表现，也总存在互相关联的现象，并通过一定的数量关系反映出来。所谓相关，就是指客观事物或过程中某两种特征量之间的相依关系。例如，人的身高与体重之间虽然不能用确定的函数式来表达，但通过大量数据的统计发现：身材高的人，体重常常也大些，说明这两个变量之间存在着某种相互关系。

如果我们所研究的事物或现象之间，存在着一定的数量关系，即当一个或几个相互联系的变量取一定数值时，与之相对应的另一变量虽然可能取许多不同的值，但其取值会按某种规律在一定的范围内变化。把变量之间虽然相互影响、相互依存，但是不稳定、不精确的变化关系称为相关关系。

相关关系是一种非确定性的关系，如吸烟与寿命之间、土地施肥量与农作物产量之间显然有关系，但是又没有确切到可由其中的一个去精确地决定另一个的程度，这就是相关关系。描述变量（信号）之间的相关关系的常用统计量有相关系数、自相关函数和互相关函数等。

【小思考】　一份辛苦一份收获，难道成绩与时间相关吗？

二、相关系数——变量之间相关程度的描述

图 6-15 所示为由两个随机变量 x 和 y 组成的数据点的分布情况。图 6-15a 显示两变量 x 和 y 有确定的线性关系；图 6-15b 显示两变量虽无确定关系，但从总体上看，大的 x 值对应大的 y 值，小的 x 值对应小的 y 值，所以说这两个变量之间具有某种程度的相关关系，两个变量是相关的；图 6-15c 各点分布很散乱，x 和 y 值之间没有明显的关系，可以说变量 x 和 y 之间是无关的。

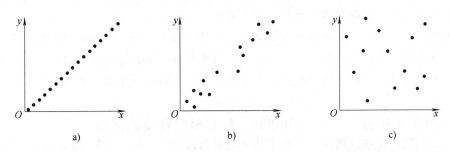

a)　　　　　　　　　　b)　　　　　　　　　　c)

图 6-15　变量 x 与变量 y 的相关性

a）x 和 y 之间是线性关系　b）x 和 y 之间存在某种程度的相关性　c）x 与 y 无关

当两个变量存在相关关系时，一般可用其中一个量的变化来表示另一个量的变化。

两个随机变量 x、y 之间的相关程度可用相关系数 ρ_{xy} 来表示，相关系数定义为

$$\rho_{xy} = \frac{E[(x - \mu_x)(y - \mu_y)]}{\sigma_x \sigma_y} \tag{6-15}$$

式中　E——数学期望；

　μ_x，μ_y——随机变量 $x(t)$ 和 $y(t)$ 的均值，$\mu_x = E[x(t)]$，$\mu_y = E[y(t)]$；

　σ_x，σ_y——随机变量 $x(t)$ 和 $y(t)$ 的标准差；

　ρ_{xy}——一个无量纲的系数，$|\rho_{xy}| \leqslant 1$。

当 $|\rho_{xy}| = 1$ 时，说明 $x(t)$、$y(t)$ 两变量是理想的线性关系，这种情况为完全相关。例如，玻璃管温度计液面高度 Y 与环境温度 x 的关系就是近似理想的线性相关。$\rho_{xy} = -1$ 时也是理想的线性相关，只不过直线的斜率为负。

当 $|\rho_{xy}| = 0$ 时，则说明两个变量完全无关。

当 $0 < |\rho_{xy}| < 1$ 时，表示两变量之间有部分相关。

在静态测量中，由于所测得的是数值，常用相关系数来描述两个随机变量之间的相关性。

在动态测试中，要了解与时间有关的信号在不同时刻的取值有无内在关联性，需要引入相关函数的概念，以便描述两个信号或一个信号自身不同时刻的相似程度从而发现信号中许多有规律的东西。

图 6-16　某股市成分指数与货币供应量之间的相关性

图 6-16 所示为某股市成分指数与货币供应量之间的关系，可以清晰地发现指数波动与货币供应量（货币政策）之间有某种相关性。

【小思考——相关性（多难兴邦？）】　每当社会面临灾难（如地震、海啸、飓风）时，总会有经济学者站出来说，灾难虽然造成了很大的伤害，但它为下一轮就业和 GDP 增长带来了机会。这种说法对不对？多难真的能够兴邦吗？如果能，那些避免了灾难的国家岂不是吃亏了？难道必须先蒙受灾难，才能走向繁荣？

一个人、一个国家，如果不遭遇磨难，发展的基础会更好。同样道理，年轻人，没必要在经历虚度光阴、不认真听课、找不到工作的痛楚之后再来发奋图强、亡羊补牢。在人生的道路上，尽可能少走弯路、少犯错误，才是健康成长、高效成才的王道。

三、自相关函数——不同时刻同一信号相似程度的描述

自相关函数可以描述同一信号在不同时刻的相似程度，也可以描述同一信号的现在值与过去值的关系或根据过去值、现在值来估计将来值。图 6-17 所示为四种波形的相似性比较。

1. 自相关函数的定义

信号在一个时刻的瞬时值与另一时刻的瞬时值之间的依赖关系可用自相关函数来描述。图 6-18 所示为 $x(t)$ 和 $x(t+\tau)$ 的波形图。$x(t)$ 的自相关函数 $R_x(\tau)$ 定义为：

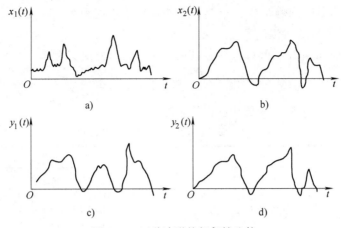

图 6-17　四种波形的相似性比较

a) $x_1(t)$ 时域波形　b) $x_2(t)$ 时域波形　c) $y_1(t)$ 时域波形　d) $y_2(t)$ 时域波形

$$R_x(\tau) = \lim_{T \to \infty} \frac{1}{T} \int_0^T x(t)x(t+\tau)\,dt$$

(6-16)

式中，$\tau \in (-\infty, +\infty)$，是与变量 t 无关的连续时间变量，称为"时间延迟"，简称"时延"。所以，自相关函数是时延 τ 的函数。

根据 $R_x(\tau)$ 可以估计信号 $x(t)$ 在 t_1 时刻和 $t_1+\tau$ 时刻上的相关性。

对于有限时间序列的自相关函数，用式（6-17）进行估计

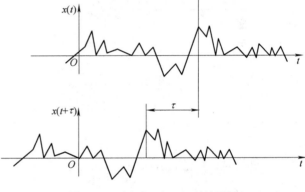

图 6-18　$x(t)$ 和 $x(t+\tau)$ 的波形图

$$\hat{R}_x(\tau) = \frac{1}{T} \int_0^T x(t)x(t+\tau)\,dt \qquad (6\text{-}17)$$

为了从数量上明显地表示信号 $x(t)$ 在 t_1 时刻和 $t_1+\tau$ 时刻数值之间的相关程度，避免信号本身幅值对其相关程度度量的影响，通常将自相关函数进行归一化处理，引入无量纲的系数表示相关程度，得自相关系数 $\rho_x(\tau)$ 为：

$$\rho_x(\tau) = \frac{R_x(\tau) - \mu_x^2}{\sigma_x^2} \qquad (6\text{-}18)$$

由式（6-18）可知 $\rho_x(\tau)$ 与 $R_x(\tau)$ 均随 τ 而变化，且两者成线性关系，故可用 $\rho_x(\tau)$ 来反映信号的自相关性。

以上所得到的自相关函数是由随机信号引出的，它若被推广至确定性信号，在含义上仍反映了信号的相关性，但其运算公式会有所变化。

1）对于周期信号 $x(t)$，可用一个周期代替其整体来计算，即

$$R_x(\tau) = \frac{1}{T} \int_0^T x(t)x(t+\tau)\,dt$$

式中，T 为 $x(t)$ 的周期，则 $R_x(\tau)$ 也是以 T 为周期的周期函数，其幅值与原周期信号 $x(t)$ 有关，但丢失了原信号的相位信息。

2）对于瞬变非周期信号 $x(t)$，它的自相关函数计算公式变为

$$R_x(\tau) = \int_{-\infty}^{+\infty} x(t) x(t+\tau) \, dt$$

表 6-1 所列为四种典型信号及其自相关函数。

表 6-1　四种典型信号及其自相关函数

	时间历程	自相关函数图
正弦信号		
正弦波加随机噪声		
宽带随机信号		
窄带随机信号		

2. 自相关函数的性质

1）$R_x(\tau)$ 为实偶函数，即 $R_x(\tau) = R_x(-\tau)$，自相关函数图形关于原点对称。

2）时延 τ 值不同，$R_x(\tau)$ 不同。当 $\tau = 0$ 时，自相关函数为最大值，并等于信号的均方值 ψ_x^2。

$$R_x(0) = \lim_{T \to \infty} \frac{1}{T} \int_0^T x(t) x(t+0) \, dt = \lim_{T \to \infty} \frac{1}{T} \int_0^T x^2(t) \, dt = \sigma_x^2 + \mu_x^2 = \psi_x^2 \tag{6-19}$$

则

$$\rho_x(0) = \frac{R_x(0) - \mu_x^2}{\sigma_x^2} = \frac{\mu_x^2 + \sigma_x^2 - \mu_x^2}{\sigma_x^2} = \frac{\sigma_x^2}{\sigma_x^2} = 1 \tag{6-20}$$

3）$R_x(\tau)$ 值的范围为 $\mu_x^2 - \sigma_x^2 \leqslant R_x(\tau) \leqslant \mu_x^2 + \sigma_x^2$。

由式（6-18）得

$$R_x(\tau) = \rho_x(\tau) \sigma_x^2 + \mu_x^2$$

同时，由式 $|\rho_x(\tau)| \leqslant 1$ 得

$$\mu_x^2 - \sigma_x^2 \leqslant R_x(\tau) \leqslant \mu_x^2 + \sigma_x^2 \tag{6-21}$$

4）当 $\tau \to \infty$ 时，$x(t)$ 和 $x(t+\tau)$ 之间不存在内在联系，彼此无关，即

$$\rho_x(\tau \to \infty) \to 0 \tag{6-22}$$

$$R_x(\tau \to \infty) \to \mu_x^2 \tag{6-23}$$

如果均值 $\mu_x = 0$，则 $R_x(\tau) \to 0$。

根据以上性质，自相关函数 $R_x(\tau)$ 的典型图形如图 6-19 所示。

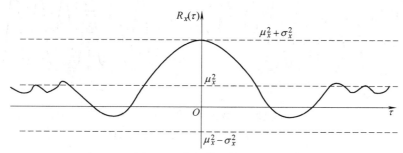

图 6-19　自相关函数的性质

5）周期信号的自相关函数仍然是同频率的周期信号，但丢失了原信号的相位信息。

若周期函数为 $x(t) = x(t+nT)$，则其自相关函数为

$$R_x(\tau + nT) = \frac{1}{T}\int_0^T x(t+nT)x(t+nT+\tau)\mathrm{d}(t+nT)$$

$$= \frac{1}{T}\int_0^T x(t)x(t+\tau)\mathrm{d}t$$

$$= R_x(\tau) \tag{6-24}$$

6）随机信号的自相关函数，将随 $|\tau|$ 值的增大而很快趋于零。

【核心提示】　自相关函数 $R_x(\tau)$，是判别信号中是否含有周期成分的有效手段。

【例 6-3】　求正弦函数 $x(t) = x_0\sin(\omega t + \varphi)$ 的自相关函数。

解：此处初始相角 φ 是一个随机变量，由于存在周期性，所以各种平均值可以用一个周期内的平均值计算。

根据自相关函数的定义

$$R_x(\tau) = \lim_{T \to \infty}\frac{1}{T}\int_0^T x(t)x(t+\tau)\mathrm{d}t = \frac{1}{T_0}\int_0^T x_0^2\sin(\omega t + \varphi)\sin[\omega(t+\tau) + \varphi]\mathrm{d}t$$

$$= \frac{x_0^2}{2T}\int_0^T \{\cos[\omega(t+\tau) + \varphi - (\omega t + \varphi)] - \cos[\omega(t+\tau) + \varphi + (\omega t + \varphi)]\}\mathrm{d}t$$

$$= \frac{x_0^2}{2T}\int_0^T [\cos\omega\tau - \cos(2\omega t + \omega\tau + 2\varphi)]\mathrm{d}t$$

$$= \frac{x_0^2}{2T}\int_0^T \cos\omega\tau\mathrm{d}t + \frac{x_0^2}{T_0}\int_0^T \cos(2\omega t + \omega\tau + 2\varphi)\mathrm{d}t$$

$$= \frac{x_0^2}{2}\cos\omega\tau$$

式中　T_0——正弦函数的周期，$T_0 = 2\pi/\omega$。

可见正弦信号的自相关函数是一个余弦信号，在 $\tau = 0$ 时具有最大值 $\dfrac{x_0^2}{2}$，如图 6-20 所示。它保留了正弦信号 $x(t)$ 的幅值信息 x_0 和频率信息 ω，但丢掉了初始相位信息 φ。

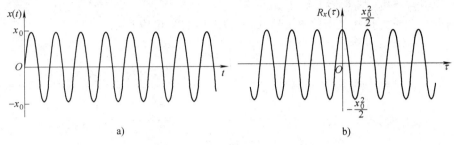

图 6-20　正弦函数及其自相关函数

a）正弦函数　b）正弦函数的自相关函数

3. 自相关函数的应用

1）检测信号回声（反射）。若在宽带信号中存在着带时间延迟 τ_0 的回声，那么该信号的自相关函数也将在 $\tau = \tau_0$ 处达到峰值（另一峰值在 $\tau = 0$ 处），这样可根据 τ_0 确定反射体的位置，同时自相关系数在 τ_0 处的值 $\rho_x (\tau_0)$ 将给出反射信号相对强度的度量。

2）检测淹没在随机噪声中的周期信号。由于周期信号的自相关函数仍是周期性的，而随机噪声信号随着延迟增加，它的自相关函数将减到零。因此在一定延迟时间后，被干扰信号的自相关函数中就只保留了周期信号的信息，而排除了随机信号的干扰。

图 6-21 所示为噪声对自相关函数的影响。

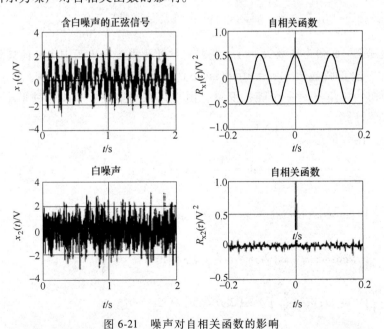

图 6-21　噪声对自相关函数的影响

【例 6-4】　机械加工表面粗糙度的自相关分析

图 6-22a 所示为采用不同的加工方法所形成的表面，图 6-22b 所示为用电感式轮廓仪测量

工件表面粗糙度的示意图。金刚石触头将工件表面的凸凹不平度，通过电感式传感器转换为表面粗糙度信号 $x(t)$ 波形（见图 6-22b），再经过自相关分析得到其自相关函数 $R_x(\tau)$ 的图形（见图 6-22c）。试根据自相关函数来分析导致加工表面粗糙的原因。

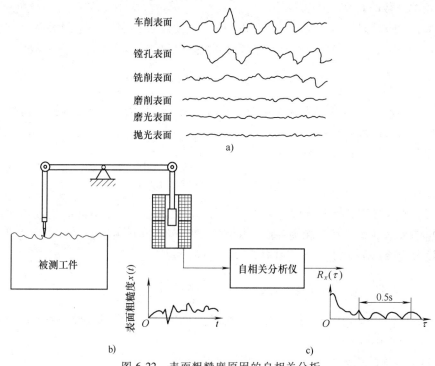

图 6-22　表面粗糙度原因的自相关分析

a）不同加工方法形成的表面粗糙情况　b）表面粗糙度检测信号 $x(t)$ 的波形

c）$x(t)$ 的自相关函数 $R_x(\tau)$

　　解： 从表面粗糙度信号 $x(t)$ 的自相关函数 $R_x(\tau)$ 可以看出，这是一种随机信号中混杂着周期信号的波形，随机信号在原点处有较大相关性，随 τ 值增大而减小，此后 $R_x(\tau)$ 呈现出周期性，这说明造成表面粗糙的原因之一是某种周期因素，如沿工件轴向，可能是走刀运动的周期性变化；沿工件切向，则可能是由于主轴回转振动的周期性变化等。从自相关函数图可以确定周期因素的频率为：

$$f = \frac{1}{T} = \frac{1}{0.5/3} = 6\mathrm{Hz}$$

　　根据加工该工件的机械设备中的各个运动部件的运动频率（如机床电动机的转速、工作台拖板的往复运动次数、液压系统的压力脉动频率等），通过测算和对比分析，运动频率接近 6Hz 的部件的振动，就是造成加工表面粗糙的主要原因。

阅读材料

　　老人们常说，一个人的一生在他小时候就能看出来，即所谓的"三岁看老"。意思是透过一个三岁的行为举止便可以感受到这孩子将来会是一个什么样的人，更深刻地说，一个人现在的行为习惯影响着他的一生。说明一个人的现在与将来存在某种自相关性。

四、互相关函数——不同时刻两个信号相互关系的描述

互相关函数用以描述两个信号之间的关系或其相似程度。

1. 互相关函数的定义

为了表达不同时刻的两个信号 $x(t)$ 和 $y(t)$ 之间是否存在着一定的关系，可以采用互相关函数 $R_{xy}(\tau)$ 来表示。设 $y(t+\tau)$ 是 $y(t)$ 时延 τ 后的样本，则互相关函数为

$$R_{xy}(\tau) = \lim_{T \to \infty} \frac{1}{T} \int_0^T x(t) y(t+\tau) \, \mathrm{d}t \tag{6-25}$$

式中，$\tau \in (-\infty, +\infty)$，是与变量 t 无关的连续时间变量，称为"时间延迟"，简称"时延"。所以，互相关函数也是时延 τ 的函数。

对于有限序列的互相关函数，可用下式进行估计：

$$\hat{R}_{xy}(\tau) = \frac{1}{T} \int_0^T x(t) y(t+\tau) \, \mathrm{d}t \tag{6-26}$$

与自相关函数类似，为了从数量上表示信号 $x(t)$ 和 $y(t)$ 在不同时刻数值之间的相关程度，避免信号本身幅值对其相关程度度量的影响，可将互相关函数进行归一化处理，引入无量纲的系数表示相关程度，得互相关系数 $\rho_{xy}(\tau)$ 为

$$\rho_{xy}(\tau) = \frac{R_{xy}(\tau) - \mu_x \mu_y}{\sigma_x \sigma_y} \tag{6-27}$$

由式（6-27）可知 $\rho_{xy}(\tau)$ 与 $R_{xy}(\tau)$ 均随 τ 而变化，且两者成线性关系，故可用 $\rho_{xy}(\tau)$ 来反映两个信号的互相关性。

2. 互相关函数的性质

1）互相关函数是可正、可负的实函数。故 $R_{xy}(\tau)$ 的值可正、可负。

2）互相关函数既不是偶函数，也不是奇函数，但满足 $R_{xy}(\tau) = R_{yx}(-\tau)$。对于平稳随机过程，在 t 时刻从样本采样计算的互相关函数应与 $t-\tau$ 时刻从样本采样计算的互相关函数一致，即

$$R_{xy}(\tau) = \lim_{T \to \infty} \frac{1}{T} \int_0^T x(t) y(t+\tau) \, \mathrm{d}t = \lim_{T \to \infty} \frac{1}{T} \int_0^T x(t-\tau) y(t-\tau+\tau) \, \mathrm{d}(t-\tau)$$

$$= \lim_{T \to \infty} \frac{1}{T} \int_0^T x(t-\tau) y(t) \, \mathrm{d}t = \lim_{T \to \infty} \frac{1}{T} \int_0^T y(t) x[t+(-\tau)] \, \mathrm{d}t$$

$$= R_{yx}(-\tau) \tag{6-28}$$

$R_{xy}(\tau)$ 与 $R_{yx}(-\tau)$ 在图形上对称于纵坐标轴，如图 6-23 所示。

3）$R_{xy}(\tau)$ 的峰值不在 $\tau=0$ 处。$R_{xy}(\tau)$ 的峰值偏离原点的位置 τ_0 反映了两个信号在错开多大时差时相关程度最高，如图 6-24 所示。在 τ_0 时，$R_{xy}(\tau)$ 出现最大值，它反映 $x(t)$、$y(t)$ 之间主传输通道的滞后时间。

4）互相关函数的取值范围。由式（6-27）得

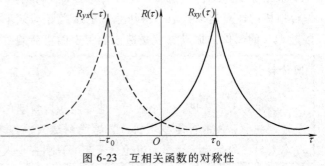

图 6-23　互相关函数的对称性

$$R_{xy}(\tau) = \mu_x\mu_y + \rho_{xy}(\tau)\sigma_x\sigma_y$$

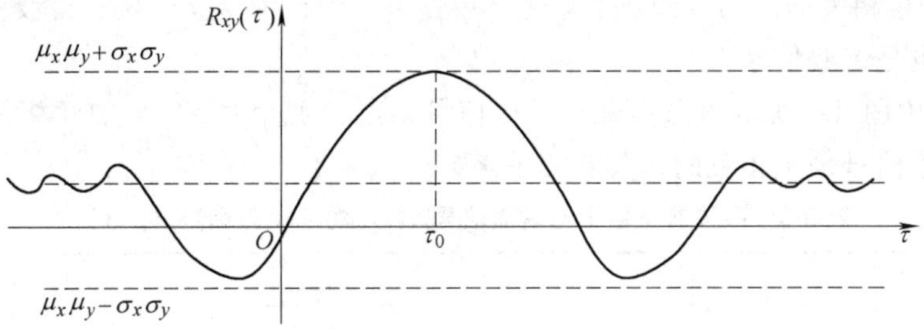

图 6-24　互相关函数的峰值位置

结合 $|\rho_{xy}(\tau)| \leqslant 1$，可得如图 6-24 所示的互相关函数的取值范围为

$$\mu_x\mu_y - \sigma_x\sigma_y \leqslant R_{xy}(\tau) \leqslant \mu_x\mu_y + \sigma_x\sigma_y \qquad (6\text{-}29)$$

5）两个统计独立（即完全无关）的随机信号，彼此不相关，$R_{xy}(\tau) = \mu_x\mu_y$。

6）两个不同频率的周期信号是不相关的，其互相关函数为零。

7）两个同频周期信号的互相关函数仍然是同频率的周期信号，且保留了两原信号的幅值、相位差信息。

8）周期信号与随机信号的互相关函数为零。由于随机信号 $y(t+\tau)$ 在时间 $t \to t+\tau$ 内并无确定的关系，它的取值显然与任何周期函数 $x(t)$ 无关，因此 $R_{xy}(\tau) = 0$。

9）当时移足够大或 $\tau \to \infty$ 时，$x(t)$ 和 $y(t+\tau)$ 互不相关，即

$$\rho_{xy}(\tau \to \infty) \to 0 \qquad (6\text{-}30)$$

$$R_{xy}(\tau \to \infty) \to \mu_x\mu_y \qquad (6\text{-}31)$$

【核心提示】　互相关函数 $R_{xy}(\tau)$，是判别两个信号是否存在相同频率的有效手段。

【例 6-5】　求 $x(t) = x_0\sin(\omega t + \theta)$，$y(t) = y_0\sin(\omega t + \theta - \varphi)$ 的互相关函数 $R_{xy}(\tau)$。

解：

$$R_{xy}(\tau) = \lim_{T \to \infty} \frac{1}{T}\int_0^T x(t)y(t + \tau)\mathrm{d}t$$

$$= \frac{1}{T_0}\int_0^{T_0} x_0y_0\sin(\omega t + \theta)\sin[\omega(t + \tau) + \theta - \varphi]\mathrm{d}t$$

$$= \frac{x_0y_0}{2}\cos(\omega\tau - \varphi) \qquad (6\text{-}32)$$

由此可见，与自相关函数不同，两个同频率的谐波信号的互相关函数不仅保留了两个信号的幅值 x_0、y_0 信息，频率 ω 信息，而且还保留了两信号的相位差 φ 信息。

3. 典型信号间的互相关函数

表 6-2 所列四种典型信号与谐波信号 $x(t)$ 的互相关函数 $R_{xy}(\tau)$。

1）表 6-2 中图 a）是两个相同频率的谐波信号的互相关函数曲线。谐波 $x(t)$、$y(t)$ 的频率都是 150Hz，两者的相位可以不同，它们的互相关函数的频率也是 150Hz。表明：同频率的两个谐波信号相关后，仍可得到同频率的谐波信号，并保留了相位差 φ 信息。

2）频率是 150Hz 的谐波 $x(t)$ 与一个基波频率为 50Hz 的方波 $y(t)$ 的互相关函数仍为谐波信号，如表 6-2 中图 b）所示。理由是：根据傅里叶变换，周期方波是由 1、3、5、…

无穷次谐波叠加构成的，当基波频率为 50Hz 时，其第 3 次谐波的频率即为 150Hz，因此 3 次谐波与 $x(t)$ 是相关的。同样道理，表 6-2 中图 c）中谐波 $x(t)$ 与三角波 $y(t)$ 相关后，其互相关函数也是谐波信号。

3）表 6-2 中图 d）所示为白噪声（随机信号）与谐波信号 $x(t)$ 的互相关结果。说明：不同频率的两个信号是不相关的，其互相关函数近似为零。

表 6-2　四种典型信号与谐波信号 $x(t)$ 的互相关函数 $R_{xy}(\tau)$

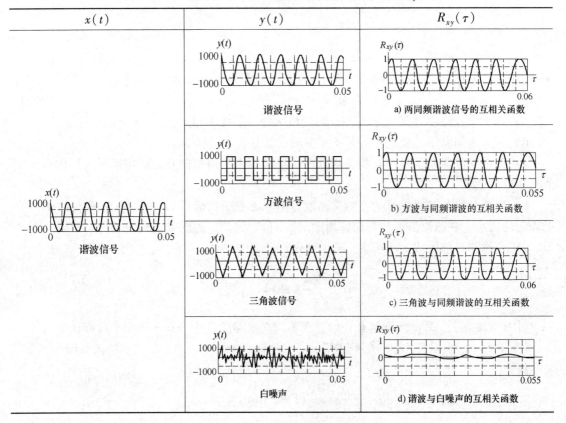

应当注意，两个信号的互相关函数，不同于两个信号的叠加。对于两个频率相近的谐波信号（信号 $x(t)$ 的频率是 5Hz，$y(t)$ 的频率是 6Hz），两者叠加后将生成拍波，如图 6-25 所示。

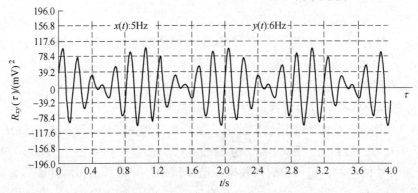

图 6-25　频率相近两信号叠加形成拍波

4. 互相关函数的应用

互相关函数描述了两个信号波形的相关性（或相似程度），它提供了比自相关函数更多的有用信息，所以互相关函数在工程上得到了更广泛的应用。

互相关函数最常见的应用有以下几种：

1）在有外来干扰的信号中提取特定的信息。假如信号 $s(t)$ 受到外界的干扰形成复合信号 $x(t)$ 和 $y(t)$，即 $x(t)=s(t)+n(t)$，$y(t)=s(t)+m(t)$，（其中 $s(t)$ 是有用信号，可以是确定性的或者随机的，而 $n(t)$ 和 $m(t)$ 是互不相关的噪声），那么互相关函数 $R_{xy}(\tau)$ 将仅含有 $x(t)$ 和 $y(t)$ 中的相关部分 $s(t)$ 的信号，从而排除了外来噪声的干扰。

【例 6-6】　在背景干扰下提取有用信息。

当做激振试验时，振动响应中不可避免地含有大量的干扰。如果被激振对象（设备或系统）属于线性系统，根据线性系统的频率保持特性，只有与激振频率相同的频率成分才可能是由激振引起的响应，其他成分都属于干扰。

由互相关函数的性质，将激振信号和测得的振动响应做互相关分析，就可得到由激振引起的响应的幅值和相位差，从而可以在背景噪声干扰下，提取有用信息。图 6-26 所示为对某减速器（假定其为线性系统）进行激振试验，消除噪声干扰影响的原理图。

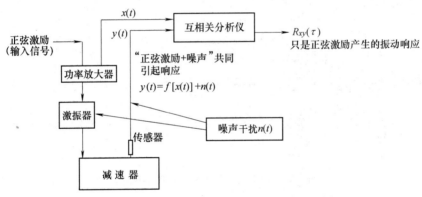

图 6-26　减速器振动测试时噪声的消除原理图

【例 6-7】　用互相关分析法分析信号的频谱。

图 6-27 所示为应用互相关法分析复杂信号频谱的工作原理。

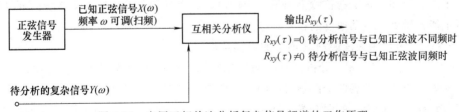

图 6-27　应用互相关法分析复杂信号频谱的工作原理

改变已知正弦信号 $X(\omega)$ 的频率（从低频→高频逐个扫描），其输出就反映了待分析信号所包含的各个频率成分及其相应的幅值，也就得到了待分析的复杂信号的频谱。

【小思考】　假设某个小区地下自来水管道破裂，但自来水没有在破裂处流出水面，请你设计一种方案，用来检测地下管道破裂的位置。

2）位置的确定。互相关函数描绘了信号 $x(t)$ 与 $y(t)$ 进行 τ 时移后的 $y(t+\tau)$ 间的波形相似程度，与互相关函数曲线峰值对应的 τ 值反映了此时 $x(t)$ 与 $y(t+\tau)$ 的波形最为相似，同时也反映了两信号间的滞后时间，这些特性为工程上某些技术难题的解决提供了途径。例如，深埋在地下的输液（气）管道裂损发生泄漏时，要直接判断具体的漏损之处往往是很困难的，因此定位是个关键的技术问题，应用相关定位技术就很容易解决这类难题。

【例 6-8】　深埋地下的输油管漏损位置探测（以便开挖维修）。

图 6-28 中漏损处 K 可视为向两侧传播声音的声源，压力油从此处漏损时发出一定频率的啸叫声，该声波沿管道向两侧传播。在两侧管道表面沿轴向分别放置传感器（如拾音器、加速度计或声发射传感器等）1 和 2。因为放置传感器的两点与漏损处距离不等，漏油的声响（声波）传至两传感器的时间就会有差异，将两拾音器测得的声响信号 $x_1(t)$ 和 $x_2(t)$ 进行互相关分析，找出互相关函数值最大处的时延 $\tau=\tau_m$，τ_m 即时差。设 S 为两传感器的安装中心线至漏损处的距离，v 为声音在管道中的传播速度，则

$$S = v\tau_m/2$$

用 τ_m 来确定漏损处的位置，即线性定位问题，其定位误差为几十厘米，该方法也可用于弯曲的管道。

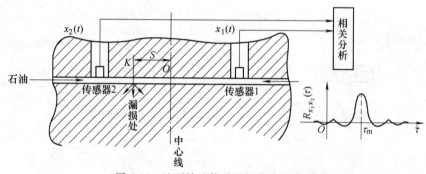

图 6-28　地下输油管道漏损位置的确定

【小思考】　如何在不接触钢带的前提下，测定热轧钢带的运动速度？

3）速度的测量。利用确定延迟时间（时延）的方法，可以测量物体的运动速度。假如某信号从 A 点传播到另一点 B，那么在两点拾取的信号 $x(t)$ 和 $y(t)$ 之间的互相关函数 $R_{xy}(\tau)$，将在相当于两点之间时延 τ 的位置上出现一个峰值。利用互相关函数的这个性质，可以解决一些不便或不能直接测定运动速度的技术难题。

【例 6-9】　用互相关法测热轧钢带的运动速度。

图 6-29 所示为利用互相关分析法在线测量热轧钢带运动速度的实例。在沿钢板运动的方向上相距 d 处的下方，安装两个凸透镜和两个光电池。当钢带以速度 v 移动时，钢带表面反射光经透镜分别聚焦在相距 d 的两个光电池上。反射光强弱的波动，通过光电池转换成电信号。再对这两个电信号进行互相关分析，通过可调延迟器测得互相关函数出现最大值所对应的时间 τ_m，由于钢带上任一截面经过相距为 d 的两点时产生的信号 $x(t)$ 和 $y(t)$ 是完全相关的，故可以在 $x(t)$ 与 $y(t)$ 的互相关曲线上产生最大值，则热轧钢带的运动速度为 $v=d/\tau_m$。

4）传输路径及主振源识别。假如信号从 A 点到 B 点有几个传输路径，在互相关函数中就有几个峰值，每个峰值对应于延迟了时间 τ_n 的一个路径，可以用于声源和声反射路径的

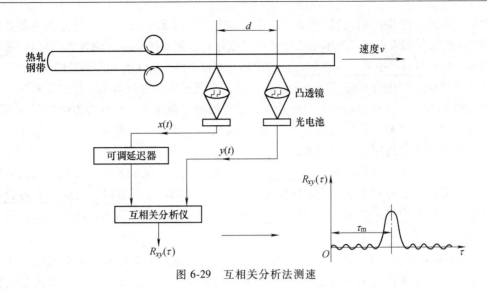

图 6-29　互相关分析法测速

识别等。

【例 6-10】　利用互相关函数进行设备的不解体故障诊断。

若要检查轿车驾驶人座位的振动是由发动机引起的还是由后桥引起的，可在发动机、驾驶人座位、后桥上布置加速度传感器，如图 6-30 所示，然后将输出信号放大并进行相关分析。由图 6-30 可见，发动机与驾驶人座位的相关性较差，而后桥与驾驶人座位的互相关函数较大，因此可以认为驾驶人座位的振动主要由汽车后桥的振动引起的。

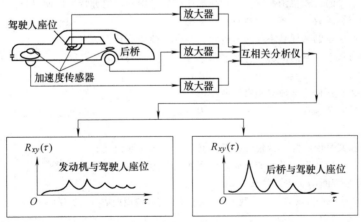

图 6-30　车辆振动源的识别

本 章 小 结

将模拟信号变成适合计算机用**数字方法**处理的信号，可以排除干扰、分离信噪、提取有用信息，其处理高速、实时，且稳定性好、精度高，所以，数字信号处理正逐步取代传统的模拟信号处理方式。

被测量经传感器变换后大多是模拟信号，要采用数字分析方法，必须先把模拟信号变成数字信号——**模拟信号的数字化**。在该过程中需要对原信号进行等间隔采样、幅值上的量化、二进制编码。采样，相当于从连续信号上"摘取"信号的若干瞬时值，采样过程由周期单位脉冲序列与连续信号相乘而得。为了使局部（采样信号）能够反映整体（原连续信号），采样频率一般取原信号最高频率的3~4倍以上，以便将频率混叠减少到工程允许的范围内。

由于计算机只能进行有限长序列的运算，所以必须对信号进行截断，相当于通过一个有限宽度的时间窗口去观察信号——加窗处理。信号经**加窗**截断后，窗外数据全部置零而不考虑，引起信息损失（窗外的信息丢失了）、波形畸变。为了减少截断误差、能量泄漏，须根据信号的性质与要求选用合适的窗函数。

相关分析可以描述不同时刻同一个信号或两个信号之间的相似程度。相关函数主要用于随机信号的分析，也可用来分析确定性信号。自相关函数 $R_x(\tau)$ 可以识别信号中是否含有周期成分，利用互相关函数 $R_{xy}(\tau)$ 的"同频相关、不同频无关"这一性质，可以将混淆在噪声中的有用频率分离出来。

【人生哲理——相关性】 我们要从时间的维度来看问题，拿今天和未来做比较，想象力非常重要。如果你感觉"未来很美好"，那么你今天的学习必然会干劲十足。**有远见的青春才是动人的、有价值的。**

思考与练习

一、思考题

6-1　模拟信号数字化过程中为什么要满足采样定理？

6-2　根据一个信号的自相关函数图形，如何确定该信号中的常值分量和周期成分？

6-3　信号的自相关函数、互相关函数有什么区别？

6-4　不产生频混现象的采样频率与信号的截止频率应该满足什么关系？

6-5　模拟信号与数字信号的区别是什么？数字信号是如何获得的？

二、简答题

6-6　自相关函数、互相关函数分别有哪些作用？

6-7　在数字信号处理过程中，混叠是什么原因造成的？如何克服混叠现象？泄漏又是因何而起？如何减少泄漏误差？

6-8　试用图形和文字说明为什么信号截断后必然会引起泄漏误差？

6-9　试用相关分析的知识，说明如何确定深埋在地下的输油管裂损的位置？

6-10　被测信号被截断的实质是什么？

6-11　如果一个信号 $x(t)$ 的自相关函数 $R_x(\tau)$ 含有不衰减的周期成分，那说明 $x(t)$ 含有什么样的信号？

6-12　两个同频率周期信号 $x(t)$ 和 $y(t)$ 的互相关函数中保留着这两个信号中的哪些信息？

三、计算题

6-13　一个位数为12位，模拟电压为±10V 的 A/D 板的最大量化误差是多少？

6-14　已知信号 $x(t) = A_0 + A_1 \cos(\omega_1 t + \varphi_1) + A_2 \sin(\omega_2 t + \varphi_2)$，求信号的自相关函数 $R_x(\tau)$？

6-15　某一系统的输入信号为 $x(t)$，若输出 $y(t)$ 与输入 $x(t)$ 相同，输入的自相关函数 $R_x(\tau)$ 和输入—输出的互相关函数 $R_{xy}(\tau)$ 之间的关系为 $R_x(\tau) = R_x(\tau+T)$，试说明该系统起什么作用？

6-16　试求正弦信号 $x(t) = \sin\omega_0 t$ 和基频与之相同的周期方波 $y(t)$ 的互相关函数 $R_{xy}(\tau)$，其中

$$y(t) = \begin{cases} -1 & (-T_0/2 \leqslant t \leqslant 0) \\ 1 & (0 < t \leqslant T_0/2) \end{cases}$$

6-17　已知某信号的自相关函数 $R_x(0) = 500\cos\pi\tau$，试求：该信号的均值 μ_x、均方值 ψ_x^2？

第七章　振动的测试

一分为二看"振动"这把双刃剑

【本章学习要求】 完成本章内容的学习后应明白：

1. 振动的特点是什么？
2. 机械振动如何测试？
3. 振动特征参数有哪几个？如何选择测振传感器及相关仪器？
4. 振动怎么控制？

导入案例

18 世纪中叶，法国昂热市附近有一座 102m 长的桥梁，当一队士兵在指挥官的口令下，迈着整齐的步伐通过这座桥时，桥梁突然断裂，226 人掉入河中殒命。1906年的一天，俄国彼得堡封塔克河的一座桥上，一队骑兵以整齐的步伐到达桥心时，桥突然裂成数段坠入河中。类似事件，美国等地也发生过。

桥梁的共振

当时人们进行了调查，发现桥所受的载荷远远没有超过许可的范围，坍毁前也没有任何损坏的地方，这在当时是个不解之谜。随着科学的发展，人们才弄清：这种破坏事故是共振造成的。大队人马正步过桥，如果步伐正好与桥的固有频率一致，桥的振动就会加剧，振幅逐渐加大，最终导致桥的断裂。

现在，世界各国都有一条不成文的规定：大队人马必须便步过桥。在现代铁路运输中也要考虑共振的影响。因为火车车轮撞击轨道会发生有节奏的强烈振动，如果这个振动频率与车轮弹簧的固有频率相接近时，乘客就要大受颠簸之苦了；如果这个频率接近所经过的桥梁的固有频率，同样会造成桥断车覆的后果。

第一节　概　　述

振动是一种常见的运动形式，一般是指物体沿直线或曲线并经过其平衡位置所做的来回反复的机械振动形式。从广义上讲，任何一个物理量在其某个定值附近做反复变化，都可称为**振动**。例如交变电磁场中的电场强度、磁场强度，交流电中的电流强度、电压等。

一、振动的特点

1. 振动现象的普遍性

机械振动是自然界、工程技术和日常生活中普遍存在的物理现象。各种机器、仪器和设备运行时，不可避免地存在着诸如回转件的不平衡、负载的不均匀、结构刚度的各向异性、润滑状况的不良及间隙等原因而引起受力的变动、碰撞和冲击。另外，在使用、运输和外界环境下能量传递、存储和释放也会诱发或激励机械振动。所以说，任何一台正在运行的机器、仪器和设备都存在着振动现象。

2. 振动多数是有害的

在许多情况下，机械振动会造成危害。它会影响精密仪器设备的功能，降低加工零件的精度和表面质量。振动往往会破坏机器的正常工作和原有性能，振动的动载荷会加剧构件的疲劳破坏和磨损、加速机器失效、缩短使用寿命甚至导致损坏造成事故。机械振动还会直接或间接地产生噪声，恶化环境和劳动条件，危害人身健康。因此，要采取适当的措施使机器振动在限定范围之内，以避免危害人类和其他结构。

3. 振动可以利用

振动也可为人类服务，做一些有益的事情，如：夯实机、振动抛光或去飞边（冲压件），振动时效、去除内应力、振捣器（填实混凝土用）；振动式输送、振动破碎、振动加工、振动式磨削、超声振动切削等；振动式清洗、振动筛；听声音买西瓜、电动按摩器。

应用案例

1. 混凝土振动棒

用混凝土浇筑构件（如：混凝土柱、墙、梁等）时，必须排除其中的气泡，使混凝土密实结合，消除混凝土的蜂窝麻面等现象，以提高其强度，保证混凝土构件的质量。混凝土振捣器（俗称振动棒）就可以起到这个作用，它实际上是一种插入式混凝土振动器，是浇捣混凝土工程中的重要机具。

在建筑工地上你可以看到这种装置，它由电动机、软轴组件、铁棒三部分组成。电动机连接着一个铁棒（约50cm长），中间是软轴（约5～6m长），把铁棒插入混凝土里，因为铁棒的振动速度很快，可以使混凝土流动起来，从而捣实混凝土。

2. 振动按摩器

振动按摩器是一种以机械振动对人体的局部进行刺激性按摩的家用电器，它具有疏通经络、调和气血、镇静止痛、促进血液循环、解除疲劳、调整机体功能之功效。

---

4. 生产性振动的起因

振动总是由于存在外力或内力的激励而产生，周期性外力激励是最常见的振动起因。在生产环境中，旋转机械中引起振动的主要起因有：①不平衡。当一个旋转部件各部分质量分布相对于旋转中心不重合，这种不平衡质量产生的离心力可引起振动。②不同心。轴承座和轴不同心，两轴联结时不在同一轴线上等原因造成的不同心偏差也可产生振动。③松动。松动是指约束力的松弛现象。如轴承由于磨损或其他原因引起轴承和轴间松动、紧固件松动等，会引起严重的振动。

工作部件做直线往复运动的机械设备如锻压、冲压机床和风镐、冲击钻等，周期性的激振力是产生振动的主要原因。

阅读材料

　　著名音乐家贝多芬，晚年失聪。他将硬棒的一端抵在钢琴盖板顶上，另一端咬在牙齿中间，通过硬棒来"听"钢琴的弹奏。

　　北宋时代的沈括著作《梦溪笔谈》中记载：行军宿营，士兵枕着牛皮制的箭袋睡在地上，能及早听到夜袭敌人的马蹄声。

二、振动测试的目的

　　随着现代工业技术的发展，对各种机械设备提出了低振级、低噪声的要求。为了提高机械结构的抗振性能，有必要进行机械结构的振动观测、分析和振动设计。

　　在实践中所遇到的振动问题，远比理论上所设想和阐述的要复杂得多，尤其是对于许多复杂结构、承受复杂载荷或牵涉到复杂的非线性机理时，单靠现有的振动理论和数学方法进行分析判断，往往难于应付，直接进行振动试验和测量是唯一的求解方法。

　　振动测试的目的，主要有以下几个方面：

　　1）检查机器运转时的振动特性，以检验产品质量。

　　2）测定机械系统的动态响应特性，以便确定机器设备承受振动和冲击的能力，并为产品的改进设计提供依据。

　　3）分析振动产生的原因，寻找振源，以便有效地采取减振和隔振措施。

　　4）对运动中的机器进行故障监控，以避免重大事故。

知识链接： 振动测量在机器状态监测中的应用

　　一台设计得很好的机器，它的固有振级也很低。振动加剧常常是机器出现毛病的一种标志，而振动是可以从机器的外表面测到的。

　　过去，设备工程师根据经验靠手摸、耳听来判断机器是否正常。但如今机器的转速很高，许多起警告性的振动出现在高频段，只有用仪器才能检测出来。做法是：在机器运行良好的状况下，记录其典型的振级和频谱特征。当机器出现故障时，机器的动态过程及其零部件上的作用力将随着变化，从而影响机器的振动能级和频谱的图形。通过振动的测量和分析，可以评判机器工作状态的变化及是否需要维修。

三、振动测试的内容

　　用试验方法测量机械设备某些选定点上的振动量（如位移、速度和加速度等）、机械系统的特征参数（如固有频率、阻尼、振型和频谱等），以及振动环境的模拟等，都属于振动测试。

1. 振动研究中的三类问题

　　一个振动系统，其输出（响应特性）取决于激励形式和系统的特征。研究机械振动就是在"机械系统""激励"和"响应"三者中已知其中两个，再求另一个的问题。与之相对应，振动研究的基本内容可分为以下三类：

1) 振动分析。已知激励条件和系统的振动特性，求系统的响应，即振动量的测量。

2) 系统识别。已知系统的激励条件和系统的响应，确定系统的特性，即系统特征参数的测定，也称参数识别。

3) 环境预测。已知系统的振动特性和系统的响应，确定系统的激励状态，这是寻求振源的问题，这种测试又称为振动环境模拟试验，用以研究或考核试验对象在强度、寿命和功能方面的抗振性。

2. 振动测试的两种模式

1) 振动基本参数的测量。机械结构或部件已经发生了振动，测量其振动位移、速度、加速度、频率和相位等振动参量，目的是了解被测对象（正在工作）的振动状态、评定振动强度和振动等级、寻找振源及其传递路径，分析结构的动载及动变形，以及进行监测、识别、诊断和预测。

2) 动态特性的测定。机械设备或部件尚未发生振动，先对设备或部件进行某种激励（施加某种激振力），让其进行受迫振动，再测量输入（激振力）和输出（被测件的振动响应），从而确定被测对象的固有频率、阻尼、阻抗、刚度、响应和振型等动态参数，或评定抗振能力。这类测试又可分为振动环境模拟试验、机械阻抗试验和频率响应试验等。

如图 7-1 所示的轿车乘坐舒适性试验，就是通过液压激振台给轿车一个模拟道路（也称为道路谱）的激励信号，使轿车处于道路行驶状态。驾驶人座椅处的振动加速度通过一个加速度传感器来拾取，该信号经振动分析仪的分析，就可以得到轿车的振动量值与道路谱的关系，为改善轿车的乘坐舒适性提供参考数据。

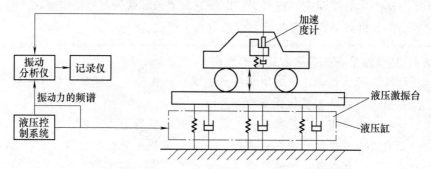

图 7-1　轿车乘坐舒适性试验

【人生哲理——振动】　机械振动可以解决运动的**频率**和**幅值**问题，频率高时幅值小。盲目追求速度和效率而忽略了过程，即使最终收获你想要的结果，但失去的东西或许远比得到的多，至少你无暇欣赏沿途美好的风景。

3. 振动测试系统的组成

振动测试系统一般由激振器、放大器、测振传感器、振动分析仪和显示记录仪器组成，如图 7-2 所示。根据所用传感器的不同，振动测试系统常用的有：

（1）压电式振动测试系统　多用于测试振动冲击加速度或激励力，在特定条件下，也可以通过积分网络获得振动速度和位移。

压电式测振系统（见图 7-3）使用频带宽、输出灵敏度高。但是其低频响应不好，易受电磁场的干扰。

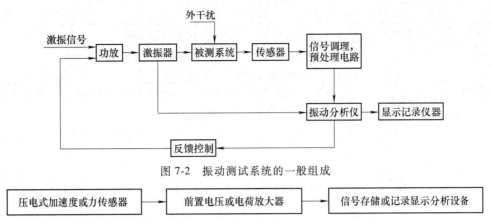

图 7-2　振动测试系统的一般组成

图 7-3　压电式测振系统组成框图

（2）应变式振动测试系统　所用传感器有应变式加速度传感器、位移传感器和力传感器，一般用电阻应变仪作为配套放大器，记录仪器可用各类记录设备如数字式瞬态波形存储器等，其测试系统如图 7-4 所示。

```
应变式传感器  →  电阻应变仪  →  信号存储或记录显示分析设备
```

图 7-4　应变式测振系统组成框图

应变式测振系统具有良好的低频特性，测试频率可从 0Hz 开始。加速度传感器一般配有合适的阻尼，可有效地抑制高频和共振频率干扰。但应变式测振系统的频率上限会受到一定限制。

四、振动的类型

根据不同的特征将振动进行分类，见表 7-1。

表 7-1　振动的类型

分类	名称	主要特征及说明
按引发振动的原因分	自由振动	当系统（受初始干扰，或外部激振力消失）偏离其平衡位置时，仅靠弹性恢复力或惯性力来维持的振动。当系统无阻尼时，振动频率为系统的固有频率；系统存在阻尼时，其振动将逐渐衰减。例如，外力使弹簧振子的小球和单摆的摆球偏离平衡位置后，它们就在系统内部的弹力或重力作用下振动起来，不再需要外力的推动
	受迫振动（也称强迫振动）	在外部激振因素的持续作用下被迫产生的振动（见图 7-5），系统的振动频率等于激振频率。例如：扬声器纸盆的振动、耳机中膜片的振动都受到外来驱动力的持续作用，振动频率与驱动力的频率有关，而与其自身的固有频率无关
	自激振动	无外部激振因素，而由系统本身原因激发和维持的一种周期性振动，其振动频率接近于系统的固有频率 补充给振动系统的能量等于系统所消耗的能量。心脏的搏动、颤抖等生物中的周期现象，许多属于自激振动
按振动的规律分	简谐振动	振动参数为时间的正弦或余弦函数，是最简单、最基本的振动形式。其他复杂的振动都可以看成许多或无穷个简谐振动的合成
	周期振动	振动参数为时间的周期函数，可通过傅里叶级数分解为若干简谐振动的叠加
	瞬态振动	由外加瞬态激励引起的振动，振动参数为时间的非周期函数。一般的振动系统是有阻尼的，因此瞬态振动随时间而衰减，振动只在较短的时间内存在
	随机振动	振动参数无法预知，只能用概率统计的方法来研究。例如，车辆在高低不平的路面上行驶、高层建筑在阵风或地震作用下发生的振动就是随机振动

（续）

分类	名称	主要特征及说明
按系统的结构 参数特性分	线性振动	可以用常系数线性微分方程来描述，系统的惯性力、阻尼力和弹性力分别与振动加速度、速度和位移成正比。可用叠加原理求线性振动系统的总响应
	非线性振动	恢复力与位移不成正比或阻尼力不与速度成正比的系统的振动。振动微分方程是非线性的，不能用叠加原理求解
按系统的 自由度分	单自由度振动	振动沿一个坐标方向进行，用一个独立变量就能表示系统的振动
	多自由度振动	振动沿多个坐标方向进行，须用多个独立变量表示系统的振动
	连续弹性体振动	须用无限多个独立变量表示系统的振动，用偏微分方程来描述。杆、梁、轴、板、壳等弹性体的物理参数（质量、阻尼、刚度）是连续分布的，弹性体的空间位置需用无数多个点的坐标来确定

图 7-5　受迫振动

第二节　单自由度系统的受迫振动

　　单自由度振动系统是最基本的振动模型，它仅用一个位移坐标（即一个自由度）即可描述系统的振动。

一、质量块在外力作用下的受迫振动

　　单自由度系统，由直接作用在质量块上的外力所引起的受迫振动如图 7-6 所示，质量块 m 在外力 $f(t)$ 作用下的运动方程为

$$m\frac{\mathrm{d}^2 z}{\mathrm{d}t^2} + c\frac{\mathrm{d}z}{\mathrm{d}t} + kz = f(t) \tag{7-1}$$

式中　　c——阻尼系数；

　　　　k——弹簧刚度；

　　$f(t)$——系统的激振力即系统的输入；

　　　　z——系统的输出。

　　对式（7-1）进行拉普拉斯变换，可得系统的传递函数为

$$H(s) = \frac{Z(s)}{F(s)} = \frac{1}{ms^2 + cs + k} \tag{7-2}$$

令 $s = \mathrm{j}\omega$，代入式（7-2），可得

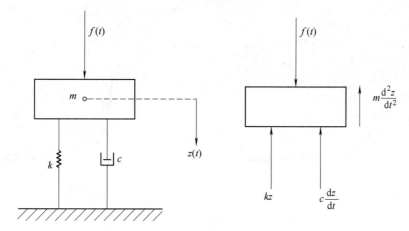

图 7-6　外力作用在质量块上的单自由度振动系统

$$H(\mathrm{j}\omega) = \frac{Z(\mathrm{j}\omega)}{F(\mathrm{j}\omega)} = \frac{1}{m(\mathrm{j}\omega)^2 + c\mathrm{j}\omega + k} = \frac{1}{-m\omega^2 + \mathrm{j}c\omega + k}$$

$$= \frac{1/k}{-\omega^2\,\dfrac{m}{k} + \mathrm{j}\times 2\omega\,\dfrac{c}{2\sqrt{km}}\cdot\dfrac{\sqrt{m}}{\sqrt{k}} + 1} = \frac{1}{k}\cdot\frac{1}{-\dfrac{\omega^2}{\omega_n^2} + \mathrm{j}\times 2\xi\times\dfrac{\omega}{\omega_n} + 1} \qquad (7\text{-}3)$$

即

$$H(\mathrm{j}\omega) = \frac{1/k}{1 - (\omega/\omega_n)^2 + \mathrm{j}2\xi(\omega/\omega_n)} \qquad (7\text{-}4)$$

式中　ω——激振力的频率；

　　　ω_n——系统的**固有频率**，$\omega_n = \sqrt{k/m}$；

　　　ξ——系统的**阻尼比**，$\xi = 0.5c/\sqrt{km}$。

当激振力 $f(t) = F_0\sin\omega t$ 时，系统稳态时的频率响应函数的幅频特性 $A(\omega)$、相频特性 $\varphi(\omega)$ 分别为

$$\begin{cases} A(\omega) = \dfrac{1}{k}\dfrac{1}{\sqrt{\left[1 - (\omega/\omega_n)^2\right]^2 + 4\xi^2(\omega/\omega_n)^2}} \\[4mm] \varphi(\omega) = -\arctan\dfrac{2\xi(\omega/\omega_n)}{1 - (\omega/\omega_n)^2} \end{cases} \qquad (7\text{-}5)$$

系统的幅频、相频特性曲线如图 7-7 所示。在幅频特性曲线上幅值最大处的频率 ω_r 称为**位移共振频率**，它与系统固有频率的关系为

$$\omega_r = \omega_n\sqrt{1 - 2\xi^2} \qquad (7\text{-}6)$$

显然，随着阻尼的增加，共振峰向原点移动；当无阻尼时，位移共振频率 ω_r 即为固有频率 ω_n；当系统的阻尼比 ξ 很小时，位移共振频率 ω_r 接近系统的固有频率 ω_n，可作为 ω_n 的估计值。

由相频特性曲线可以看出，不论系统的阻尼比为多少，在 $\omega/\omega_n = 1$ 时位移始终落后于

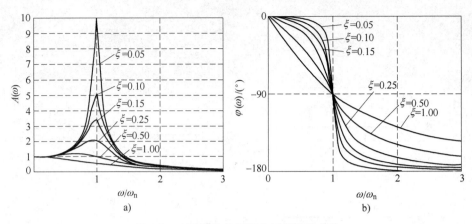

图 7-7　二阶系统的幅频和相频特性曲线

a) 幅频曲线　b) 相频曲线

激振力 90°，此现象称为**相位共振**。

相位共振现象可用于系统固有频率的测量。当系统阻尼不为零时，位移共振频率 ω_r 不易测准。但由于系统的相频特性总是滞后 90°，同时，相频曲线变化陡峭，频率稍有变化，相位就偏离 90°，故用相频特性来确定固有频率比较准确。

【小思考】

1. 货车空载时，为什么比重载时振动大？
2. 车辆高速行驶，为什么比低速行驶时振动小？

知识链接

1890 年，一艘外国远洋巨轮，在大海中拦腰折断而惨遭覆灭。经分析，船的发动机和主轴中心没有对准，在运转中产生了周期性的惯性离心力，它的周期性与船体的固有频率相接近，产生了强烈振动以致使船体破坏。在现代航天、航空、航海和机器制造中，都必须考虑共振的破坏作用。

共振也能为人们服务。在建筑工地上，人们常能见到振动捣固机，有了它，混凝土制件就更结实。振动式压路机能迅速地把路面压平。利用快速振动的风镐开凿岩石、挖煤炭，振动式粉碎机、共振筛、测量发动机的转速计、乐器的共鸣箱（见图 7-8）等都是利用共振原理制造的。

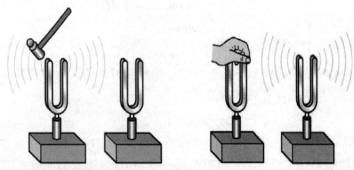

图 7-8　声音的共鸣

二、基础振动引起的受迫振动

在大多数情况下，振动系统的受迫振动是由基础运动所引起的，如道路的不平引起的车辆垂直振动，如图7-9a所示。

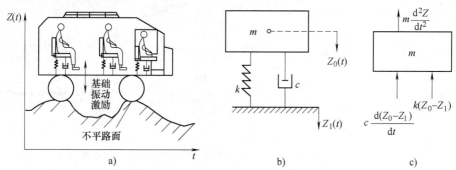

图7-9　不平路面激励车辆产生垂直振动

a)车辆运动示意模型　b)力学模型　c)基础振动引起的受迫振动

设基础的绝对位移为 Z_1，质量块 m 的绝对位移为 Z_0，质量块相对于基础的位移为 $Z_{01}=Z_0-Z_1$，根据图7-9c，可由牛顿第二定律得到力学模型：

$$m\frac{d^2Z_0}{dt^2}+c\frac{d(Z_0-Z_1)}{dt}+k(Z_0-Z_1)=0 \tag{7-7}$$

假设 $Z_1(t)$ 是正弦变化的，即 $Z_1(t)=Z_1\sin\omega t$，式(7-7)又可写为

$$m\frac{d^2Z_0}{dt^2}+c\frac{dZ_0}{dt}+kZ_0=m\omega^2Z_1\sin\omega t \tag{7-8}$$

对式(7-8)进行拉普拉斯变换，并令 $s=j\omega$，可得系统的幅频特性和相频特性表达式：

$$\begin{cases} A(\omega)=\frac{1}{k}\frac{(\omega/\omega_n)^2}{\sqrt{[1-(\omega/\omega_n)^2]^2+4\xi^2(\omega/\omega_n)^2}} \\ \varphi(\omega)=-\arctan\frac{2\xi(\omega/\omega_n)}{1-(\omega/\omega_n)^2} \end{cases} \tag{7-9}$$

式中　ω——基础振动的角频率；

ω_n——振动系统的固有频率，$\omega_n=\sqrt{k/m}$；

ξ——振动系统的阻尼比，$\xi=0.5c/\sqrt{km}$。

由式(7-9)绘制的系统幅频、相频特性曲线如图7-10所示。

【小思考】　如何设计轿车的座椅让乘客坐得更加舒服？

阅读材料：　生活中的共振趣事

美国有一农场妇人，习惯于用吹笛的方式招呼丈夫回家吃饭，可当她有一次吹笛时，居然发现树上的毛毛虫纷纷坠地而死，惊讶之余，她到自己的果园吹了几个小时，一下子将果树上的毛毛虫收拾得一干二净。究其原因，是笛子发出的声音引起毛毛虫内脏发生剧烈共振而死亡。

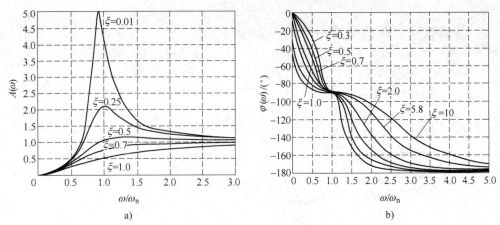

图 7-10　基础激振时质量块相对基础位移的幅频和相频曲线

a) 幅频曲线　b) 相频曲线

【人生哲理】 阻碍我们改变行事方式的原因，很多时候是受制于以往的习惯或迫于外界的压力。面临难题时，换个角度去思考，或许会有意想不到的收获。

第三节　振动的激励

在结构动态特性测试中，有时候需要运用激振设备使被测机械结构或部件按测试要求产生振动，然后进行振动测量。例如：

1）在机械设备或部件尚未发生振动时，要研究结构的动态特性，以便确定结构的模态参数如固有频率、振型、动刚度、阻尼等。

2）产品环境试验，机电产品在一定振动环境下进行的耐振试验，以便检验产品性能及寿命情况等。

3）拾振器及测振系统的校准试验。

先对被测对象输入一个激励信号，测定输入（激励）—系统的传输特性（频率响应函数）—输出（响应）三者的关系，为此必须有一激振系统。

一、激振的方式

根据激振力函数的特性，振动的激励方式可分为稳态正弦激振、随机激振和瞬态激振三种。

1. 稳态正弦激振

稳态正弦激振又称简谐激振，它对试件输入一个幅值稳定、单一频率的正弦信号，让试件进行稳态强迫振动后再测量。

其工作过程是，扫频信号发生器发出正弦信号，通过功率放大器推动激振器工作，对被测对象施加一个正弦激振力：$f(t) = F_0 \sin\omega t$，且频率 ω 可调，因而激振力幅值是可控制的。图 7-11 所示为正弦激振的机械结构参数测试，振动信号由加速度传感器拾取后，经电荷放大器放大，变成电压信号送入记录分析设备，力信号亦经电荷放大器后输入记录分析设备。对接收到的这两路信号进行快速傅里叶变换，运算得到传递函数的幅值、相位、实部、虚部。

稳态正弦激振属于单频激振，技术成熟。该方法的优点是激振功率大、信噪比高、频率

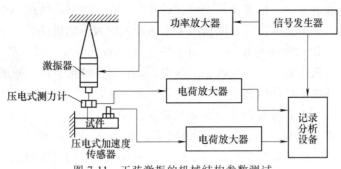

图 7-11 正弦激振的机械结构参数测试

分辨力好、测量精度高，而且设备通用、可靠性较高，是一种应用较普遍的激振方法。目前，已有专门用正弦激振测试阻抗的仪器（称为传递函数分析仪或频响特性测试仪）。其不足之处是需要以不同频率进行多次激振和多次测量，系统达到稳态需要一定的时间，特别当系统阻尼较小时，时间更长。因此，扫频的范围有限，所以此方法也称窄带激振技术。

2. 随机激振

许多设备或结构是在随机振动的环境下工作的，如路面对车辆的激励、风浪对海洋钻井平台的激励等，因此用试验模拟真实的随机振动环境，对结构或试件进行强度、动刚度或性能等试验具有重要的意义。此外，随机激振也可用于试件动态特性的识别。

为模拟随机振动环境，必须先进行大量的实测和统计，确定工况环境的随机信号，再由微型计算机经数模转换器、激振器，输出模拟的随机激励。

由于随机激振在很宽的频率范围内不会激起很大的共振响应，所以可以在机器工作时测试而不影响机器的运行，具有快速、实时测试的优点，用总体平均的办法可以消除非线性因素的影响。

3. 瞬态激振

瞬态激振给被测系统提供的激励信号是一种瞬态信号，它属于宽频带激励，即一次激励，可同时给系统提供频带内各个频率成分的能量，使系统产生相应频带内的频率响应。因此，它是一种快速测试方法。同时由于测试设备简单、灵活性大，故常在生产现场使用。目前常用的瞬态激振方法有脉冲激振（敲击法）、阶跃激振（阶跃法）、快速正弦扫描激振三种。

（1）脉冲激振 脉冲激振是以一个力脉冲作用在被测试对象上，测量激振力和响应。脉冲激振既可以由脉冲信号控制激振器实现，也可以采用脉冲锤作为激振器。脉冲锤（见图 7-12）的内部装有一个力传感器，用它敲击被测对象以后，便施加了一个脉冲力。由装在被测对象上的加速度传感器测量瞬态响应，信号经电荷放大器放大后送入快速傅里叶分析仪进行处理。脉冲宽度或激振频率范围，可以通过不同的锤头材料（橡胶、塑料、铝或钢等）来控制。用不同质量配重的锤头和敲击速度，可获得大小不等的脉冲力。

图 7-12 脉冲锤

脉冲激振测试方便、所用设备少、成本低，激振器对被测对象附加的约束小，因此对轻小构件较合适。但对激励点、拾振点的选取，锤击方向和轻重均有较高要求。由于激振能量分散在宽频带内，故能量小、信噪比低、测试精度差，在大型结构的应用中受到限制。脉冲力是一种随机输入，需多次锤击并对测试结果求平均值以减少随机误差。

（2）阶跃激振　阶跃激振是在被测试件上突加或突卸一个常力以达到瞬态激振的目的。阶跃激振信号形如阶跃函数，是一种瞬态激振方式。在试件激振点由一根刚度大、质量小的张力弦索，经力传感器给试件以初始变形，然后突然切断弦索（突然卸载），即可给试件产生阶跃激振力（相当于对试件施加了一个负的阶跃激振力）。

阶跃激振的特点是激振频率范围较小（通常在 0~30Hz），一般适用于大型柔性结构，常用来激励低阶模态，或固有频率很低的结构件。一些笨重结构无法用锤击法进行脉冲激振时，采用阶跃激励为好，测试方法及设备与锤击法基本相同。

【核心提示】　阶跃法用能快速切断的绳索、能快速泄放的液压缸或激波管对结构突加或突卸常力来激出结构的响应，可用于测试脆弱结构（如太阳能电池板）。

（3）快速正弦扫描激振　对在某一频带范围内工作的试件，理想激振力的频谱应是一矩形，频谱幅值在上下限频率范围内相等，在上、下限频率之外为零，等幅线性频率扫描的正弦力函数可基本满足这一要求。

使正弦激励信号在所需的频率范围内进行快速扫描，激振信号频率在扫描周期 T 内成线性增加，而幅值保持恒定。扫描信号的频谱曲线几乎是一根平滑的曲线，从而能达到宽频带激励的目的，图 7-13 所示为快速正弦扫描信号及其频谱。

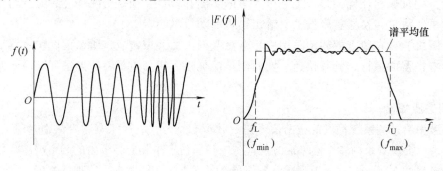

图 7-13　快速正弦扫描信号及其频谱

【核心提示】　快速正弦扫描法的原理是使信号发生器的频率在几秒或十几秒时间内由低频扫到高频，并经功率放大器和激振器激励被测结构。此法的特点是：力的频谱在上、下限频率范围内基本上是平直的，输入结构的能量比脉冲激振、阶跃激振大得多。

二、激振设备（激振器）

以某种规定的交变激振力激起试件振动的装置称为激振器。它输出的交变激振力幅值应足够大、稳定、波形失真小、频率范围尽可能宽，某些情况还要求能给试件施加恒力，激振器质量对试件的影响应尽可能小。目前常用的激振器有电动式、电磁式和电液式三种。

1. 电动式激振器

电动式激振器的激振力来自磁场对通电导体的电动力，主要用来对被测试件进行绝对激振。电动式激振器按其磁场的形成方法分为永磁式和励磁式两种，前者用于小型激振器，后者属于大型的激振器，多用于振动台上。

电动式激振器如图 7-14 所示。其工作原理是：驱动线圈固定安装在顶杆（激振杆）上，并由弹簧片组支承在壳体中，驱动线圈正好位于永久磁铁与铁心的气隙中。激励信号经功率放大后变成交变电流，通入驱动线圈中，根据磁场中载流体受力的原理，驱动线圈将受到与该电流成正比的交变电动力的作用，此力通过顶杆传到试件上，激励试件振动。

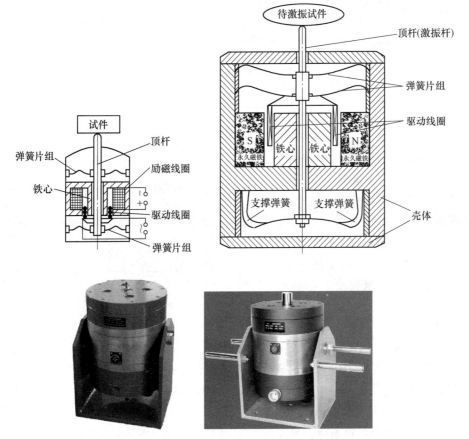

图 7-14　电动式激振器

在激振时，应让激振器壳体基本保持静止，使激振器的能量尽量用在对试件的激振上，图 7-15 所示的激振器安装方法能满足上述要求。在进行较高频率的激振时，激振器用软弹簧或橡皮绳悬挂起来，如图 7-15a 所示。在进行低频激振时，应将激振器刚性地安装在地面或刚性很好的支架上，如图 7-15b 所示，并让安装支架的固有频率比激振频率高 3 倍以上。当进行水平方向绝对激振时，为了产生一定的预加载荷，激振器应水平悬挂，悬挂弹簧应倾斜 θ 角，如图 7-15c 所示。

电动式激振器使用频率宽、激振力波形良好、操作较方便，但其激振力有限。

2. 电磁式激振器

电磁式激振器直接利用电磁力作为激振力，多用于非接触激振，其结构如图 7-16 所示。力检测线圈检测激振力，用电容位移传感器测量激振器与衔铁之间的相对位移。当电流通过励磁线圈时，便产生相应的磁通，从而在铁心和衔铁之间产生电磁激振力。若铁心和衔铁分别固定在被测对象的两个部位上，便可实现两者之间无接触的相对激振。

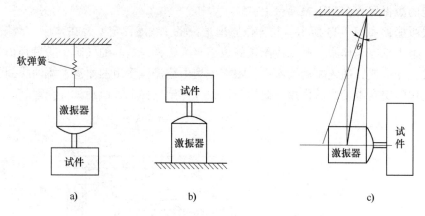

图 7-15　绝对激振时激振器的安装方法
a) 高频激振时　b) 低频激振时　c) 水平激振时

电磁式激振器的特点是，体积小、质量轻、激振力大，激振器与试件不接触，属于非接触式激振，因此可以对旋转着的被测对象进行激振，它没有附加质量和刚度的影响，其激振频率上限为 $500 \sim 800\mathrm{Hz}$。要产生激振力，只需给电磁铁一个幅值较小、频率变化的电流信号即可。

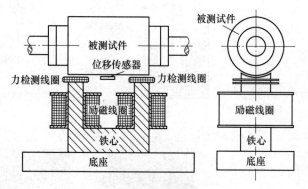

图 7-16　电磁式激振器

【例 7-1】　用电磁式激振器测试磁力轴承的固有频率。

磁力轴承是靠可控的磁场力支承载荷或悬浮转子的一种支承形式，它通过两个电磁铁相互作用，使轴稳定悬浮在轴承中间，如图 7-17a 所示。这种高性能轴承特别适用于高速、低摩擦阻力、高（低）温及真空环境下使用，已成功应用于航空航天技术、透平机、高精度机床、纺织机械、计算机设备等领域。

磁力轴承由机械部分和电气控制部分组成，机械部分由与轴固定连接的转子和带电磁铁的定子构成，定子与转子之间有间隙，转子在轴向处于悬浮状态。磁力轴承的悬浮激振试验应用了电磁式激振器的原理。

图 7-17b 所示为磁力轴承激振试验框图。磁力轴承的定子为电磁铁，磁力轴承的转子为被吸物。先由扫描仪输出正弦激励信号，此激励信号经功率放大器放大后使定子对转子产生电磁吸力 F_0，使转子稳定悬浮，此激励信号即在转子上施加了一个正弦激振力。

用示波器观测位移传感器的输出电压，在不同频率的正弦激励下，记录传感器输出的振动位移（见图 7-18），据此求其频谱，找到最大振动位移时的频率值，即系统的固有频率。

3. 电液式激振器

电液式激振器由液压缸活塞的往复运动来激振试件，其结构如图 7-19 所示。信号发生器所发出的信号经放大后，通过电液伺服阀 2 控制油路，使活塞 3 产生往复运动，并用顶杆 1 去激振被测对象。活塞端部输入具有一定压力的油，从而形成预压力 p_2，它可对被测对象施加预载。用力传感器 4 可测量交变压力 p_1（推动顶杆的力）和预压力 p_2。

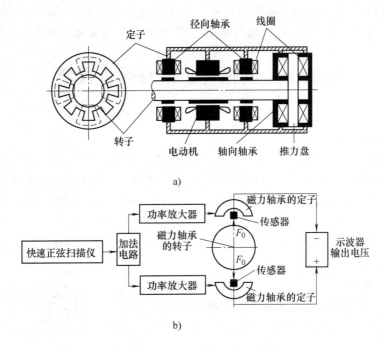

图 7-17　磁力轴承激振试验系统

a) 磁力轴承结构　b) 激振试验框图

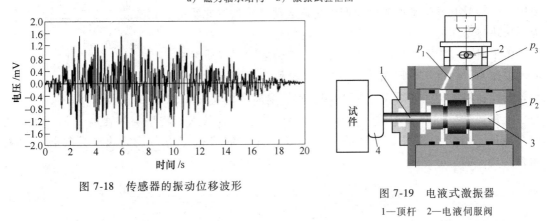

图 7-18　传感器的振动位移波形

图 7-19　电液式激振器

1—顶杆　2—电液伺服阀

3—活塞　4—力传感器

电液式激振器的最大优点是激振力大、行程长、结构紧凑，可输出低频激振力（接近零频）。但只适用于较低的频率范围（约 100Hz），不适于较高频率的激振。

应用案例：振动输送机

振动输送机的工作原理是通过激振器强迫承载体（料槽）按一定方向做简谐振动或近似于简谐振动，当振动加速度达到某一定值时，槽内物料便在承载体内沿运输方向实现连续微小的抛移或滑行，从而使物料被抛起的同时向前运动，实现输送的目的。

振动输送机主要用于在水平或小升角的情况下，输送松散的块状或颗粒状物料，亦可输送细度不大于 200 目的粉状物料，不宜输送含水分较大的黏性物料。

🎞 **【人生哲理】** 前人的经验、权威的论断，常使年轻人望而却步。对貌似不可企及的挑战，勇敢地说一声："是这样的吗？我来试试看。" 你会惊喜地发现：**成功并非高不可攀。**

第四节　测振传感器与分析仪器

一、测振传感器

测振传感器即振动测量用传感器，也称为**拾振器**，它是将被测对象的机械振动量（位移、速度或加速度）转换为与之有确定关系的电量（如电流、电压或电荷）的装置。

常用的测振传感器有发电型（如压电式、电动式和磁电式等）和电参数变化型（如电感式、电容式、电阻式和涡流式等）两类。按工作原理分，测振传感器可分为压电式、磁电式、电动式、电容式、电感式、电涡流式、电阻式和光电式等，其中，压电式和应变式加速度传感器使用较广。

1. 惯性式拾振器

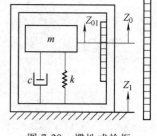

惯性式拾振器内有一弹簧质量系统，图 7-20 所示为惯性式拾振器的力学模型，它是一个由弹性元件支持在壳体上的质量块所形成的有阻尼的单自由度系统。在测量时，拾振器的壳体固定在被测物体上，拾振器内的质量-弹簧系统（即所谓的惯性系统）受基础运动的激励而产生受迫运动。拾振器的输出为质量块与壳体之间相对运动所对应的电信号。

图 7-20　惯性式拾振器的力学模型

由于惯性式拾振器内的惯性系统是由基础运动引起质量块的受迫振动。因此，可以用式（7-8）来表示其运动方程，其幅频特性和相频特性可用式（7-9）来表示，幅频和相频曲线如图 7-10 所示。

上述惯性式拾振器的输入和输出均为位移量，若输入和输出均为速度，基础运动为绝对速度，输出为相对于壳体的相对速度，此时的拾振器为惯性式速度拾振器，其幅频特性为

$$A_v(\omega) = \frac{Z_{01}\omega}{Z_1\omega} = \frac{1}{k} \frac{(\omega/\omega_n)^2}{\sqrt{[1-(\omega/\omega_n)^2]^2 + 4\xi^2(\omega/\omega_n)^2}} \tag{7-10}$$

可以看出式（7-10）与式（7-9）中的幅频特性一致，这说明惯性式位移拾振器和惯性式速度拾振器具有相同的幅频特性。

若质量块相对于壳体为位移量，壳体的运动为绝对加速度，此时的拾振器为惯性式加速度拾振器，其幅频特性为

$$A_a(\omega) = \frac{Z_{01}}{Z_1\omega^2} = \frac{1}{k\omega_n^2} \frac{1}{\sqrt{[1-(\omega/\omega_n)^2]^2 + 4\xi^2(\omega/\omega_n)^2}} \tag{7-11}$$

根据式（7-11），可绘制其幅频曲线，如图 7-21 所示。

惯性式加速度拾振器可用于宽带测振，如用于冲击、瞬态振动和随机振动的测量。

按国家标准及相应规范，金属切削机床新产品样机应进行多种振动试验，在振动敏感位置安装绝对式拾振器监测振动，是评定机床等级的主要指标之一。

2. 压电式加速度拾振器

压电式加速度拾振器是一种以压电材料为转换元件的装置，其电荷或电压的输出与加速度成正比。它具有结构简单、工作可靠、量程大、频带宽、体积小、质量轻、精确度和灵敏度高等一系列优点，已成为使用最广泛的一种拾振器。

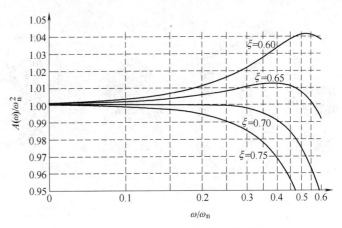

图 7-21 惯性式加速度拾振器的幅频特性

由于压电式加速度拾振器所输出的电信号是很微弱的电荷，而且拾振器本身又有很大的内阻，故输出的能量甚微。为此，常将输出信号先接到高输入阻抗的前置放大器，使该拾振器的高阻抗输出变换为低阻抗输出，再将其输出的微弱信号进行放大、检波，最后驱动指示仪表或记录仪器，显示或记录测试的结果。一般采用带电容反馈的电荷放大器作为前置放大器，以忽略电缆长度变化的影响。

【小思考——同频共振】 同样频率的东西会发生**共振**。两个灵魂契合的人，能够迅速识别彼此并擦出火花。因为他俩在意识、观点、行为方式、想法、境界等方面一致，产生了共鸣，"酒逢知己千杯少""相见恨晚""英雄惜英雄"。

二、振动信号分析仪器

从拾振器检测到的振动信号是时域信号，它只能给出振动强度的概念，只有经过频谱分析后，才可以了解振动的根源和干扰，并用于故障诊断和分析。当用激振方法研究被测对象的动态特性时，需将检测到的振动信号和力信号联系起来，然后求出被测对象的幅值和相频特性，为此需选用合适的滤波技术和信号分析方法。

振动信号处理仪器主要有振动计、频率分析仪、传递函数分析仪等。

1. 振动计 （见图 7-22）

振动计是用来直接指示振动体的位移、速度、加速度等振动量的峰值、峰-峰值、平均值或有效值的仪器。它主要由拾振器、积分微分电路、放大器、电压检波器和表头组成。当它外接滤波器时，可进行振动频谱分析，或做振动监测。

振动计只能获取振动的总强度（振级）而无法得到振动的其他方面信息，因而其使用范围有限。为了获得更多的信息，应将振动信号进行频谱分析。

图 7-23a 所示为用磁电式速度传感器测得工作台横向振动的时域曲线，但很难对其频率和振源作出判断。图 7-23b 是该信号的频谱，它清楚地表明了信号中的主要频率成分并可借此分析其振源。27.5Hz 是砂轮不平衡所引起的振动；50Hz、100Hz 和 150Hz 的振动都和工频干扰及电动机振动有关。500Hz 以上的高频振动原因比较复杂，有轴承噪声也有其他振源，有待进一步试验和分析。

2. 频率分析仪

频率分析仪也称为频谱仪，是把振动信号的时间历程转换为频域描述的一种仪器，如图

图 7-22　振动计

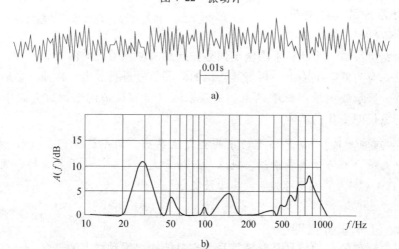

图 7-23　外圆磨床在空运转时的振动分析
a) 时域记录　b) 时域信号的频谱曲线

7-24 所示。要分析产生振动的原因，研究振动对人类和其他结构的影响及研究结构的动态特性等，都要进行频率分析。频率分析仪的种类很多，按其工作原理可分为模拟式、数字式两大类。

模拟式频谱分析仪的基本部件是带通滤波器，不同类型的模拟式频谱分析仪，其主要区别在于使用不同的带通滤波器。在进行模拟量频谱分析时，常用的频谱分析仪有：

（1）恒定百分比带宽分析仪　这种分析仪的中心频率与带宽之比为常数，即各段滤波器的 Q 值是一定的。可用一组中心频率不同而增益相同的带通滤波器并联起来，组成一个覆盖所要分析的频率范围的频谱分析仪，并如图 7-24b 那样依次显示各滤波器的输出，便可得到信号的频谱图。这种多通道仪器在低频时的频率分辨率高，适于低频振动分析，特别适合动力机械的振动分析（因为此类振动大多与转速有关），分析效率高。

（2）恒定带宽分析仪　这种分析仪带宽不随中心频率改变而变化，分辨率较高，但低频特性较差。让振动信号通过一个中心频率可调但增益恒定的带通滤波器，顺次改变中心频率，同样可得到信号的频谱，如图 7-24c 所示。但是要较高 Q 值的恒增益滤波器在宽广范围内连续可调是不容易的，所以通常分档改变滤波器的参数，再连续微调。

（3）实时分析仪　这种分析仪可在极短时间内制成 1Hz 或更小带宽，它可用于瞬时信

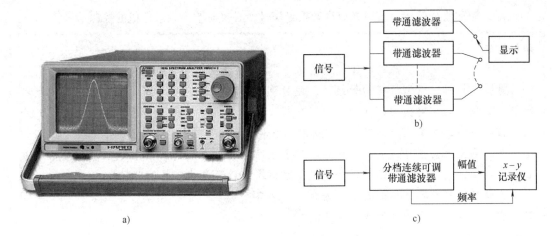

图 7-24 频谱分析仪

a) 外观 b) 多通道带通滤波器组成的频谱分析仪 c) 中心频率可调的频谱分析仪

号（如冲击振动等）的频率分析和随机振动分析，以及要求进行实时分析的情况。

随着计算机技术的发展，数字式振动频谱分析仪的应用日益广泛。数字信号处理可用 A/D 接口和软件在计算机上实现，进行快速傅里叶变换（FFT）运算、计算机实时分析、随机振动及冲击的频谱分析等，并实时显示振动的频谱。

3. 频率特性或传递函数分析仪

由频率特性分析仪或传递函数分析仪（见图 7-25）为核心组成的测试系统，通常都采用稳态正弦激振法来测定机械结构的频率响应或机械阻抗等数据。

图 7-25 传递函数分析仪

4. 振动监测仪

机械设备的平稳运行，不仅可以保证设备的加工精度，节省能量，利于环保，而且还能防止设备磨损、故障甚至避免安全事故。因此，设备在线监测已成为当今工业生产中一个不可缺少的手段。

新型 16 通道振动监测仪（5835A 型）特别适用于旋转机械设备的长期在线监测，该仪器根据设备的不同类型，按照相应的国际标准 ISO 2954 和 ISO 10816 对安装在设备关键部位（如机座、轴承、电动机、减速器或连杆）上的加速度计进行有效值处理，一旦监测值超过预先设定的极限，振动监测仪就会发出光或声音报警信号，必要时给出紧急停机的控制信号。

知识链接

在机械设备运行状态的故障诊断技术中，振动监测是最常用的方法之一。

对燃气轮机、压缩机等转轴组件，通过测试机组壳体、基础处的绝对振动，或测试转子对机壳间的相对振动，并进行专门分析，可以发现转子失去平衡、装配件松动或失落、轴承烧伤、基座变形和转轴裂纹等多种故障。

在轴承座上安置加速度计，对滚动轴承进行测振、分析，可对轴承滚动体或滚道表面剥落、点蚀、划痕、裂纹及保持架严重磨损或断裂等失效原因作出判断。

拾取齿轮箱敏感部位的振动并分析，可对各个齿轮的齿面剥落、齿面裂纹、齿尖断裂、齿面点蚀、擦伤等故障作出判断。

5. 振动记录仪

振动记录仪又称为冲击记录仪、冲撞记录仪，是可以对地震波、机械振动和各种冲击信号进行长时间现场采集、记录和存储的便携式专用设备。振动记录仪内含现场采集记录仪、速度或加速度传感器及分析处理软件，振动记录仪通过信号接口与传感器直接相连，放置于振动测试点，采集现场振动信号并保存；完成测量后，记录仪连接到计算机，分析处理软件读取记录仪内保存的所测数据，并进行显示、特征参数分析提取和结果打印输出。

振动记录仪能在千分之一秒的时间内，同时采集三个不同方向的振动数据，并对目标物进行 24h 不间断的监控，可随时测量目标物的振动频率。它主要应用于仪器设备运输过程冲撞冲击振动监测记录、装配线监测、制动系统、易碎性测试、实验室落体试验测试、飞行颠簸测试、机器监测、火车车钩连接冲击测试等。它可通过用户设定的时间间隔来测量记录三轴加速度的绝对最大值（x、y、z，温度、湿度），并可计算最大值、最小值、平均值和三轴矢量和。可以通过记录的数据全程回放测试过程，对精密设备仪器的安全和受损情况一目了然。

阅读材料

近年来，随着电子商务和网上购物的火热，快递市场迅猛发展，如淘宝网平均每分钟可售出数万件商品，这些商品大都通过快递送到消费者手中。

然而，由于快递物品的破损、丢失，消费者的投诉案件明显增多。比如：花 6000 元在网上购买的一对花瓶，送货上门时竟然变成了碎片一堆；42in⊖某品牌液晶彩电从商场送到家，就破成了几块；上万元买的平板计算机竟开不了机……托运公司推说货物易碎难免，而发货方则说发货时好好的，是托运公司人为造成的，货物受损应该由托运方负责，而物流公司不能判断货物具体在哪个环节遭遇损坏行为，找不到相关责任人。

在托运货车上安装振动记录仪后，振动记录仪可以全程记录货车的振动幅度。当振动发生时，振动记录仪能精确测试来自各个方面的振动和破坏，提供实时数据记录、分析振动程度，将时间、地点、事情发生的证据这些信息实时发送至物流公司，公司监控中心人员可以清楚地确认货物在途中的过程，及时发现问题，准确地查出事故地点、原因和相关责任人，区分正常振动还是恶意破坏，从而做出客观公正的判断。

⊖　1in = 0.0254m。

第五节　振动测量的实施

在进行振动测量，特别是大型测振试验时，试验大纲的制订是十分必要的。试验大纲内容包括：测量目的、测试方案和步骤（与测试对象和试验环境有关），尤其是合理选择测振系统（如传感器、放大记录分析设备）及测点布置等，忽视任一环节都会直接影响测试精度及结论的可靠性。现将其中几个主要方面简述如下。

一、测量目的

测量目的（如要测位移、速度、加速度或力等）不同，所选择的方法，包括被测振动参数、测试系统、测试工况等也随之而异，大致有如下几种：

1）当研究结构强度、分析振型时，通常测量振动位移，且必须多点测量。

2）当研究振动物体的阻尼时，通常应以测量振动速度为主。

3）当研究振动对零部件的负荷与力的关系及振动力的传递时，一般测量振动加速度。

4）当研究振源的性质和强度时，除上述有关测量外，还应进行频谱分析。

5）当研究系统共振和频率的关系时，应测量系统的固有频率。

二、测振系统的选择

1. 传感器的选择

明确了测量目的后，还要根据被测对象的振动特性（如待测的振动频率范围和估计的振幅大小等）、使用环境情况（如环境温度、湿度和电磁干扰等），并结合各类测振传感器的性能指标，正确选择相应的传感器。

在下列情况下，要选用位移传感器：

1）当振动位移的幅值特别重要时，如不允许某振动部件在振动时碰撞其他的部件，即要求限幅。

2）测量振动位移幅值的部位正好是需要分析应力的部位。

3）当测量低频振动时，由于其振动速度或振动加速度值均很小，因此不便采用速度传感器或加速度传感器进行测量。

在下列场合，须选择速度传感器：

1）振动位移的幅值太小。

2）与声响有关的振动测量。

3）中频振动测量。

加速度传感器一般用于以下场合：

1）高频振动测量。

2）对机器部件的受力、载荷或应力需进行分析的场合。

理论上，位移、速度和加速度三个参数互成积分或微分关系，可通过微积分运算来实现它们之间的转换，但实际测量时很难做到。微分将极大地放大被测信号中的高频噪声，甚至淹没有用信号。对宽频信号（如加速度）积分，往往会因信号的频宽超出积分网络的适用频宽而使信号失真。因此，<u>应按直接测取参数来选用测振传感器，尽量避免积分特别是微分</u>

去间接获得所需参数。例如，当测量振动速度时，最好选用速度传感器，以避免通过振动位移计微分或用加速度计积分求取速度时造成误差。

在具体测量时，必须考虑传感器、放大器、记录仪三者的动态范围是否一致。在安装传感器时，应注意到其和振动表面接触是否良好，在可能的情况下，可用黏合剂将传感器直接粘贴在振动面上。

2. 测振放大器的选择

传感器的功能只是将被测振动参量转换成其他电量信号，通常这种信号十分微弱，必须进行放大才能显示或记录。因此，放大器成了测振系统中不可缺少的重要环节。

目前常用的放大器有电压放大器、电荷放大器两种，由于电压放大器对导线电容变化敏感，因而常用电荷放大器，其输出电压与导线电容的变化无关，却对远距离测试十分适用，常与压电加速度传感器配合使用。

3. 记录仪器

测振仪虽然能直接显示被测振动参数（如位移、速度及加速度等）的值，但为了对振动进行分析、长期保存或满足其他特殊要求，需要选用合适的记录仪器将振动信号记录下来。

测振常用的记录仪器有光线示波器、电子示波器、x-y 函数记录仪等。

4. 分析仪

振动测量不仅需要知道振动的幅值、速度和加速度，而且还需要确定振动的频率成分，因此必须将传感器所测得的振动信号经过适当处理，以获得各种有用的信息，这就需要进行振动的概率密度分析、相关分析和频谱分析等。

测振中常用的振动分析仪有：频谱分析仪（恒定百分比带宽分析仪、恒定带宽分析仪、1/3 倍频程分析仪等）、实时分析仪及统计分析仪等。在动力机械的振动中，一般频率较低，虽然有时振动信号较复杂，但通过谐波分析可以发现，一般前几阶谐振分量较大，因而低频振动分析多采用恒定百分比带宽分析仪。对属于随机振动性质的振动，可采用统计分析仪。总之，应考虑振动的性质、测试的要求及环境条件等多种因素，选择合适的分析仪。

三、测点及测振工况的选择

测点应选择在坚实的机体上（如，缸盖、缸体、曲轴箱、底座等刚性较大的部位），不宜布置在刚性较差的部位（如罩壳、盖板、摇臂和薄壳结构等处），以避免因刚性差而引起局部振动所造成的误差。测点数量至少应取 3~5 点，不同形式的机器设备，根据测试目的不同，测点的数目和布局均有一定要求，这在国家标准中有具体规定。同一测点应在三个互相垂直的方向 x、y、z 上进行振动测量。

测振工况可按测试要求拟定，以内燃机为例，一般在内燃机标定功率和标定转速工况下进行测试，尽可能在空负荷或在某一规定负荷下，使内燃机转速从最低逐渐上升到最高，再从最高降到最低，连续地进行测定。转速的变化不宜过快，以免共振尚未充分形成就完成测量，从而影响测量结果；同时，因受到仪器记录纸的限制，转速的变化也不能过慢。一般以能在 1~2min 内连续升降一次为宜，同时要求升降速度变化率相同，升、降速往复各测一次，其目的是为了消除被测振动体弹性的非线性影响。为真实反映振动情况，还应设法将内燃机与外界其他振动源隔离。

阅读材料:汽车行驶过程的平顺性

　　汽车行驶过程中会产生振动,这个振动主要由路面不平引起。发动机、传动系和轮胎等的转动也会引起汽车振动。汽车的振动将由轮胎、悬架、坐垫等弹性、阻尼元件构成的振动系统传递到货物或人体,如图 7-26 所示。

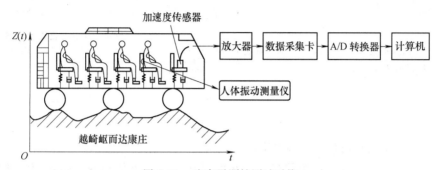

图 7-26　汽车平顺性测试系统

　　汽车行驶的平顺性直接关系到乘客的舒适性,是乘坐舒适性的一个重要指标,并涉及汽车动力性和经济性的发挥,影响零部件的使用寿命。

　　汽车行驶平顺性的评价方法,通常是根据人体对振动的生理反应及对保持货物完整性的影响来制订的,并用振动的频率、振幅、加速度、加速度变化率等作为行驶平顺性的评价指标。

　　试验表明,为使汽车具有良好的行驶平顺性,当车身振动时,人体上、下运动的频率应保持在 $60 \sim 85$ 次/min（$1 \sim 1.6$Hz）,振动加速度极限值应为 $0.2g \sim 0.3g$。为了保证所运输货物的完整性,车身振动加速度的极限值应低于 $0.6g \sim 0.7g$。如果车身加速度达到 $1g$,未经固定的货物就有可能离开车厢底板。

第六节　固有频率和阻尼比的测试

　　振动系统的主要参数是其固有频率、阻尼比、动刚度和振型等。实际振动系统一般都是多自由度的,有多个固有频率,在幅频特性曲线上会出现多个"共振峰"。根据线性振动理论,有 n 个自由度的振动系统,可分解成 n 个相互独立的单自由度系统来处理,其中每一个单自由度系统的振动形态称为模态。因此,在多自由度线性振动系统中,任何一点的振动响应可由各阶模态（多个单自由度系统）的响应叠加得出,每一阶模态都有自己的特性参数。

　　本节只讨论单自由度振动系统的特性参数——固有频率、阻尼比的估计。

一、自由振动法（瞬态激振法）

　　根据被测对象的大小、刚度,选用适当锤子敲击被测对象,使之产生自由振动,由传感器拾取振动信号,通过记录仪把这种自由振动信号记录下来。

　　阻尼比 ξ 可以根据振动曲线相邻峰值的衰减比值来计算。从图 7-27 所示的振动曲线上量出峰值 x_i 以后的第 n 个波的峰值 x_{i+n},于是得到两个峰值的对数衰减率:$\delta_n =$

$\ln(x_i/x_{i+n})$，则阻尼比

$$\xi = \frac{\delta_n}{\sqrt{\delta_n^2 + 4\pi^2 n^2}} \qquad (7\text{-}12)$$

对于小阻尼系统（当阻尼比 $\xi < 0.3$ 时），可按式（7-13）近似计算阻尼比

$$\xi = \frac{\delta_n}{2\pi n} \qquad (7\text{-}13)$$

根据上面算得的阻尼比 ξ，通过时标测定出周期 T，则系统的固有频率 ω_n 为

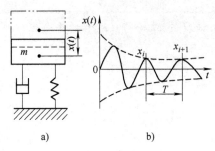

图 7-27　有阻尼自由振动曲线

$$\omega_n = \frac{\omega_d}{\sqrt{1-\xi^2}} \qquad (7\text{-}14)$$

式中，ω_d——有阻尼自由振动的圆频率，$\omega_d = 2n\pi/T$。

系统的 ω_n 和 ω_d 不同，但当阻尼比较小时可认为两者近似相等，如 $\xi \leq 0.3$ 时，ω_n 和 ω_d 相差小于 5%。

二、共振法（稳态正弦激振法）

在某固有频率附近，用稳态正弦激振方法，可得到被测试件的频率响应曲线，然后根据幅频、相频曲线（见图 7-7）对单自由度系统的动态参数进行估计。

1. 总幅值法

总幅值法又称为最大幅值法，它根据共振峰附近的一段幅频特性曲线来进行估计。

（1）固有频率 ω_n 的估计　由式（7-6）可知，ω_r 对应的峰值为位移共振频率。若阻尼比 $\xi < 0.1$，则固有频率 $\omega_n = \omega_r$（位移共振频率）。

若 $\xi \geq 0.1$ 或要精确估计 ω_n 值，需要先估计 ξ 的值。

（2）阻尼比 ξ 的估计　在位移共振峰附近作一条纵坐标为 $A(\omega_r)/\sqrt{2}$，即 0.7 倍峰值的水平直线，该直线与幅频特性曲线相交于两点，如图 7-28 所示。两点之间的频带宽度为 $\Delta\omega$，$\Delta\omega = \omega_2 - \omega_1$，则阻尼比 ξ 为

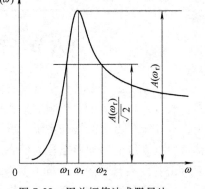

图 7-28　用总幅值法求阻尼比

$$\xi = \frac{\Delta\omega}{2\omega_r} = \frac{\omega_2 - \omega_1}{2\omega_r}$$

固有频率为

$$\omega_n = \frac{\omega_r}{\sqrt{1-2\xi^2}}$$

总幅值法没有考虑其他非共振模态振动的影响，因此只适用于相邻两振动模态的固有频率相差较大的小阻尼系统。因为共振频率附近幅值随频率变化剧烈，难于精确确定峰值位置，所以用此法得到的固有频率和阻尼比误差较大。

2. 分量法

分量法是将频率响应函数分解成两个分量：一个与激振力同相的分量（实部）$Re(\omega)$，一个与激振力正交的分量（虚部）$Im(\omega)$。

根据式（7-4）得位移导纳为

$$H(j\omega) = \frac{1}{(k - m\omega^2) + jc\omega} = \frac{(k - m\omega^2) - jc\omega}{(k - m\omega^2)^2 + c^2\omega^2} \tag{7-15}$$

式（7-15）可分为实部和虚部两部分，实部分量 $Re(j\omega)$ 与激振力同相，虚部分量 $Im(j\omega)$ 与激振力正交。

$$\begin{cases} Re(j\omega) = \dfrac{(k - m\omega^2)}{(k - m\omega^2)^2 + c^2\omega^2} \\[3mm] Im(j\omega) = \dfrac{-c\omega}{(k - m\omega^2)^2 + c^2\omega^2} \end{cases}$$

化简为

$$Re(j\omega) = \frac{1}{k} \frac{1 - (\omega/\omega_n)^2}{[1 - (\omega/\omega_n)^2]^2 + 4\xi^2(\omega/\omega_n)^2} \tag{7-16}$$

$$Im(j\omega) = -\frac{2}{k} \frac{\xi(\omega/\omega_n)}{[1 - (\omega/\omega_n)^2]^2 + 4\xi^2(\omega/\omega_n)^2} \tag{7-17}$$

根据式（7-16）和式（7-17）绘制曲线，分别如图 7-29、图 7-30 所示。

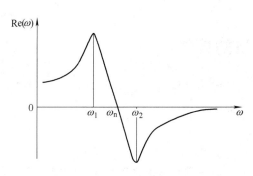

图 7-29　实部频率曲线

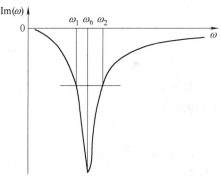

图 7-30　虚部频率曲线

分析实部频率曲线和虚部频率曲线图可得：

1）当 $\omega = \omega_n$ 时，$Re(\omega_n) = 0$。

2）当 $\omega = \omega_1 = \omega_n\sqrt{1-2\xi}$ 时实部具有最大值，当 $\omega = \omega_2 = \omega_n\sqrt{1+2\xi}$ 时，实部具有最小值，即

$$[Re(j\omega)]_{max} = \frac{1}{4\xi(1 - \xi)k} \tag{7-18}$$

$$[Re(j\omega)]_{min} = \frac{1}{4\xi(1 + \xi)k} \tag{7-19}$$

且

$$\xi = \frac{\omega_2 - \omega_1}{2\omega_n} \tag{7-20}$$

3）当 $\omega = \omega_n \dfrac{1}{\sqrt{3}} \sqrt{1 - 2\xi^2 + 2\sqrt{1 - \xi^2 + \xi^4}} \approx \omega_n \sqrt{1 - \xi^2}$ 时，$\mathrm{Im}(\omega)$ 具有极小值，即

$$[\mathrm{Im}(\mathrm{j}\omega)]_{min} = -\frac{1}{2\xi k}$$

此时的频率比位移共振频率 ω_r 更接近 ω_n。

4）当 $\mathrm{Im}(\omega_1) = \mathrm{Im}(\omega_2) = \dfrac{1}{2}[\mathrm{Im}(\mathrm{j}\omega)]_{min} = -\dfrac{1}{4\xi k}$ 时，ω_1、ω_2 满足式（7-20）。

因此，可按如下方法求固有频率和阻尼比：

1）实部频率曲线 $\mathrm{Re}(\omega)$：固有频率 ω_n 取 $\mathrm{Re}(\omega)$ 曲线与横坐标轴的交点（即，$\mathrm{Re}(\omega) = 0$ 时的频率），阻尼比 ξ 按式（7-20）计算，其中 ω_1、ω_2 分别是 $\mathrm{Re}(\omega)$ 曲线中最大值、最小值所对应的频率（$\omega_1 < \omega_2$）。

2）虚部频率曲线 $\mathrm{Im}(\omega)$：固有频率 ω_n 取 $\mathrm{Im}(\omega)$ 曲线最小值（峰值）所对应的频率，再按峰值的一半作水平线，与 $\mathrm{Im}(\omega)$ 曲线有两个交点，此两个交点对应的频率分别为 ω_1、ω_2（其中 $\omega_1 < \omega_2$），阻尼比 ξ 仍按式（7-20）计算。

分量法能提供更精确的参数估计值。在研究多自由度振动系统时，虚部频率曲线的优点更为突出。

【小思考——振动与噪声】　有人说，由于人口密集居住，导致人与人之间的各种摩擦、冲突也越来越多，于是便产生了对"振动"及振动诱发"噪声"等排他性限制与保护的投诉，你认为呢？

第七节　振动的控制

振动控制是振动工程领域内的一个重要分支，是振动研究的出发点和归宿。振动控制包括两方面内容：①有利振动的利用。②有害振动的抑制。

一、振动控制的意义

振动控制在现代工程中应用十分广泛，很多工程因为没有考虑共振效应而失败，造成经济的损失和人员的伤亡。因此，其研究价值不言而喻。

工业和运输业中广泛采用机器作为原动力，机械振动的危害也越发严重，故振动控制要求更为迫切。汽轮机、水轮机和电动机等动力机械，汽车、火车、船舶和飞机等交通运输工具，以及工作母机、矿山机械和工程机械等，都朝着高速重载的方向发展，其振动日益强烈。精密机床和精密加工技术，如果离开严格隔振的平静环境，就无法达到预期的精度目标。城市建设的规模化发展，建筑高度不断攀升，使高层建筑受风载激励后振幅可高压达几米，倘若不考虑减振措施，即使采用高强度的建筑材料，也难以满足舒适和安全要求。飞机、导弹、坦克、战车通常在极恶劣的环境中工作，尤其是如今精确打击方向的研究，更需要减振理论的支持。

二、振动的控制方法

对振动的控制一般可用以下几种方法：

1. 消振

1）消除或减弱振源，这是治本的方法。例如，车刀的颤振，可通过加切削液的方法，减小切削时车刀与工件的摩擦力，破坏出现颤振的条件。

2）抵消振动。由可控制的振动来抵消振源发出的振动。例如，电子吸振器，就是利用电子设备产生一个与原来振动的振幅相等、相位相反的振动，来抵消原来振动以达到降低振动的目的。

2. 隔振

隔振是利用振动元件间阻抗的不匹配，消除或减弱振动传播的措施。

利用弹性支承将刚性连接换成弹性连接，这种弹性支承物称为隔振器。在振源与受控对象之间串加一个子系统（隔振器），以减小受控对象对振源激励的影响。按照传递方式，隔振分为：

1）积极隔振（主动隔振）。在振动源附近，用隔振器将振动着的机器（振源）与地基隔离开，防止振动通过支座、地基传播开去，把振动能量限制在振源上，不向外界扩散，以免激发其他构件的振动。例如，在电动机（振源）与基础之间用橡胶块隔离开来，以减弱通过基础传到周围物体去的振动。

2）消极隔振（被动隔振）。将需保护的精密仪器设备与振动着的地基（振源）隔离开，防止振动通过地基传来。例如，在精密仪器的底下垫上橡皮或泡沫塑料，将放置在汽车上的测量仪器用橡皮绳吊起来等。

积极隔振与消极隔振虽然概念不同，但实施方法却一样，都是把需要隔离的机器安装在合适的隔振器（弹性装置）上，使大部分振动被隔振器所吸收。

常用的隔振器有金属弹簧，由天然橡胶、塑胶等制成的弹塑性支承、弹性垫等。当振动是由振动物体通过基础传递给周围物体或是将一个不能受振物体和振动环境相隔离时，这是一个常用的方法。

3. 吸振（动力吸振）

在需要保护的对象上，附加一个动力吸振器，由该动力吸振器产生吸振力，以减小被保护设备对振源激励的响应。对冲击性振动，吸振也能有效降低冲击激发引起的振动响应。

4. 阻振（阻尼减振）

在需要保护的对象上，附加阻尼器或阻尼元件，借助黏滞效应或摩擦作用把振动能量转换成热能，通过消耗能量使振动响应减小。

阻尼可以把机械能转变为热能，能抑制共振、降低振动物体在共振频率区的振幅，从而减弱振动。具体措施是提高构件的阻尼或在构件上铺设阻尼材料和阻尼结构。如在金属板制成的外罩壳体上涂上阻尼材料就可以增加对振动能量的吸收，它还可以改变振动频率以避开共振点，减弱其在共振频率附近的振动。近年来研制成的减振合金材料，具有很大的内阻尼和足够大的刚性，可用于制造低噪声的机械产品。

5. 结构修改

对振源进行改造，尽量减少激振力，如改变某些部件的尺寸，使其达到平衡。还可通过修改被保护对象的动力学特性参数（质量、刚度、阻尼、转动惯量及其分布等），使其振动低于预定值，如增加结构刚性，减弱其对激振力的响应等。

6. 加强机械设备的基础

可通过加强机械设备的基础来控制振动，如加大基础的质量，扩大基础的面积等。

阅读材料

　　唐朝开元年间，洛阳有一个姓刘的和尚，他的房间内挂着一口磬，常敲磬解烦。有时候，刘和尚没有敲磬，磬却自动响起来了，无缘无故地发出嗡嗡的声音。这使他大为惊骇，终于惊扰成疾。

　　他的一位好朋友曹绍夔是宫廷的乐令，不但能弹一手好琵琶，而且精通音律（即通晓声学理论），闻讯前来探望刘和尚。经过一番观察，他发现每当寺院里的钟响起来时，和尚房里的磬也跟着响了。

　　于是曹绍夔拿出刀来把磬磨去几处，从此以后磬便不再自鸣了。他告诉刘和尚，这磬的音律（即所谓的固有频率）和寺院的钟的音律一致，敲钟时由于共振，磬也就响了。将磬磨去几处就是改变它的音律（即固有频率），这样就不会引起共鸣了。和尚恍然大悟，病也好了。

在很多情况下，振动是不能完全消除或避免的。为了减轻振动对人的危害，在某些强振动环境中，特别是在一些需使用手持振动工具的作业中，必须采取若干个人防护措施，以减少和避免振动对振动工具操作人员造成的损害。个人防护措施有以下几种：

1）改善工作条件。如对工具的质量、振动的幅度、振动的频率进行限制；对操作人员，实行轮流作业制，使其能得到工间休息等。

2）采用防护用品。如使用防振手套、防振垫，以减少振动对人体的作用。

3）定期体检。对经常使用振动工具或在振动环境中工作的人员，定期进行体检，做好振动病的早期防治工作。

【人生哲理】　　生活中遭遇的种种挫折，只要我们善于利用，就能克服困难，迈向成功！

本 章 小 结

机械振动是工业生产和日常生活中极为常见的现象。振动的幅值、频率和相位是振动的三个基本参数，称为振动三要素。只要测得这三个要素，也就决定了整个振动运动。

机械振动测试的目的可以分为两类：

1）寻找振源、减少或消除振动，即消除被测量设备和结构所存在的振动。

2）测定结构或部件的动态特性以改进结构设计，提高抗振能力。

振动的激励方式包括：稳态正弦激振、随机激振和瞬态激振。激振设备有：电动式激振器、电磁式激振器和电液式激振器。

测振传感器是将被测对象的机械振动量（位移、速度或加速度）转换为与之有确定关系的电量（如电流、电压或电荷）的装置。

机械振动系统固有特性（固有频率和阻尼比）通常采用自由振动法、共振法（总幅值法、分量法）来计算。

　　振动多数是有害的，但是振动是可以控制的。振动的控制方法有：消振、隔振、吸振、阻振、结构修改等。使振动可以为我所用。

思考与练习

一、思考题

7-1　振动有哪些危害？

7-2　要测量一钢构件的固有频率，有哪些测量方法？其测量原理是什么？

7-3　为了分析汽车驾驶人座椅振动的主要来源（发动机或车桥），如何测试？测量原理是什么？应该做哪些分析？如何做出评判？

7-4　如何有效控制振动？

二、简答题

7-5　要测量机床回转轴的振动，应选用何传感器？如何布置传感器？对该测量的影响因素有哪些？

7-6　振动测试有哪几种类型？

7-7　测量目的不同，在振动测量中应如何选择所测振动参数？

7-8　机械振动系统固有特性如何测试？

7-9　若要测量 40~50Hz 范围内的正弦振动信号，应选用速度传感器还是加速度传感器？为什么？如用速度传感器测，则输出/输入信号幅值比是增大还是减小？为什么？用加速度传感器呢？

三、计算题

7-10　用一个固有频率为 $f_n = 20Hz$，阻尼比 $\xi = 0.7$ 的惯性式速度拾振器去测量一个位移时间历程为 $x(t) = 5\sin20\pi t$ 的振动信号，将会造成多大的幅值误差？

7-11　某单自由度振动系统，其质量块的重力为 44N，弹簧刚度为 52.5N/m，阻尼比 $\xi = 0.068$，求此系统的固有频率及质量块受到周期力激励下的位移共振频率、速度共振频率？

第八章　噪声的测量

噪声的危害——人或仪器，谁说了算？

【本章学习要求】　完成本章内容的学习后应明白：

1. 噪声有什么特点？噪声会产生哪些危害？
2. 噪声如何评价与度量？
3. 噪声怎么测量？声级计是干什么用的？
4. 哪些办法能够抑制噪声？

导入案例

　　噪声、大气污染、水污染、固体废物污染是当今社会的四大公害。

　　学生在上课时经常有这样的体会：当课堂纪律很好时，学生会对老师所讲知识的理解和记忆都较为深刻；但是当某一节课的课堂纪律较乱时，这节课的听讲效果也就特别差，好像对老师讲过的知识没有什么印象。这是为什么呢？

　　安静的环境容易使人注意力集中，吵闹的环境（噪声）会分散人的注意力。

　　1988 年 12 月 24 日至 29 日，安徽省安庆市石化总厂热电厂改煤工程，实行新建 3 号炉点火冲管量，发生了累计长达 34h 的强烈噪声。当地环保监测部门在距热电厂 100m～500m 处测定，这种噪声超过了 90dB，最高达 100dB，在这期间，附近的第五中学和一所小学被迫停课三天，当地群众纷纷向市政府及新闻单位反映，人们的正常生活受到了影响，"仿佛世界一切都在颤抖"。

第一节　概　　述

　　无论是自然界还是人类，都离不开声音。森林中鸟语虫鸣，草原上风声呼啸，山间小溪潺潺，工厂里机器轰鸣，生活中音乐美妙……声音对人们具有十分重要的作用，但是任何事物都需要有一定的限度。如果声音过大，持续时间过长，超过一定限度，就会成为干扰生活的噪声。当你需要睡觉时，再动听的音乐也会觉得不愉快，这就是噪声。噪声无处不在，你走在大街上，来来往往的车流，熙熙攘攘的人流，所发出的声音超过一定限度时，就成了噪声。

一、噪声的特点

　　声音是机械振动在某种弹性介质中的传播过程，弹性介质的基本类型有气体、液体、固体三种，它们都能够传播声音。声音在传播过程中，将会被介质、声场中的障碍物、房间的四壁等吸收，使声音逐渐衰减。噪声是声音的一种，具有声音的一切特性。

　　噪声通常是指那些难听的、令人厌烦的声音，一般属于不协调音，协调音为音乐。从这个意义上讲，噪声是由许多不同频率的声波无规律地杂乱组合而成的声音，它给人以烦躁的感觉。从物理角度看，噪声是发声体做无规则振动时发出的声音。从环境保护的角度看，凡是影响人们正常学习、工作和休息的声音，以及对人们要听的声音产生干扰的声音，即人们不需要的声音，都统称为噪声。从这个意义上来说，机器的轰鸣声，各种交通工具的发动机声、鸣笛声，安静的图书馆里的说话声，邻居电视机过大的声音及各种突发的声响等，都是噪声。噪声具有局部性、暂时性和多发性的特点。

　　图 8-1 所示为噪声与乐音的波形，从波形图上你能看出什么不同？

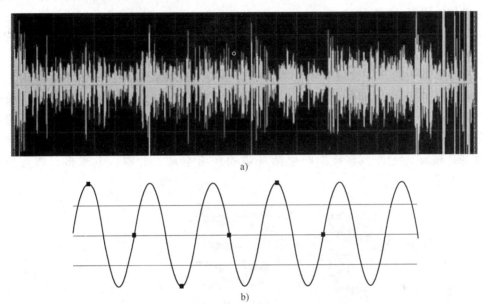

a)

b)

图 8-1　噪声与乐音的波形
a）噪声的波形　b）乐音的波形

　　从图 8-1 可以看出，乐音是发声体做规则振动时发出的声音，噪声是发声体做无规则振动时发出的声音。

【小思考】　烧开水时，当你听到水壶发出"轰轰轰"的响声时，你可能觉得水开了会去断电或关火，其实此时水还没烧开呢。通常，在水快要沸腾但还没开时，会发出较响的连续声，而水烧开沸腾时，发出的却是"嘶嘶嘶"轻柔的断续声，由此人们说"**响水不开，开水不响**"。为什么水烧开时声音小，即将烧开时却很响呢？

　　声音依频率高低可划分为：次声、可听声、超声、特超声。次声是低于人们听觉范围的声音，其频率低于 20Hz。可听声是人耳可听到的声音，频率为 20~20000Hz。当声音的频率高到超过人耳听觉范围的频率极限时，人们便觉察不出声音的存在，称这种高频率的声音为超声。特超声指高于超声频率上限的超高频声音。由噪声定义可知，一切可听声都有可能是噪声。

【小思考】　夜深人静时，你被邻居家的流行歌曲惊醒了，这是乐音还是噪声？

二、机械设备噪声的起因

噪声影响机械、仪器及仪表的正常工作，机械设备噪声的起因主要有：

1. 空气动力性噪声

由空气振动产生，如鼓风机的进气、排气声。

2. 结构性噪声

由固体振动产生，如在撞击、摩擦和交变的机械力的作用下，金属板、轴承、齿轮等振动所引起的噪声。

3. 电磁性噪声

电磁性噪声是由电磁在气隙中感应产生交变力而引起的，如定子与转子的吸力、电流与磁场的相互作用、磁致伸缩引起的铁心振动等。

随着现代工业的高速发展，工业和交通运输业的机械设备都向着大型、高速、大动力方向发展，它们所引起的噪声已成为环境污染的主要公害之一。在众多的噪声源（见图 8-2）中，动力机械发出的噪声是噪声的主要来源。例如，对城市环境影响最大的是交通噪声，即车辆噪声，内燃机作为各类交通运输工具的主要动力，是城市环境噪声的主要来源。此外，直接影响生活环境的还有空调、音响、电视机、收音机、广场舞的噪声等。

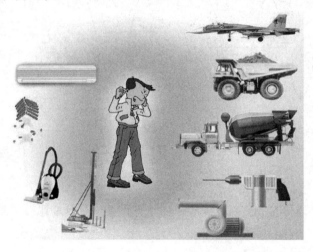

图 8-2　噪声的来源

三、噪声对人的危害

噪声不仅会影响听力，而且还对人的心血管系统、神经系统、内分泌系统产生不利影响，所以有人称噪声为"致死的慢性毒药"。噪声给人带来生理上和心理上的危害主要有以下几方面：

1. 干扰休息和睡眠、影响工作效率

（1）干扰休息和睡眠　噪声使人难以休息和入睡。当人辗转不能入睡时，便会紧张、呼吸急促、脉搏跳动加剧、大脑兴奋不止，第二天就会感到疲倦，或四肢无力，从而影响工作和学习。久而久之，容易患神经衰弱症，表现出失眠、耳鸣和疲劳。人进入睡眠之后，即

使是 40~50dB 较轻的噪声干扰，也会使人从熟睡状态变成半熟睡状态。而在半熟睡状态时，大脑仍处于紧张、活跃的阶段，这就会使人得不到充分的休息和体力的恢复。

（2）使工作效率降低　研究发现，噪声超过 85dB，会使人感到心烦意乱、无法专心工作，导致工作效率降低。

2. 损伤听觉、视觉器官

（1）损害心血管　噪声是心血管疾病的危险因子，噪声会加速心脏衰老，增加心肌梗死发病率。在 70dB 的噪声中长期生活的人，心肌梗死发病率增加 30% 左右，夜间噪声会使发病率更高。调查发现，生活在高速公路旁的居民，心肌梗死率增加了 30% 左右。

（2）损伤听力　强噪声可以引起耳鸣、耳痛、听力损伤，超过 115dB 的噪声还会造成耳聋。据临床医学统计，若在 80dB 以上噪声环境中生活，造成耳聋者可达 50%。

（3）损害视力　试验表明：当噪声强度达到 90dB 时，人的视觉细胞敏感性下降，识别弱光反应时间延长；当噪声达到 95dB 时，有 40% 的人瞳孔放大，视力模糊；而噪声达到 115dB 时，多数人的眼球对光亮度的适应都有不同程度的减弱。所以长时间处于噪声环境中的人很容易发生眼疲劳、眼痛、眼花和视物流泪等眼损伤现象。噪声还会使色觉、视野发生异常。

阅读材料

20 世纪 50 年代，西班牙曾经有 80 个志愿者做"喷气式发动机噪声影响"的试验对象，试验结果很悲惨：28 人死亡，其余人都得了严重的麻痹症。

在外国，有这样一个真实事例：有 10 个为了一笔奖金而自愿做试验的人，各自捂紧自己的耳朵，站成一排，让一架超声速飞机在他们头顶上低空飞过。然后悲剧发生了，这 10 个人的生命都结束了，可见噪声的可怕！

1964 年，美国 F104 喷气式飞机在 Oklahoma 市上空进行超声速飞行试验时，飞机的轰鸣声使附近一个农场的 10000 只鸡死亡 6000 只。

第二节　噪声的评价

噪声是一种声音，因而具有声波的一切特性。物理学中的声学知识均可用于对噪声的理解与分析。这里选取与噪声测量有关的声学概念加以简要说明。

一、声场

声波传播的空间统称为声场。允许声波在任何方向进行无反射自由传播的空间称为自由声场，声波受到边界面的多次反射使各点的声压相同的空间称为混响声场。显然，自由声场可以是一种没有边界、介质均匀且各向同性的无反射空间，也可以是一种能将各个方向的声能完全吸收的消声空间。混响声场是一种全反射型声场。现实生活环境中不存在上述两种极端的空间。如果声波只受到地面反射，而其余方向均不存在反射，则这样的空间称为半自由声场。对于房屋等生活空间，其边界（墙壁、地面、顶棚或摆设物等）既不完全反射声波、也不完全吸收声波，这种空间称为半混响声场。

知识链接： 声音能拉伸吗？

运动改变声调：当急救车（警车或救火车）从远而近驶来时，你会听到警笛声越来越响；而当车辆从你身旁经过后，警笛声逐渐降低，最后听不见了。这是由于声源与观察者之间存在相对运动，使观察者听到的声音频率不同于声源的频率。当声源驶近时，声波遭到了压缩，警笛声的波峰间距缩短，波长减小，频率升高，声音就会变得尖厉。当声源驶向远方时，声波的波长变大，好像声波被拉伸了一样，且频率随之降低，声音越来越小。这个现象称为**多普勒效应**。

【小思考】 当鸭子在水面上游过时，它前方的涟漪会挤在一起而其身后的却会散开；医院的彩超；马路上监控超速车辆，这些都与**多普勒效应**有关吗？

二、噪声强弱的物理学评价指标

表征噪声强弱的物理量（客观评价指标）有：声压、声压级、声强和声功率等。

1. 声压 p

声波作用在物体上的压力称之为声压，声波引起空气质点振动，无声时大气有一个静压力，有声时大气在静压力上又叠加一个由声波引起的波动压力，使空气的压力相对于大气压发生微小的变化，这个变化量，即超过大气静压的部分称为声压 p，其单位是帕（Pa），$1Pa = 1N/m^2$。

声压反映了声波振幅的大小，表示声音的强弱。因为声压是波动的，是时间的函数，所以一般用有效声压（即一段时间内声压的均方根值）来反映声压。

通常，声压的数值要比大气压小得多。例如，一台内燃机的工作噪声，在距离内燃机表面 1m 处的声压只有 1Pa 左右，仅为大气压的十万分之一。人的感官对声波的接收不仅与频率有关，也与声压有关。具有正常听力的人，刚能听到的声音的声压为 $p_0 = 2 \times 10^{-5} Pa$，也称为听阈声压（国际上把频率为 1kHz 时的听阈声压作为基准声压）。人耳能承受的最大声压大约是 20Pa，称为痛阈声压，是人耳刚刚产生疼痛感觉时的声压。由此可见，声音的强弱上下限与人的听觉范围都十分宽广。

从听阈声压到痛阈声压，两者相差 100 万倍，所以用声压的绝对值来表示声压很不方便甚至是不可能的。另外，人耳对声刺激的响应成对数关系（而非线性关系）。**为了减少评价指标的数量级，改用一个成倍比关系的对数量——声压级来表示声音的强弱。**

【核心提示】 声音是声波以纵波形式在介质中的传播。声源的振动形成了声压，声压只有大小没有方向，它是一个标量。声压的大小是指某点瞬间的压力与大气压力的差值。

2. 声压级 L_p

声压级表示声压 p 与基准参考声压 p_0 的相对关系，其定义为

$$L_p = 20 \lg \frac{p}{p_0} \tag{8-1}$$

式中　p——被测声音的声压（Pa）；

p_0——基准声压（即听阈声压 $2 \times 10^{-5} Pa$）。

声压级是相对量，无量纲。在声学中，用"级"来表示相对量，并都用 dB 作为单位。

为了使读者对声压级的大小有一个粗略的数量概念，举一些典型例子：微风轻轻吹动树

叶的声音约 14dB；在房间中高声谈话声（相距 1m 处）约 68～74dB；交响乐队的演奏声（相距 5m 处）约 64dB；飞机强力发动机的声音（相距 5m 处）约 140dB。图 8-3 所示为常见的声压级的范围。

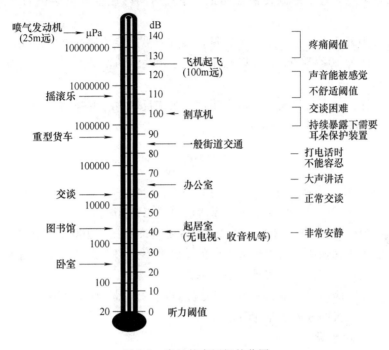

图 8-3　常见的声压级的范围

【核心提示】 级是相对量，是一个量与基准量之比的对数表示。因此，级是无量纲，而以 dB 为单位。只有在规定了基准值后，级的分贝值才能表示一个量的大小。例如，声场中某点的声压级 $L_p = 80dB$，表示该点的声压是基准声压的 10^4 倍；0dB 并非没有声压，而是其声压等于基准声压。

试验证明，声压级表示方法符合人耳对声音的主观感觉，即声压增加一倍，声压级增加 6dB。

采用声压级后，就可把从听阈声压到痛阈声压的声音强弱用 0～120dB 的声压级来表示，显著减少了数量级。

知识链接

分贝（decibel，dB）是以美国发明家亚历山大·格雷厄姆·贝尔的名字命名的，他因发明电话而闻名于世。因为贝尔的单位太粗略而不能充分用来描述我们对声音的感觉，因此前面加了"分"字，代表 1/10。1 贝尔＝10 分贝。

dB 是一个纯计数单位，本意是表示两个量的比值大小，没有单位。使用 dB 作计数单位，可以把一个很大（后面跟一长串 0 的）或者很小（前面有一长串 0 的）的数比较简短地表示出来。

3. 声强和声强级

声波作为一种波动形式，具有一定的能量。因此也常用能量的大小即用声强和声功率来表示声音的强弱。

声强是指在某点垂直于声波传播方向上，单位时间内通过单位面积的声能量，记作 I，单位：W/m^2。

声强既有大小又有方向，它是一个矢量，其方向沿声能传播的方向。在自由场中，相对于听阈声压的声强为 $10^{-12}W/m^2$，并以此作为确定声强级的基准声强。而相对于痛阈声压的声强为 $1W/m^2$。

同声压级一样，为了简化表示，通常用声强级来反映声音的强弱。声强级表示声强 I 与参考基准声强 I_0 的相对关系，其定义为

$$L_I = 10\lg \frac{I}{I_0} \tag{8-2}$$

式中　I——被测声音的声强（W/m^2）；

　　　I_0——基准声强 10^{-12}（W/m^2），声强级的单位也是 dB。

若某点的声强级为 20dB，则表示该点的声强是基准声强的 100 倍（因 $I/I_0 = 100$）。

心理物理学的研究表明，人对声音强弱的感觉并不是与声强成正比，而是与其对数成正比的，这正是人们使用声强级来表示声强的原因。

正常人耳朵从听阈声压到痛阈声压，相应的声强级也是 0～120dB。在自由场中，任何一点的声压级与声强级的分贝数是相等的。

4. 声功率及声功率级

声强 I 在包围声源的封闭面积上的积分，即声源在单位时间内发射出的总能量，称为声功率，用 W 表示，单位是瓦特（W）。

$$W = \int_S I dS \tag{8-3}$$

式中　S——包围声源的封闭面积；

　　　dS——微面积。

表 8-1 所示为一些具有实际价值的声源输出功率的峰值，可作为实测时参考。

表 8-1　通用语言与若干乐器输出声功率值的近似值

声源	男生会话	女生会话	单簧管	低音提琴	钢琴	管乐器
声功率峰值/W	0.002	0.004	0.05	0.16	0.27	0.31

常见的小型设备所消耗的能量为：日光灯 40W、台式电风扇 60W、小搅拌器 100W、小手电筒 1W。对比表 8-1 的数据可以发现，人的耳朵是一种灵敏度极高的声音探测器。

声功率级表示声功率 W 与参考基准声功率 W_0 的相对关系，其定义为

$$L_W = 10\lg \frac{W}{W_0} \tag{8-4}$$

式中　W——被测声音的声功率（W）；

　　　W_0——基准声功率，通常取 $10^{-12}W$ 作为确定声功率级时的基准声功率。声功率级的单位也是 dB。

【核心提示】　声波携带的能量叫声能量，声功率就是指声源在单位时间内辐射的总声能量。某点的声功率级是该点的声功率相对于参考值（基准声功率）的量度。

　　声功率级是反映声源发射总能量的物理量，与测量位置无关，因此它是声源特性的重要指标之一。由于目前还没有能直接测量声能的仪器，所以声强级、声功率级是通过间接测量取得的，常利用测得的声压级的大小来换算。对声源而言，声功率是恒定的，但声强在声场中的不同点却不一样。声功率级与声压级的换算关系依声场状况而定。在自由声场中，声功率级 L_W 满足：

$$L_W = \overline{L}_p + 20\lg R + 11 \quad (\text{dB}) \tag{8-5}$$

　　若声波仅在半球面方向上传播，这种情况相当于开阔地面上声源的声发射过程，则声功率级：

$$L_W = \overline{L}_p + 20\lg R + 8 \quad (\text{dB}) \tag{8-6}$$

$$\overline{L}_p = 10\lg\left(\frac{1}{n}\sum_{i=1}^{n} 10^{L_{pi}/10}\right) \tag{8-7}$$

式中　$\overline{L}_p$——在球面半径 R 上所测的多点声压级的平均值；

　　　　R——球面半径；

　　　　n——测点数目；

　　　　L_{pi}——第 i 点测得的声压级。

　　声压级、声强级、声功率级都是无量纲的相对量，在计算某点声压时，其合成声压级（或声强级）不能简单等于各个声源引起的声压级相加。

5. 分贝的加、减

　　（1）分贝加法　通常情况下，声源不是单一的，而是有多个声源同时存在。在各声源发出的声波互不相干的情况下，若各声源的声压级分别为 L_{p1}，L_{p2}，…，L_{pn}，根据声压级的定义和对数运算法则，可得总的声压级 L_{pt} 为

$$L_{pt} = 10\lg\left(\sum_{i=1}^{n} 10^{L_{pi}/10}\right) \tag{8-8}$$

式中　L_{pi}——第 i 个声源单独发声时的声压级（dB）。

　　例如，设有两个声源，单独发声时的声压级均为 100dB，即 $L_{p1} = L_{p2} = 100$dB，根据式（8-8）可以求出它们同时发声时的合成总声压级 L_{pt} 为 103dB，而不是 200dB。

　　同理，可得声强级的求和公式：

$$L_{It} = 10\lg\left(\sum_{i=1}^{n} 10^{L_{Ii}/10}\right) \tag{8-9}$$

式中　L_{It}——总的声强级（dB）；

　　　　L_{Ii}——第 i 个声源的声强级（dB）。

　　声功率级的求和公式为

$$L_{Wt} = 10\lg\left(\sum_{i=1}^{n} 10^{L_{Wi}/10}\right) \tag{8-10}$$

式中　L_{Wt}——总的声功率级（dB）；

　　　　L_{Wi}——第 i 个声源的声功率级（dB）。

两个噪声源同时作用时的总声压级 L_p 也可按下式计算

$$L_p = L_1 + \Delta L$$

式中　　L_1——两个噪声源中声压级较大者的声压级（dB）；

　　　　ΔL——附加增值，它是两噪声级之差的函数，根据两个噪声源声压之差，查表
　　　　8-2 可得到该附加值 ΔL。

表 8-2　噪声级之差修正表

两个噪声声压之差/dB	0	1	2	3	4	5	6	7	8	9	10
ΔL/dB	3.0	2.5	2.1	1.8	1.5	1.2	1.0	0.8	0.6	0.5	0.4

注：1. 当两个声源的声压级 $L_1 - L_2 > 7$ 时，可不计较弱噪声源 L_2 的噪声，因此时的 $\Delta L < 0.8$dB。

　　2. 为了降低机组的噪声，首先必须消除其中最强的噪声源（即声压级最高者）。

【例 8-1】　已知三个声源的声压级分别为 $L_{p1} = 90$dB，$L_{p2} = 95$dB，$L_{p3} = 88$dB，试分别用计算法、查表法求总的声压级 L_{pt} 为多少？

解：

1）计算法。根据式（8-8）得

$$L_{pt} = 10\lg(10^9 + 10^{9.5} + 10^{8.8})\text{dB} = 96.8\text{dB}$$

2）查表法。先取 88dB 和 90dB 两个较低的值，二者相差 2dB，查表 8-2 得增加的分贝值 $\Delta L = 2.1$dB，因此 $[88+90] = (90+2.1)$dB $= 92.1$dB；同样方法得 $[92.1+95] = (95+1.9)$dB $= 96.9$dB，其计算过程如下图：

```
88dB ─┐
      ├─ 级差=2dB ── 92.1dB ─┐
90dB ─┘   ΔL=2.1dB           ├─ 级差=2.9dB ── 96.9dB
                     95dB ───┘   ΔL=1.9dB
```

两种方法的结果相差仅 0.1dB。在工程实际中，分贝的小数点部分容许采取四舍五入的办法处理。

（2）分贝减法　在现场进行噪声测量时，测量结果不可避免地会受到周围环境噪声的影响。此时的测量值，实际上是被测声源的噪声与背景噪声（本底噪声）叠加的结果，因此需要从总的测量结果中减去被测声源以外的声音（即本底噪声的影响），以确定单独由被测声源产生的声级，这就要进行分贝相减的计算。

设测得的总的声压级为 L_{pt}，本底噪声的声压级为 L_{pe}，由式（8-8）可得被测声源的声压级 L_{ps}。

$$L_{ps} = 10\lg(10^{L_{pt}/10} - 10^{L_{pe}/10}) \tag{8-11}$$

【例 8-2】　在某测点，机器运转时测得总声压级为 94dB，而机器停机时测得背景噪声的声压级为 85dB，试分别用计算法、查表法求机器运转时在该点产生的声压级。

解：

1）计算法。根据式（8-11）得

$$L_{ps} = 10\lg(10^{9.4} - 10^{8.5})\text{dB} = 93.4\text{dB}$$

2）查表法。由级差 $L_{pt} - L_{pe} = (94-85)$dB $= 9$dB，查表 8-2 得分贝减少值 $\Delta L = 0.5$dB，因此 $L_{ps} = L_{pt} - \Delta L = (94-0.5)$dB $= 93.5$dB，两种方法的结果相差仅 0.1dB。

【小思考】　非洲北部农村 70 岁老人的听力比美国 20 岁的城市青年的听力好,你信吗? 为什么?

阅读材料

　　振动传感电缆是一种敷设在建筑物、围墙或埋入地下的无源分布式的防入侵传感器,传感电缆由芯线、拾音膜、屏蔽层、外套组成。这种电缆用以感测地表声波,能够将防护区域内的微小振动(即入侵者带来的微小振动)、由地表传来的微弱声波转换成电信号,经计算处理后实施报警。

　　振动传感电缆具有无源分布、可全天候工作和电缆可弯曲等优点,能适应各种复杂地形,不受地势高低、曲折、转角等限制,不留死角,突破了红外线、微波墙等只适用于视距和平坦区域的局限性。特别适合不规则周界区域和电源不宜进入等场所作为银行金库等重要部位的防凿、防非法入侵,还可作为野外工作场所、营地的警戒线使用。

三、噪声感受的主观评价指标

　　众所周知,炮弹的爆炸声是很响的,而别人在远处的谈话声就不很响,这种主观上的"很响"与"不很响"的感觉在声学上该如何定量描述呢?

　　人耳对声音的主观感受与其客观量度(声压、声压级等)是不一样的。声压级相同但频率 f 不同的声音,听起来不一样响;f 高的声音,听起来比 f 低的声音响。人耳听觉所能接受的声音频率范围很宽,一般在 20~20000Hz,但对 1000~4000Hz 的声音感觉最敏感,对低频声音感觉迟钝。为了把客观存在的物理量与人耳的感觉统一起来,引入了噪声的主观评价标准——响度、响度级。

1. 响度级 L_N

　　为了定量地确定某一声音的轻与响的程度,最简单的方法就是把它和另一个标准的声音相比较,即选取 1000Hz 的纯音(单一频率的声音)作为基准音,当某一噪声听起来同基准音一样响时,该基准音的声压级(dB)即是该噪声的响度级(方)。如:某噪声听起来与声压级为 85dB、频率为 1kHz 的基准音一样响,则该噪声的响度级为 85 方(Phon)。

　　为使在任何频率条件下主客观量都能统一,就需要在各种频率时对人的听力进行试验,经过大量试验测得纯音的等响度曲线如图 8-4 所示。该曲线表达了听者认为听起来一样响的纯音的声压级与频率的关系,表明:听起来一样响但频率不同的声音,声压级也不同。例如,响度级为 100 方的曲线,若是 30Hz

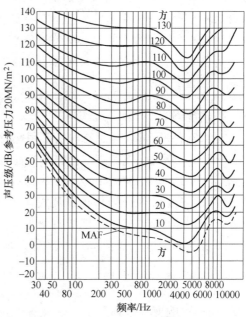

图 8-4　纯音的等响度曲线

的声音，其声压级须达 120dB；若声音是 1kHz，其声压级只需 100dB；若声音是 3kHz，则只要 90dB 了。人耳刚刚能听到的声音，其响度级为 0 方的曲线 MAF 称为可听阈线，低于此曲线的声音一般是听不到的；图 8-4 中顶部响度级为 120 方的曲线是痛觉的界限，称为痛觉阈，超过此曲线的声音，人的耳朵会感到疼痛。

【特别提示】　以单一频率规律性振动的声波称为纯音。正弦信号的声音，在听觉上是具有明确单一声调的声音，如音叉发出的声音。

听觉对低频声音的反应不敏锐，如：对 500Hz 的声音，其声压级为 16dB 时才能听到。而对 4000Hz 的声音，8dB 时就能听到。人耳听觉最敏感的频率范围是 1~6kHz，所以当用声压级来衡量噪声时，应该从频率为 1~6kHz 时的声压级来着手。

知识链接

纯音的等响度曲线，是在对大量听力正常、年龄 18~25 岁的人进行广泛的试验，并对结果做统计平均、平滑后得出的，已作为国际标准被认可。它表达了典型人群认为响度相同的纯音的声压级同频率的关系，是响度相同的点连接后的曲线。每一条曲线代表一个响度水平（响度级），如标有 40 的曲线上各点所代表的声音响度是相同的，它们的响度级都是 40 方。

因为频率不同时，人耳的主观感觉不同，所以对应每个频率都有各自的听阈声压级、痛阈声压级。在同一条曲线上的各点，虽然频率、声压级不同，但人耳感觉到的响度却是一样，故称等响度曲线。

随着响度的增加，等响度曲线会趋平缓，频率对响度的影响越来越小。或者说，当响度高（音量大）时，人耳对各频段的感受相对平坦，听起来觉得高低频都很丰满，延伸充分、能量充沛。而响度低（音量小）时，会感觉高低频严重不足、音色干瘪。所以，当我们开大音量听音乐时会觉得更好听，不仅仅是大音量本身会给予我们冲击力，也是因为大音量时声音各频段的主观听感更均衡平坦。因此，为享受美妙的频响和音色，是需要一定音量的。当然，不提倡经常用大音量欣赏音乐，毕竟长时间大音量是听力的杀手，也会影响别人。

2. 响度 N

响度级是一个相对量，有时需要用绝对量来表示，故引出响度（单位：宋，sone）的概念。响度是从听觉上判断声音强弱（响亮程度）的量。

频率为 1000Hz、声压级为 40dB 的纯音所产生的响度定义为 1 宋，也称为标准响度，即，1 宋的响度相当于 40 方的响度级，40 方为 1 宋。某声音听起来比标准响度响 n 倍，则该声音的响度就是 n 宋。响度级每增加 10 方，响度增加 1 倍。如 50 方为 2 宋，60 方为 4 宋，70 方为 8 宋等。响度 N、响度级 L_N 具有如下经验公式

$$N = 2^{(L_N-40)/10} \quad \text{或} \quad L_N = 40 + 10\log_2 N \tag{8-12}$$

式中　　N——响度（宋）；

L_N——响度级（方）。

阅读材料：根据声音挑选好吃的西瓜？

　听声音就能挑出熟得刚好的西瓜，方法如下：

1) 拍脑门的声音。如果拍西瓜时发出清脆啪啪声，说明这是个生瓜，这个声音和拍脑门的声音很像。

2) 拍肚子的声音。如果拍西瓜时发出的声音有点闷、沉，还有点混浊，说明这个瓜熟过头了，不能食用，这个声音和拍肚子的声音很像。

3) 拍胸膛的声音。如果拍西瓜时发出的是像拍胸膛般浑厚的声音，说明这是个熟得正好的西瓜。

3. 宽带噪声的响度

对纯音可以通过测量它的声压级和频率，按图 8-4 的等响度曲线来确定它的响度级，然后根据式（8-12）确定它的响度。但是，绝大多数的噪声是宽带声音，评价它的响度比较复杂，一般是计算求得，或者通过计权网络由仪器直接测定。就声级计而言，设立了 A、B、C 三种计权网络，它们的频率特性如图 8-5 所示。

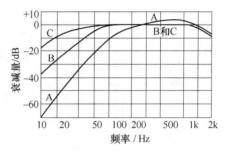

图 8-5　A、B、C 三种
计权网络的衰减曲线

【小思考】

1. 人耳能否听到声音由哪些因素决定？

2. 在门诊看病时，经常听到有患者询问："医生，我的心脏有没有杂音？"心脏杂音究竟是怎么回事？

四、噪声的频谱分析

简谐振动所产生的声波为简谐波，其声压和时间的关系为一正弦曲线，这种只有单一频率的声音称为纯音。由强度不同的各种频率的纯音所组成的声音称为复音，复音的强度与频率的关系称为声频谱，简称频谱。由一系列分离频率成分所组成的声音，其频谱为离散谱。例如乐器频谱，其频谱中除有一个频率最低、声压最高的基频音外，还有与基频呈整倍数的较高频率的泛音，或称陪音、谐频音。音乐的音调由基音决定，泛音的多少和强弱影响音色。不同的乐器可以有相同的基频，其主要区别在于音色。

【小思考——怎么判别音乐与噪声】　音乐是具有美好节奏的声音，可以安抚心灵、给人们带来乐趣。噪声则是干扰你听课、睡眠、工作、看书、谈话，让你心烦意乱的声音。现在人手一部手机，如果在公共场所高声打电话、刷抖音、看微视频，那么它就成了新的噪声源。

通过频谱分析可以了解噪声的频率组成及相应的能量大小，从中找出噪声源，图 8-6 所示为人说话时声音的波形与频谱。

1. 频带（频程）

振幅（强度）、频率和相位是描述波动现象的特性参数，声波也不例外。通常，噪声由

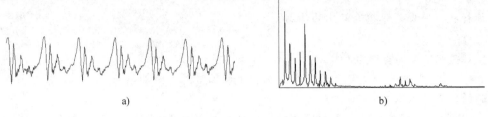

图 8-6　人说话时声音的波形与频谱

a）人声（110Hz 左右）的波形　b）人声的频谱（上限约 5500Hz）

大量不同频率的声音复合而成，有时，噪声中占主导地位的可能仅仅是某些频率的声音，了解这些声音的来源和性质是确定减噪降噪措施的基本依据。因此，在很多情况下，只测量噪声的总强度（即噪声总声级）是不够的，还需要测量噪声强度关于频率的分布。但是，要对不同频率的噪声强度逐一进行测量，不仅很困难，而且也没必要。

为了便于声音的测量、分析，通常把可听声频率（20～20000Hz）范围划分为若干个区段（频段），这些区段称为频带（或频程）。在讨论声压级时，除了指出参考声压外，还必须指明频带的宽度。在噪声研究中，常采用倍频程分析。

所谓倍频程，指上、下限两个频率相差一个倍频程，其频率之比为 2；相差 2 个倍频程即为 4（ $=2^2$ ）。按倍频程均匀划分的频带，其中心频率 f_n 分别为各频带上下限频率之比例中项，即该倍频程的中心频率 $F_{中} = (F_{上} F_{下})^{0.5}$ ，其中 $F_{上}$ 、 $F_{下}$ 分别是该倍频程的上下限频率。

如果把一个频程再划分为 3 份（不均分），即得到 1/3 倍频程。若在两个相距为 1 倍频程的频率之间插入两个频率，其 4 个频率应为如下比例： $1 : 2^{1/3} : 2^{2/3} : 2$ 。

在测量时，采用频程滤波器保留待测频程范围内的声音信号，而滤除其余的声音，进而通过改变滤波器通频带的方法，逐一测量出各个频程范围的噪声强度，这就是分频程测量。

噪声由许多频率和强度不同的成分组合而成，其频谱中声能连续分布在宽广的频率范围内，成为一条连续的曲线，即连续谱。对于宽广连续的噪声谱，很难对每个频率进行分析，而是按倍频程或 1/3 倍频程等划分频带，此时的频谱是不同的倍频带与声级的关系。

【特别提示】　噪声测量中最常用的是 1 倍频程和 1/3 倍频程。

知识链接：何谓白噪声？

包含所有颜色的光称为白光，类似地，在所有频率下具有等功率密度的噪声称为白噪声。

白噪声在各等带宽的频带中所含噪声能量相等、各频率成分的能量分布均匀，故类似于光学中白光的形成原理，引用"白"字定名白噪声。

2. 噪声的频谱

对噪声进行频谱分析时，通常按一定的频带宽度来分析噪声的声级（声压级、声强级和声功率级），最常用的频带宽度是倍频程和 1/3 倍频程。在频谱分析时，对一个噪声源发出的声音，将它的声压级、声强级或者声功率级按频率顺序展开，使噪声的强度成为频率的函数，并考查其形状。

根据测得的各频带声压级，以选用的频率或 1 倍频程、1/3 倍频程的中心频率为横坐标，以相应的声压级（或声功率级）为纵坐标，所绘制的图形就是所测噪声的频谱图。频谱图反映了噪声的频率分布特性，是噪声频谱分析的基本依据，据此可了解噪声的频率成分、每一频率成分的强弱、声压级随频率的变化，并可进一步分析产生噪声的原因及性质，以便采取切实有效的降噪措施。

在噪声频谱中，频率在 350Hz 以下的噪声称为低频噪声，频率分布在 350~1000Hz 的噪声属于中频噪声，频率大于 1000Hz 的噪声称为高频噪声。

知识链接：　白噪声

为什么下雨天或周围有潺潺的流水声、细语般的虫鸣声时人更容易入睡？因为这些自然界的**白噪声**（安静单调的嘶嘶声）掩盖了其他声音，可以平缓人的心情，帮助人放松或睡眠，能很好地安抚婴儿、让婴儿停止哭闹。连续高温、闷热的天气容易让人心烦意乱，听听**白噪声**（如雨滴淅沥声、风吹树叶的沙沙声等），可以使人情绪安定，心平气和。当你想要专心工作而附近存在繁杂的噪声时，持续的低强度**白噪声**有助于你集中注意力。

第三节　噪声测量常用仪器

噪声的测量主要是声压级、声功率级及噪声频谱的测量。噪声测试常用的仪器有传声器、声级计和频谱分析仪。

一、传声器

传声器（Microphone）简写为 MIC，是声-电转化器材，有时也被称为"麦克风""话筒"等。传声器的作用是将声音信号转换成电信号，通常用膜片将声波信号转换成电信号，图 8-7 所示为日常应用的传声器。在噪声测试仪中，传声器是用来拾取声音的，它处于首要位置，担负着感受与传送"第一手信息"的重任，其性能的好坏直接影响测试的结果。因此，在整个噪声测试系统中传声器的地位是举足轻重的。

$$声波 \xrightarrow{声压} 传声器（传感器） \longrightarrow 电信号（电压）$$

图 8-7　传声器

1. 对传声器的要求

好的传声器应该具有很高的拾音技术参数指标，其频率响应范围应宽、灵敏度高、失真小、瞬态特性好，对噪声中不同频率声波的拾取幅度应平稳、均衡。

2. 传声器的类型

传声器按其变换原理，可分成电容式、压电式和电动式等类型，其中电容式传声器在噪声测试中的应用最为广泛。

（1）电容式传声器　如图 8-8 所示，张紧的膜片同与其靠得很近的后极板组成一电容器。当膜片受到声波的压力，声压的大小和频率不同，膜片会产生相应的振动，从而使膜片与不动的后极板之间的极距改变，导致该电容器电容量的相应变化。因此，电容式传声器是一极距变化型电容传感器。

电容式传声器的频率范围宽、灵敏度高、失真小、音质好，是目前性能较好的传声器，但结构复杂、成本高，多用于高质量的广播、录音、扩音中。

（2）压电式传声器　如图 8-9 所示，在声压的作用下，膜片位移，同时压电晶体弯曲梁产生弯曲变形。由于压电材料的压电效应，使其两表面产生相应的电荷，得到一交变的电压输出。

（3）电动式传声器　又称动圈式传声器，如图 8-10 所示。当人对着话筒讲话时，在声压的作用下，膜片会随着声音前后颤动，从而带动线圈在磁场中做切割磁力线的运动。根据电磁感应原理，线圈两端会产生感应电动势，从而完成声电转换。

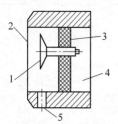 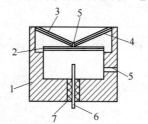 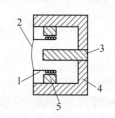

图 8-8　电容式传声器　　　图 8-9　压电式传声器　　　图 8-10　动圈式传声器
1—后极板　2—膜片　3—绝缘体　　1—壳体　2—压电片　3—膜片　　1—线圈　2—膜片　3—导磁体
4—壳体　5—均压孔　　　　4—后极板　5—均压孔　　　4—壳体　5—磁铁
　　　　　　　　　　6—输出端　7—绝缘体

动圈式传声器结构简单、稳定可靠、使用方便、固有噪声小。

二、声级计

声级计是噪声测量中最简便、最常用的测试仪器，它模拟了人耳对声波的反应特性，是一种主观性仪器，其外形如图 8-11 所示。

声级计是一种按照一定的频率计权和时间计权，测量声音的声压级的仪器。它体积小、质量轻，一般用干电池供电，既可以进行声级测量，又可以后接分析仪，对噪声进行频谱分析。

1. 声级计的计权网络

声级计的"输入"信号是噪声客观的评价指标——声压，而"输出"信号，不仅是对数关系的声压级，而且最好是符合人耳特性的主观评价指标——响度级。为使声级计的"输出"符合人耳特性，应通过一套滤波器网络衰减对人耳不敏感的频率成分，对人耳敏感的频域加以强调，就可直接读出反映人耳对噪声感觉的数值，使主客观评价指标趋于一致。

图 8-11　声级计

计权网络是声级计内的一种特殊滤波器，是为了模拟人耳对不同声压和频率的声音有不同的感觉而设置的，使声音信号在通过计权网络后得到不同程度的加权，所得到的读数称为计权声压级，简称计权声级或声级，单位是 dB。

为了反映人耳的响度感觉，声级计中设置有 A、B、C 三种计权网络。它们分别近似模拟了：40 方、70 方、100 方三条等响度曲线，其中最常用的是 A 计权网络。A 计权网络较好地模仿了人耳对低频段（500Hz 以下）不敏感，对 1000~5000Hz 频段最敏感的特点。多数噪声经 A 计权网络滤波后，与人耳的感觉有较好的相关性。

经计权网络后测得的声压级称为声级，声压级经 A 计权网络后得到的是 A 声级，用 L_A 表示，单位为 dB（A）；用 A 声级评价噪声与人耳对噪声的响度感觉、烦扰程度和听力损伤程度等因素存在很好的一致性。声压级经 B 计权网络后得到的是 B 声级，用 L_B 表示，单位为 dB（B）；依此类推。由于 A 声级是单一的数值，测量简易、快速，且是噪声的所有频率分量的综合反映，能较好地模拟人耳的频率特性，故目前在噪声测量中得到了广泛的应用，并用来作为评价噪声的标准。许多机械设备及城市环境的噪声等级多采用 A 声级来评定。

阅读材料

　　计权的意思是指将某个数值按一定规则权衡轻重地修改过。

为了模拟人耳听觉对不同频率的不同灵敏性，在声级计内设有一种能够模拟人耳的听觉特性，把直接测到的声压级修正为与听感近似值的网络，这种网络称为计权网络。通过计权网络测得的声压级，已不再是客观物理量的声压级，而是经过听感修正的声压级，称为计权声级或声级。

2. 声级计的工作原理

声级计主要由传声器、输入端、衰减器、放大器、计权网络、检波电路和电源等部分组成，如图 8-12 所示。声信号通过传声器转换成交变的电压信号，经输入衰减器、输入放大器的适当处理进入计权网络，以模拟人耳对声音的响应，而后进入输出衰减器和输出放大

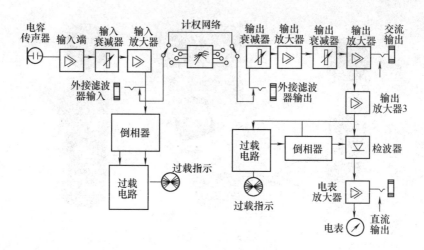

图 8-12　声级计组成

器，最后通过均方根值检波器检波，输出一直流信号驱动指示表头，显示出声级的分贝值。

当计权网络开关放在"线性"时，声级计是线性频率响应，测得的是声压级。当放在A、B 或 C 位置时，测得相应的计权声级，当计权网络开关置"滤波器"时，在输入放大器和输出放大器之间插入倍频程滤波器，转动倍频程滤波器的选择开关，即可对噪声进行频谱分析。

三、噪声分析仪器

噪声分析仪器是用来进行噪声频谱分析的，而噪声的频谱分析，是识别噪声产生原因、有效控制噪声的必要手段。

1. 频率分析仪（见图 8-13）

频率分析仪主要由放大器、滤波器及指示器所组成。其工作方式是用一组带通滤波器将被测噪声中不同的频率分量逐一分离，再经放大器放大后由表头读出该中心频率对应的声压级。

对噪声的频谱分析，视具体情况可选用不同带宽的滤波器。常用的有：恒百分比带宽的倍频程滤波器和 1/3 倍频程滤波器。一般来说，滤波器的带宽越窄，对噪声信号的分析越详细，但所需的分析时间也越长，仪器的价格也越贵。因此，应根据需要合理选择。

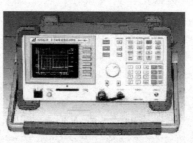

图 8-13　噪声频率分析仪

2. 实时频谱分析仪（见图 8-14）

上述的频率分析仪是扫频式的，它是逐个频率逐点进行分析，因此分析一个信号要很长时间。为了加速分析过程，满足瞬时频谱分析要求，发展了实时频谱分析仪。

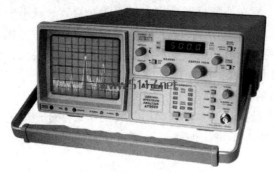

图 8-14　实时频谱分析仪

随着电子技术的不断发展，采用数字采样和数字滤波的全数字式频谱分析仪得到了日益广泛的应用。如丹麦 B&K 公司的 2131 型是一种数字式实时频谱分析仪，能进行倍频程、1/3 倍频程的实时频谱分析。

> **知识链接：邻居噪声真烦，你可能错怪人了？**
>
> 城市高楼林立，人群密集居住，脚步声、东西掉地上、切菜剁肉、小孩拍打玩具、挪动桌椅、装修施工等硬物撞击、摩擦产生的能量，通过墙体、楼板、梁柱等刚性结构传播距离很远、衰减很弱，严重影响了小区居民的身心健康。很多邻居因为噪声反目成仇，认为噪声来自楼上住户，楼上却说自己没问题。事实上，楼上噪声可能并非上一层住户发出的，你的左右邻居、隔几个楼层甚至隔壁单元所发出的噪声，都有可能传到你的家里。噪声源不确定、穿透力强，影响邻里和谐。你有什么好办法能判断并解决邻居噪声污染问题吗？

第四节　噪声测量方法

一、测量内容

噪声测量时主要测量 A 声级及倍频程噪声频谱。

二、现场测量方法——近声场测量法

在测量时，应将传声器尽量接近机器设备的声辐射面，以减小其他声源及反射声的干扰。传声器与被测机械噪声源的相对位置对测量结果有显著影响，因而，在进行数据比较时，必须标明传声器离噪声源的距离。

根据我国噪声测量规范，选取测点的原则如下：

一般测点应选在距机器表面 1.5m，并离地面 1.5m 的位置。若机器本身尺寸很小（如小于 0.25m），测点应距所测机器表面较近，如 0.5m，但应注意测点与测点周围反射面应相距在 2~3m 以上；若机器噪声大，测点宜取在相距 5~10m 处；对于行驶的机动车辆，测点应在距车体 7.5m，并高出地面 1.2m 处。若需要了解噪声对操作人员健康的影响，可把测点布置在人耳位置，或工人操作台处，以人耳高度为准选择若干个测点。

作为一般噪声源，测点应在所测机器规定表面的四周均布，且不少于 4 点。如相邻测点测出的声级相差 5dB 以上，应在其间增加测点，机器的噪声级应取各测点的算术平均值。

如果机器不是均匀地向各个方向辐射噪声，则应当围绕机器表面，取几个不同位置进行测量，找出 A 声级最大的那一点，作为评价其噪声的主要依据，同时还应当测出若干点（一般多于 5 点）作为评价的参考。

当测量动态设备的噪声最大值时，应取起动时或工作条件变动时的噪声；当测量平均正常噪声时，应取平稳工作时的噪声；当周围环境的噪声很大时，应选择环境噪声最小时（比如深夜）测量。

> **阅读材料：　听诊器的发明——处处留心皆学问**
>
> 　　19 世纪之前，医生在诊断心肺疾病时，要先摇晃病人，然后用耳朵贴近病人的胸廓倾听，病人得裸露上身，既不雅观也听不清楚。
>
> 　1816 年的 9 月 13 日，法国医生雷奈克（Laennec，1781—1826）的病房里来了一位很胖的贵族小姐，她捂着胸口诉说病情后，雷奈克怀疑她患的是心脏病。但雷奈克太害羞了，不愿把耳朵贴近姑娘丰满的胸部。他突然想起自己曾见过一群孩子玩跷跷板的游戏：一个儿童敲木板的一端，另一个儿童在木板的另一端听见了清脆的敲打声。雷奈克灵机一动，找来一张厚纸，将其卷成圆筒状放在女病人的胸部，在另一端他听到了心脏清晰的搏动声，连其中轻微的杂音都听得一清二楚。受此启发，雷奈克制作了一根长 30cm、口径 0.5cm 的空心木管，两端各有一个喇叭形听筒，这就是世界上最早的听诊器。木制听诊器一直用到 1850 年，才被橡胶管制成的听诊器所替代。听诊器的发明，使医生能诊断出多种胸腔、心肺疾病，雷奈克也被后人尊为"胸腔医学之父"。

三、测试环境对噪声的影响

测试环境能改变被测噪声源的声场情况，为使测试结果准确、可靠，必须考虑环境因素对噪声测试的影响。

1. 本底噪声的影响

本底噪声亦称背景噪声，与被测声源无关的环境噪声称为本底噪声。即被测噪声源停止发声时，周围环境的噪声，是有用信号以外的总噪声。须从声级计的读数值中扣除本底噪声的影响，可按式（8-11）的分贝减法来扣除，也可按下面方法修正本底噪声的影响：

设 L_2 为本底噪声的声压级（不开启被测声源时测得的噪声声压级）；L_1 为开启被测声源后的噪声声压级（包括本底噪声在内），则被测噪声的声压级 $L_测 = L_1 - \Delta L$，修正值 ΔL 见表 8-3。

表 8-3　本底噪声的影响

$L_1 - L_2$/dB	<3	3	4~5	6~9	≥10
修正值 ΔL/dB	无法修正，测量无效	3	2	1	0 可忽略本底噪声的影响

2. 反射声的影响

当声源附近或传声器周围有较大的反射体时，反射声会使测得的噪声比机器的实际噪声高，造成测试误差。为了避免反射声的影响，可采取以下措施：

1）尽可能排除噪声源周围的障碍物，在不能排除时要注意选择测点的位置。

2）传声器离反射面（如墙壁、大的障碍物等）的距离应大于3m。

3）在测量高频噪声时，操作者人体及声级计所引起的反射也不可忽视，最好用三脚架。

3. 其他环境因素的影响

风、气流、磁场、振动、温度、湿度等环境因素对噪声测试都会产生影响，尤其要注意风和气流的影响。室外测量最好选择无风天气。风速在四级以上时，可在传声器上加戴防风罩或包上一层绸布以减小气流的影响。当风力过大时，测量不便进行。在空气动力设备排气口测量时，应避开风口和气流的干扰。

> **阅读材料**
>
> 试验证明：公园成片林木可降低噪声 5~40dB，比离声源同距离的空旷地要多降低 5~25dB；汽车高音喇叭在穿过 40m 宽的草坪、灌木、乔木组成的多层次林带后噪声消减 10~15dB，比空旷地多消减 4dB 以上；在城市街道上种树，也可消减噪声 7~10dB。
>
> 为了提高绿化消减噪声的常年效果，应尽量选用四季常绿树种。最少要有宽 6m、高 10m 的林带，林带离声源在 6~15m 之间为好。

第五节　噪声的控制

一、控制噪声的基本途径

噪声控制，必须考虑噪声源、传声途径、受音者所组成的整个系统。控制噪声的措施可以针对上述三个部分或其中的一部分来进行。噪声控制的内容包括：

1. 噪声源的抑制

降低声源噪声，减少机器的激发力，改变机构的固有频率，增加阻尼以降低固体发声体的振动，采用隔振装置，使振源（噪声源）与机座、地面隔离。选用低噪声的生产设备和改进生产工艺。如，"无声手枪"就是从声源处减弱噪声。

2. 噪声传播途径的衰减

在传声途径上降低噪声，控制噪声的传播，改变声源已经发出的噪声传播途径，如在噪声源附近采用吸声、隔声、声屏障、隔振等措施，以及合理规划城市和建筑布局等。在公路和住宅间植树造林，投射到植物叶片上的声音，大部分会被反射到各个方向，小部分被叶片的微微振动所消耗。因此，公路绿化带可以改变噪声在空间里的自由传播，降低环境噪声。

在声源和接收者之间插入一个声屏障（见图 8-15）。声波在传播过程中，遇到声屏障时，就会发生反射、透射和绕射三种现象。当声屏障无限长时，声波只能从屏障上方绕射过去，而在其后形成一个声影区，就像光线被物体遮挡形成一个阴影那样。在这个声影区内噪声会明显减弱，这就是声屏障的减噪效果。目前，声屏障主要用于高速公路、高架复合道路、城市轻轨地铁等的降噪，控制交通噪声对附近区域的影响，也可用于工厂和其他噪声源的隔声降噪。

图 8-15　声屏障

声屏障的减噪效果与噪声的频率成分关系很大，对大于 2000Hz 的高频声比 800~1000Hz 的中频声的减噪效果要好，但对于 25Hz 左右的低频声，则由于声波波长较长而很容易从屏障上方绕射过去，所以效果就差。通常，声屏障对高频声可降低 10~15dB。声屏障的高度，可根据声源与接收点之间的距离设计，屏障的高度增加一倍，其减噪量可增加 6dB，为了使声屏障的减噪效果较好，应尽量使声屏障靠近声源或接收点。

3. 在人耳处减弱噪声

在声源和传播途径上无法采取措施，或采取的措施不能达到预期效果时，就需要对操作人员或人体受音器官采取防护措施。市场上可以买到的听力保护装置包括：耳塞、耳罩和头盔，这些装置可将噪声降低 15~35dB。当耳塞和耳罩一并使用时，可以获得更好的效果。

【小思考】　体育馆的顶部采用大量吸声材料，目的是什么？

阅读材料： 噪声控制的社会成本问题

案例：狗会狂吠发出噪声，养狗场主就把养狗场建在偏远的郊区。多年后，随着城市不断扩张外延，房产商在养狗场旁边建了居民区。居民住进来后发现狗太吵了，影响休息、学习及健康，于是把养狗场主告上了法庭。如果你是法官，你会怎么判？

人们常常把"权利的行使应以不伤害别人的权利为界"这句格言作为解决纠纷的金科玉律。问题是，纠纷的双方都可以拿这句格言替自己辩护：居民可以拿这句格言替自己的健康权做辩护，养狗场主也可以拿这句格言来替自己的经营权做辩护。

其实，**所有的伤害都是相互的**，纠纷双方的地位是平等的，如果禁止了一方的行为，该方就受到了对方的伤害。假设养狗场、居民区都属同一个老板，他就会妥善兼顾居民和养狗场主的权益，**追求社会效益的最大化**。法官就是以这样的思路判决的：为了顺应城市的发展，养狗场确实应该搬走，但是居民必须承担养狗场的搬迁费用。

二、噪声的利用

1. 控制植物生长

科学家发现，不同植物对不同波段噪声的敏感程度也不同，噪声可以控制植物提前或滞后发芽。试验证明，某些农作物受到高能量噪声刺激后，其根、茎、叶表面的微孔会扩张，能更多地吸收二氧化碳、肥料和其他营养成分，从而显著增产。如西红柿在生长期经过 30 次 100dB 的尖锐笛声刺激后，产量可以提高两倍以上。噪声对土豆、芝麻、水稻的生长也很有利，而且能提高产量。

有人巧妙地制成了噪声除草器，把它置于田间，噪声除草器发出的噪声可诱发杂草的种子提前发芽，这样就可以在农作物生长之前用药物除掉杂草，用"欲擒故纵"的妙策，保证作物的顺利生长。

2. 噪声发电

噪声是一种能量的污染，研究表明，噪声的能量是很大的。比如，一架噪声达到 160 dB 的喷气式飞机，在 20m 之内的噪声功率可达到 10kW，也就是说 1h 可以发电 10kW·h。如果在机场安装噪声发电机，每天飞机起降产生的电能会十分可观。噪声达 140dB 的大型鼓风机，其声功率约为 100W。"聚沙可成塔"，这自然引起了新能源开发者的兴趣。在上海体育场观看比赛或演出，8 万人一起欢呼或鼓掌，产生的能源是相当大的，噪声发电机可以有效利用这些能源。

3. 噪声制冷

大家都知道，电冰箱能制冷。目前有研究者正在开发一种利用微弱的声振动来制冷的新技术，第一台样机已在美国试制成功。在一个直径不足 1m 的圆筒里叠放着几片起传热作用的玻璃纤维板，圆筒内充满氦气或其他气体。圆筒的一端封死，另一端用有弹性的隔膜密闭，隔膜上的一根导线与磁铁式音圈连接，形成了一个微传声器，声波作用于隔膜，引起往复振动，进而改变了筒内气体的压力。由于气体压缩时变热、膨胀时冷却，这样制冷就开始了。

利用噪声制冷的冰箱，不用化学制冷剂（氟利昂）和压缩机，不耗电，也不会污染大气层。

4. 噪声除尘

高能量噪声可以使尘粒相聚成一体，因质量增加而下沉，由此产生的噪声除尘技术将使人类受益匪浅。美国科研人员已经研制出一种功率为 2kW 的除尘报警器，它能发出频率 2kHz、声强为 160dB 的噪声，这种装置可以用于烟囱除尘，控制高温、高压、高腐蚀环境中的尘粒和大气污染。

5. 噪声克敌

韩国科学家发明了一种"噪声步枪"，这种特殊的步枪发射后，所产生的强烈短暂的噪声，能使猎物瞬间昏迷过去，束手就擒。

利用噪声还可以制服顽敌，目前已研制出一种"噪声弹"，这种噪声弹爆炸后释放出大量高达 120dB 以上的噪声波，足以麻痹人的知觉和中枢神经系统，使人暂时昏迷，但又不会伤害人体健康，人体在昏迷一段时间后就会苏醒。该弹可用于对付恐怖分子，特别是劫机犯等。

6. 噪声诊病

最近，科学家制成了一种激光听力诊断装置，它由光源、噪声发生器和微机测试器三部分组成。在使用时，它先由微型噪声发生器产生微弱短促的噪声，振动耳膜，然后微型计算机就会根据回声，把耳膜功能的数据显示出来，供医生诊断。它测试迅速，不会损伤耳膜，没有痛感，特别适合儿童使用。此外，还可以用噪声测温法来探测人体的病灶。

7. 噪声脱水（食品干燥）

美国科技人员用噪声干燥食品，其吸水能力为传统干燥技术的4~10倍，并且不会损坏食品的营养成分，深受人们欢迎。而传统的脱水法是采用加热处理，这样会使食品丧失营养成分，因而影响食品质量。

8. 有源消声

"有源消声"的原理是：所有的声音都由一定的频谱组成，如果可以找到一种声音，其频谱与所要消除的噪声完全一样，只是相位刚好相反（相差180°），就可以将这噪声完全抵消掉，关键就在于如何得到那抵消噪声的声音。

实际采用的办法是：从噪声源本身着手，设法通过电子线路将原噪声的相位倒过来。由此看来，有源消声这一技术实际上是"以毒攻毒"。

阅读材料

　　噪声炸弹——爆炸时发出的噪声会麻痹人的听觉和中枢神经,造成人在短时间内昏迷,一段时间后才会苏醒,对人体健康无害。

　　有一次,德国发生了劫机事件,警方派出了一支特种部队靠近飞机,往机舱里射入5颗噪声炸弹,几声巨响后,机上全体人员（包括劫机犯）都昏迷过去,警方从容地进入机舱,不费劲就把劫机犯抓获了。

本 章 小 结

本章主要介绍了噪声的特点、与噪声测量有关的声学概念、噪声的评价方法、测量仪器及噪声的控制。

一、噪声的含义

噪声应从物理学和环境保护两个角度来认识。①从物理角度来说，发声体做无规则振动时发出的声音；②从环境保护的角度来说，凡是妨碍人们正常休息、学习和工作的声音，以及对人们要听的声音起干扰作用的声音。

二、噪声的评价

评价噪声，可以采用物理学指标：声压级、声强级、声功率级，也可以采用主观指标：响度、响度级。

三、噪声的控制

1. 控制噪声的基本途径：噪声源的抑制、噪声传播途径的衰减、在人耳处减弱噪声。

2. 噪声的利用：利用噪声控制植物生长、噪声发电、噪声制冷、噪声除尘、噪声克敌、噪声诊病等。

📚【人生哲理】　伟人改变环境，能人利用环境，凡人顺应环境，庸人抱怨环境。成功人士并非比常人聪明很多，而是他们懂得如何处理自己与环境之间的关系。

思考与练习

一、思考题

8-1　从物理学的角度看什么是噪声？优美的歌曲一定是乐音吗（举例说明）？

8-2　举出生活中不同的噪声并提出减弱噪声的方案。

8-3　蜜蜂带着花蜜飞行的时候，它的翅膀平均每秒振动 300 次，不带花蜜飞行时平均每秒振动 440 次，有经验的养蜂员，根据蜜蜂的嗡嗡声，便可知蜜蜂是飞去采蜜还是采好了蜜回蜂房，为什么？

8-4　什么是听阈声压？什么是痛阈声压？声压级是如何定义的？

8-5　下列声音中哪些属于噪声？

1. 城市里汽车发动机的运转声　　　　2. 唱歌时器乐的伴奏声

3. 自习课上的喧哗声　　　　　　　　4. 晨读时的朗读声

5. 汽车扬声器的尖叫声　　　　　　　6. 夜深人静时的引吭高歌

7. 装修房间时的电钻声　　　　　　　8. 清晨公园树林中小鸟的欢叫声

二、简答题

8-6　从环境保护的角度看什么是噪声？

8-7　噪声对人的身体有哪些危害？如何控制？

8-8　根据人听到声音的过程，可以从几个环节减弱噪声？

8-9　怎样评价噪声的强弱？

8-10　什么是响度？响度跟振幅是什么关系？响度怎么衡量？国际标准等响度曲线有何作用？

8-11　如何绘制噪声的频谱图？它有何作用？

8-12　什么是频率计权网络？什么是计权声级？常用的 A、B、C 三种计权网络各有何特点？

8-13　声级计的工作原理和主要技术特点是什么？

8-14　如何对噪声测量结果进行处理？

三、计算题

8-15　某个车间有三个噪声源，其声压级分别为 $L_{p1} = 69\text{dB}$，$L_{p2} = 87\text{dB}$，$L_{p3} = 73\text{dB}$，试分别用计算法、查表法求总的声压级 L_{pt}？

8-16　某柴油机出厂试验室，柴油机试验时测得总声压级为 98dB，试验停止时测得背景噪声的声压级为 75dB，试分别用计算法、查表法确定单独由柴油机产生的声压级。

8-17　有三个独立的声源，它们的声压级分别为 85dB、85dB 和 90dB，求它们共同产生的总声压级是多少？

参 考 文 献

[1] 李希胜，王绍纯. 自动检测技术［M］. 3 版. 北京：冶金工业出版社，2014.

[2] 江征风. 测试技术基础［M］. 2 版. 北京：北京大学出版社，2010.

[3] 张琳娜，赵凤霞，刘武发. 传感检测技术及应用［M］. 2 版. 北京：中国计量出版社，2011.

[4] 黄长艺，卢文祥，熊诗波. 机械工程测量与试验技术［M］. 北京：机械工业出版社，2006.

[5] 熊诗波，黄长艺. 机械工程测试技术基础［M］. 3 版. 北京：机械工业出版社，2011.

[6] 施文康，余晓芬. 检测技术［M］. 4 版. 北京：机械工业出版社，2015.

[7] 陈花玲. 机械工程测试技术［M］. 2 版. 北京：机械工业出版社，2009.

[8] 贾民平，张洪亭. 测试技术［M］. 2 版. 北京：高等教育出版社，2009.

[9] 王明赞，张洪亭. 传感器与测试技术［M］. 沈阳：东北大学出版社，2014.

[10] 赵汗青，孙步功. 机械测试技术［M］. 北京：中国电力出版社，2009.

[11] 赵树忠. 机电测试技术［M］. 北京：机械工业出版社，2011.

[12] 杨将新，杨世锡. 机械工程测试技术［M］. 北京：高等教育出版社，2008.

[13] 史天录，刘经燕. 测试技术及应用［M］. 2 版. 广州：华南理工大学出版社，2009.

[14] 雅琴. 小故事大智慧［M］. 北京：新世界出版社，2005.

[15] 尤丽华. 测试技术［M］. 北京：机械工业出版社，2002.

[16] 唐景林. 机械工程测试技术基础［M］. 北京：国防工业出版社，2009.

[17] 邵明亮，李文望. 机械工程测试技术基础［M］. 北京：电子工业出版社，2010.

[18] 祝海林. 机械工程测试技术［M］. 2 版. 北京：机械工业出版社，2017.

[19] 周传德. 机械工程测试技术基础［M］. 重庆：重庆大学出版社，2014.

[20] 陈冬连. 植树-育人［EB/OL］.［2012-3-20］. http：//www. heyu88. com/sanwensuibi.

[21] 生活中的不确定性将加重压力感［EB/OL］.［2013-09-06］. http：//blog. sina. com. cn/s.

[22] 刘挺的博客. 不确定性生存［EB/OL］.［2009-05-24］. http：//blog. sina. com. cn/s.

[23] 杨亚. 应变电测技术及其在石油机械中的应用［J］. 现代制造技术与装备，2016（2）：165-166.

[24] 李原. 墨菲定律［M］. 北京：中国华侨出版社，2013.

[25] 亚当·哈特·戴维斯. 薛定谔的猫：改变物理学的 50 个实验［M］. 阳曦，译. 北京：北京联合出版公司，2017.

[26] 张华. 当心"噪声性聋"［N］. 光明日报，2012-02-26（6）.

[27] 卞毓方. 人生的契机和姿态［J］. 读者，2016（15）：10-11.

[28] 薛兆丰. 薛兆丰经济学讲义［M］. 北京：中信出版集团，2018.

[29] 高健强. 计量测试技术的前世今生［EB/OL］.［2019-06-06］. https：//www. cdstm. cn.

[30] 陈磊. 半小时漫画科学史［M］. 上海：文汇出版社，2021.

[31] 俞敏洪. 在岁月中远行［M］. 北京：新星出版社，2022.